普通高等教育农业农村部"十三五"规划教材
全国高等农林院校"十三五"规划教材

植物检疫学

第二版

商鸿生　主编

中国农业出版社
北京

图书在版编目（CIP）数据

植物检疫学/商鸿生主编．—2版．—北京：中国农业出版社，2017.2（2022.11重印）
普通高等教育农业部"十二五"规划教材　全国高等农林院校"十二五"规划教材
ISBN 978-7-109-22557-2

Ⅰ.①植…　Ⅱ.①商…　Ⅲ.①植物检疫－高等学校－教材　Ⅳ.①S41

中国版本图书馆CIP数据核字（2017）第002614号

中国农业出版社出版
（北京市朝阳区麦子店街18号楼）
（邮政编码100125）
责任编辑　李国忠

北京通州皇家印刷厂印刷　新华书店北京发行所发行
1997年8月第1版　2017年2月第2版
2022年11月第2版北京第3次印刷

开本：787mm×1092mm 1/16　印张：19.25
字数：448千字
定价：42.50元

（凡本版图书出现印刷、装订错误，请向出版社发行部调换）

第二版编者

主　编　商鸿生（西北农林科技大学）
副主编　胡小平（西北农林科技大学）
参　编（按姓氏汉语拼音排序）
　　　　　白　桦（青岛进出境检验检疫局）
　　　　　范在丰（中国农业大学）
　　　　　傅俊范（沈阳农业大学）
　　　　　洪　霓（华中农业大学）
　　　　　谢关林（浙江大学）
　　　　　谢　辉（华南农业大学）
　　　　　徐志宏（浙江农林大学）
　　　　　印丽萍（上海进出境检验检疫局）
　　　　　张宝俊（山西农业大学）
　　　　　张　皓（西北农林科技大学）
　　　　　张敬泽（浙江大学）
　　　　　张笑宇（内蒙古农业大学）

第一版编审人员

主　编　商鸿生（西北农业大学）
编写人　王凤葵（西北农业大学）
　　　　张志德（西北农业大学）
主审人　许志刚（南京农业大学）
审稿人　杨集昆（北京农业大学）

第 二 版 前 言

根据全国高等农业院校教材指导委员会的安排，商鸿生教授主编了《植物检疫学》一书，并于1997年由中国农业出版社出版。该书付梓改变了国内长期缺乏植物检疫学教材的局面，有利于学科发展和知识普及。多年来该书用作植物保护学专业和植物病理学专业本科的基本教科书，也用作相关学科本科或硕士研究生的教学参考书，发挥了应有的作用。在这期间，植物检疫事业有了迅速发展，植物检疫理念、措施和方法都有很大的变化，急需在教材中有所反映。我国加入世界贸易组织（WTO）后，植物与植物产品的贸易量，种质交换和引进数量都急剧增加，出现了许多新的植物检疫问题和新的有害生物。我国农业、林业以及进境植物检疫性有害生物名单都已修订，老名单已废除，急需更新《植物检疫学》中的有关内容。另一方面，我国农林院校均进行了专业调整，学习的目的、要求、学时数等已发生了变化，更需要一部适用范围更广，更简明的植物检疫学教材。

为了适应学科发展，提高教学水平，扩大读者范围，有必要对《植物检疫学》进行修订。本次修订，被批准作为普通高等教育农业部"十二五"规划教材、全国高等农林院校"十二五"规划教材。参加本书编写的有14位专家，他们来自9所农林大学和上海进出境检验检疫局、青岛进出境检验检疫局。各位编写者力求贯彻普通高等教育农业部"十二五"规划教材编写的一般原则和基本要求，分工协作，在总结各校教学经验与科研成果的基础上，根据编写计划，编出了初稿。初稿经相互审阅和修改，完成了各章的定稿。主编对全书各章进行了全面的审阅和修订，做了必要的增删，统一了名词术语和编写风格，对一些疑点、难点更经过反复推敲，力争做到概念清晰，事实准确，行文简练，内容先进，适合教学需要。

本次修订，在总论各章简明地介绍了植物检疫学的基本理论和基础知识、植物有害生物检疫检验和处理方法以及我国现行植物检疫法规和检疫措施，力求准确精炼，弃除模糊的概念和空泛的议论。各论各章则彻底进行了内容更新，介绍了144种（类）检疫性有害生物，其中大部分是新设的。新版《植物检疫学》适于植物保护类专业本科教学应用，也可供农学类、林学类、生物类专业用作教学参考书。我们编写人员热切希望各校在使用过程中做出评价，指正错误，提出改进和完善的宝贵建议。

编　者

2016 年 10 月

注：该教材于 2017 年 12 月被评为农业部（现名农业农村部）"十三五"规划教材［农科（教育）函〔2017〕第 379 号］

第一版前言

植物检疫学是高等农业院校植物保护类各专业（植保、植病、昆虫学）的重要专业课，多数学校已经开设了这门课程，但各校授课内容和方式差异很大，有的按植物检疫专门化的要求，作为重点课程安排，也有些学校仅讲授专题。这种情况固然与各校的培养目标、课程建设和师资水平不同有关，但无疑地也由于缺乏一本通用的教材。

改革开放以来，我国植物检疫事业发展很快，已经颁布了完备的植检法规，建立了完整的进出境检疫（外检）和国内植物检疫体系，培养了一支业务素质较高的植检队伍。植物检疫事业的发展迫切需要高等农业院校造就更多的合格植物检疫人员，也要求植保类各专业本科学生掌握较全面的植物检疫知识。为进一步加强植物检疫课程建设，规范植物检疫学的教学，我们在西北农业大学植保系15年来的教学基础上，吸取兄弟院校的成功经验编成了这本教科书。

本书系统、简明地介绍了植物检疫学的基本理论和基础知识，取材简繁适度，适于植物保护类专业（植保、植病、昆虫学）应用，也可供农学学科其他专业用作教学参考书。

本书共设14章，20余万字。绪论和前五章介绍植物检疫的基本理论，我国现行植检法规和检疫措施，检疫检验和处理方法，可视为总论部分。第六章至第十四章分别介绍了各类检疫性有害生物，可视为各论部分。在教学安排上，我们建议绪论至第五章授课15~20学时，第六章至第九章20~25学时，第十章至第十四章25学时，总计60~70学时，根据各地具体情况和不同要求可对教材内容作适当增减。

本书在编写过程中，承蒙北京农业大学、南京农业大学、中华人民共和国动植物检疫局（以下简称国家动植物检疫局）、农业部全国植物保护总站和西安动植物检疫局等单位有关教授和专家的大力支持，提供宝贵意见，对此编者表示衷心的感谢。另外，本书还吸收融合和引用了国内外许多研究成果，在参考文献中无法一一标出，尚望谅解并致谢意。本书是改革植物检疫学教学的初步尝试，由于编者水平有限，错误疏漏之处在所难免，敬请指正。

编　者

1995年5月

目 录

第二版前言
第一版前言

绪论 …………………………………………… 1

第一章　植物检疫原理 …………………… 4
第一节　有害生物的人为传播 ………… 4
第二节　检疫性有害生物 ……………… 5
第三节　有害生物风险分析 …………… 6
第四节　检疫法规 ……………………… 7
第五节　植物检疫的原则和方法 ……… 8
一、植物检疫的原则 …………………… 8
二、植物检疫的方法 …………………… 8
思考题 …………………………………… 9

第二章　国内农业和林业植物检疫 …… 10
第一节　国内检疫性有害生物和检疫范围 …………………… 10
一、国内检疫性有害生物 …………… 10
二、国内检疫范围 …………………… 11
第二节　疫区和非疫区 ……………… 11
一、疫区 ……………………………… 11
二、非疫区 …………………………… 12
第三节　调运检疫 …………………… 12
一、调运检疫的范围 ………………… 12
二、调运检疫的程序 ………………… 13
三、植物检疫证书 …………………… 13
第四节　产地检疫 …………………… 14
一、产地检疫的实施重点 …………… 14
二、产地检疫的程序 ………………… 15
三、产地检疫的作用 ………………… 15
第五节　国外引种检疫 ……………… 16
一、引种检疫审批 …………………… 16
二、引进种苗的隔离试种 …………… 17

思考题 …………………………………… 18

第三章　进出境植物检疫 ……………… 19
第一节　进出境检疫性有害生物和检疫物范围 …………… 19
一、进出境检疫性有害生物 ………… 19
二、进出境检疫物范围 ……………… 19
第二节　进出境检疫措施和检疫制度 …………………………… 20
一、进出境检疫措施 ………………… 20
二、进出境检疫制度 ………………… 20
第三节　进境检疫 …………………… 21
一、进境检疫的审批 ………………… 21
二、进境检疫的报检和受理报检 …… 22
三、进境检疫的通关放行 …………… 22
四、进境检疫的现场检疫 …………… 22
五、进境检疫的隔离检疫 …………… 22
六、进境检疫的检疫处理 …………… 22
第四节　出境检疫 …………………… 23
一、出境植物检疫的范围 …………… 23
二、出境植物检疫的程序 …………… 23
第五节　过境检疫 …………………… 24
一、过境检疫的基本要求 …………… 24
二、过境检疫的报检 ………………… 24
三、过境检疫的检疫内容 …………… 24
四、过境检疫的检疫处理 …………… 24
五、过境检疫的放行 ………………… 25
第六节　旅客携带物、邮寄物检疫 …… 25
一、禁止携带、邮寄带进境的检疫物 …………………… 25
二、旅客携带物检疫 ………………… 25
三、邮寄物检疫 ……………………… 26
第七节　运输工具检疫和其他检疫 …… 26
一、运输工具检疫 …………………… 26

二、包装物和铺垫材料检疫 ………… 26
三、集装箱检疫 ……………………… 27
四、废旧船舶检疫 …………………… 27
五、废纸检疫 ………………………… 27
思考题 …………………………………… 27

第四章 有害生物的检疫检验 ………… 28

第一节 样品和取样 …………………… 28
一、样品类型 ………………………… 28
二、检疫抽样的基本步骤 …………… 28
三、检疫抽样的方法和数量 ………… 29

第二节 昆虫、螨类、软体动物和杂草种子的检验
一、昆虫的直接检验 ………………… 31
二、隐蔽害虫的检验 ………………… 32
三、螨类检验 ………………………… 32
四、软体动物检验 …………………… 32
五、杂草种子检验 …………………… 33

第三节 植物病原真菌的检验 ………… 33
一、植物病原真菌的直接检验法 …… 33
二、植物病原真菌的洗涤检验法 …… 34
三、植物病原真菌的吸水纸培养检验法 ……………………………… 34
四、植物病原真菌的琼脂培养基培养检验法 ………………………… 35
五、植物病原真菌的种子解剖透明检验法 …………………………… 35
六、植物病原真菌的生长检验法 …… 36
七、植物病原真菌的分子生物学检验法 ……………………………… 36

第四节 植物病原细菌的检验 ………… 38
一、植物病原细菌的直接检验法 …… 38
二、植物病原细菌的生长检验法 …… 39
三、植物病原细菌的分离鉴定法 …… 39
四、植物病原细菌的噬菌体检验法 … 40
五、植物病原细菌的血清学检验法 …… 41
六、植物病原细菌的分子生物学检验法 ……………………………… 42
七、Biolog 细菌自动鉴定系统 ……… 42

第五节 植物病毒的检验 ……………… 42
一、植物病毒的直接检验法 ………… 43
二、植物病毒的生长检验法 ………… 43
三、植物病毒的指示植物鉴定法 …… 43
四、植物病毒的血清学检验法 ……… 43
五、植物病毒的分子生物学检验法 … 45

第六节 植物寄生线虫的检验 ………… 46
一、植物寄生线虫的直接检验法 …… 46
二、植物寄生线虫的染色检验法 …… 46
三、植物寄生线虫的分离检验法 …… 46
四、植物寄生线虫的分子生物学检验法 ……………………………… 48

思考题 …………………………………… 49

第五章 植物检疫处理 ………………… 50

第一节 植物检疫处理的原则和方法 … 50
一、植物检疫处理的原则 …………… 50
二、植物检疫处理的方法 …………… 50

第二节 熏蒸处理 ……………………… 51
一、常用熏蒸剂的特点 ……………… 51
二、常用熏蒸剂 ……………………… 51
三、熏蒸方式 ………………………… 55
四、熏蒸效果的主要影响因素 ……… 56

第三节 化学药剂处理 ………………… 57
一、种子药剂处理 …………………… 58
二、无性繁殖材料药剂处理 ………… 58
三、防腐剂处理 ……………………… 58
四、烟雾剂处理 ……………………… 58
五、药剂消毒处理 …………………… 59

第四节 物理处理 ……………………… 59
一、热力处理 ………………………… 59
二、低温处理 ………………………… 60
三、电磁波处理 ……………………… 61
四、气调处理 ………………………… 62

第五节 木质包装材料和进境原木的处理
一、木质包装材料的除害处理 ……… 62
二、进境原木的检疫处理 …………… 63

思考题 …………………………………… 63

第六章 鞘翅目检疫性害虫 …………… 64

第一节 马铃薯甲虫 …………………… 64
一、马铃薯甲虫的分布 ……………… 64
二、马铃薯甲虫的寄主 ……………… 64

  三、马铃薯甲虫的危害和重要性 ……… 65
  四、马铃薯甲虫的形态特征 …………… 65
  五、马铃薯甲虫的发生规律和习性 …… 65
  六、马铃薯甲虫的传播途径 …………… 66
  七、马铃薯甲虫的检验方法 …………… 66
  八、马铃薯甲虫的检疫和防治 ………… 66
 第二节 椰心叶甲 ……………………… 66
  一、椰心叶甲的分布 …………………… 67
  二、椰心叶甲的寄主 …………………… 67
  三、椰心叶甲的危害和重要性 ………… 67
  四、椰心叶甲的形态特征 ……………… 67
  五、椰心叶甲的发生规律和习性 ……… 68
  六、椰心叶甲的传播途径 ……………… 68
  七、椰心叶甲的检验方法 ……………… 68
  八、椰心叶甲的检疫和防治 …………… 68
 第三节 墨西哥棉铃象 …………………… 69
  一、墨西哥棉铃象的分布 ……………… 69
  二、墨西哥棉铃象的寄主 ……………… 69
  三、墨西哥棉铃象的危害和重要性 …… 69
  四、墨西哥棉铃象的形态特征 ………… 69
  五、墨西哥棉铃象的发生规律和习性 … 69
  六、墨西哥棉铃象的传播途径 ………… 70
  七、墨西哥棉铃象的检验方法 ………… 70
  八、墨西哥棉铃象的检疫和防治 ……… 70
 第四节 棕榈象甲 ……………………… 70
  一、棕榈象甲的分布 …………………… 71
  二、棕榈象甲的寄主 …………………… 71
  三、棕榈象甲的危害和重要性 ………… 71
  四、棕榈象甲的形态特征 ……………… 71
  五、棕榈象甲的发生规律和习性 ……… 72
  六、棕榈象甲的传播途径 ……………… 72
  七、棕榈象甲的检疫和防治 …………… 72
 第五节 稻水象甲 ……………………… 72
  一、稻水象甲的分布 …………………… 72
  二、稻水象甲的寄主 …………………… 72
  三、稻水象甲的危害和重要性 ………… 73
  四、稻水象甲的形态特征 ……………… 73
  五、稻水象甲的发生规律和习性 ……… 73
  六、稻水象甲的传播途径 ……………… 74
  七、稻水象甲的检验方法 ……………… 74
  八、稻水象甲的检疫和防治 …………… 74
 第六节 芒果果肉象甲 ………………… 75

  一、芒果果肉象甲的分布 ……………… 75
  二、芒果果肉象甲的寄主 ……………… 75
  三、芒果果肉象甲的危害和重要性 …… 75
  四、芒果果肉象甲的形态特征 ………… 75
  五、芒果果肉象甲的发生规律和习性 … 76
  六、芒果果肉象甲的传播途径 ………… 76
  七、芒果果肉象甲的检验方法 ………… 76
  八、芒果果肉象甲的检疫和防治 ……… 77
 第七节 杨干象 …………………………… 77
  一、杨干象的分布 ……………………… 77
  二、杨干象的寄主 ……………………… 77
  三、杨干象的危害和重要性 …………… 77
  四、杨干象的形态特征 ………………… 78
  五、杨干象的发生规律和习性 ………… 78
  六、杨干象的传播途径 ………………… 79
  七、杨干象的检验方法 ………………… 79
  八、杨干象的检疫和防治 ……………… 79
 第八节 菜豆象 …………………………… 79
  一、菜豆象的分布 ……………………… 79
  二、菜豆象的寄主 ……………………… 80
  三、菜豆象的危害和重要性 …………… 80
  四、菜豆象的形态特征 ………………… 80
  五、菜豆象的发生规律和习性 ………… 81
  六、菜豆象的传播途径 ………………… 81
  七、菜豆象的检验方法 ………………… 81
  八、菜豆象的检疫和防治 ……………… 82
 第九节 检疫性小蠹 …………………… 82
  一、咖啡果小蠹 ………………………… 82
  二、欧洲榆小蠹 ………………………… 84
 第十节 谷斑皮蠹 ……………………… 85
  一、谷斑皮蠹的分布 …………………… 86
  二、谷斑皮蠹的寄主 …………………… 86
  三、谷斑皮蠹的危害和重要性 ………… 86
  四、谷斑皮蠹的形态特征 ……………… 86
  五、谷斑皮蠹的发生规律和习性 ……… 86
  六、谷斑皮蠹的传播途径 ……………… 87
  七、谷斑皮蠹的检验方法 ……………… 87
  八、谷斑皮蠹的检疫和防治 …………… 87
 第十一节 大谷蠹 ………………………… 87
  一、大谷蠹的分布 ……………………… 87
  二、大谷蠹的寄主 ……………………… 87
  三、大谷蠹的危害和重要性 …………… 87

四、大谷蠹的形态特征 …………… 88
　　五、大谷蠹的发生规律和习性 …… 88
　　六、大谷蠹的传播途径 …………… 88
　　七、大谷蠹的检验方法 …………… 88
　　八、大谷蠹的检疫和防治 ………… 89
　第十二节　双钩异翅长蠹 …………… 89
　　一、双钩异翅长蠹的分布 ………… 89
　　二、双钩异翅长蠹的寄主 ………… 89
　　三、双钩异翅长蠹的危害和重要性 … 89
　　四、双钩异翅长蠹的形态特征 …… 89
　　五、双钩异翅长蠹的发生规律和习性 … 90
　　六、双钩异翅长蠹的传播途径 …… 91
　　七、双钩异翅长蠹的检验方法 …… 91
　　八、双钩异翅长蠹的检疫和防治 … 91
　思考题 ………………………………… 91

第七章　双翅目检疫性害虫 ………… 93
　第一节　地中海实蝇 ………………… 93
　　一、地中海实蝇的分布 …………… 93
　　二、地中海实蝇的寄主 …………… 93
　　三、地中海实蝇的危害和重要性 … 93
　　四、地中海实蝇的形态特征 ……… 94
　　五、地中海实蝇的发生规律和习性 … 94
　　六、地中海实蝇的传播途径 ……… 95
　　七、地中海实蝇的检验方法 ……… 95
　　八、地中海实蝇的检疫和防治 …… 95
　第二节　橘小实蝇 …………………… 96
　　一、橘小实蝇的分布 ……………… 96
　　二、橘小实蝇的寄主 ……………… 96
　　三、橘小实蝇的危害和重要性 …… 96
　　四、橘小实蝇的形态特征 ………… 96
　　五、橘小实蝇的发生规律和习性 … 97
　　六、橘小实蝇的传播途径 ………… 97
　　七、橘小实蝇的检验方法 ………… 97
　　八、橘小实蝇的检疫和防治 ……… 97
　第三节　柑橘大实蝇 ………………… 98
　　一、柑橘大实蝇的分布 …………… 98
　　二、柑橘大实蝇的寄主 …………… 98
　　三、柑橘大实蝇的危害和重要性 … 98
　　四、柑橘大实蝇的形态特征 ……… 98
　　五、柑橘大实蝇的发生规律和习性 … 99
　　六、柑橘大实蝇的传播途径 ……… 99

　　七、柑橘大实蝇的检疫和防治 …… 99
　第四节　蜜柑大实蝇 ………………… 99
　　一、蜜柑大实蝇的分布 …………… 99
　　二、蜜柑大实蝇的寄主 …………… 99
　　三、蜜柑大实蝇的危害和重要性 … 100
　　四、蜜柑大实蝇的形态特征 ……… 100
　　五、蜜柑大实蝇的发生规律和习性 … 100
　　六、蜜柑大实蝇的传播途径 ……… 100
　　七、蜜柑大实蝇的检疫地位 ……… 101
　第五节　苹果实蝇 …………………… 101
　　一、苹果实蝇的分布 ……………… 101
　　二、苹果实蝇的寄主 ……………… 101
　　三、苹果实蝇的危害和重要性 …… 101
　　四、苹果实蝇的形态特征 ………… 101
　　五、苹果实蝇的发生规律和习性 … 102
　　六、苹果实蝇的传播途径 ………… 102
　　七、苹果实蝇的检验方法 ………… 102
　　八、苹果实蝇的检疫地位 ………… 102
　第六节　墨西哥按实蝇 ……………… 102
　　一、墨西哥按实蝇的分布 ………… 102
　　二、墨西哥按实蝇的寄主 ………… 102
　　三、墨西哥按实蝇的危害和重要性 … 102
　　四、墨西哥按实蝇的形态特征 …… 103
　　五、墨西哥按实蝇的发生规律和习性 … 103
　　六、墨西哥按实蝇的传播途径 …… 103
　　七、墨西哥按实蝇的检验方法 …… 104
　　八、墨西哥按实蝇的检疫和防治 … 104
　第七节　枣实蝇 ……………………… 104
　　一、枣实蝇的分布 ………………… 104
　　二、枣实蝇的寄主 ………………… 104
　　三、枣实蝇的危害和重要性 ……… 104
　　四、枣实蝇的形态特征 …………… 104
　　五、枣实蝇的发生规律和习性 …… 105
　　六、枣实蝇的传播途径 …………… 105
　　七、枣实蝇的检疫和防治 ………… 105
　第八节　三叶草斑潜蝇 ……………… 106
　　一、三叶草斑潜蝇的分布 ………… 106
　　二、三叶草斑潜蝇的寄主 ………… 106
　　三、三叶草斑潜蝇的危害和重要性 … 106
　　四、三叶草斑潜蝇的形态特征 …… 106
　　五、三叶草斑潜蝇的发生规律和习性 … 107
　　六、三叶草斑潜蝇的传播途径 …… 107

七、三叶草斑潜蝇的检验方法 ………… 107
八、三叶草斑潜蝇的检疫和防治 ……… 107

第九节　黑森瘿蚊 …………………… 108
一、黑森瘿蚊的分布 …………………… 108
二、黑森瘿蚊的寄主 …………………… 108
三、黑森瘿蚊的危害和重要性 ………… 108
四、黑森瘿蚊的形态特征 ……………… 108
五、黑森瘿蚊的发生规律和习性 ……… 109
六、黑森瘿蚊的传播途径 ……………… 109
七、黑森瘿蚊的检验方法 ……………… 109
八、黑森瘿蚊的检疫和防治 …………… 110

第十节　高粱瘿蚊 …………………… 110
一、高粱瘿蚊的分布 …………………… 110
二、高粱瘿蚊的寄主 …………………… 110
三、高粱瘿蚊的危害和重要性 ………… 110
四、高粱瘿蚊的形态特征 ……………… 110
五、高粱瘿蚊的发生规律和习性 ……… 111
六、高粱瘿蚊的传播途径 ……………… 111
七、高粱瘿蚊的检验方法 ……………… 111
八、高粱瘿蚊的检疫和防治 …………… 112

思考题 ……………………………………… 112

第八章　同翅目检疫性害虫 …………… 113

第一节　松突圆蚧 …………………… 113
一、松突圆蚧的分布 …………………… 113
二、松突圆蚧的寄主 …………………… 113
三、松突圆蚧的危害和重要性 ………… 113
四、松突圆蚧的形态特征 ……………… 114
五、松突圆蚧的发生规律和习性 ……… 115
六、松突圆蚧的传播途径 ……………… 115
七、松突圆蚧的检疫和防治 …………… 115

第二节　湿地松粉蚧 ………………… 116
一、湿地松粉蚧的分布 ………………… 116
二、湿地松粉蚧的寄主 ………………… 116
三、湿地松粉蚧的危害和重要性 ……… 116
四、湿地松粉蚧的形态特征 …………… 116
五、湿地松粉蚧的发生规律和习性 …… 117
六、湿地松粉蚧的传播途径 …………… 117
七、湿地松粉蚧的检疫和防治 ………… 118

第三节　扶桑绵粉蚧 ………………… 118
一、扶桑绵粉蚧的分布 ………………… 118
二、扶桑绵粉蚧的寄主 ………………… 118

三、扶桑绵粉蚧的危害和重要性 ……… 118
四、扶桑绵粉蚧的形态特征 …………… 118
五、扶桑绵粉蚧的发生规律和习性 …… 119
六、扶桑绵粉蚧的传播途径 …………… 120
七、扶桑绵粉蚧的检疫和防治 ………… 120

第四节　葡萄根瘤蚜 ………………… 120
一、葡萄根瘤蚜的分布 ………………… 120
二、葡萄根瘤蚜的寄主 ………………… 120
三、葡萄根瘤蚜的危害和重要性 ……… 120
四、葡萄根瘤蚜的形态特征 …………… 121
五、葡萄根瘤蚜的发生规律和习性 …… 122
六、葡萄根瘤蚜的传播途径 …………… 122
七、葡萄根瘤蚜的检疫和防治 ………… 122

第五节　苹果绵蚜 …………………… 123
一、苹果绵蚜的分布 …………………… 123
二、苹果绵蚜的寄主 …………………… 123
三、苹果绵蚜的危害和重要性 ………… 123
四、苹果绵蚜的形态特征 ……………… 123
五、苹果绵蚜的发生规律和习性 ……… 124
六、苹果绵蚜的传播途径 ……………… 124
七、苹果绵蚜的检疫和防治 …………… 124

思考题 ……………………………………… 125

第九章　鳞翅目和其他目检疫性害虫 ………………………………………… 126

第一节　苹果蠹蛾 …………………… 126
一、苹果蠹蛾的分布 …………………… 126
二、苹果蠹蛾的寄主 …………………… 126
三、苹果蠹蛾的危害和重要性 ………… 126
四、苹果蠹蛾的形态特征 ……………… 127
五、苹果蠹蛾的发生规律和习性 ……… 127
六、苹果蠹蛾的传播途径 ……………… 128
七、苹果蠹蛾的检验方法 ……………… 128
八、苹果蠹蛾的检疫和防治 …………… 128

第二节　美国白蛾 …………………… 128
一、美国白蛾的分布 …………………… 128
二、美国白蛾的寄主 …………………… 129
三、美国白蛾的危害和重要性 ………… 129
四、美国白蛾的形态特征 ……………… 129
五、美国白蛾的发生规律和习性 ……… 130
六、美国白蛾的传播途径 ……………… 130
七、美国白蛾的检疫和防治 …………… 130

第三节 杨干透翅蛾 ……………… 131
　　一、杨干透翅蛾的分布 ……………… 131
　　二、杨干透翅蛾的寄主 ……………… 131
　　三、杨干透翅蛾的危害和重要性 …… 131
　　四、杨干透翅蛾的形态特征 ………… 131
　　五、杨干透翅蛾的发生规律和习性 … 132
　　六、杨干透翅蛾的传播途径 ………… 133
　　七、杨干透翅蛾的检验方法 ………… 133
　　八、杨干透翅蛾的检疫和防治 ……… 133

第四节 蔗扁蛾 ……………………… 133
　　一、蔗扁蛾的分布 …………………… 133
　　二、蔗扁蛾的寄主 …………………… 133
　　三、蔗扁蛾的危害和重要性 ………… 133
　　四、蔗扁蛾的形态特征 ……………… 134
　　五、蔗扁蛾的发生规律和习性 ……… 134
　　六、蔗扁蛾的传播途径 ……………… 134
　　七、蔗扁蛾的检验方法 ……………… 135
　　八、蔗扁蛾的检疫和防治 …………… 135

第五节 红火蚁 ……………………… 135
　　一、红火蚁的分布 …………………… 135
　　二、红火蚁的寄主 …………………… 135
　　三、红火蚁的危害和重要性 ………… 135
　　四、红火蚁的形态特征 ……………… 136
　　五、红火蚁的生物学特性 …………… 136
　　六、红火蚁的传播途径 ……………… 137
　　七、红火蚁的检验方法 ……………… 137
　　八、红火蚁的检疫和防治 …………… 137

第六节 大家白蚁 …………………… 138
　　一、大家白蚁的分布 ………………… 138
　　二、大家白蚁的寄主 ………………… 138
　　三、大家白蚁的危害和重要性 ……… 138
　　四、大家白蚁的形态特征 …………… 139
　　五、大家白蚁的生物学特性 ………… 139
　　六、大家白蚁的传播途径 …………… 140
　　七、大家白蚁的检验方法 …………… 140
　　八、大家白蚁的检疫和防治 ………… 140

　　思考题 …………………………………… 140

第十章 检疫性软体动物 ………… 141

第一节 非洲大蜗牛 ………………… 141
　　一、非洲大蜗牛的分布 ……………… 141
　　二、非洲大蜗牛的危害和重要性 …… 142

　　三、非洲大蜗牛的形态特征 ………… 142
　　四、非洲大蜗牛的生物学特性 ……… 142
　　五、非洲大蜗牛的传播途径 ………… 142
　　六、非洲大蜗牛的检验方法 ………… 143
　　七、非洲大蜗牛的检疫和防治 ……… 143

第二节 花园葱蜗牛 ………………… 143
　　一、花园葱蜗牛的分布 ……………… 143
　　二、花园葱蜗牛的危害和重要性 …… 143
　　三、花园葱蜗牛的形态特征 ………… 143
　　四、花园葱蜗牛的生物学特性 ……… 144
　　五、花园葱蜗牛的传播途径 ………… 144
　　六、花园葱蜗牛的检验方法 ………… 144
　　七、花园葱蜗牛的检疫和防治 ……… 144

第三节 散大蜗牛 …………………… 144
　　一、散大蜗牛的分布 ………………… 144
　　二、散大蜗牛的危害和重要性 ……… 144
　　三、散大蜗牛的形态特征 …………… 145
　　四、散大蜗牛的生物学特性 ………… 145
　　五、散大蜗牛的传播途径 …………… 145
　　六、散大蜗牛的检验方法 …………… 145
　　七、散大蜗牛的检疫和防治 ………… 145

第四节 比萨茶蜗牛 ………………… 146
　　一、比萨茶蜗牛的分布 ……………… 146
　　二、比萨茶蜗牛的危害和重要性 …… 146
　　三、比萨茶蜗牛的形态特征 ………… 146
　　四、比萨茶蜗牛的生物学特性 ……… 146
　　五、比萨茶蜗牛的传播途径 ………… 146
　　六、比萨茶蜗牛的检验方法 ………… 147
　　七、比萨茶蜗牛的检疫和防治 ……… 147

第五节 其他检疫性软体动物 ……… 147
　　一、盖罩大蜗牛 ……………………… 147
　　二、琉球球壳蜗牛 …………………… 147

　　思考题 …………………………………… 147

第十一章 检疫性植物寄生线虫 …… 148

第一节 剪股颖粒线虫 ……………… 148
　　一、剪股颖粒线虫的分布 …………… 149
　　二、剪股颖粒线虫的寄主 …………… 149
　　三、剪股颖粒线虫的危害和重要性 … 149
　　四、剪股颖粒线虫的形态特征 ……… 149
　　五、剪股颖粒线虫的危害症状 ……… 149
　　六、剪股颖粒线虫的发生规律 ……… 149

七、剪股颖粒线虫的传播途径 …………… 149
八、剪股颖粒线虫的检验方法 …………… 150
九、剪股颖粒线虫的检疫和防治 ………… 150

第二节 水稻茎线虫 ……………………… 150
一、水稻茎线虫的分布 …………………… 150
二、水稻茎线虫的寄主 …………………… 151
三、水稻茎线虫的危害和重要性 ………… 151
四、水稻茎线虫的形态特征 ……………… 151
五、水稻茎线虫的危害症状 ……………… 152
六、水稻茎线虫的发生规律 ……………… 152
七、水稻茎线虫的传播途径 ……………… 152
八、水稻茎线虫的检验方法 ……………… 152
九、水稻茎线虫的检疫和防治 …………… 152

第三节 腐烂茎线虫 ……………………… 152
一、腐烂茎线虫的分布 …………………… 153
二、腐烂茎线虫的寄主 …………………… 153
三、腐烂茎线虫的危害和重要性 ………… 153
四、腐烂茎线虫的形态特征 ……………… 153
五、腐烂茎线虫的危害症状 ……………… 153
六、腐烂茎线虫的发生规律 ……………… 154
七、腐烂茎线虫的传播途径 ……………… 154
八、腐烂茎线虫的检验方法 ……………… 154
九、腐烂茎线虫的检疫和防治 …………… 154

第四节 鳞球茎茎线虫 …………………… 154
一、鳞球茎茎线虫的分布 ………………… 154
二、鳞球茎茎线虫的寄主范围 …………… 155
三、鳞球茎茎线虫的危害和重要性 ……… 155
四、鳞球茎茎线虫的形态特征 …………… 155
五、鳞球茎茎线虫的危害症状 …………… 155
六、鳞球茎茎线虫的发生规律 …………… 155
七、鳞球茎茎线虫的传播途径 …………… 156
八、鳞球茎茎线虫的检验方法 …………… 156
九、鳞球茎茎线虫的检疫和防治 ………… 156

第五节 异常珍珠线虫 …………………… 156
一、异常珍珠线虫的分布 ………………… 156
二、异常珍珠线虫的寄主 ………………… 156
三、异常珍珠线虫的危害和重要性 ……… 156
四、异常珍珠线虫的形态特征 …………… 156
五、异常珍珠线虫的危害症状 …………… 157
六、异常珍珠线虫的发生规律 …………… 157
七、异常珍珠线虫的传播途径 …………… 157
八、异常珍珠线虫的检验方法 …………… 157

九、异常珍珠线虫的检疫和防治 ………… 157

第六节 香蕉穿孔线虫 …………………… 158
一、香蕉穿孔线虫的分布 ………………… 158
二、香蕉穿孔线虫的寄主 ………………… 158
三、香蕉穿孔线虫的危害和重要性 ……… 158
四、香蕉穿孔线虫的形态特征 …………… 158
五、香蕉穿孔线虫的危害症状 …………… 158
六、香蕉穿孔线虫的发生规律 …………… 159
七、香蕉穿孔线虫的传播途径 …………… 159
八、香蕉穿孔线虫的检验方法 …………… 159
九、香蕉穿孔线虫的检疫和防治 ………… 159

第七节 马铃薯金线虫 …………………… 160
一、马铃薯金线虫的分布 ………………… 160
二、马铃薯金线虫的寄主 ………………… 160
三、马铃薯金线虫的危害和重要性 ……… 160
四、马铃薯金线虫的形态特征 …………… 160
五、马铃薯金线虫的危害症状 …………… 161
六、马铃薯金线虫的发生规律 …………… 161
七、马铃薯金线虫的传播途径 …………… 161
八、马铃薯金线虫的检验方法 …………… 161
九、马铃薯金线虫的检疫和防治 ………… 161

第八节 甜菜胞囊线虫 …………………… 162
一、甜菜胞囊线虫的分布 ………………… 162
二、甜菜胞囊线虫的寄主 ………………… 162
三、甜菜胞囊线虫的危害和重要性 ……… 162
四、甜菜胞囊线虫的形态特征 …………… 162
五、甜菜胞囊线虫的危害症状 …………… 163
六、甜菜胞囊线虫的发生规律 …………… 163
七、甜菜胞囊线虫的传播途径 …………… 164
八、甜菜胞囊线虫的检验方法 …………… 164
九、甜菜胞囊线虫的检疫和防治 ………… 164

第九节 草莓滑刃线虫 …………………… 164
一、草莓滑刃线虫的分布 ………………… 164
二、草莓滑刃线虫的寄主 ………………… 164
三、草莓滑刃线虫的危害和重要性 ……… 164
四、草莓滑刃线虫的形态特征 …………… 164
五、草莓滑刃线虫的危害症状 …………… 165
六、草莓滑刃线虫的发生规律 …………… 165
七、草莓滑刃线虫的传播途径 …………… 165
八、草莓滑刃线虫的检验方法 …………… 166
九、草莓滑刃线虫的检疫和防治 ………… 166

第十节 菊花滑刃线虫 …………………… 166

一、菊花滑刃线虫的分布 …………… 166
二、菊花滑刃线虫的寄主范围 ……… 166
三、菊花滑刃线虫的危害和重要性 … 166
四、菊花滑刃线虫的形态特征 ……… 166
五、菊花滑刃线虫的危害症状 ……… 166
六、菊花滑刃线虫的发生规律 ……… 167
七、菊花滑刃线虫的传播途径 ……… 167
八、菊花滑刃线虫的检验方法 ……… 168
九、菊花滑刃线虫的检疫和防治 …… 168

第十一节 椰子红环腐线虫 ……………… 168
一、椰子红环腐线虫的分布 ………… 168
二、椰子红环腐线虫的寄主 ………… 168
三、椰子红环腐线虫的危害和重要性 … 168
四、椰子红环腐线虫的形态特征 …… 168
五、椰子红环腐线虫的危害症状 …… 169
六、椰子红环腐线虫的发生规律 …… 169
七、椰子红环腐线虫的传播途径 …… 170
八、椰子红环腐线虫的检验方法 …… 170
九、椰子红环腐线虫的检疫和防治 … 170

第十二节 松材线虫 ……………………… 170
一、松材线虫的分布 ………………… 170
二、松材线虫的寄主 ………………… 170
三、松材线虫的危害和重要性 ……… 170
四、松材线虫的形态特征 …………… 170
五、松材线虫的危害症状 …………… 171
六、松材线虫的发生规律 …………… 171
七、松材线虫的传播途径 …………… 172
八、松材线虫的检验方法 …………… 172
九、松材线虫的检疫和防治 ………… 172

第十三节 其他检疫性植物线虫 ………… 172
一、根结线虫属 ……………………… 172
二、短体线虫属 ……………………… 173
三、传毒线虫 ………………………… 173

思考题 ……………………………………… 174

第十二章 检疫性卵菌 …………………… 175

第一节 大豆疫霉病病菌 ………………… 175
一、大豆疫霉病病菌的分布 ………… 175
二、大豆疫霉病病菌的寄主 ………… 175
三、大豆疫霉病病菌的危害和重要性 … 175
四、大豆疫霉病病菌的形态特征 …… 175
五、大豆疫霉病的危害症状 ………… 176
六、大豆疫霉病的发生规律 ………… 177
七、大豆疫霉病病菌的传播途径 …… 177
八、大豆疫霉病病菌的检验方法 …… 177
九、大豆疫霉病病菌的检疫和大豆
 疫霉病的防治 …………………… 178

第二节 玉米霜霉病病菌 ………………… 179
一、玉米霜霉病病菌的分布 ………… 179
二、玉米霜霉病病菌的寄主 ………… 179
三、玉米霜霉病病菌的危害和重要性 … 179
四、玉米霜霉病病菌的形态特征 …… 180
五、玉米霜霉病的危害症状 ………… 181
六、玉米霜霉病的发生规律 ………… 182
七、玉米霜霉病病菌的传播途径 …… 182
八、玉米霜霉病病菌的检验方法 …… 183
九、玉米霜霉病病菌的检疫和玉米
 霜霉病的防治 …………………… 183

第三节 烟草霜霉病病菌 ………………… 183
一、烟草霜霉病病菌的分布 ………… 183
二、烟草霜霉病病菌的寄主 ………… 183
三、烟草霜霉病病菌的危害和重要性 … 183
四、烟草霜霉病病菌的形态和生物学
 特性 ……………………………… 184
五、烟草霜霉病的危害症状 ………… 184
六、烟草霜霉病的发生规律 ………… 185
七、烟草霜霉病病菌的传播途径 …… 185
八、烟草霜霉病病菌的检验方法 …… 185
九、烟草霜霉病病菌的检疫和烟草
 霜霉病的防治 …………………… 185

思考题 ……………………………………… 186

第十三章 检疫性真菌 …………………… 187

第一节 马铃薯癌肿病病菌 ……………… 187
一、马铃薯癌肿病病菌的分布 ……… 187
二、马铃薯癌肿病病菌的寄主 ……… 187
三、马铃薯癌肿病病菌的危害和
 重要性 …………………………… 187
四、马铃薯癌肿病病菌的形态和
 生活史 …………………………… 188
五、马铃薯癌肿病的危害症状 ……… 189
六、马铃薯癌肿病的发生规律 ……… 190
七、马铃薯癌肿病病菌的传播途径 … 190
八、马铃薯癌肿病病菌的检验方法 … 191

九、马铃薯癌肿病病菌的检疫和
马铃薯癌肿病的防治 …………… 191
第二节 苜蓿黄萎病病菌 ………………… 192
一、苜蓿黄萎病病菌的分布 ………… 192
二、苜蓿黄萎病病菌的寄主 ………… 192
三、苜蓿黄萎病病菌的危害和重要性 …… 192
四、苜蓿黄萎病病菌的形态和生物学
特性 …………………………… 192
五、苜蓿黄萎病的危害症状 ………… 193
六、苜蓿黄萎病的发生规律 ………… 193
七、苜蓿黄萎病病菌的传播途径 …… 194
八、苜蓿黄萎病病菌的检验方法 …… 194
九、苜蓿黄萎病病菌的检疫和苜蓿
黄萎病的防治 …………………… 195
第三节 瓜类黑星病病菌 ………………… 195
一、瓜类黑星病病菌的分布 ………… 195
二、瓜类黑星病病菌的寄主 ………… 195
三、瓜类黑星病病菌的危害和重要性 …… 195
四、瓜类黑星病病菌的形态特征 …… 195
五、瓜类黑星病的危害症状 ………… 195
六、瓜类黑星病的发生规律 ………… 196
七、瓜类黑星病病菌的检验方法 …… 196
八、瓜类黑星病病菌的检疫和瓜类
黑星病的防治 …………………… 196
第四节 香蕉枯萎病病菌 ………………… 197
一、香蕉枯萎病病菌的分布 ………… 197
二、香蕉枯萎病病菌的寄主 ………… 197
三、香蕉枯萎病病菌的危害和
重要性 …………………………… 197
四、香蕉枯萎病病菌的形态特征 …… 197
五、香蕉枯萎病病菌的小种分化 …… 198
六、香蕉枯萎病的危害症状 ………… 198
七、香蕉枯萎病的发生规律 ………… 198
八、香蕉枯萎病病菌的传播途径 …… 198
九、香蕉枯萎病病菌的检验方法 …… 198
十、香蕉枯萎病病菌的检疫和香蕉
枯萎病的防治 …………………… 200
第五节 落叶松枯梢病病菌 ……………… 200
一、落叶松枯梢病病菌的分布 ……… 200
二、落叶松枯梢病病菌的寄主 ……… 200
三、落叶松枯梢病病菌的危害和
重要性 …………………………… 200

四、落叶松枯梢病病菌的形态特征 …… 200
五、落叶松枯梢病的危害症状 ……… 201
六、落叶松枯梢病的发生规律 ……… 201
七、落叶松枯梢病病菌的传播途径 …… 202
八、落叶松枯梢病病菌的检验方法 …… 202
九、落叶松枯梢病病菌的检疫和落叶
松枯梢病的防治 ………………… 202
第六节 五针松疱锈病病菌 ……………… 203
一、五针松疱锈病病菌的分布 ……… 203
二、五针松疱锈病病菌的寄主 ……… 203
三、五针松疱锈病病菌的危害和
重要性 …………………………… 203
四、五针松疱锈病病菌的形态特征 …… 203
五、五针松疱锈病的危害症状 ……… 204
六、五针松疱锈病的发生规律 ……… 204
七、五针松疱锈病病菌的传播途径 …… 204
八、五针松疱锈病病菌的检验方法 …… 204
九、五针松疱锈病病菌的检疫和五针
松疱锈病的防治 ………………… 205
第七节 小麦矮腥黑穗病病菌 …………… 205
一、小麦矮腥黑穗病病菌的分布 …… 205
二、小麦矮腥黑穗病病菌的寄主 …… 205
三、小麦矮腥黑穗病病菌的危害和
重要性 …………………………… 206
四、小麦矮腥黑穗病病菌的形态
和生物学特性 …………………… 206
五、小麦矮腥黑穗病的危害症状 …… 206
六、小麦矮腥黑穗病的发生规律 …… 207
七、小麦矮腥黑穗病的传播途径 …… 207
八、小麦矮腥黑穗病病菌的检验方法 …… 207
九、小麦矮腥黑穗病病菌的检疫和
小麦矮腥黑穗病的防治 ………… 208
第八节 其他重要检疫性真菌 …………… 209
一、小麦印度腥黑穗病病菌 ………… 209
二、黑麦草腥黑穗病病菌 …………… 210
三、玉米晚萎病病菌 ………………… 210
四、高粱麦角病病菌 ………………… 211
五、马铃薯块茎坏疽病病菌 ………… 211
六、马铃薯炭疽病病菌 ……………… 213
七、马铃薯黑粉病病菌 ……………… 213
八、棉花根腐病病菌 ………………… 214
九、大豆茎溃疡病病菌 ……………… 215

十、榆枯萎病病菌 ……………… 215
十一、栎枯萎病病菌 ……………… 216
十二、橡胶树南美叶疫病病菌 …… 217
十三、咖啡树美洲叶斑病病菌 …… 218
思考题 ………………………………… 219

第十四章 检疫性原核生物 ……… 220

第一节 梨火疫病病原细菌 ……… 220
一、梨火疫病病原细菌的分布 …… 220
二、梨火疫病病原细菌的寄主 …… 220
三、梨火疫病病原细菌的危害和重要性 …………………………… 220
四、梨火疫病病原细菌的形态和生物学特性 ……………………… 221
五、梨火疫病的危害症状 ………… 221
六、梨火疫病的发生规律 ………… 221
七、梨火疫病病原细菌的传播途径 … 222
八、梨火疫病病原细菌的检验方法 … 222
九、梨火疫病病原细菌的检疫和梨火疫病的防治 ………………… 223

第二节 瓜类细菌性果斑病病菌 … 223
一、瓜类细菌性果斑病病菌的分布 … 223
二、瓜类细菌性果斑病病菌的寄主 … 223
三、瓜类细菌性果斑病病菌的危害和重要性 ……………………… 223
四、瓜类细菌性果斑病病菌的形态和生物学特性 ………………… 223
五、瓜类细菌性果斑病的危害症状 … 224
六、瓜类细菌性果斑病的发生规律 … 224
七、瓜类细菌性果斑病病菌的传播途径 …………………………… 225
八、瓜类细菌性果斑病病菌的检验方法 …………………………… 225
九、瓜类细菌性果斑病病菌的检疫和瓜类细菌性果斑病的防治 … 226

第三节 番茄细菌性溃疡病病菌 … 226
一、番茄细菌性溃疡病病菌的分布 … 226
二、番茄细菌性溃疡病病菌的寄主 … 226
三、番茄细菌性溃疡病病菌的危害和重要性 ……………………… 227
四、番茄细菌性溃疡病病菌的形态和生物学特性 ………………… 227
五、番茄细菌性溃疡病的危害症状 … 227
六、番茄细菌性溃疡病的发生规律 … 227
七、番茄细菌性溃疡病病菌的传播途径 …………………………… 228
八、番茄细菌性溃疡病病菌的检验方法 …………………………… 228
九、番茄细菌性溃疡病病菌的检疫和番茄细菌性溃疡病的防治 … 228

第四节 番茄细菌性斑点病病菌 … 228
一、番茄细菌性斑点病病菌的分布 … 229
二、番茄细菌性斑点病病菌的寄主 … 229
三、番茄细菌性斑点病病菌的危害和重要性 ……………………… 229
四、番茄细菌性斑点病病菌的形态和生物学特性 ………………… 229
五、番茄细菌性斑点病的危害症状 … 229
六、番茄细菌性斑点病的发生规律 … 229
七、番茄细菌性斑点病病菌的传播途径 …………………………… 230
八、番茄细菌性斑点病病菌的检验方法 …………………………… 230
九、番茄细菌性斑点病病菌的检疫和番茄细菌性斑点病的防治 … 230

第五节 十字花科蔬菜细菌性黑斑病菌 ……………………… 230
一、十字花科蔬菜细菌性黑斑病病菌的分布 …………………… 230
二、十字花科蔬菜细菌性黑斑病病菌的寄主 …………………… 231
三、十字花科蔬菜细菌性黑斑病病菌的危害和重要性 ………… 231
四、十字花科蔬菜细菌性黑斑病病菌的形态和生物学特性 …… 231
五、十字花科蔬菜细菌性黑斑病的危害症状 …………………… 231
六、十字花科蔬菜细菌性黑斑病的发生规律 …………………… 232
七、十字花科蔬菜细菌性黑斑病病菌的传播途径 ……………… 232
八、十字花科蔬菜细菌性黑斑病病菌的检疫和十字花科蔬菜细菌性黑斑病的防治 ……………… 232

第六节 水稻细菌性条斑病病菌 ……… 233
　一、水稻细菌性条斑病病菌的分布 ……… 233
　二、水稻细菌性条斑病病菌的寄主 ……… 233
　三、水稻细菌性条斑病病菌的危害
　　　和重要性 ……… 233
　四、水稻细菌性条斑病病菌的形态和
　　　生物学特性 ……… 233
　五、水稻细菌性条斑病的危害症状 ……… 233
　六、水稻细菌性条斑病的发生规律 ……… 234
　七、水稻细菌性条斑病病菌的传播
　　　途径 ……… 234
　八、水稻细菌性条斑病病菌的检验
　　　方法 ……… 234
　九、水稻细菌性条斑病病菌的检疫和
　　　水稻细菌性条斑病的防治 ……… 234

第七节 水稻细菌性谷枯病菌 ……… 234
　一、水稻细菌性谷枯病病菌的分布 ……… 234
　二、水稻细菌性谷枯病病菌的寄主 ……… 235
　三、水稻细菌性谷枯病病菌的危害和
　　　重要性 ……… 235
　四、水稻细菌性谷枯病病菌的形态和
　　　生物学特性 ……… 235
　五、水稻细菌性谷枯病的危害症状 ……… 235
　六、水稻细菌性谷枯病的发生规律 ……… 236
　七、水稻细菌性谷枯病病菌的传播
　　　途径 ……… 236
　八、水稻细菌性谷枯病病菌的检验
　　　方法 ……… 236
　九、水稻细菌性谷枯病病菌的检疫和
　　　水稻细菌性谷枯病的防治 ……… 236

第八节 其他重要检疫性原核
　　　　生物 ……… 237
　一、柑橘溃疡病病原细菌 ……… 237
　二、柑橘黄龙病病原细菌 ……… 237
　三、香蕉细菌性枯萎病病菌 ……… 238
　四、桃树细菌性溃疡病病菌 ……… 239
　五、葡萄皮尔斯氏病病原细菌 ……… 239
　六、葡萄细菌性疫病病菌 ……… 240
　七、菜豆细菌性萎蔫病菌 ……… 240
　八、苜蓿细菌性枯萎病病菌 ……… 241
　九、玉米细菌性枯萎病病菌 ……… 241
　十、甘蔗流胶病病原细菌 ……… 242

　十一、椰子致死黄化病植原体 ……… 242
　十二、葡萄金黄化病植原体 ……… 243
　十三、柑橘僵化病螺原体 ……… 243
　思考题 ……… 243

第十五章 检疫性植物病毒 ……… 245
第一节 黄瓜绿斑驳花叶病毒 ……… 245
　一、黄瓜绿斑驳花叶病毒的分布 ……… 245
　二、黄瓜绿斑驳花叶病毒的寄主 ……… 245
　三、黄瓜绿斑驳花叶病毒的危害和
　　　重要性 ……… 245
　四、黄瓜绿斑驳花叶病毒的特征 ……… 246
　五、黄瓜绿斑驳花叶病毒的危害症状 ……… 246
　六、黄瓜绿斑驳花叶病毒的传播途径 ……… 247
　七、黄瓜绿斑驳花叶病毒的检验方法 ……… 247
　八、黄瓜绿斑驳花叶病毒的检疫和
　　　防治 ……… 248

第二节 南方菜豆花叶病毒 ……… 248
　一、南方菜豆花叶病毒的分布 ……… 248
　二、南方菜豆花叶病毒的寄主 ……… 248
　三、南方菜豆花叶病毒的危害和
　　　重要性 ……… 248
　四、南方菜豆花叶病毒的特征 ……… 249
　五、南方菜豆花叶病毒的危害症状 ……… 249
　六、南方菜豆花叶病毒的传播途径 ……… 249
　七、南方菜豆花叶病毒的检验方法 ……… 249
　八、南方菜豆花叶病毒的检疫地位 ……… 250

第三节 香石竹环斑病毒 ……… 250
　一、香石竹环斑病毒的分布 ……… 250
　二、香石竹环斑病毒的寄主 ……… 250
　三、香石竹环斑病毒的危害和重要性 ……… 250
　四、香石竹环斑病毒的特征 ……… 250
　五、香石竹环斑病毒的危害症状 ……… 250
　六、香石竹环斑病毒的传播途径 ……… 250
　七、香石竹环斑病毒的检验方法 ……… 251
　八、香石竹环斑病毒的检疫地位 ……… 251

第四节 马铃薯帚顶病毒 ……… 251
　一、马铃薯帚顶病毒的分布 ……… 251
　二、马铃薯帚顶病毒的寄主 ……… 251
　三、马铃薯帚顶病毒的危害和重要性 ……… 251
　四、马铃薯帚顶病毒的特征 ……… 252
　五、马铃薯帚顶病毒的危害症状 ……… 252

六、马铃薯帚顶病毒的传播途径…… 253
七、马铃薯帚顶病毒的检验方法…… 253
八、马铃薯帚顶病毒的检疫地位…… 253

第五节 番茄斑萎病毒…… 253
一、番茄斑萎病毒的分布…… 254
二、番茄斑萎病毒的寄主…… 254
三、番茄斑萎病毒的危害和重要性…… 254
四、番茄斑萎病毒的特征…… 254
五、番茄斑萎病毒的危害症状…… 254
六、番茄斑萎病毒的传播途径…… 255
七、番茄斑萎病毒的检验方法…… 255
八、番茄斑萎病毒的检疫和防治…… 255

第六节 番茄环斑病毒…… 256
一、番茄环斑病毒的分布…… 256
二、番茄环斑病毒的寄主…… 256
三、番茄环斑病毒的危害和重要性…… 256
四、番茄环斑病毒的特征…… 257
五、番茄环斑病毒的危害症状…… 257
六、番茄环斑病毒的传播途径…… 258
七、番茄环斑病毒的检验方法…… 258
八、番茄环斑病毒的检疫地位…… 258

第七节 李属坏死环斑病毒…… 259
一、李属坏死环斑病毒的分布…… 259
二、李属坏死环斑病毒的寄主…… 259
三、李属坏死环斑病毒的危害和重要性…… 259
四、李属坏死环斑病毒的特征…… 259
五、李属坏死环斑病毒的危害症状…… 259
六、李属坏死环斑病毒的传播途径…… 259
七、李属坏死环斑病毒的检验方法…… 260
八、李属坏死环斑病毒的检疫和防治…… 260

第八节 其他重要检疫性植物病毒…… 260
一、烟草环斑病毒…… 260
二、蚕豆染色病毒…… 261
三、水稻瘤矮病毒…… 261
四、棉花曲叶病毒…… 261
五、非洲木薯花叶病毒…… 262
六、李痘病毒…… 262
七、苹果茎沟病毒…… 263
八、可可肿枝病毒…… 263
九、马铃薯纺锤块茎类病毒…… 263
十、苹果皱果类病毒…… 264
十一、椰子死亡类病毒…… 264
思考题…… 265

第十六章 检疫性杂草…… 266

第一节 毒麦…… 266
一、毒麦的分布…… 266
二、毒麦的危害和重要性…… 266
三、毒麦的形态特征…… 266
四、毒麦的生物学特性…… 267
五、毒麦的传播途径…… 267
六、毒麦的检验方法…… 267
七、毒麦的检疫和防治…… 267

第二节 假高粱…… 268
一、假高粱的分布…… 268
二、假高粱的危害和重要性…… 268
三、假高粱的形态特征…… 268
四、假高粱的生物学特性…… 269
五、假高粱的传播途径…… 269
六、假高粱的检验方法…… 269
七、假高粱的检疫和防治…… 269

第三节 菟丝子…… 270
一、菟丝子的分布…… 270
二、菟丝子的危害和重要性…… 270
三、菟丝子的形态特征…… 270
四、菟丝子的生物学特性…… 270
五、菟丝子的传播途径…… 271
六、菟丝子的检验方法…… 271
七、菟丝子的检疫和防治…… 271

第四节 列当…… 272
一、列当的分布…… 272
二、列当的危害和重要性…… 272
三、列当的形态特征…… 272
四、列当的生物学特性…… 273
五、列当的传播途径…… 273
六、列当的检验方法…… 273
七、列当的检疫和防治…… 274

第五节 豚草…… 274
一、豚草的分布…… 274
二、豚草的危害和重要性…… 274
三、豚草的形态特征…… 274
四、豚草的生物学特性…… 275

五、豚草的传播途径……………… 275
　　六、豚草的检验方法……………… 275
　　七、豚草的检疫和防治…………… 275
第六节　薇甘菊……………………… 275
　　一、薇甘菊的分布………………… 275
　　二、薇甘菊的危害和重要性……… 276
　　三、薇甘菊的形态特征…………… 276
　　四、薇甘菊的生物学特性………… 276
　　五、薇甘菊的传播途径…………… 277
　　六、薇甘菊的检疫和防治………… 277
第七节　其他重要检疫性杂草……… 277
　　一、具节山羊草…………………… 277
　　二、法国野燕麦…………………… 278
　　三、黑高粱………………………… 278
　　四、蒺藜草属……………………… 278

　　五、毒莴苣………………………… 279
　　六、野莴苣………………………… 279
　　七、飞机草………………………… 279
　　八、黄顶菊………………………… 280
　　九、加拿大一枝黄花……………… 280
　　十、匍匐矢车菊…………………… 280
　　十一、臭千里光…………………… 281
　　十二、紫茎泽兰…………………… 281
　　十三、独脚金属…………………… 281
　　十四、刺萼龙葵…………………… 282
　　十五、刺茄………………………… 282
　　十六、美丽猪屎豆………………… 282
思考题………………………………… 283

主要参考文献………………………… 284

绪　论

在英语、法语、俄语等欧洲语言中，"检疫"一词均来源于拉丁语"quarantum"，原意为"40 d"。14 世纪时威尼斯曾规定外国船舶进港前，必须在附近隔离岛屿停泊 40 d，待肺鼠疫等传染病患者度过潜伏期，表现症状后，经强制检查无病者方允许登陆。检疫起源于传染病学和医学，后来渐次用于预防动物传染病和植物保护。

植物检疫（plant quarantine）又称为法规防治（regulatory plant protection），其狭义解释仅指为防止危险性病虫的人为传播而进行的隔离检查。但现在人们普遍认为植物检疫是根据有关法规，由行政部门所采取的综合措施，其基本属性是强制性和预防性。联合国粮食与农业组织（FAO）将"植物检疫"定义为"为防止检疫性有害生物传入、扩散或确保其官方控制的一切行动"。美国检疫学家坎恩（Kahn）更指出："植物检疫的目的是保护农业及农业环境不受人为引进的危险生物的危害，其主要措施是由一个国家或同一地域内若干国家的政府颁布强制性的法令，通过限制植物、植物产品、土壤、活生物培养物、包装材料、填充物、容器和运载工具的进境，从而防止有害生物侵入和传播到未发生区。"

人类利用法规防治植物病虫害的历史可追溯到 1660 年，该年法国鲁昂地区曾颁布铲除小檗以防治秆锈病的政令。18 世纪以后美国北部的一些州也广泛采取了类似的行动。尽管铲除转主寄主防治小麦锈病的效果值得商榷，但它无疑地促进了现代植物检疫立法。1873 年德国为防止由美洲传入葡萄根瘤蚜而发布了《禁止输入栽培用葡萄苗木令》，1875 年为防止由美国引入马铃薯甲虫而发布《马铃薯输入禁止令》；1877 年英国发布了《防止农作物有害昆虫侵入法》，其主要目的也是为了防止马铃薯甲虫侵入而禁止输入马铃薯。以后许多国家陆续制定了植检法规。1899 年美国加利福尼亚州颁布了历史上第一个综合性植物检疫法规《加州园艺检疫法》，而美国全国性植物检疫法规则是在 1912 年制定颁布的。

在植物检疫的实践中，人们逐渐认识到植物检疫所保护的应该是各个生态地理区域，而不限于人为划定疆界的各个国家。这种认识促进了植物检疫国际合作和区域性植物保护组织的建立。早在 1878 年和 1929 年在罗马曾两次签订少数国家参加的国际植物保护协议。1951 年在联合国粮食及农业组织第六次大会上，正式通过了《国际植物保护公约》（IPPC）。该公约的主要目的是促进签约国的合作，协调各国植物保护、植物检疫机构的活动，规定统一格式的植物检疫证书，加强有害生物发生和防治情报的交流。区域性植物保护组织是各地理区域有关国家的政府间组织，其宗旨是协调和统一区域性植物检疫法规，促进地区性植物保护合作，共同执行区域性和非区域性的有关国际协议。现已有欧洲和地中海区域植物保护组织（EPPO）、亚洲太平洋地区植物保护委员会（APPPC）、泛非植物卫生理事会（IAPSC）等 9 个区域性国际植保组织。

我国植物检疫工作始于 20 世纪 20 年代，为实行进出口检疫，政府农矿部设立了农产物检查所，1928 年发布了《农产物检查条例》，次年制定了该条例的施行细则，1930 年又公布了检验病虫害暂行办法。1932 年政府实业部颁布了商品检验法，规定动植物检验工作由商品检验局负责，1934年根据商品检验法制定并公布了《植物病虫害检验施行细则》，在上海商品检验局内设立了植物病虫害检验处，实施进出口检验和熏蒸处理。实际上这个法规另在上海、广州、天津等几个口岸实施，却未能在全国统一执行，后又因抗日战争而长期中断。随着帝国主义的侵略和农产品倾销，许多危险性病虫害传入我国。棉花枯萎病和棉花黄萎病最早是由美国引进斯字棉传入的。甘薯黑斑病随日本帝国主义侵略而传入，后来又随胜利百号种薯蔓延。其他如毒麦、棉花红铃虫、蚕豆象、马铃薯块茎蛾、葡萄根瘤蚜、苹果绵蚜、柑橘大实蝇、洋麻炭疽病、柑橘溃疡病等等都是由国外传入，或国内局部地区发生之后，随种子苗木的调运而传播开来的，其中许多已成为全国性的主要病虫草害，不仅使农业生产遭到重大损失，而且投入了巨大人力、物力进行防治。我们应当永远记取这些历史教训，搞好植物检疫工作。

中华人民共和国成立后，中央人民政府贸易部建立了直属部领导的商品检验体制，制定并公布了《输出输入植物病虫害检验暂行办法》，建立起全国统一的植物检疫工作制度，为我国的植物检疫事业奠定了基础。

在外贸部负责期间（1952—1965年），对外植物检疫有了很大发展。1954年制定公布了《输出输入植物检疫暂行办法》和《输出输入植物应施检疫种类与检疫对象名单》，并参加了由苏联和东欧各国组成的国际植物检疫组织，同各有关国家签订了植物检疫双边协定。新办法将植物病虫害检验改称为植物检疫，与国际上的惯用名称取得一致。以后又公布了《邮寄输入植物检疫补充规定》和《关于旅客携带输入植物检疫的通知》，开展了邮检和旅检工作。

我国国内植物检疫工作开始于20世纪50年代初期。1954年农业部植物保护局开展了内检工作，在各省、自治区、直辖市也设置了相应的植物检疫机构，对省间调运的农作物种苗实施检疫和消毒处理，如依据单项法令对苹果绵蚜、甘薯黑斑病实行检疫，以及为防止棉红铃虫传入新疆、甘肃、青海而进行的检疫等。1957年农业部颁布了《国内植物检疫试行办法》和《国内植物检疫对象和应受检疫的植物、植物产品名单》，初步形成一套比较系统的植物检疫试行法规。各省、自治区、直辖市也相应地建立了植物检疫工作制度，从中央到地方，初步形成了检疫工作体系。1966年农业部公布了新的检疫对象名单，代替了1957年制定的名单。

为了使对外植物检疫同内检和病虫害防治工作密切结合，充分发挥保护农业生产的作用，1964年国务院批准农业部接管外检工作，在商检局原有植物检疫机构的基础上建立口岸植物检疫所，在内地有关省会、自治区首府设立植物检疫站，统一管理进出口植物检疫和动物检疫。1966年农业部根据《输出输入植物检疫暂行办法》的精神和原则，制定了农业部关于执行对外植物检疫工作的几项规定，并修订了对外植物检疫对象名单。

党的十一届三中全会以后，植检工作摆脱了"文化大革命"期间的停滞和干扰，又得到了新的发展。1980年农林部公布了《对外植物检疫工作的几项补充规定》，并再次修订了植物检疫对象名单。1981年国家农委批准成立了中华人民共和国动植物检疫总所（局），负责进出口检疫工作。1982年国务院发布了《中华人民共和国进出口动植物检疫条例》。1991年10月第七届全国人民代表大会常务委员会第二十二次会议通过了我国第一部动植物检疫法《中华人民共和国进出境动植物检疫法》，这标志着我国植物检疫法规已经形成了一个完整体系。

国家动植物检疫局在对外开放的口岸和进出境检疫业务集中的地点，设立口岸动植物检疫机关（口岸动植物检疫局）实施检疫。与国内植物检疫体制不同，进出境动植物检疫机构统筹管理植物检疫与动物检疫，以及植物检疫中的农业植物检疫与林业植物检疫。1998年根据国务院机构改革方案，撤销了国家动植物检疫局，成立了国家质量监督检验检疫总局，主管进出境检疫工作。总局在全国31个省、自治区、直辖市设立了35个直属进出境检验检疫局，在口岸和货物集散地还设立了一批分支局或办事处，对进出境货物、人员、交通运输工具等实施检疫。总局对各类进出境检验检疫机构实施垂直管理。2007年发布了现行《中华人民共和国进境植物检疫性有害生物名录》。

在国内植物检疫立法方面，1983年国务院发布了我国第一个《植物检疫条例》，废止了1957年农业部发布的《国内植物检疫试行办法》。以后对《植物检疫条例》还进行了修改和补充。该条例明确规定了我国国内植物检疫工作的基本原则和各项检疫措施的法律依据，集中反映了我国植物检疫工作的基本经验和主要做法，是搞好检疫工作的根本保证。随后《植物检疫条例》的实施细则、检疫对象名单和应施检疫的植物和植物产品名单，也分别由农牧渔业部和林业部制定并贯彻执行。各省、自治区、直辖市也分别制定了地方性植物检疫实施办法。

我国现行国内植物检疫，采取农业与林业分管的体制。农业部主管全国农业植物检疫，国家林业局主管全国林业植物检疫。两主管部门建立了覆盖全国的农业和林业检疫体系，制定和发布了一系列检疫规章制度，分别于2009年和2013年更新了检疫性有害生物名单和应施检疫的植物和植物产品名单。同时还改善了基层植检机构的基础设施和实验条件，实行了检疫人员统一着装，建立了检疫收费制度，全面开展了调运检疫、产地检疫、国外引种检疫等各项检疫工作。

我国的各类、各级检疫机构的建立为保障我国农林生产的安全，促进社会主义商品经济的发展起了很大作用。

随着我国经济增长和改革开放的不断深入，我国植物检疫与世界接轨，不但面临日益增长的国际贸易和频繁的种质资源交换，而且还要适应检疫事业的新理念、新要求和新变化。为此不但要加快植物检疫立法，增强执法力度，还要加强植物检疫的科学研究和检疫知识的普及，不断加强社会公众对检疫工作的理解和支持，提高我国植物检疫事业的整体水平。

第一章 植物检疫原理

植物检疫主要利用立法和行政措施防止或延缓有害生物的人为传播。为此，既要有充分的生物学依据，也要有充分的法学依据。实施植物检疫要考虑农业生物学和生态学的基本原则，也要兼顾社会、经济和管理科学的许多重要因素。这是在研究植物检疫原理时所必须严密注意的。

第一节 有害生物的人为传播

植物有害生物的主要类群有病毒、原核生物（细菌、植原体等）、卵菌、真菌、寄生线虫、软体动物、昆虫、螨类、寄生性的或有毒有害的高等植物（杂草）等。各种有害生物与其寄主在环境因素作用下长期共同演化，形成了各自的适生区和自然传播途径。这些传播途径包括由自身运动实现的主动传播和随风雨、流水、土壤、介体生物等自然载体进行的被动传播。自然传播多数是在有害生物发生区内部或其周围的中短距离传播，迁飞性害虫和大区流行病害的病原物也能完成远距离传播。麦类秆锈菌夏孢子可随高空气流传播到几千千米之外，从而实现大陆间的菌源交流。有害生物还可随人类的活动而传播，这称为人为传播（man-associated dispersal）。人为传播主要是靠调运被有害生物侵染或污染的种子、苗木、农林产品而实现的。随着人类社会和经济的发展，国际植物和植物产品贸易与引种的规模不断扩大，加之火车、汽车、轮船、飞机等现代快速交通工具的出现，大大缩短了洲际航行的时间，有害生物经长途旅行后仍保持正常生活能力和侵染能力，甚至交通工具和人体也成为传播载体，这就使人为传播成为有害生物远距离迁移的主要途径。

有害生物的人为传播过程由迁移、侵入、定殖等许多环节构成。侵入未发生地区的有害生物称为外来有害生物（exotic pest）。外来有害生物可能因为传入地区存在不利的限制性生态因素、缺乏寄主和食料、有重要天敌等原因而消亡，也可能因其自身的遗传和生理缺陷，对环境的适合度过低而不能存活和繁殖。若侵入的有害生物在当地能够正常繁殖，完成生活史或病害循环，实现物种繁衍，则被认为已经定殖（establishment）。有害生物只有在定殖后，才有可能猖獗发生，给当地农业和环境造成重大危害。

上述外来有害生物经由人为传播而侵入的过程，因有害生物类群不同而有很大差异。现以植物病原微生物为例，略做说明。其实，病原微生物的侵入是一个小概率到极小概率事件，只不过得益于病原生物群体非常庞大，流动非常频繁，寄主数量又极多，才能侵入。这个侵入过程，包括几个连续的步骤。第一步：越境。侵入病原生物及其载体，要通过边境两侧植物检疫机构的检查和截留，仅有少数能成功越境。第二步：存活。有害生物进境后，直至接触寄主植物，在这段时间内必须保持生存能力。大部分病原微生物，在离开活寄主之后，除非形成特殊的休眠结构，存活时间很短。第三步：接触寄主植物。病原微生物的大部分载体，诸如农林产品、包装材料、运输工具并不进入农田，传带的病原物少有机会接触寄主植物。但种子、苗木、无性繁殖材料和其他类型的活体植物，本身就是病原物寄主，进入田间后又有机会大量接触其他寄主植物个体。第四步：侵入寄主植物。接触寄主植物后，病原微生物不一定能够侵入而致病。这首先要求寄主植物没有抗侵入能力，且处于适于侵入的状态。病原生物本身也要有匹配的致病性，环境条件（温度、湿度、光照）也适宜。第五步：定殖。病原微生物侵入寄主体内后，扩展到适宜部位，通过各自的机制，吸收营养物质，与寄主植物建立寄生关系，成功定殖。不能克服寄主植物抗扩展和抗寄生能力的病原生物，因侵染终止，缺乏营养而死亡。成功定殖的病原物得以繁殖和建立子代群体，进而长期生存。但也有的因不能克服寄主植物的抗繁殖能力，或自身繁殖机制欠缺而失败。

由于有害生物能否定殖和猖獗发生取决于其本身、寄主植物和环境诸方面的许多因素及其间复杂的相互作用，现在还难以根据有害生物在原发生地的状况，直接推断它们传入新区后的发展前景。据统计，17—20 世纪有 614 种昆虫和螨类侵入美国大陆 48 个州，212 种成为重要害虫，其中仅 73 种在原产地具有经济重要性，有 402 种在美国危害轻微，其中仅 35 种在原产地也不重要。因此分析研究有害生物的适生性和影响其定殖与猖獗发生的因素是植物检疫的一项重要基础工作。

在诸多人为传播载体中，植物种子、苗木和其他繁殖材料尤为重要，这首先是因为种子、苗木是重要生产资料，人类为了种质改良和发展农业生产，引种和调运的范围广、种类多、数量大，传带有害生物的概率高。种苗传带有害生物效率也很高。种子本来就是有害生物的自然传播载体，有完善的传播机制，人为传播只不过延长了传播距离。种子、苗木传带有害生物种类多，带菌（虫）率高。它们传带的病原微生物，已经接触、侵入寄主植物，有些甚至已经定殖和繁殖。种子、苗木等运入新区后直接进入田间，有利于有害生物侵害下一代植物，迅速蔓延。种子、苗木传播和其他传播方式（例如气流传播、昆虫介体传播、土壤传播等）相互配合，危险性更大。据测定，有些种传细菌、霜霉菌和锈菌的种子带菌率即使只有 $0.001\% \sim 0.010\%$，也足以在一个生长季节内酿成病害流行。因此种子、苗木的检疫具有特殊重要性，有些国家规定种子传带特定病原物的允许量为零。

第二节　检疫性有害生物

在植物有害生物中，只有那些有可能通过人为传播途径侵入未发生地区的种类才具有检疫意义。能借助自然途径远距离传播的有害生物不具有可检疫性。人为传播的有害生物很多，还必须通过风险分析，确定检疫的重点。其中最重要的是检疫性有害生物（quarantine pest），我国曾称为检疫对象。

检疫性有害生物为政府或地区性政府间组织所提出的，对该国或该地区农业生产和环境有威胁的特定危险性有害生物，是检疫的主要目标。检疫性有害生物一般是指物种，有时则为物种下的亚种、专化型、生态型或小种。世界各国检疫政策不同，设定检疫性有害生物的形式也有所不同。在我国植物检疫领域，分别就农业植物、林业植物和进境植物，各提出了一套检疫性有害生物名单。列入名单的都是在境内无发生，或仅局部地区发生的危险性大，能随植物及其产品传播的有害生物。欧洲与地中海地区植物保护组织（EPPO）1987 年提出了该地区检疫性有害生物的两个名单，名单 A1 列出了该地区无分布的危险有害生物，要求各成员国制定零度允许量的检疫法规；名单 A2 列出了在该地区某些国家有发生，但分布尚不普遍的种类，要求各成员国按照各自的农业生态条件，规定零度允许量或者在限制条件下设置一定的允许量。有些国家实行全面检疫，虽然不设定固定的名单，但也针对不同种类和来源的植物和植物产品分别提出不传带某些有害生物的检疫要求。

《国际植物检疫措施标准》将检疫性有害生物定义为"对受其威胁的区域具有潜在的经济重要性，但尚未在该区域发生，或虽已发生，但分布不广，并进行官方控制下的一类有害生物。"此处"区域"是指官方界定的国家、一个国家的部分地域或多个国家的全部或部分地域。"潜在的经济重要性"可理解为该区域的生态因子有利于有害生物定殖，且一旦定殖将蒙受重大经济损失。

该标准还提出了限制性非检疫有害生物（regulated non-quarantine pest）的概念。虽然这类有害生物并不是检疫性有害生物，在进口国往往已有较广泛的分布，但这类有害生物危害栽培用植物，可造成经济上"不可接受的"损失，其损失程度曾有过历史记录。对限制性非检疫有害生物也适用检疫措施，也需要置于"官方控制"之下，但其目的主要是压低有害生物的种群数量，降低其危害。也可以将检疫性有害生物与限制性非检疫有害生物，统称为限制性有害生物（regulated pest）。

第三节　有害生物风险分析

有害生物风险性分析（pest risk analysis）是评价有害生物危险程度、确定检疫对策的科学决策过程。在国际贸易和引种过程中，毫无疑问地始终存在传播有害生物的可能性。换言之，都要承担一定的风险，只不过因有害生物种类不同，环境条件不同，风险的程度也有所不同而已。在此，"风险"（risk）一词特指有害生物侵入和造成某种经济后果的风险。为了估计风险的程度并提出适当的检疫对策，就要进行科学的风险分析。

风险分析是植物检疫决策的科学基础，是保护贸易和农业生产安全的重要措施。世界贸易组织（WTO）、联合国粮食及农业组织（FAO）等国际组织要求各缔约国在采取植物检疫措施时，要进行风险分析，所采取的检疫措施应有科学依据，与有害生物风险水平相适应。进行风险分析，也有利于我国对外提出检疫要求，确保进境动植物品种及其产品的安全性，保护农林生产和生态环境。风险分析还常用于审核其他国家提出的检疫要求和检疫措施，处理检疫议案和检疫争议。

风险分析程序可划分为 3 个阶段：准备阶段、风险评估阶段和风险管理阶段。在风险分析结束后要提出完整的分析报告。

在准备阶段要确定风险分析的对象、出发点和风险分析适用区域，做好信息收集等准备工作。风险分析的出发点不同，可以针对某种有害生物，针对有害生物的传播途径，也可以是用于审查某项检疫政策、检疫要求、检疫措施或检疫争议。

在有害生物风险评估阶段，将做出某个或某些有害生物引入可能性和其经济后果的定量或定性评估，这些评估结果，将用于有害生物风险管理。若风险分析针对某种有害生物，则在有害生物风险评估阶段，首先要确定该有害生物的类型和检疫地位。若确认该有害生物具有检疫性有害生物的特征，则风险分析程序需继续进行进境可能性评估、定殖可能性评估、定殖后扩散的可能性评估和经济后果评估，有的还需要评估非贸易后果和环境后果。

有害生物风险评估结果用于有害生物风险管理。这首先要确定可以接受的风险水平，并据以评价相应的植物检疫措施，进行风险管理，提出一个或多个供选管理对策。

有害生物危险性分析的具体方法很多，可以利用数据库和数学模型，借助计算机完成，也可以依据基本数据和经验，由检疫人员进行直观的分析比较来完成。

第四节　检疫法规

植物检疫是由政府主管部门或其授权的检疫机关依法强制执行的政府行为。检疫法规（quarantine regulation）是国家各级各类权力机关在其职权范围内制定的有关动植物检疫的各种规范性文件的总称，由于制定的国家机关不同，各种规范性文件的地位和效力也有所不同，我国动植物检疫法规主要有以下类型。

1. 法律　法律是由全国人民代表大会及其常务委员会制定的规范性文件。现行《中华人民共和国进出境动植物检疫法》（以下简称《进出境动植物检疫法》）系统地规定了我国进出境动植物检疫的目的、任务、检疫范围、检疫要求、动植物检疫机关设置以及法律责任等，该法由国家主席公布，由1992年4月1日起施行。

2. 行政法规　行政法规是由最高国家行政机关依据宪法和法律制定的规范性文件。我国国内植物检疫的法规《植物检疫条例》，是1983年由国务院发布的，1992年根据《国务院关于修改〈植物检疫条例〉》的决定修订发布。

3. 规章　规章是国务院各部、委根据法律和国务院的行政法规、决定和命令，在本部门权限内制定的规范性文件。前述进出境动植物检疫法的实施细则和国内植物检疫法规的实施细则（农业部分）、进境植物检疫性有害生物名录、禁止进境物名录、全国农业植物检疫性有害生物名单、林业植物检疫性有害生物名单、应施检疫的植物和植物产品名单以及其他同类文件都是由国务院农业、林业主管部门或进出境检验检疫主管部门审议通过，以农业部（或其他部门）政令或农业部（或其他部门）公告的形式发布的。

检疫法规赋予动植物检疫机关以检疫管理权、检疫审批权、检疫检验权、检疫处理权和检疫处罚权，也规定了检疫机关和检疫人员的责任。检疫法规是实施动植物检疫的根本依据，使检疫工作有法可依，有章可循，充分发挥其保护我国农业生产，促进经济发展的职能作用。

世界上多数国家都制定了本国动植物检疫法规，其中有的是关于植物保护或动物健康的综合性法规，列有专门的检疫条款，有的则为独立的检疫法规，或者针对具体事项的单项禁令，情况虽较复杂，但其宗旨则是一致的。两个或多个国家签订的有关检疫的双边协定或国际条约也是实施检疫的法律依据，亦具有约束力。

重要的国际性植物检疫或植物保护法规有《国际植物保护公约》（IPPC，1992，1997）、《实施卫生与植物卫生措施协议》（SPS协议，1994）和联合国粮食及农业组织主持制定的一系列植物检疫措施国际标准（ISPM）。我国《进出境动植物检疫法》规定"中华人民共和国缔结或参加的有关动植物检疫的国际条约与本法有不同规定的，适用该国际条约的规定。但是，中华人民共和国声明保留的条款除外。"

第五节 植物检疫的原则和方法

一、植物检疫的原则

实施植物检疫的原则是在有关法规限定的范围内，通过禁止和限制植物、植物产品或其他传播载体的输入（或输出）以达到防止传入（或传出）有害生物，保护农业生产和环境的目的。植物检疫是植物保护工作的组成部分，二者的目的和宗旨是一致的，但植物检疫所采取的方法、方式不同于常规病虫害防治措施。防治植物有害生物的原理主要有6项：避害（avoidance）、排除（exclusion）、抵抗（resistance）、铲除（eradication）、保护（protection）和治疗（therapy）。植物检疫主要采取排除和铲除疫情的方法，具有预防性。一旦有害生物传入并普遍发生，便需采用常规病虫害防治措施了。

植物检疫具有强制性和预防性，执行的主体是检疫机构和检疫人员。植物检疫措施（phytosanitary measure）是立法、执法行为，检疫要有法律依据。植物检疫措施国际标准更规定检疫措施要经过风险分析，实行这些措施，可以将有害生物传播造成的损失降至最小。植物检疫措施要有技术公正性和透明度，贯彻不歧视原则。

二、植物检疫的方法

植物检疫所采用的主要措施（phytosanitary procedure）可简述如下。

（一）禁止进境

此法依法禁止特定的植物病原物、害虫和其他有害生物进境，或者禁止植物疫情流行国家和地区的有关植物、植物产品和其他检疫物进境。也有的针对若干检疫性有害生物而禁止其共同的寄主入境。土壤可传带多种处于休眠期或非活动期的有害生物，常在禁止进境之列。

（二）限制进境

此法提出允许进境的条件，要求出具检疫证书（phytosanitary certificate），说明进境植物和植物产品不带有规定的有害生物及其生产、检验和处理状况符合进境条件。此外，还可限定进境时间、进境地点、进境植物种类等。

（三）产地检疫

产地检疫是在输出国家或地区进行田间和加工场所检查，监测有害生物种类和发生情况，包括大范围诱集有害昆虫。

（四）检疫检验和处理

检疫检验（inspection, detection）和处理（treatment）在进境或过境口岸实施，以发现和铲除有害生物。检疫检验包括现场检验（检查）和实验室检验两部分，检验合格的，按照检疫程序签发植物检疫证书。不合格的需进行检疫处理。在领土幅员广大，实施国内植物检疫的国家，还针对国内流通的植物、植物产品以及包装材料、运载工具等，进行检疫检验和处理。

（五）隔离检疫

隔离检疫亦称入境后检疫（post-entry quarantine）将进境植物繁殖材料种植在特定的隔离苗圃、隔离温室中，在生长期间实施检疫，以发现和铲除有害生物，保留珍贵的种质资源。

(六) 第三国检疫

第三国检疫（third country quarantine）是指植物繁殖材料先在与输出国和输入国生态条件完全不同的第三国种植，实施检疫。第三国因不存在寄主或因气候条件不适，该种植物的有害生物不会存活和定殖。例如在美国本土设有专供咖啡、橡胶、茶树、可可等热带作物的第三国检疫苗圃。

(七) 紧急防治

紧急防治是指建立预警和快速反应体系，预防重大疫情。对新传入或定殖不久的检疫性有害生物，调动一切力量，利用一切有效的封锁、铲除或防治手段，尽快予以扑灭。必要时可划定疫区（quarantine area）或非疫区（pest free area），采取相应的措施。

我国国内农业植物检疫和进出境植物检疫所采用的检疫方法分别在第二章和第三章介绍。

思 考 题

1. 以植物病原物为例，试述植物有害生物的人为传播过程。
2. 根据哪些标准确定植物检疫性有害生物？
3. 什么是植物检疫法规？
4. 试分析各种植物检疫措施的作用原理。

第二章 国内农业和林业植物检疫

国内农业和林业植物检疫的目的是防止国内局部发生的或新传入的危险性病虫杂草传播蔓延，保护农业和林业生产安全。国务院主管部门农业部和国家林业局分别主管全国的农业和林业植物检疫工作。各省、自治区、直辖市的农业和林业主管部门分别主管本地的农业和林业植物检疫工作。农业部和国家林业局所属的植物检疫机构，和县级以上地方各级主管部门所属的植物检疫机构，分别执行农业和林业植物检疫任务。各部门相互协作，共同担负保护我国农业和林业安全，服务于农产品和林产品贸易的职责。

国内开展农业和林业植物检疫工作的法规，主要有《植物检疫条例》及其实施细则（农业部分与林业部分）以及各省、自治区、直辖市拟定的植物检疫实施办法等。植物检疫机构依据上述法规开展检疫工作，主要有提出和贯彻植物检疫法规和规章制度，开展国内疫情普查和监测，报告、公布和解除疫情，确定、颁布或删除检疫性有害生物，划定疫区和保护区，实施调运检疫、产地检疫、国（境）外引种检疫，以及负责植物检疫的管理和培训工作等。在国内植物检疫工作中。要充分体现检疫工作既"把关"又"服务"，促进经济发展的原则。

第一节 国内检疫性有害生物和检疫范围

根据《植物检疫条例》及其实施细则，全国农业和林业植物检疫性有害生物以及应施检疫的植物和植物产品名单由农业部和国家林业局统一制定并发布。各省、自治区、直辖市农业和林业主管部门可以根据本地区的需要，制定补充名单，并报国务院主管部门备案。

一、国内检疫性有害生物

检疫性有害生物指在我国局部地区发生，危险性大，能随农林植物和植物产品传播的有害生物，包括境外新传入和国内突发性的危险性病、虫、杂草。所谓"危险性大"是指处于适生区，对农业和林业生产能造成重大经济损失，对生态安全构成威胁，且一旦传入很难防治和扑灭。检疫性有害生物都是经检疫部门科学确定，明文颁布且正在积极防治和扑灭的危险性有害生物。

若已确定的检疫性有害生物已经普遍发生，采取检疫措施进行疫情封锁控制已无实际意义，或者该有害生物虽然发生或传播，但对农业和林业生产、生态、人类健康等已不再造成危害或构成威胁，可予以删除。

全国检疫性有害生物名单的确定需按法定的程序进行。初选名单要经风险分析，广泛征求意见和专家论证，由国务院农业、林业、检验检疫主管部门确定和颁布。删除名单中的种类也需按确定的程序进行。

现行的《全国农业植物检疫性有害生物名单》是农业部在2009年发布的，共有29种有害生物,后来又增补了扶桑绵粉蚧。现行《全国林业植物检疫性有害生物名单》是国家林业局在 2013 年发布的,共有 14 种有害生物。国家林业局同时还发布了新制定的《林业危险性有害生物名单》。

另外,各省、自治区、直辖市农业和林业主管部门根据专家论证会议意见,可分别确定并颁布地方农业植物检疫性有害生物补充名单和林业植物检疫性有害生物补充名单。

二、国内检疫范围

(一)农业植物检疫范围

农业植物检疫范围包括粮、棉、油、麻、桑、茶、糖、菜、烟、果(干果除外)、药材、花卉、牧草、绿肥、热带作物等植物与植物的各部分,种子、块根、块茎、球茎、鳞茎、接穗、砧木、试管苗、细胞繁殖物等繁殖材料,来源于上述植物、未经加工或者虽经加工但仍有可能传播疫情的植物产品。

(二)林业植物检疫范围

林业植物检疫范围包括林木种子、苗木和其他繁殖材料;乔木、灌木、竹类、花卉和其他森林植物;木材、竹材、药材、果品、盆景和其他林产品,以及可能被森林植物检疫性有害生物污染的其他林产品、包装材料和运输工具。

(三)农业与林业植物检疫的交叉部分

农业与林业植物检疫范围亦存在交叉部分,诸如茶、桑、果(核桃、板栗等干果以及枣、银杏、八角等除外)、花卉植物(野生珍贵花卉除外)的种子、苗木、球茎、鳞茎、鲜切花、插花以及中药材等。交叉部分双方都可进行检疫办证,并相互承认,不重复检疫,不重复收费,但可进行复检。

第二节 疫区和非疫区

一、疫区

疫区(quarantine area)是指经省级人民政府或国务院农业主管部门、林业主管部门批准划定的,发生某种植物检疫性有害生物的局部地区。划定疫区后需采取封锁、消灭等措施,防止植物检疫性有害生物传出。虽然有检疫性有害生物发生,但没有正式划定为疫区的地方,不能称为疫区,只能称为检疫性有害生物发生区或发病区。

疫区的划定,由省、自治区、直辖市农业、林业主管部门提出,报当地人民政府批准,并报国务院农业、林业主管部门备案。疫区的范围涉及两省、自治区、直辖市以上的,由有关省、自治区、直辖市农业、林业主管部门共同提出,报国务院农业、林业主管部门批准后划定。

植物检疫机构定期进行检疫性有害生物和其他危险性有害生物调查,编制其分布资料,作为划定疫区的依据。还需要周密研究检疫性有害生物的传播规律、当地地理环境、生态条件、交通状况以及农业生产特点等因素,严格慎重地控制划区范围,做到既有利于控制和扑灭检疫性有害生物,又尽可能地有利于经济发展和商品流通。

在划定疫区时,要同时制定相应的封锁、控制、消灭或保护措施。在发生疫情的地区,植物检疫机构可以派人参加道路联合检查站或者经省、自治区、直辖市人民政府批准,设立植物检疫检查站,开展植物检疫工作。在疫区内尤应采取有效的紧急防治措施,以尽早消灭检疫性有害生物。疫区内的种子、苗木及其他繁殖材料和应施检疫的植物和植物产品,只限在疫区内种植和使用,禁止运出疫区。如因特殊情况需要运出疫区的,必须事先征得所在地省级植物检疫机构批准,调出省外的,应经农业部批准。

疫区内的检疫性有害生物,经综合治理达到要求的标准时,应按照疫区划定时的程序,办理撤销手续,经批准后明文公布。

近年来,我国的很多地方,针对检疫性有害生物划定了疫区,对有害生物的防控起到了重要作用。重要事例有北京、天津、河北等地的美国白蛾疫区,浙江温州的柑橘黄龙病疫区,新疆塔城黑森蚊蝇和马铃薯甲虫疫区,四川凉山和云南昭通的马铃薯癌肿病疫区,贵州遵义汇川区和贵阳市息烽县的稻水象甲疫区等。

二、非疫区

非疫区（pest free area）是指经科学证据证明不存在特定有害生物,并由官方通过一系列的建设和管理工作,能够维持此状态的区域。无检疫性有害生物分布的地方未经正式划定,也不能称为非疫区。非疫区一般由省级以上农业行政主管部门组织认定。

一旦建立非疫区,在满足某些要求后,无需执行额外的植物检疫措施,就可以将非疫区的产品出口到任何关注此特定有害生物的国家,并且根据一个非疫区状况可以作为签发植物检疫证书的依据。

在建立和维护非疫区时,应着重考虑保持无有害生物状态下的植物检疫措施和核查无有害生物状况的方法。要建立科学、有效、持续的监测系统,确保无检疫性有害生物发生。要有科学有效的控制、歼灭有害生物和进行除害处理的措施或手段,确保一旦发现,就能要立即歼灭,继续保持非疫区状态。

我国非疫区的建设起步较晚,但已得到各级政府和检疫部门的高度重视。2004年,我国启动了苹果蠹蛾非疫区建设,在西北黄土高原和环渤海湾这两个中国苹果优势产区,建设苹果非疫区。2007年,在重庆市启动了柑橘非疫区建设,已经取得了初步成效。

第三节 调运检疫

调运检疫是指植物检疫人员依据植物检疫法规,对调运（包括托运、邮寄、自运、携带、销售）的应施检疫的植物、植物产品及其他应检物品实施检疫,并签发植物检疫证书的过程。植物和植物产品的调运是检疫性有害生物和其他危险性病虫杂草人为传播的主要渠道。调运植物检疫是当前植物检疫把关的重要环节之一。通过这个环节,可以有效地防止检疫性有害生物随植物及其产品的调运而传播蔓延,达到保护农业、林业生产和贸易安全的目的。历史上通过调运引起有害生物扩展蔓延实例很多,近年来随着我国经济的快速发展,国内农产品和林产品市场日益活跃,调运往来愈加频繁,导致有害生物蔓延的风险加大,因而重视和实施调运检疫,有重要意义。

一、调运检疫的范围

省份间调运植物、植物产品,属于下列情况的必须实施检疫。

①凡种子、苗木及其他繁殖材料,不论是否列入应施检疫的植物、植物产品名单和运往何地,在调运之前,都必须经过检疫。

②列入全国和省、自治区、直辖市应施检疫的植物、植物产品名单的植物产品,运出发生疫情的县级行政区域之前,必须经过检疫。

③对可能受疫情污染的包装材料、运载工具、场地、仓库等也应实施检疫。

二、调运检疫的程序

农业植物和林业植物的调运检疫需分别执行农业植物调运检疫规程和森林植物检疫技术规程。

省、自治区、直辖市间调运应施检疫的植物、植物产品时,调入单位或个人必须事先征得所在地的省级植物检疫机构或其授权的地(市)、县级植物检疫机构同意,并取得检疫要求书。

调出单位或个人必须根据调入单位或个人提供的检疫要求书向本省、自治区、直辖市植物检疫机构或其授权的地(市)、县级植物检疫机构申请检疫,填写植物检疫申报单,或森林植物检疫报检单,交纳植物检疫费用。

调出单位的省级植物检疫机构或其授权的各级植物检疫机构,凭调出单位或个人提供的调入地检疫要求书受理报检,并实施检疫。

由无检疫性有害生物发生的地区调运的植物或植物产品,经核实后即签发植物检疫证书,准予调运。由零星发生植物检疫性有害生物的地区调运种子、苗木等繁殖材料时,可凭借产地检疫合格证签发植物检疫证书。

在由疫区调运,或由检疫性有害生物发生情况不明的产区调运,或货主不能出示产地检疫合格证的情况下,要由检疫人员进行现场检查。检查调运的植物、植物产品、包装和铺垫材料、运载工具、堆放场所等有无检疫性有害生物。若发现疑似有害生物而难以现场认定的,要取样进行室内检验检测。根据现场检查和室内检验检测结果,若未发现检疫性有害生物,就对该批植物或植物产品签发植物检疫证书放行。若发现有检疫性有害生物,则出具检疫处理通知书,提出检疫处理意见,要求进行除害处理。

经过除害处理,证明不带有检疫性有害生物后,予以签发植物检疫证书并放行。若未经除害处理或经除害处理仍不合格的,应停止调运。

调入地检疫机构应查核检疫证书,必要时可进行复检。复检中发现问题的,应与原签证单位共同查清事实,分清责任,由复检机构处理。

省内调运时,按当地规定履行调运检疫手续。

通过邮政、民航、铁路和公路运输部门邮寄、托运实施检疫的种子、苗木、繁殖材料和其他应施检疫的植物和植物产品时,须事先到当地检疫机构办理检疫手续,领取检疫证书,上述部门凭检疫证书收寄或承运。植物检疫证书应随货运寄。具体办法由国务院农业主管部门、林业主管部门会同铁道、公路、民航、邮政部门制定,同时,这些部门也具有监管的责任和义务。

三、植物检疫证书

植物检疫证书是表明调运的农林植物或植物产品符合检疫要求的法定依据,也是公民守法，检疫机关和检疫人员执法的凭证。

植物检疫证书的格式由国务院农业主管部门、林业主管部门制定。不得随意修改、伪造，不得转让和逾期使用，违者须追究法律责任。

省际调运的检疫签证，是省、自治区、直辖市植物检疫部门的责任和权利，根据工作需要，也可委托地（市）、县级的植物检疫部门执行签发。检疫证书由发证机关加盖植物检疫专用章，由专职检疫人员签发，委托签发的省份间调运植物检疫证书还应盖有省级植物检疫机构的植物检疫专用章。被委托单位必须具备完整的机构，还需具有符合标准的检验实验室，有一定水平的检疫处理技术。

农业植物检疫证书式样由农业部负责制定。证书一式四份，正本一份，副本三份。正本交货主随货单寄运，副本一份由货主交寄、托运单位留存，另一份交收货单位或个人所在地（县）植物检疫机构（省份间调运寄给调入省植物检疫机构），第三份保留在签证的植物检疫机构。林业植物检疫证书式样由国家林业局统一制定，一式两份，第一联存签证机关，第二联随货通行。

第四节　产地检疫

产地检疫（producing-area quarantine, quarantine in place of production）是指植物检疫机构根据检疫需要，在植物、植物产品（包括种苗和其他繁殖材料）原产地生产过程中，按照产地检疫规程规定的程序和方法，所实施的全部检疫工作，包括田间调查、室内检验、签发证书，以及监督生产单位做好选地、选种、疫情处理等工作。我国相继发布和执行了水稻种子、小麦种子、玉米种子、棉花种子、大豆种子、向日葵种子、马铃薯种薯、甘薯种苗、柑橘苗木、苹果苗木、香蕉种苗、林业植物等项产地检疫规程，使产地检疫工作走向了标准化、规范化和制度化的轨道。

一、产地检疫的实施重点

产地检疫是我国为实行调运检疫而提出的一项重要检疫制度。产地检疫的重点包括良种场、原种场、苗圃等良种繁育体系，农林院校、科研单位等试验示范、推广的种子、苗木和其他繁殖材料，为调运而繁育生产的其他植物及植物产品等。

我国《植物检疫条例》明确要求种子、苗木和其他繁殖材料的繁育单位，必须建立无检疫性有害生物的繁育基地，产出的种子、苗木和其他繁殖材料不得带有植物检疫对象，植物检疫机构应实施产地检疫。

《植物检疫条例实施细则》又做出了具体要求：①各级植物检疫机构对本辖区的原种场、良种场、苗圃以及其他繁育基地实施产地检疫，有关单位或个人应给予必要的配合和协助。②种苗繁育单位或个人必须有计划地在无植物检疫性有害生物分布的地区建立种苗繁育基地。新建的良种场、原种场、苗圃等，在选址以前，应征求当地植物检疫机构的意见。植物检疫机构应帮助种苗繁育单位选择符合检疫要求的地方建立繁育基地。③已经发生检疫性有害生物的良种场、原种场、苗圃等，应立即采取有效措施封锁消灭。在检疫性有害生物未消灭以前，所繁育的材料不准调入无病区。经过严格除害处理并经植物检疫机构检疫合格的，可以调运。④试验、示范、推广的种子、苗木和其他繁殖材料，必须事先经过植物检疫机构检疫，查明确实不带植物检疫性有害生物的，发给植物检疫证书后，方可进行试验、示范和推广。

二、产地检疫的程序

产地检疫包括申请检疫、受理检疫、实施检疫和签发产地检疫合格证等基本程序。

进行产地检疫需由有关生产、繁育单位或个人向所在地、市、县级植物检疫机构提交产地检疫申请书。植物检疫机构受理申请，进行审查和决定并确定检疫方案。在植物生长期间或植物产品生产过程中，由检疫人员按照农业、林业产地检疫技术规程或参照相应的检疫技术标准、技术规范实施产地检疫。

经产地检疫并结合室内检验，未发现检疫性有害生物或其他危险性有害生物的，由植物检疫机构签发产地检疫合格证。若发现检疫性有害生物或其他危险性有害生物，则由检疫部门签发检疫处理通知单，并由检疫人员监督和指导生产、经营单位或个人进行除害处理。在除害处理完成后，经检疫人员复检，复检合格的，可签发产地检疫合格证。复检后仍不合格的，则告知申请人不予办理产地检疫合格证。

产地检疫合格证不具有植物检疫证书在流通领域内的功能，也不能作为办理调运手续的凭证，在调运前可凭产地检疫合格证换取植物检疫证书，再进行植物和植物产品的调运。

产地检疫合格证书的格式必须是国家农业主管部门或林业主管部门统一规定的。一份证书只能证明该批货物已实施了产地检疫，符合检疫要求，不得冒用，不得转借他人，在该批已检货物中也不得夹带未经检疫检验，或虽经检验但不合格的货物，违者会受到严肃处理。

产地检疫合格证的有效期为6个月，不能逾期使用，超过有效期的，在调运货物时按调运检疫程序处理。

三、产地检疫的作用

产地检疫是检疫体系中不可或缺的组成部分，是主动的、超前的检疫措施。产地检疫具有以下几方面积极作用。

1. 提高检疫结果的准确性和可靠性　产地检疫是在植物生长期间实施的，正值有害生物发生和危害阶段，检疫性有害生物的危害状与形态特征最为明显和准确，最容易发现和鉴定。尤其对那些还没有快速、准确检测方法，或虽有检测方法但难以采用的检疫性有害生物，产地检疫无疑最有价值。另外，在调运检疫中，若检疫性有害生物传带率较低，或植物材料的种类过多，数量过大，受检疫时间、取样数量或取样方法的限制，可能会漏检。产地检疫是全生产过程的检疫，没有上述弊病，大大提高检疫结果的准确性和可靠性。

2. 有效防止检疫性有害生物的传播蔓延　产地检疫可以早期发现检疫性有害生物，植物检疫机构有充分的时间和机会，指导生产单位，采取必要的铲除或防控措施，确保种苗和农产品不带有检疫性有害生物，得以从源头抑制和杜绝有害生物的传播蔓延。

3. 有利于简化现场检验手续，加快商品流通　经过产地检疫合格的植物和植物产品，一般不需要再进行检验，凭产地检疫合格证就可以换取植物检疫证书直接调运，从而缩短调运检疫的时间，加快农林植物产品的周转，这对于鲜活农产品贸易尤其有意义。

4. 货主得以避免经济损失　货主事先申请产地检疫，能在检疫部门的指导和监督下，在生产过程中，采取监测和防治措施，消除有害生物的危害，获得合格的植物和植物产品。

即使没有完全消除有害生物,也可在检疫人员指导下,及时改变用途。这样货主得以避免因调运检验检疫不合格,付出额外的处理费,也避免了因压车、压港、压库等而造成的经济损失。

第五节　国外引种检疫

随着我国改革开放的深入和现代化农业生产发展的需求,对外贸易和交往日益频繁,从国外引进种子、苗木和其他繁殖材料的种类、数量不断增加,增加了危险性病虫杂草传入的风险。境外引种主要包括种质资源交换和商品种苗引进两种类型,尤以后者数量巨大,来源复杂,进境后分散种植,检疫和隔离均有困难,传播疫情的危险性最高。为切实防止植物危险性有害生物随种苗或其他繁殖材料传入,我国实行国外引种检疫制度。国外引种检疫主要包括3个环节:引种前的检疫审批、口岸检疫检验与处理、引进后隔离试种。

实行引种检疫审批可以有效阻止引进国外高风险种苗和传入危险性有害生物。在引种检疫审批时,植物检疫机构向出口国或地区官方植物检疫机构提出检疫要求,其中包括不允许输入的有害生物,也包括进境后的管理要求,从而最大限度降低检疫性有害生物传入的风险。通过引种检疫审批,国家农业和林业行政主管部门可以在宏观上对进境种苗进行控制和管理,避免盲目引进。

一、引种检疫审批

引种检疫审批是指从国外引进植物种子、苗木、繁殖材料时,输入单位向植物检疫机关事先提出申请,检疫机关经过审查做出是否批准引进的过程。引种检疫审批按《国外引种检疫审批管理办法》(1993)、《关于进一步加强国外引种检疫审批管理工作的通知》(1999)、《引进林木种子、苗木检疫审批与监管规定》(2013)等文件的规定办理。

(一)引种检疫审批的受理机构

农业植物检疫部门负责办理农业植物,包括粮食及经济作物、蔬菜、水(瓜)果(核桃、板栗等干果除外)、花卉(野生珍贵花卉除外)、中药材、牧草、草坪草、绿肥、热带作物、食用菌等种子、种苗及其他繁殖材料的引种检疫审批手续;林业植物检疫部门负责办理森林植物种子、苗木及其他繁殖材料的检疫审批手续;因科学研究等特殊原因需要引进国家规定禁止进境的植物,由国家进出境植物检疫部门负责办理特许引种检疫审批手续。引进植物禁止带土。

农业部全国农业技术推广服务中心负责审批国务院和中央在京单位、驻京部队单位、外国驻京机构等直接递交的申请。种植地所在的省、自治区、直辖市农业主管部门的植物检疫机构负责审批本省、自治区、直辖市有关单位的种苗引进和中央京外单位的种苗引进。

科研用种子引进量一般限制在5 kg以内,苗木10株以内。初次引进生产用种苗的,先少量引进,种子以1 334 m²(2亩)地用量,苗木以50株为限,进行隔离试种,经检测未发现疫情的,再扩大引进并集中种植。

大量引进,数量超过引种检疫审批限量的,经省、自治区、直辖市检疫机构审核后,报全国农业技术推广服务中心审批。国际区域性试验和对外制种的种苗引进、热带作物的种苗引进也由全国农业技术推广服务中心负责审核审批。

国家林业局受理国务院有关部门所属的在京单位提出的林木引种检疫申请。其他申请林木引种的单位或者个人若申请引进需要隔离试种的种类，要向隔离试种地的省级林业行政主管部门所属的植物检疫机构提出引种检疫申请，若引进不需要隔离试种的种类，应向申请人所在地省级林业行政主管部门所属的植物检疫机构提出申请。

(二) 引种检疫审批的程序

农业植物的引种单位或个人应在对外签订贸易合同、协议的 30 d 前，向负责审批的检疫机构提出申请。提出申请时需递交《引进国外植物种苗检疫审批申请书》和《农业部动植物苗种进（出）口审批表》、种苗引进后隔离试种或集中种植计划。首次引种的（从未引进或连续 3 年没有引进），还需提供引进种苗原产地病虫害发生情况说明，再次引种的，则需出具种植地省级植物检疫部门签署的《进境植物繁殖材料入境后疫情监测报告》。

申请林木引种时，要提交《引进林木种子、苗木检疫审批申请表》。此外，还需根据申请者情况和引进目的不同，提交相应的材料。

植物检疫机构对申请材料齐全、符合规定形式的予以受理，进而依据我国有关规定进行审查。要充分审核输出国或者地区有无重大植物疫情；是否符合我国有关动植物检疫法律、法规、规章的规定；是否符合我国与输出国家或者地区签订的有关双边检疫条约，包括检疫协定、检疫议定书、检疫会谈备忘录等。审查后认为符合引种检疫审批要求的，在规定时间内做出审批决定，签发《引进种子、苗木检疫审批单》或《引进林木种子、苗木检疫审批单》，不符合引进条件的，退回提交材料，告知原因。

农业植物检疫审批单的有效期一般为 6 个月，特殊情况可延长，但最长不超过 1 年。林业植物检疫审批单的有效期为 3 个月，特殊情况可适当延长，但最长不超过 6 个月。在有效期内，如果输出国发生重大疫情，检疫机关有权宣布已审批的审批单作废或延期执行。

需指出的是，在国外引种检疫审批时，引种单位或者代理单位必须签订对外贸易合同或协议，并申明我国法定的检疫要求，作为双方共同遵守的条款，并要求输出国家或者地区政府植物检疫机关出具检疫证书，证明符合我国的检疫要求。这样当引进的种苗若在入境检疫中发现禁止携带的有害生物，或出现其他不符合检疫审批要求的情况时，引种单位或个人可据以向种苗输出方索赔，可以减少经济损失。

引种种苗经进境口岸植物检疫机关检疫，检疫合格的准予进境，并将《引进种子、苗木检疫审批单》的回执及时寄回种苗审批单位核查。种苗引进后，引种单位必须按照审批单上指定的地点进行引进种苗隔离试种或者隔离种植。

二、引进种苗的隔离试种

《植物检疫条例》及其实施细则规定，从国外引进的可能潜伏有危险性病虫的种苗必须隔离试种，在证明确实不带检疫性有害生物后，方可分散种植。

引进的种子、苗木和其他繁殖材料应在指定的地点集中进行隔离试种。种植场所应远离同类作物的种植带（区），要有隔离设施和隔离条件，可以防止有害生物自然传播。应根据需要，逐步建立专门的植物隔离检疫场（圃）。

农业植物中一年生作物隔离试种不得少于 1 个生长周期，多年生作物不得少于 2 年。

林业植物中属于首次引进的，来源国家发生重大疫情的，或科研引种的，应全部隔离试种。一年生植物隔离试种不得少于 1 个生长周期，多年生植物不得少于 2 年。引进乔木、灌木、竹、藤等种类的,也应全部隔离试种,时间不得少于6个月。引进花卉、药用植物、种球、营养繁殖苗的,进行抽样隔离试种,时间不得少于1~4周。

在隔离种植期间,由种植地的省级植物检疫机构负责疫情监测,并签署疫情监测报告。在隔离种植期间发现疫情的,引进单位必须在检疫部门的指导和监督下,及时采取封锁、控制和消灭措施,严防疫情扩散。经检疫证明确实不带检疫性有害生物的,方可分散种植。

引进种苗的隔离试种是防止检疫性有害生物传入的一项重要措施。在进境检疫中难以检出的或者漏检的有害生物,在种植期间会有不同程度的发生,表现出明显的症状,有利于发现和处理。在隔离试种中还能够发现一些并非检疫性有害生物的危险病虫,可以提早评估其重要性和确定检疫对策。隔离试种环境相对独立,一旦发现疫情,便于采取封锁控制措施,可以有效地防止其蔓延扩散。

思 考 题

1. 国内现行的植物检疫措施有哪些?
2. 试述调运检疫的程序。
3. 产地检疫有哪些积极作用?
4. 如何搞好境外引种检疫?

第三章 进出境植物检疫

进出境植物检疫的宗旨是防止植物危险性病、虫、杂草以及其他有害生物传入、传出国境，保护农、林、牧、渔业生产和人体健康，促进对外贸易的发展。其主要法律依据是《中华人民共和国进出境动植物检疫法》及其实施条例。我国进出境动植物检疫由国务院设立的国家质量监督检验检疫总局统一管理。国家质量监督检验检疫总局在全国31个省、自治区、直辖市共设有35个直属进出境检验检疫局，在海陆空口岸和货物集散地设有近300个分支局和200多个办事处，对进出境货物、人员、交通运输工具等实施检疫。国家质量监督检验检疫总局对各类进出境检验检疫机构实施垂直管理。

第一节 进出境检疫性有害生物和检疫物范围

一、进出境检疫性有害生物

进境植物检疫性有害生物名录由农业部与国家质量监督检验检疫总局共同制定并发布。现行《中华人民共和国进境植物检疫性有害生物名录》是2007年发布的，共包括了435种有害生物，包括146种昆虫、6种软体动物、20种线虫、125种真菌和卵菌、58种原核生物、39种病毒和41种杂草。

这个有害生物名录是在我国进出境动植物检疫法的指导下制定的，并遵循或参考了《实施卫生与植物卫生措施协定》（SPS协定）的有关规定和通行的植物检疫国际标准。该名录以开放的动态调整方式，实行定期调整，予以增补或解除。2009年2月，农业部和国家质量监督检验检疫总局发布第1147号公告，将扶桑绵粉蚧列入名录。2011年6月，农业部和国家质量监督检验检疫总局发布第1600号公告，将木棉棉粉蚧和异株苋亚属杂草列入名录。

出境植物检疫根据不同国家或地区检疫法规、外贸合同、双边检疫协定或检疫备忘录的规定执行。

二、进出境检疫物范围

进出境检验检疫机构实施的检疫物（应检物）包括以下各项。

1. 植物和植物产品 此处"植物"是指栽培植物、野生植物及其种子、种苗以及其他繁殖材料等。"植物产品"是指来源于植物未经加工或者虽经加工但仍有可能传播病虫害的产品，如粮食、豆类、油料、棉花、麻类、烟草、原糖、茶叶、籽仁、干果、鲜果、蔬菜、花卉、生药材、木材、饲料、植物栽培介质等。

2. 装载物 其包括装载植物、植物产品和其他检疫物的装载容器、包装物、铺垫材料等。

3. 运输工具 其包括来自动植物疫区的运输工具（包括火车、飞机、船舶、各类机动车、畜力车等）、装载进出境和过境动植物及其产品和其他检疫物的运输工具、进境供拆解用的废旧船舶等。

4. 可能携带动植物疫情的其他货物、物品 例如植物性废弃物，以及特许进口的土壤、植物性有机肥料、生物防治用品等。

5. 其他 包括有关法律、行政法规、国际条约规定或者贸易合同约定，应当实施进出境植物检疫的货物、物品。

第二节 进出境检疫措施和检疫制度

一、进出境检疫措施

进出境检疫措施是法律、法规或官方程序所规定的、由检疫机构所采取的行政措施，进出境植物检疫措施主要有以下几方面。

（一）禁止进境

检疫法所规定的禁止进境物中，与植物有关的包括：①植物病原物、害虫和其他有害生物；②植物疫情流行国家和地区的有关植物、植物产品和其他检疫物；③土壤。禁止进境物的名录由国务院农业和林业行政主管部门制定并公布。若口岸检疫机关发现规定的禁止进境物，需做退回或者销毁处理。若因科学研究等特殊需要而引进，必须事先提出申请，并经国家检疫机关批准。

（二）实施检疫检验

实施检疫检验包括境外预检、口岸现场检疫、实验室检验、隔离检疫等。境外预检是在境外原产地实施的，主要针对高风险植物与植物产品、病虫害发生的高风险国家进行的。口岸现场检疫是在输入、输出应检物抵达口岸时，检疫人员登机、登船、登车或到货物停放场所实施的检疫检查，在现场还要按规定抽取代表性样品，携回实验室，进行有害生物、转基因成分或其他项目的检验鉴定。入境植物种子、苗木及其他繁殖材料，则在符合要求的隔离苗圃中种植，进行隔离检疫。

（三）检疫除害处理

检疫除害处理指对检疫不合格的植物和植物产品进行处理，有效地消除检疫性有害生物。除害处理方法主要有药剂处理、熏蒸处理、低温处理、高温处理、辐照处理等化学方法或物理方法。此外，退运、销毁以及改变用途等处理方式，也可视为广义的检疫除害处理措施。

（四）风险预警和快速反应

风险预警是一种预防性的安全保障措施，其目的是使国家和消费者得以避免遭受进出境货物、物品中可能存在的风险或潜在危害。预警和快速反应的对象是指进出境检疫物携带的可能对人体健康、农林牧渔业生产和生态环境造成危害的病虫害、其他有害生物以及有毒有害物质。这一系统包括信息收集、风险分析、风险警示通报和快速反应等环节。当境外发生重大的疫情或有毒有害物质污染事件，并可能传入我国时，要采取快速反应措施，发布公告禁止动植物、动植物产品或其他应检物入境，必要时封锁有关口岸。对已入境的要加强监测和监管，并视情况采取封存、退回、销毁或无害化处理等措施。

二、进出境检疫制度

进出境检疫制度是进出境检疫的法定制度，旨在确保检疫措施的贯彻，达到保护农林牧业生产和人体健康，促进对外经济贸易发展的目的。现行的进出境检疫法主要规定了下述 6 项制度。

（一）检疫准入制度

国家质量监督检验检疫总局对首次输华农产品实施检疫准入制度。中方根据输出国官方检疫主管部门提出的书面申请，向其提交一份涉及首次输华农产品进口风险分析资料的调查问卷。根据问卷答复情况，中方组织有关专家进行风险分析。根据风险分析结果，中方提出检疫议定书草案或入境检疫的卫生要求，双方协商，达成一致意见后，按照议定书或卫生要求的规定开展该种农产品的贸易。

（二）检疫审批制度

粮食，水果，烟叶，植物种子、种苗和其他繁殖材料，植物栽培介质等在进境前必须提出申请，办理检疫审批手续。列入禁止进境物的各种病原物、害虫以及其他有害生物，如因科研或生产的特殊需要必须进境的，必须获得国家质量监督检验检疫总局的特许审批。携带、邮寄植物种子、种苗及其他繁殖材料进境的，也必须事先办理审批手续。

（三）报检制度

报检是指进出境植物、植物产品的收货人或者发货人向进出境检验检疫机构申报，接受检疫的行为。输入、输出植物、植物产品和其他检疫物以及运输过境的，必须向检疫机构报检。旅客携带、邮寄动植物、动植物产品以及其他检疫物，也要按规定主动申报。

（四）检疫监督制度

根据检疫监督制度，进出境检验检疫机构对进出境动植物、动植物产品的生产、加工、存放过程实行检疫监督。

（五）检疫证书制度

植物检疫证书是由检验检疫机构官方签发的正式文件，证明植物、植物产品或其他限定物达到了规定的检疫要求。在经济贸易活动中，检疫证书是确保货物不携带或基本不携带有害生物的必不可少的文件。

（六）检疫收费制度

进出境检验检疫机构对进出境植物、植物产品及其他应检物实施现场检疫、监督、实验室检验、检疫除害处理以及提供检疫设施和技术服务等，均按照相关规定和标准收取检疫费。

第三节 进境检疫

输入动植物、动植物产品或其他检疫物，需由口岸进出境检验检疫机构实施进境检疫。进境检疫能保护本国的植物免受外来有害生物的侵害。进境植物检疫作为国家的一项主权，在一定程度上反映了国家的经济实力和科技水平，同时也是国家尊严的一种代表和体现。

一、进境检疫的审批

为控制检疫风险，对特定的进境植物、植物产品必须经指定的行政机构批准后才能进境，办理批准手续的过程称为植物检疫审批。

需要办理植物检疫审批手续的检疫物有下述几类。

1. 种子、苗木及其他繁殖材料 农业植物种子、苗木及其他繁殖材料的检疫审批需到种植地的省级农业主管部门办理。林业植物种子、苗木及其他繁殖材料的审批需到种植地省级林业主管部门办理。

2. 进境植物检疫所禁止的进境物 列入我国禁止进境物名录的，因科学研究等特殊原因需要引进的，须事先提出申请，办理中华人民共和国进境动植物检疫许可证。此项检疫审批由进出境检验检疫机构负责办理。

3. 果蔬类、烟草类、粮谷类、豆类、薯类、饲料类和植物栽培介质 此项检疫审批也由进出境检验检疫机构负责办理。

二、进境检疫的报检和受理报检

（一）报检

货主或其代理人应当在植物、植物产品和其他检疫物进境前或者进境时，持输出国家或者地区的官方植物检疫证书、贸易合同等单证，向进境口岸检验检疫机构报检。

（二）受理报检

口岸检验检疫机构对货主或其代理人呈交的报检单及其随附证单、资料进行审核，确认其符合国家法律、行政法规的有关规定，且证单资料齐全、真实后，接受其申请，这称为受理报检。

三、进境检疫的通关放行

这是对进境植物、植物产品采取的先通关后检疫的措施。海关凭进出境检验检疫机构签发的通关单或者电子通关指令放行。

四、进境检疫的现场检疫

进境的植物、植物产品和其他检疫物运达口岸时，检验检疫人员可以到运输工具上和货物现场实施检疫，核对货、证是否相符，并按照规定采取样品。承运人、货主或者其代理人应向检验检疫人员提供装载清单和有关资料。

五、进境检疫的隔离检疫

进境植物需要隔离检疫的，在口岸进出境检验检疫机构指定的隔离场所检疫。因口岸条件限制等原因，可经过检验检疫机构批准运往指定地点检疫。在运输、装卸过程中，货主或者其代理人应当采取防疫措施。指定的存放、加工和隔离种植的场所，应当符合植物检疫和防疫的规定。

六、进境检疫的检疫处理

进境植物、植物产品和其他检疫物，经检疫发现有植物检疫性病、虫、杂草和其他有害生物的，由口岸检疫机构签发《检疫处理通知单》，通知货主或其代理人做除害、退回或者销毁处理。若发现带有未列入检疫性有害生物名录，但仍有严重危害的其他病虫害，由口岸检疫机构通知货主或其代理人做检害处理。经除害处理合格的，准予进境。需对外索赔的，由口岸进出境检验检疫机构出具植物检疫证书。

第四节 出境检疫

进出境检验检疫机构依法对出境植物、植物产品和其他检疫物实施检疫，并根据检疫结果准予或不准出境。出境检疫有利于维护我国商品在国际市场上的地位和信誉，履行国际义务，有利于国家对出口贸易的宏观管理，促进国内农牧业生产，扩大外贸出口，也有利于杜绝货物因漏报、漏检而被输入国退回或销毁的现象，避免造成经济损失。出境检疫时，输入国家、地区有法律法规要求，或者与我国签订双边检疫协定的，按订明的检疫要求执行；贸易合同中列明检疫条款的，按条款规定的检疫要求执行；既无检疫条款，又无检疫要求的，按我国有关规定检疫。非贸易性植物及其产品按物主检疫要求或我国有关规定执行。

一、出境植物检疫的范围

应施出境检疫的包括：①贸易性出境植物、植物产品及其他检疫物；②作为展出、援助、交换、赠送等非贸易性出境植物、植物产品及其他检疫物；③进口国家有植物检疫要求的出境植物产品；④装载容器、包装物及铺垫材料。

二、出境植物检疫的程序

（一）报检

货主或其代理人在植物、植物产品和其他检疫物出境前，依法办理出境报检手续，填写报检单，并提供贸易双方签订的贸易合同、协议、信用证或输入国家检疫要求等单证。输出国家禁止出口的濒危动植物、珍贵或稀有动植物和物种资源时，报检人还需提供国家有关主管部门签发的特许批准出口的审批证件。进出境检验检疫机构审核报检单和所提供的其他单证，若符合要求则接受报检。

（二）现场检疫

输出植物种苗、花卉和其他繁殖材料时，进出境检验检疫机构派员到现场或存放地点检疫。检疫人员要查阅国外检疫条款和检疫要求，了解检疫物在种植期间有害生物发生情况并进行现场检疫。

在现场检疫过程中，要了解应检货物加工、储存情况，核对货物状态、数量与报检单是否相符。检疫时应首先查看货物表层、包装外部和铺垫材料是否附有昆虫等有害生物，然后按有关操作规程倒包和抽样检查。还要检查货物存放场地、仓库和其周围环境有无害虫，以备采取措施避免侵害检疫合格或处理合格后的货物。现场检查发现的有害生物可携带回实验室鉴定。需要时还应取样进行病原物检验。

（三）检疫除害处理

检疫不合格时，通知其货主或代理人做检疫除害处理。检疫除害处理合格的，方准出口。此外，凡贸易合同、信用证中有出境前熏蒸处理条款或输入国有熏蒸处理具体规定的，进出境检验检疫机构应对处理过程进行监督，并出具熏蒸消毒证书。

（四）签证放行

经检疫合格或经除害处理合格的，准予出境。输入国家或地区有要求或报检人明确要求出具检疫证书的，进出境检验检疫机构依法签发植物检疫证书。海关凭进出境检验检疫机构出具的《出境货物通关单》或者电子通关指令放行。检疫不合格又无有效方法做除害处理的，不准出境。

在检疫合格后，货主或其代理人更改输入国家或地区，更改后的输入国家或地区又有不同检疫要求的，改换包装或者原来未拼装的后来拼装，以及超过检疫规定有效期限的，货主或其代理人应当重新报检并实施相应的检疫和检疫处理。

第五节　过境检疫

一个国家或地区输出的物品，需经我国境内运往另一个国家或地区的称为过境。过境植物检疫可防止危险性有害生物随过境的植物、植物产品和其他检疫物传入我国，保护国内农牧业生产安全。过境检疫又是维护国家主权、保证国际贸易正常进行的重要手段。

一、过境检疫的基本要求

过境检疫由进境口岸进出境检验检疫机构实施。过境植物、植物产品不得来自危险性有害生物的疫区，本身不得携带有我国禁止进境的危险性有害生物。要求过境的输出方，对其过境物应实施检验检疫并出具植物检疫证书。运输工具应是经过消毒处理而无污染的，包装、填充材料不得来自植物病虫害疫区，包装应完整无损、内容物不撒漏。过境货物未经检疫机构批准，在过境期间不得开拆包装和卸离运输工具。过境飞机降落我国机场后，装载的应检物品不得卸离飞机，如需卸货换装另一架飞机，应由口岸检验检疫机构派员按进境检验检疫要求进行监管。

二、过境检疫的报检

过境植物、植物产品和其他检疫物抵达入境口岸时，由承运人或者押运人向口岸进出境检验检疫机构报检，填写报检单，并提供货运单和输出国家或地区检疫机构出具的植物检疫证书。

三、过境检疫的检疫内容

由海运运至口岸后再换装车辆过境的，口岸进出境检验检疫机构应在船舶未靠港前，在锚地进行检疫。由陆运口岸过境的，根据直车过境运输和车体不能直车过境而需换装等不同情况，以及具体应检内容，进行现场检疫。过境植物和植物产品现场检疫主要应检查运输工具、包装材料及填充、铺垫材料等有无携带危险性有害生物，对散装粮则需按操作规程取样做室内检验。

四、过境检疫的检疫处理

若发现携带有我国规定的检疫性有害生物，需做除害处理或者不准过境。过境动物的饲料受病虫害污染的，做除害、不准过境或者销毁处理。经远洋轮船运抵我国口岸后需换装火车过境的动植物产品，经检疫发现带有危险病虫害的，应在大船上进行除害处理，合格后卸船过境，或者在口岸进出境检验检疫机构指定的地点除害处理后过境。不易在大船上和口岸进行除害处理，在过境途中对我国农牧业生产有威胁的，不准过境。

五、过境检疫的放行

经检疫合格的，由口岸进出境检验检疫机构在货运单上加盖检疫放行章，出境口岸凭章放行。若发现没有进境检疫放行章的漏检车体，应予以截留，通知进境口岸进出境检验检疫机构处理，或接受其授权或委托，在出境口岸处理。

第六节 旅客携带物、邮寄物检疫

一、禁止携带、邮寄带进境的检疫物

农业部和国家质量监督检验检疫总局2012年发布《中华人民共和国禁止携带、邮寄进境的动植物及其产品和其他检疫物名录》，其中与植物检疫有关的植物及植物产品类包括新鲜水果，蔬菜，烟叶（不含烟丝），种子（苗）、苗木及其他具有繁殖能力的植物材料和有机栽培介质。

在"其他检疫物类"项下还有：菌种、毒种等动植物病原体，害虫及其他有害生物与生物材料，动物尸体，动物标本，动物源性废弃物，土壤，转基因生物材料，国家禁止进境的其他动植物、动植物产品和其他检疫物。

经国家有关行政主管部门审批许可，并具有输出国家或地区官方机构出具的检疫证书，不受该名录的限制。

二、旅客携带物检疫

进出境旅客随身携带以及随所搭乘的车、船、飞机等交通工具托运的物品和分离运输的动植物、动植物产品以及可能带有危险性有害生物的其他物品，都应当申报并接受检验检疫机构检疫。

旅客携带物品种种类繁多，数量较少，来源广泛，产地不明，疫情复杂且难以掌握，加之进出境旅客人数多，进境停留时间短，检疫难度较大。旅客进境后分散各地，传播危险性病虫杂草的概率也很大。

旅客不得携带我国禁止携带、邮寄进境的动植物及其产品名录中所列各物，旅客携带植物种子、苗木及其他繁殖材料进境的，必须事先提出申请，办理检疫审批手续。

旅客携带物检疫以现场检查为主，主要在车站、码头、机场的进出境联检大厅或过境关卡进行。经检疫未发现危险性病、虫、草的，随检随放。需做实验室检验的或隔离检疫的，由进出境检验检疫机构签发截留凭证交旅客，经检验检疫机构截留检疫合格的，携带人应当持截留凭证在规定期限内领取，逾期不领取的，作自动放弃处理；截留检疫不合格又无有效处理方法的，作限期退回或者销毁处理。

旅客携带植物种子、种苗以及其他繁殖材料进境，因特殊情况无法事先办理检疫审批的，应先截留检疫，按照有关规定申请补办。携带人应当在截留期限内补交单证，检疫合格后准予进境；未能补交有效单证的，做限期退回或者销毁处理。

旅客携带物经检疫发现有危险性病、虫、草的，凡能进行有效除害处理的，在处理合格后放行，无有效除害处理方法或难以处理的，可做限期退回或者销毁处理。携带国家规定禁止进境的植物、植物产品或其他检疫物，例如水果、蔬菜、大豆、玉米种子、烟叶等，均按

规定做限期退回或者销毁处理。

出境旅客携带物应由携带人提出申请，按照输入国家或者地区对携带物的检疫要求，由进出境检验检疫机构依法实施检疫并出具有关单证。

三、邮寄物检疫

通过国际邮递渠道进出境的植物、植物产品及其他检疫物需实施检疫。邮寄物系我国禁止携带、邮寄进境的动植物及其产品名录之内的，做退回或者销毁处理；若不是名录中规定的，由进出境检验检疫机构在国际邮件互换局实施检疫，必要时可以取回进出境检验检疫机构检疫，未经检疫的不得运递。经检疫合格的，加盖检疫放行章，由邮局交收件人。经检疫不合格的，除害处理合格后放行，无有效方法作除害处理的，予以销毁或通知邮局原包退回。

邮寄植物种子、种苗或其他繁殖材料进境的，必须事先申请办理检疫审批手续。邮寄进境后，须送实验室检测，如合格，则通知收件人凭审批单放行。经检疫不合格或收件人未办理检疫审批单的，由进出境检验检疫机构做检疫处理。

邮寄出境的植物、植物产品和其他检疫物，物主有检疫要求的，经检疫合格后签发检疫证书，准予邮寄出境。其出境合格的依据与货物出境检疫相同。

第七节 运输工具检疫和其他检疫

一、运输工具检疫

来自植物疫区的进境船舶、飞机、火车等运输工具抵达口岸时，由进出境检验检疫机构在联检现场登船、登机、登车执行检疫。检疫合格的，准予进境。发现危险性病虫害的，做不准带离运输工具、除害、封存或者销毁处理。发现有禁止或限制进境的植物及其产品时，应予封存或销毁。进出境运输工具上的泔水、植物性废弃物，依照口岸进出境检验检疫机构的规定处理，不得擅自抛弃。进境的车辆，由口岸进出境检验检疫机构做防疫消毒处理。装载出境植物、植物产品和其他检疫物的运输工具，应当符合植物检疫和防疫的规定。经熏蒸消毒处理并经口岸进出境检验检疫机构检查合格的出境运输工具，可出具熏蒸消毒证书。

二、包装物和铺垫材料检疫

包装物和铺垫材料应检范围包括：①用植物产品作包装物的材料，例如木质的箱、板、藤竹、麻袋、农作物的茎秆等；②非植物产品材料，但用于包装运送动植物产品，有可能污染疫情的编织袋、布、纸箱（袋）等包装；③作货物充填、铺垫的植物产品，例如谷壳、棉花、茎秆、木质类材料等；④混装货物被同批货物污染的其他包装，如海绵、纸箱等。

按照国际植物检疫标准要求，进境植物木质包装材料需在出口国做除害处理并加施IPPC标志。进境运载植物产品的包装、铺垫材料经检疫合格或除害处理合格的，同意进境，不符合要求的按有关规定处理。运载非植物产品的应检包装物和铺垫材料，经检疫发现危险性病、虫害的不准进境，经除害处理合格后准予进境。来自疫区的植物及其产品的包装、铺垫材料应进行严格的防疫消毒或销毁处理。

出境货物的包装及铺垫材料检疫按双边协议、贸易合同中规定的检疫条款或货主要求实施。出境货物使用木质包装或木质铺垫材料的，按照国际植物检疫标准要求，需做除害处理并加施 IPPC 标志。出境检疫应在货物装运前进行。出境植物及其产品的包装、铺垫材料检疫，与该批货物的现场检疫结合进行，检疫合格的准予出境。发现应检有害生物的，在除害处理合格后或改换符合要求的包装后出境。

三、集装箱检疫

装载植物、植物产品和其他检疫物的进出境、过境集装箱，箱内货物带有植物性包装物或铺垫物的进境集装箱，以及来自疫区的进境集装箱需实施检疫。此类集装箱检疫随同货物检疫同时进行。出境集装箱在受检货物装箱前报检。

进境集装箱空箱检疫，口岸进出境检疫机构根据进境集装箱空箱检疫风险，选择在港内查验区、出港闸口处、集装箱场站（含集装箱空箱码头前沿堆场）实施抽查检疫，确定抽箱比例和抽检箱号。

出境植物产品在产地装箱的，由产地检疫机构检疫和出证，受检货物运抵口岸装箱或拼箱的，以及产地在口岸附近的，由出境口岸检疫机构出证。检疫不合格的通知货主处理或换货，新换的货物必须经检疫合格后方能出证。装载过动植物、动植物产品的集装箱和来自疫区的集装箱，本身也可能传带昆虫、杂草及其他有害生物，必须在装载前进行检疫和处理。

过境集装箱来自非疫区的，口岸进出境检验检疫机构一般不做检疫。来自疫区的或装载过植物产品的，由口岸进出境检验检疫机构接到报检后进行现场检疫。因检疫需要开箱检查时，应会同海关、铁路或其他有关部门一起开箱检疫。

四、废旧船舶检疫

进境供拆船用的废旧船舶，由口岸进出境检验检疫机构实施检疫。随着拆船业的发展，废钢船进境增多，废钢船上带有水果、茄果类蔬菜以及其他禁止进境的植物产品，带土壤的花卉、盆景，植物性废弃物，生活垃圾等都可能传带有害生物；废旧船舶曾航行于世界各地，船舱船体本身也可能传带有害生物。经登船检疫发现危险性病虫害的，应做除害处理，船上的垃圾杂物需进行无害化处理。

五、废纸检疫

进境废纸夹杂农牧产品，可能传带危险性有害生物。废纸进港前，口岸进出境检验检疫机构派员登船检疫，随机拆包检查，若发现残留的农牧产品携带有检疫性有害生物，应予退回或做除害处理后进境。进口废纸的卸货场所、储放仓库、加工厂家，事先需经进出境检验检疫机构考察认可。堆放、储存、加工进口废纸的厂、库和场所，应具备一定的防疫和除害设施，符合检疫机构的要求。

思 考 题

1. 进出境植物检疫的法律依据是什么？
2. 试述进出境植物检疫的主要特点和基本措施。
3. 进境植物检疫与出境植物检疫的程序有何异同？

第四章 有害生物的检疫检验

检疫检验的目的是发现、检出和鉴定植物病原物、害虫、杂草和其他有害生物,作为出证或检疫处理的依据。检疫检验包括现场检查和实验室检验。现场检查除能检出和鉴定部分害虫、杂草种子和少数病害外,还需抽取代表性样品送实验室检验。有害生物的种类不同,适用的检验方法也不同。例如昆虫、螨类、线虫和杂草种子主要由直接检验和机械分离而检出,根据形态特征鉴定,而真菌、细菌则主要由分离培养方法检出,利用形态学或其他方法鉴定。病毒以及类似有害生物则需应用多种生物学、生理生化、免疫学和分子生物学的技术检验和鉴定。有害生物的种类,则需应用形态学、生物学、生理生化、免疫学和分子生物学的方法鉴定。适用的检验技术应符合下述基本要求:①准确可靠,灵敏度高,能检出低量有害生物;②快速,简单,方便易行;③有标准化的操作规程,检验结果重复性好;④安全,不扩散有害生物。

第一节 样品和取样

在植物检疫中将同一国家或地区来源,同一运输工具装载,同一收货人或发货人,同一品名(种苗则为同一品种)的货物统称一批,按批进行检验、放行或处理。通常一批货物的数量很大,不可能全部检验,采用适当的工具按规定的方法,根据先抽查后取样的原则,由批的总体中抽取适当数量的针对性和代表性部分,称为样品,用于检验。

一、样品类型

为保证样品的均匀度和代表性,需逐级取样,逐渐减少取样数量。从批量的单个抽样点,一次抽取的少量样品称为初次样品(primary sample),也称为份样或小样。取自同一批的初次样品在适当的容器内混合,混合后称为混合样品(composite sample)或原始样品(bulk sample),即集样。这个样品通常远远大于各项检验所需要的数量,其数量经适当分样减少后,便成为送检样品(submitted sample)或实验室样品(laboratory sample),也有人称之为平均样品。从送检样品中分取用于制备各检验项目试验样品(test sample, working sample)和存查样品(restore sample)。有时份样数量很少,可直接作为送检样品。

取样方法主要根据有害生物的分布规律、货物的数量、装载方式等因素确定。样品数量(容量)根据有害生物的带有率、检验方法的灵敏度、检验所要求的精度、货物种类与特点以及检验所允许的时间和花费等诸多因素确定。有害生物的带有率越低,检验方法的灵敏度越低,检验精度要求越高,所需样品数量就越多。

二、检疫抽样的基本步骤

在取样前先行抽查。抽查时应对待检货物的有关单证、产地、包装、标记与号码、品种、数量等进行核实。抽查有针对性抽查和随机抽查两类。前者根据货物可能携带有害生物的生物学特征，针对性检查运输工具和包装物的底部、四周、缝隙，以及货物等处有无有害生物危害症状及发霉、变质等情况。随机抽查是根据随机原则，按照规定的方法对货物进行随机抽查。

取样在抽查的基础上进行，根据抽查的结果，确定采取随机取样的方法或者随机结合选择性的取样方法。在抽查过程中，若发现植物或植物产品携带、感染有害生物，或有污染、霉变、污秽不洁等不符合我国检疫卫生要求时，应当对有害生物、受侵染或感染的植物或植物产品进行选择性采样。选择性采样不受货物批号、采样比例和数量的限制。

取样前做好准备工作，例如准备好取样工具、标签纸、样品保存器具、相关的单证等。取样应在清洁、干净、光线充足、无异味以及不会造成样品污染的条件下进行，避免日光直接照射，防止外来杂质混入。取样完成后，要立即填写标签和相关的抽样单证。

三、检疫抽样的方法和数量

具体取样方法和取样数量，依据植物及植物产品的种类不同而有不同的要求，这在检验检疫行业标准中都有具体规定。下面用几个实例说明一般情况。

（一）粮谷类的抽样方法和数量

散装粮谷类按船运或集装箱装采用不同的方法。船运散装粮谷类的抽查分上、中、下3层在各舱按棋盘式随机选点50～60个，每点至少取1 000 g，用1.7 mm×2.0 mm长孔筛或2.5 mm圆孔规格筛进行筛检，拣取虫体、杂草、菌瘿等送实验室检查。取样以1 000 t作为1个检验批，分舱别、分层次、分品种、分等级按棋盘式选30～50点扦取初级样品并制成混合样品，1 000 t 1个的检验批取1份不少于5 kg的混合样品。以其他方式进口的货物，以车、车皮或其包装为单位，扦取1份5 kg的混合样品。

集装箱装运的散装粮谷类按棋盘式随机选点10个抽查，每点至少取1 000 g，用1.7 mm×2.0 mm长孔筛或2.5 mm圆孔规格筛进行筛检。抽查比例为每5个集装箱随机抽查1个，每增加5个集装箱增加抽查1个，不足5个集装箱的，应增加抽查1个。在选点抽查的同时取样，样品量不少于5 kg。

（二）油料类的抽样方法和数量

船运散装大豆的抽查，在各舱按棋盘式随机选点30～50个，每点至少取1 000 g，用1.7 mm×2.0 mm长筛或2.5 mm圆孔规格筛进行筛检。检查筛下物中有无虫、杂草种子、菌瘿等，并同时检查筛上物，特别注意土块，根据需要将筛上挑出物及筛下物装入样品袋，虫、杂草种子、菌瘿等装入指形管带回实验室检查。取样则分舱别、分层次、分品种、分等级按棋盘式选30～50点扦取初级样品并制成混合样品。以其他方式进口的货物，以车、车皮或者其他包装为单位的，扦取1份混合样品。

（三）水果的抽样方法和数量

大船运输的水果，分上、中、下3层边卸边抽查。在上层检疫合格后方可卸货。集装箱转载运输的水果，卸出后按照随机和代表性原则多点抽查。每个独立运输工具（例如集装箱、车辆、船舶等），每个水果品种抽查件数和取样数量按照表4-1执行。在抽查时针对性地取可疑带病、虫的水果，取样则按批随机抽取规定数量的样品。

表 4-1　水果检疫抽查件数和取样数量

批量（件）	抽查（件）	取样量（kg）
≤500	10（不足 10 件的，全部查）	0.5～5
501～1 000	11～15	6～10
1 001～3 000	16～20	11～15
3 001～5 000	21～25	16～20
5 001～50 000	26～100	21～50
>50 000	100	50

（四）新鲜蔬菜的抽样方法和数量

新鲜蔬菜按棋盘式或对角线随机抽查、取样。抽样比例：5 件以下全部抽查，取样 1～2 份；6～200 件，按 5%～10%抽查（最低不少于 5 件），取样 1～2 份；201 件以上，按 2%～5%抽查（最低不少于 10 件），取样 2～4 份；每份样品一般为 1 000～2 000 g。

（五）植物繁殖材料的抽样方法和数量

繁殖材料抽查时，对高风险的材料应全部检查，中低风险的按照其总量的 5%～20%随机抽查，如果有需要可以加大抽查比例，其中不足最低检查数量的应全部检查。抽查的最低数量，种子抽查不少于 10 件；整株植物、砧木、插条抽查 10 件，且不少于 500 株（枝）；鳞球茎、块根、块茎类，最低抽查 10 件，且不少于 1 000 粒；接穗、芽体、叶片类，最低抽查 10 件，且不少于 1 500 条（芽）；试管苗类，最低抽查 10 件，且不少于 100 支（瓶）；盆景每批至少抽查 300 盆，批量不足 300 盆的全部检查，批量在 3 000 盆以上的按照批量的 10%抽查。

取样时高风险进境植物苗木和全部货物不足 1 份样品的植物苗木，全部送室内检测。出境植物苗木及中低风险的进境植物苗木取样数量见表 4-2。

种子类每份样品的重量，大粒种子（例如玉米）为 2.5 kg，中粒种子（例如麦类）为 2.0 kg，小粒种子（例如黑麦草）为 1.5 kg，其他细小或轻质种子（例如烟草）为 1.0 kg。整株植物、砧木、插条的每份样品为 5 株（枝）。鳞球茎、块根、块茎的每份样品为 20 粒。接穗、芽体、叶片的每份样品为 10 个。

表 4-2　出境植物苗木及中低风险的进境植物苗木检疫取样数量

货物类别	货物数量	取样数量（份）
种子	10 kg 及以下	1
	10～100 kg	2
	101～500 kg	3
	501～1 000 kg	4
	1 001～2 000 kg	5
	2 001～5 000 kg	6
	5 001～10 000 kg	7
	10 000 kg 以上	每增加 5 000 kg 增取 1 份样品，不足 5 000 kg 的余量，按照 1 份取

(续)

货物类别	货物数量	取样数量（份）
整株植物、砧木、插条	50 及以下	1
	51～200	2
	201～1 000	3
	1 001～5 000	4
	5 001 及以上	每增加 5 000 增取 1 份样品，不足 5 000的余量，按照 1 份取
鳞球茎、块根、块茎	500 粒及以下	1
	501～2 000 粒	2
	2 001～5 000 粒	3
	5 001～10 000 粒	4
	10 001 粒以上	每增加 10 000 粒，增取 1 份样品
	100 001 粒以上	每增加 30 000 粒增取 1 份样品，不足 30 000 粒的余量，按照 1 份取
接穗、芽体、叶片、试管苗类	100 及以下	1
	101～500	2
	501～2 000	3
	2 001～5 000	4
	5 001 及以上	每增加 5 000 增取 1 份样品，不足 5 000的余量，按照 1 份取
盆景	30 株以下	取 1 株
	30 株以上	取 2～6 株
盆景介质	3 000 盆及以下	随机取 20 盆，每盆取 50～100 g
	3 000 盆以上	每递增 1 000 盆，增加取样 5 盆，不足 1 000 盆的按 1 000 盆计

第二节 昆虫、螨类、软体动物和杂草种子的检验

有害昆虫、螨类、软体动物和杂草种子的检验在检疫现场和实验室内实施，在发现和检出这些有害生物后，需进一步根据形态特征进行种的鉴定。少数情况下，昆虫需经过饲养后，杂草种子经过种植后，获得适当的材料再行鉴定。

一、昆虫的直接检验

在检疫现场，注意有无害虫的排泄物、脱皮壳、卵、幼虫、蛹、茧和成虫诸虫态以及食痕、危害状等。取样携回室内进行过筛检验，按粮谷、油料、豆类颗粒形状和大小，选用不同孔径的规格筛（表 4-3）。

表 4-3　样品种类及其适用规格筛

样品	筛径规格	层数	备注
花生、玉米、大豆、豌豆、蓖麻籽	3.5 mm，2.5 mm，1.5 mm	1～3	圆孔筛
小麦、大麦、高粱、大米	2.0 mm×1.75 mm 或 2.5～1.5 mm	1～2	长孔或圆孔筛
谷子（小米）、芝麻、菜籽	2.0～1.0 mm	1～2	圆孔筛
面粉	42 目		绢筛或铜丝筛

将需用的筛层，按筛孔大小顺序套好（小筛孔放在下面），将样品放入上层选筛内（不宜过多，约达筛层高度的 2/3），套上筛盖，电动或手动回旋转动一定时间后，按筛层将筛上物和筛下物分别倒入白瓷盘中，用放大镜或解剖镜检查，检出昆虫和螨类，同时还可检出虫粒、病粒、杂草种子和其他夹杂物。若检查时室温低于 10 ℃，最下层筛出物须在 20～30 ℃下处理 15～20 min，促使害虫活动，再行检查。

二、隐蔽害虫的检验

1. 染色检查　检查粮粒中的谷象、米象等可将样品放在铁丝网中，在 30 ℃的水中浸 1 min，再移入 1％高锰酸钾溶液中 1 min，然后用清水冲洗或用过氧化氢硫酸液洗涤 20～30 s，用放大镜检查，挑出有直径约 0.5 mm 黑斑点的籽粒，再行剖检。豆类可用 1％碘化钾或 2％碘酒染色 1～1.5 min，再移入 0.5％氢氧化钠或氢氧化钾液中 20～30 s，取出用水冲洗 30 s，如粒面有 1～2 mm 直径的黑圆点，则内部可能隐藏豆象。

2. 相对密度检查　根据有害籽粒和正常籽粒相对密度不同，用盐溶液漂检。检查谷象可将种子倒入 2％硝酸铁溶液搅拌，静置后被害粒浮在表面。检查豆象可用 18.8％的食盐水漂检。相对密度检查亦适用于检出线虫瘿、菌核和杂草种子等。

3. 解剖检查　切开有明显被害状、食痕或可疑的种子、果实以及其他植物产品检查。

4. 软 X 光机检验　用 X 光机透视和摄影，检查可疑种子内的隐蔽害虫，检出率和检查效率均较高。

三、螨类检验

1. 种子类的螨类检验　除可过筛检查外，还可利用螨类怕干畏热的习性，用螨类分离器电热加温检出粮谷中的螨类。将样品平铺在分离器的细铜丝沙盘上，厚度为 5 mm 左右，加热使盘面温度保持在 43～45 ℃，经 30 min，仔细检查盘下玻璃板上的螨类。

2. 水果类的螨类检验　一些水果的特殊外形结构给螨类的生存提供了良好的环境，例如苹果、梨、猕猴桃等的蒂部和柄部均有凹入很深的结构，且开口处往往有纵横交错的残留组织掩盖，足以保护生活在其中的螨类随寄主安全到达新繁殖地。随机挑选水果样品数个（最好选择结构完整的个体），用刀纵向将其切成两半（要求蒂部和柄部均被切开），将切开的蒂部和柄部完整地剜出，置于解剖镜下仔细观察，用拨针拨动检查。

四、软体动物检验

软体动物的传播载体很多，主要有运输工具（集装箱、车辆、货船的食品仓）、原木和木质包装物、苗木和接穗等无性繁殖材料、鲜花、鲜切花、盆景、新鲜的水果蔬菜等。蜗牛的传播不需要特定的寄主，凡接触过地面的物品都可能传播，因而都应查验。软体动物的检查方法有直接检查、过筛检查和痕迹检查等。

直接检查是仔细检查各类传播载体是否有蜗牛或蛞蝓附着其上，特别要注意阴暗避光处的检查，打开手电筒仔细寻找。苗木、盆景等携带土壤或细碎衬垫材料时，可做过筛检查。选用合适孔径的规格筛，将样品用回旋法过筛，仔细检查筛下物中是否有卵粒或幼小个体。蜗牛、蛞蝓爬行过后，会留下银灰色的丝带状黏液痕迹，发现痕迹后可循痕迹查验。

发现软体动物成体后，携回实验室，根据形态特征和外生殖器、颚片、齿舌等重要解剖特征鉴定种类。若查获的是卵或幼体，需进行饲养，获得成体后再行鉴定。

五、杂草种子检验

粮谷和种子样品过筛后拣取筛上物和筛下物中的杂草种子（果实），目测或借助放大镜或解剖镜观察，根据其外观形态特征（诸如形状、大小、颜色、斑纹、种脐以及附属物特征等）进行鉴定。应充分注意地理环境、植物本身的遗传变异和种子成熟度等因素对种子外部形态的影响。必要时，将种子浸泡软化后解剖检查其内部形态、结构、颜色、胚乳的质地和色泽以及胚的形状、大小、位置、颜色、子叶数目等特征。

采用上述方法尚不能鉴定的，可行幼苗鉴定，检查其萌发方式以及胚芽鞘、上胚轴、下胚轴、子叶和初生叶的形态。幼苗期的气味和分泌物有时也有重要鉴定价值。必要时，还应进行种植鉴定，观察花果特征。

第三节 植物病原真菌的检验

植物病原真菌的检验方法有直接检验法、洗涤检验法、培养检验法、种子解剖透明检验法、生长检验法、分子检验法等多种。直接检验法只能检出具有明显症状的植物材料，做出初步诊断。当症状不明显或多种真菌复合侵染时，应做进一步检验或用常规方法分离病原菌，获得纯培养，进行种的鉴定。种子表面带菌多采用洗涤检验法，内部带菌可行培养检验，种胚部传带的专性寄生菌可行胚透明检验。分子检验法是近些年发展起来的快捷、准确、可靠的鉴定新方法。有时需采用多种检验方法，检验结果互相补充和互相参照。植物病原真菌的属、种主要依据其形态特征和分子特征进行鉴定。有时需要接种寄主，测定其致病性。

除洗涤检验法的检验结果用单位重量种子的孢子负载量表示外，其他检验方法都能获得带菌率或发病率。

一、植物病原真菌的直接检验法

直接检验法是以肉眼或借助手持放大镜、实体显微镜仔细观察种子、苗木、果实等被检物的症状。种子、粮谷等先过筛，检出变色皱缩粒和菌核、菌瘿以及其他夹杂物。经直接检验发现明显症状后，挑取病菌制片镜检鉴定。有些带菌种子需用无菌水浸渍软化，释放出病菌孢子后才得以镜检识别。

带病种子可能表现出霉烂、变色、皱缩、畸形等多种病变，种子表面产生病原菌的菌丝体、微菌核和繁殖体。例如大豆紫斑病病菌（*Cercospora kikuchii*）侵染的种子生紫色斑纹，种皮微具裂纹；灰斑病病菌（*Cercospora sojina*）侵染的病籽粒生圆形至不规则形病斑，边缘暗褐色，中部灰色；霜霉病病菌（*Peronospora manschurica*）侵染的病粒生溃疡斑，内含大量卵孢子；玉米干腐病病菌（*Diplodia zeae*）侵染的病种子变褐色，无光泽，表面生白色菌丝和小黑点状分生孢子器。

种子过筛后可检出夹杂的菌瘿、菌核、病株残屑和土壤颗粒，都需仔细鉴别。小麦被印度腥黑穗菌侵染后，籽粒局部受害，生黑色冬孢子堆，而普通腥黑穗病菌和矮腥黑穗病菌危害则使整个麦粒变成菌瘿。形成菌核的真菌很多，常见的有麦角属（*Claviceps*）、核盘菌属（*Sclerotinia*）、小菌核属（*Sclerotium*）、葡萄孢属（*Botrytis*）、丝核菌属（*Rhizoctonia*）、轮枝孢属（*Verticillium*）、核瑚菌属（*Typhula*）等。菌核可据形状、大小、色泽、内部结构等特征鉴别。

直接检验多用于现场检查，在室内检验中常用作培养检验之前的预备检查。

二、植物病原真菌的洗涤检验法

洗涤检验法用于检测种子表面附着的真菌孢子，包括黑粉菌的厚垣孢子、霜霉菌的卵孢子、锈菌的夏孢子、多种半知菌的分生孢子等。洗涤检验的操作程序如下。

1. 洗脱孢子 将一定数量的种子样品放入容器内并加入定量蒸馏水或其他洗涤液，振荡 5~10 min，使孢子脱离种子，转移到洗涤液中。

2. 离心富集 将孢子洗涤液移入离心管，低速（2 500~3 000 r/min）离心 10~15 min，使孢子沉积在离心管底部。

3. 镜检计数 弃去离心管内的上清液，加入一定量蒸馏水或其他浮载液，重新悬浮沉积在离心管底部的孢子，取悬浮液，滴加在血细胞计数板上，用高倍显微镜检查孢子种类并计数，据此可计算出种子的带菌量。

4. 孢子生活力测定 用常规孢子萌发测定法、分离培养法或红四氮唑（TTC）染色法判定孢子死活。

洗涤检验法能快速、简便地定量测定种子外部带菌数量，现已用作检验麦类腥黑粉菌种子带菌的标准方法。该法不能用于检测种子内部的病原真菌。

三、植物病原真菌的吸水纸培养检验法

吸水纸培养检验法主要用于检测在培养过程中能产生繁殖结构的多种种传半知菌，包括链格孢属（*Alternaria*）、平脐蠕孢属（*Bipolaris*）、葡萄孢属（*Botrytis*）、尾孢属（*Cercospora*）、枝孢属（*Cladosporium*）、弯孢霉属（*Curvularia*）、炭疽菌属（*Colletotrichum*）、德氏霉属（*Drechslera*）、镰刀菌属（*Fusarium*）、茎点霉属（*Phoma*）、喙孢属（*Rhynchosporium*）、壳针孢属（*Septoria*）、匍柄霉属（*Stemphylium*）、轮枝孢属（*Verticillium*）等属种传真菌。

通常用底部铺有 3 层吸水纸的塑料培养皿或其他适用容器作培养床。先用蒸馏水湿润吸水纸，将种子按适当距离排列在吸水纸上，再在一定条件下培养，对多数病原真菌，适宜的培养温度为 20~25 ℃，每天用近紫外光（NUV）灯或日光灯照明 12 h。培养 7~10 d 后检查和记载种子带菌情况，检查时，用两侧照明的实体显微镜逐粒种子检查。本法依据种子上真菌菌落的整个形象，即吸水纸鉴别特征来区分真菌种类（图 4-1）。检查时应特别注意观

察种子上菌丝体的颜色、疏密程度和生长特点、真菌繁殖结构的类型和特征。例如分生孢子梗的形态、长度、颜色和着生状态，分生孢子的形状、颜色、大小、分隔数，在梗上的着生特点等。在疑难情况下，需挑取孢子制片，用高倍显微镜做精细的显微检查和计测。

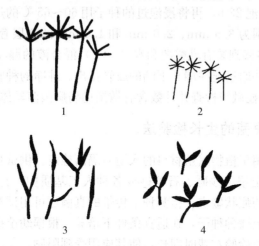

图 4-1　黑麦 4 种种传病原真菌的吸水纸培养特征
1. 大斑病病菌（*Drechslera siccans*）　2. 褐点病病菌（*Drechslera tetramera*）
3. 网斑病病菌（*Drechslera dictyoides* f. sp. *perennis*）　4. 褐斑病病菌（*Bipolaris sorokinianum*）

吸水纸培养检验法简便、快速，可在较短时间内检查大量种子，是许多种传半知菌检验的适宜方法，但不能用于检测在培养过程中不产生特征性繁殖体的种类。另外，植物营养器官的发病部位未产生真菌繁殖体时，常用吸水纸保湿培养诱导孢子产生，以确切地诊断鉴定。

四、植物病原真菌的琼脂培养基培养检验法

琼脂培养基培养检验法主要用于发病植物中病原真菌的常规分离培养，以获得病原菌的纯培养物，进行种类鉴定，也适用于快速检验生长迅速且生成特定培养特征的种传真菌。常用的琼脂培养基有马铃薯葡萄糖琼脂培养基（PDA）、麦芽浸汁琼脂培养基（MEA）、燕麦粉琼脂培养基（OMA）等。在检测特定种类的病原真菌时，还可选用适宜的选择性培养基。

用琼脂培养基法检验种子带菌时，种子先用 1%～2%次氯酸钠溶液和抗生素表面消毒 5～10 min，然后植床于培养基平板上，在适宜温度和光照下培养 7～10 d 后检查。为便于检测大量种子，多用手持放大镜从培养皿两面观察，依据菌落形态、色泽来鉴别真菌种类，必要时挑取培养物制片，用高倍显微镜检查。有些种传真菌在培养基中生成特定的营养体和繁殖体结构，可用于快速鉴定。例如带有蛇眼病菌（*Phoma betae*）的甜菜种球，植床于含 2,4-D（50 mg/kg）的 1.6%水琼脂培养基平板上，在 20 ℃、不加光照的条件下培养 7 d 后移去种子，用实体显微镜由培养皿背面观察菌落，可见由菌丝分化的膨大细胞团。带有颖枯病病菌（*Septoria nodorum*）的小麦种子用马铃薯葡萄糖琼脂培养基在 15 ℃、连续光照的条件下培养 7 d 后，种子周围形成大量分生孢子器。

五、植物病原真菌的种子解剖透明检验法

种子解剖透明检验法主要用于检测大麦散黑穗病病菌、小麦散黑穗病病菌、谷类与豆类

霜霉病病菌等潜藏在种子内部的真菌。该法先用化学方法或机械剥离方法分解种子，分别收集需要检查的胚、种皮等部位，经脱水和组织透明处理后，镜检菌丝体和卵孢子。

以检测大麦种子传带的散黑穗病病菌为例，其操作过程如下：先将种子在加有锥虫蓝的5％氢氧化钠溶液中浸泡22 h，再将浸泡过的种子用60～65 ℃的热水冲击或小心搅动，使种胚分离，并用孔径分别为3.5 mm、2.0 mm和1.0 mm的3层套筛收集种胚。种胚用95％乙醇脱水2 min，再转移到装有乳酸酚和水（3∶1）混合液的漏斗中，胚漂浮在上部，夹杂的种子残屑沉在底部并通过连在漏斗下端的胶管排出。纯净的种胚用乳酸酚固定液煮沸透明2 min，冷却后用实体显微镜检查并计数含有散黑穗病病菌菌丝体的种胚，计算带菌率。

六、植物病原真菌的生长检验法

生长检验法主要用于植物繁殖材料的入境后隔离检疫。供试材料种植在经过高压蒸汽灭菌处理或干热灭菌的土壤、沙砾、石英砂或各种人工基质中，在隔离场所和适宜条件下栽培，根据幼苗和成株的症状鉴定。检测种子传带的真菌还可用试管幼苗症状检验法，即在试管中琼脂培养基斜面上播种种子，在适宜条件下培养，根据幼苗症状，结合病原菌检查，确定种传真菌种类。生长检验花费时间长，使其应用受到限制。

七、植物病原真菌的分子生物学检验法

分子生物学检验法主要用于真菌培养物（菌丝或菌丝体）、孢子、发病组织、土壤等几类样品。分子生物学检验是根据不同植物病原真菌基因组中的特异序列，对其进行快速鉴定的方法，是从真菌基因组DNA出发，采用常规聚合酶链式反应（PCR）方法、巢式聚合酶链式反应（PCR）方法、核酸分子标记方法（包括RFLP、RAPD、AFLP）、实时荧光聚合酶链式反应（PCR）方法、PAGE分析方法、基因芯片方法、核酸序列测定和分析方法等，从分子水平上对病原真菌做出鉴定。在检测过程中要求设有内部质控（内参照）和外部质控（空白对照、阴性对照、阳性对照），以预防假阴性和假阳性等现象。但众多用于真菌鉴定的分子生物学方法各有其适用范围和优缺点，因此有必要对这些分子生物学方法进行比较研究，找出适合病原真菌尤其是检疫性病原真菌快速而准确的分子检测方法并加以规范，以满足植物检疫工作的需要。目前较适用的方法有常规聚合酶链式反应方法、巢式聚合酶链式反应方法、实时荧光聚合酶链式反应方法、核酸序列测定和分析方法。

（一）常规聚合酶链式反应法

聚合酶链式反应（polymerase chain reaction，PCR），是一种普及的分子生物学技术，用于扩增特定的DNA片段，这种方法可在生物体外进行，不必依赖大肠杆菌或酵母菌等生物体。其基本原理是：双链DNA分子在接近沸点的温度下解链，形成两条单链DNA分子（变性），待扩增片段两端互补的寡核苷酸（引物）分别与两条单链DNA分子两侧的序列特异性结合（退火、复性），在适宜的条件下，DNA聚合酶利用反应混合物中的4种脱氧核苷酸（dNTP），在引物的引导下，按$5'\to 3'$的方向合成互补链，即引物的延伸。这种热变性、复性、延伸的过程就是一个聚合酶链式反应循环。随着循环的进行，前一个循环的产物又可以作为下一个循环的模板，使产物的数量按2^n方式增长。从理论上讲，经过25～30个循环后DNA可扩增10^6～10^9倍。

常规聚合酶链式反应法具有特异性强、模板用量少、灵敏度高、快速、对样品要求低、

简单易行等特点。用于病原物检测的策略是基于病原物的特异性核酸片段，设计合适的引物进行聚合酶链式反应扩增，根据扩增样品中特异性电泳条带或者核酸探针杂交信号有无来判断该样品中是否带有某种病原物。该方法已在检疫性病原真菌的检测中得到了广泛的应用。

常规聚合酶链式反应法中特异性引物的设计，常需要了解靶病原物的核酸序列。通常是根据基因组中特异性基因或核酸序列、rDNA 及其内转录间隔区（internal transcribed spacer，ITS）来设计引物。

（二）巢式聚合酶链式反应法

巢式聚合酶链式反应（nest-PCR），也称为嵌套 PCR，是常规聚合酶链式反应法的一种改进。该法使用两对聚合酶链式反应引物对目的片段进行扩增。第一对引物扩增片段的过程和普通聚合酶链式反应法相同。第二对引物称为巢式引物，结合在第一次聚合酶链式反应扩增片段的内部，使得第二次聚合酶链式反应扩增片段短于第一次扩增的。巢式聚合酶链式反应法的优点在于具有极高的特异性和灵敏性，若第一次扩增产生了错误片断，则第二次扩增时，在错误片段上进行引物配对并扩增的概率极低。这样就可根据特异性片段设计两对引物，用巢式聚合酶链式反应法进行病原物的快速鉴定。该法已用于检疫性病原真菌的检测，例如检测松树脂溃疡病病菌（*Fusarium circinatum*）、栎树猝死病病菌（*Phytophthora ramorum*）等。

（三）实时荧光定量聚合酶链式反应法

实时荧光定量聚合酶链式反应法（quantitative real time-PCR，qRT-PCR）是常规聚合酶链式反应扩增技术与荧光检测技术的有机结合，在聚合酶链式反应扩增过程中通过光电系统就能检测模板 DNA 有无扩增并可获得定量结果，简化了检测程序。在阴性对照、阳性对照、空白对照均正常的情况下，根据实时荧光定量聚合酶链式反应的循环阈值（C_t 值）（每个反应管内的荧光信号到达设定阈值时所经历的循环数）进行判定，在进行 40 个循环的前提下，如果 C_t 值小于 35 的，判定为阳性；如果 C_t 值等于或者大于 40 的，判定为阴性；如果 C_t 值为 35～40 为可疑阳性。如果为可疑阳性则需要进行重复试验，或者其他方法进行验证。

实时荧光聚合酶链式反应与常规聚合酶链式反应相比有明显优点，诸如闭管操作、不易污染、无须凝胶电泳检测、操作简单省时等，灵敏度也比常规聚合酶链式反应高出 10～100 倍。实时荧光定量聚合酶链式反应可以对病菌的拷贝数进行精确定量测定，使病原菌的检测从以前的定性检测变为定量检测，因而广泛用于疾病早期诊断和病原体检测，在检疫性病原真菌的检测中也有应用。

（四）核酸序列测定和分析方法

DNA 序列测定对于了解真菌的基因结构、种类鉴定、分子进化关系等具有十分重要的意义。目前应用较多的为 18S rRNA 基因大亚基的 D_1-D_2 区、基因内间隔区（intergenic spacer，IGS）、内转录间隔区（internal transcribed spacer，ITS），以及蛋白编码区和一些管家基因，例如 β 微管蛋白基因（β-tubulin gene）、钙调蛋白基因（calmodulin gene，CAL）、延长因子 1α 基因（elongation factor-1α gene，EF-1α）、细胞色素 c 氧化酶亚基Ⅰ基因（cytochrome-c oxidase Ⅰ gene，COI）、3-磷酸甘油脱氢酶基因（glycerol-3-phosphate dehydrogenase gene，GPDH）、肌动蛋白基因（actin gene，ACT）、几丁质酶基因（chitinase gene，CHS）、谷氨酰胺合成酶（glutamine synthetase，GS）、RNA 聚合酶Ⅱ大

亚基基因（RNA polymerase Ⅱ b2 gene，RPB2）等。在核酸测序数据分析中，通常采用标准的分子系统学方法建立多种系统树，例如邻近相连法（neighbour-joining，NJ）、非加权组平均法（unweighted pair-group method with arithmetic means，UPGMA）、最大似然法（maximum likelihood，ML）、最大简约法（maximum parsimony，MP）、贝叶斯法（Bayes）等，以鉴定每个物种。也可以直接依据测序结果做出判断，如果所得核酸序列与已知的某种真菌相应的特异性核酸序列完全一致，则判定检查结果为阳性，不一致的则需要采用其他方法进行检测。

(五) 免疫学方法

在凝聚反应检测中，有适量电解质存在时，可形成肉眼可见的凝聚小块，则判定样品为阳性，否则判定为阴性。在沉淀反应检测中，如果出现肉眼可见的沉淀条带则判定为阳性，否则判定为阴性。

酶联免疫吸附法（enzyme linked immunosorbent assay，ELISA）的基本原理是酶分子与抗体或抗抗体分子共价结合，此种结合不会改变抗体的免疫学特性，也不影响酶的生物学活性。此种酶标记抗体可与吸附在固相载体上的抗原或抗体发生特异性结合。滴加底物溶液后，底物可在酶催化作用下由无色的还原型变成有色的氧化型，反应液随之出现颜色变化。因此可通过底物的颜色反应来判定有无相应的免疫反应，原则上颜色的深浅与标本中相应抗体或抗原的量呈正比。此种显色反应可通过酶联免疫吸附法检测仪进行定量测定。在酶联免疫吸附试验结果的酶标仪检查中，如果待测孔值（P）/对照孔值（N）$\geqslant 2.1$，则判定为阳性；如果 $P/N < 1.5$，则判定为阴性，介于中间的判定为可疑样品。

第四节 植物病原细菌的检验

在产地检疫和现场检疫中，植物细菌性病害可根据植株、苗木、果实、块茎、块根等植物材料的特有症状，以及细菌溢现象等简单的细菌学检查可做出初步诊断，在多数情况下仍需分离病原细菌，结合生理生化指标和分子生物学技术做进一步鉴定。种子带菌检验的方法比较复杂，因带菌率低，不可能逐粒分离培养，而以种子样品为单位，检查该样品是否带菌，并按特定的试验设计，运用统计学方法分析，估计带菌水平。常规种子带菌检验过程包括细菌的富集、分离纯化以及种类鉴定3个步骤。病原细菌的分类和鉴定包括检测细菌培养性状、形态特征、染色反应、生理生化反应等一系列项目，所需时间长。在检疫检验中多应用快速鉴定方法，包括致病性测定、过敏反应测定、噬菌体测定、血清学鉴定、分子生物学鉴定等。噬菌体法和血清学法不需要复杂的设备，有时可直接使用种子粗提液测定，适用于检验是否有特定的目标细菌（图4-2）。

一、植物病原细菌的直接检验法

植物细菌病害有腐烂、萎蔫、溃疡、疮痂、枝枯、叶斑、组织增生（瘿瘤、发根）等多种症状。叶片上病斑常呈水渍状，产生细菌溢脓。病部切片镜检可见细菌溢。检验甘薯瘟（*Ralstonia solanacearum*），可选取可疑薯块未腐烂部位，取一小块变色维管束组织，制片镜检，若有细菌溢脓出现，结合症状特点，可诊断为甘薯瘟。检验马铃薯环腐病病菌（*Clavibacter michiganensis* subsp. *sepedonicus*），尚需挑取病薯维管束的乳黄色菌脓涂片，

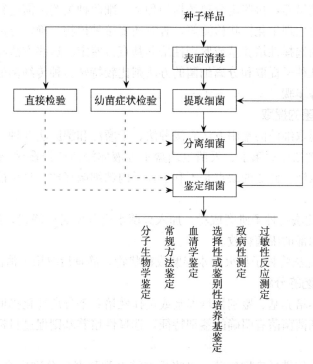

图 4-2 植物种传病原细菌的检验程序

革兰氏染色测定应呈阳性反应。

某些病原细菌侵染的种子可能表现症状。例如菜豆普通疫病（Xanthomonas axonopodis pv. phaseoli）病种子种脐部变黄褐色。白色种皮的菜豆种子在紫外光照射下发出浅蓝色荧光，表明可能受到晕疫病病菌（Pseudomonas savastanoi pv. phaseolicola）侵染。但是，并非所有带菌种子都表现症状，直接检验有很大的局限性。即使表现症状的种子，仍需用较精密的方法进一步鉴定。

二、植物病原细菌的生长检验法

生长检验法常用幼苗症状检验法，即将种子播种在湿润吸水纸上或水琼脂培养基平板上，根据幼芽和幼苗症状做出初步诊断，然后接种证实病部细菌的致病性或做进一步的鉴定。检验甘蓝种子传带黑腐病病菌（Xanthomonas campestris pv. campestris）的 Srinivasan 方法用 200 mg/kg 的金霉素浸种 3~4 h 后，播种于培养皿内的 1.5% 水琼脂平板上，在 20 ℃和黑暗条件下培养 8 d，用实体显微镜观察幼芽和幼苗的症状。带菌种子萌发后芽苗变褐色、畸形矮化、迅速腐烂，表面有细菌溢脓，由子叶边缘开始形成 V 形褐色水渍状病斑。幼苗症状检验需占用较大空间，花费较长时间，难以检测大量种子。有时发生真菌污染，症状混淆，难以鉴定。带有细菌的种子还可能丧失萌发能力，从而逃避了检验。在检疫中生长检验多作为初步检验或预备检验。

三、植物病原细菌的分离鉴定法

分离培养法是最常用的病原细菌检验方法。这首先用常规植物病理学方法从病组织分离病原细菌，获得纯培养，再鉴定分离菌株的种类。细菌种类鉴定需进行细菌形态观察、革兰氏染色试验、细菌生理生化性状检测等，有时还要接种植物，确定分离菌株的致病性。少数病原细菌可以利用选择性培养基或鉴别性培养基直接鉴定。这些方法在普通植物病理学实验已有详细介绍。从种子提取和分离细菌的方法则比较特殊。种传细菌的常规检验包括细菌提取、分离、鉴定等步骤。

（一）种传细菌的提取

由种子样品提取细菌的常用方法有浸种法、干磨法和湿磨法 3 种。

1. 浸种法 此法用灭菌水、灭菌生理盐水等液体浸渍或振荡洗涤种子，使细菌释放出来，制得细菌提取液。此法的缺点是不利于种子内部细菌释放，且可能抑制好气性病原细菌的繁殖。

2. 干磨法 此法将种子研磨成粉，加入灭菌水充分振荡后静置，细菌富集于上清液中。此法有利于种子深部的细菌释放。

3. 湿磨法 此法将种子加灭菌水湿磨成糊状物，静置后取用上清液。

（二）种传细菌的分离

常用普通营养培养基、鉴别性培养基或选择性培养基分离纯化提取到的细菌。在鉴别性培养基上，目标细菌菌落有明确的鉴别特征，选择性培养基则促进目标菌生长，而抑制其他微生物生长。

检测菜豆种子传带晕疫病病菌，可将提取液系列稀释后分别在金氏 B（KB）培养基平板上涂布分离，在 25 ℃和无光照条件下培养 3 d 后，在紫外光或近紫外光照射下有蓝色荧光的菌落，为假单胞菌，有可能是晕疫病病菌，需选择典型菌落做进一步鉴定。检测甘蓝黑腐病病原细菌时，提取液在蛋白胨肉汁淀粉琼脂（NAS）培养基平板上划线分离，在 28 ℃下培养 3 d 后，检出蜡黄色有光泽的菌落。该菌有水解淀粉的能力，在检出的黄色菌落上滴加鲁戈尔试液，若菌落周边培养基不被染色，则表示淀粉已被水解，该菌落可能为目标菌，再用其他方法验证。

（三）致病性测定

致病性测定即用植物发病部位的细菌溢或分离纯化的细菌培养物接种寄主植物，检查典型的症状。例如鉴定甘蓝黑腐病病菌时，用针刺接种法接种甘蓝叶片中肋的切片，切片置于 1.5% 水琼脂平板上，在 28 ℃和黑暗条件下培养 3 d。如确系该菌，则接种部位软腐、维管束褐变。致病性测定可用于验证分离菌的致病性以排除培养性状与病原菌相近的腐生菌。

（四）过敏性反应测定

用接种寄主植物的方法测定细菌培养物的致病性要花费较长的时间，用过敏性反应鉴定，只需 24~48 h 便能区分病原菌和腐生菌。烟草是最常用的测定植物。取待测细菌的新鲜培养物，制成细菌悬液，用注射器接种。注射针头由烟草叶片背面主脉附近插入表皮下，注入细菌悬液。若为致病细菌，1~2 d 后注射部位变为褐色过敏性坏死斑块，叶组织变薄变褐，具黑褐色边缘。

四、植物病原细菌的噬菌体检验法

噬菌体是侵染细菌的病毒，能在活细菌细胞中寄生繁殖，破坏和裂解寄主细胞，在液体培养时，使混浊的细菌悬浮液变得澄清，在固体平板上培养时，则出现许多边缘整齐、透明光亮的圆形无菌空斑,称为噬菌斑,肉眼即可分辨。

可用噬菌体法检查水稻稻种是否带有白叶枯病病菌。病田稻种的稻壳中通常都带有专化性的噬菌体或存活细菌,可据以确定稻种确系带菌。

(一) 专化性噬菌体测定

取 10 g 稻种,脱下谷壳剪碎或磨碎,放入已灭菌处理的烧杯中,加灭菌水 20 mL 浸泡 30 min,过滤后分别吸取滤液 1.5、1.0 和 0.5 mL,置于 3 个灭菌培养皿内,各加 1 mL 新培养的白叶枯病病菌指示菌液(浓度为 9×10^8/mL 以上)混匀后加入 10 mL 熔化的肉汁胨琼脂培养基,摇匀凝成平板后,放在 25~28 ℃温箱中,培养 10~12 h 后,记载各培养皿中的噬菌斑数,然后再换算成每克种子的噬菌斑数。若试样为健康稻种,不带有专化性噬菌体,则不形成噬菌斑。此法简便易行,已被普遍采用。其缺点是不能测出样品中实际存在的活的病原细菌数。

(二) 稻种存活细菌测定

用噬菌体增殖法测定存活细菌数。取 10 g 谷壳,粉碎后放在无菌水(或蛋白胨水)中浸泡 10 min,低速(2 000 r/min)离心 10 min,留取上清液,并加足量白叶枯病病原细菌的噬菌体(3×10^4~4×10^4 个/mL),以 8 000 r/min 离心 5 min,留取沉淀物,加缓冲液混匀后再加入白叶枯噬菌体抗血清,以除去游离的噬菌体,作用 5 min 后洗涤,以 8 000 r/min 离心 5 min,以避免抗血清对新生噬菌体的中和作用。离心下沉物加缓冲液稀释后,取样用前述琼脂平板法测定稀释液含有的噬菌体数(吸附噬菌体的细菌在平板上形成噬菌斑),余下的测定液培养 4 h 后再取样测定噬菌体数,噬菌体数量有明显增加则表明稻种带有存活的病原细菌。

噬菌体检疫法的主要优点是简便、快速,能直接用种子提取液测定。其缺点是非目标菌大量存在时敏感性较差,噬菌体的寄生专化性和细菌对噬菌体的抵抗性都可能影响检验的准确性。

五、植物病原细菌的血清学检验法

植物病原细菌检验最常用的血清学检验方法是荧光抗体法和酶联免疫吸附法(ELISA法)。

(一) 荧光抗体法

荧光抗体法(fluorescent antibody technique)是先将荧光染料与抗体以化学方法结合起来形成标记抗体,抗体与荧光染料结合不影响抗体的免疫特性,当与相应的抗原反应后,产生了有荧光标记的抗体抗原复合物,受荧光显微镜高压汞灯光源的紫外光照射,便激发出荧光。荧光的存在就表示抗原的存在。

荧光抗体法有直接法和间接法两种。直接法是将标记的特异抗体直接与待查抗原产生结合反应,从而测知抗原的存在。间接法是标记的抗体与抗原之间结合有未标记的抗体。

例如用间接法检测玉米种子传带的玉米枯萎病病菌(*Erwinia stewartii*),该法先将种子提取液在载玻片上涂片,火焰固定后滴加目标菌抗血清,在 38 ℃下培养 30 min 后,用磷酸缓冲液冲洗载玻片,晾干后再滴加羊抗兔 IgG 荧光抗体(异硫氰酸荧光黄标记的羊抗兔γ球蛋白,用葡聚糖凝胶 G-25 过滤层析法除去游离荧光素制成),培育、冲洗、晾干后用荧光显微镜检查。

(二) 酶联免疫吸附法

酶联免疫吸附法（ELISA）的具体内容见本章第五节。

六、植物病原细菌的分子生物学检验法

在分子生物学检测技术建立之前，种子上的以及未显症植物的细菌快速检测和鉴定过程复杂，费时费力。随着核酸检测技术的发展则变得快速可靠。

(一) 分子杂交法

用放射性标记物、生物素、地高辛或荧光物质标记探针，在一定条件下与具有一定同源性的待测核酸序列，按照碱基互补原则结合成双链，经放射自显影或酶显色对杂交信号进行显示，可以观察特定核酸片段的踪迹，判定其同源关系或被检测病原物的分类地位。分子杂交法广泛应用于细菌和病毒的诊断，检测效率高，特异性好。例如有人用已知的马铃薯青枯病病菌 16S rRNA 及 23S rRNA 设计探针 RSOLA 和 RSOLB，应用荧光原位杂交结合间接免疫荧光技术来检测样本是否为青枯病病菌。但这种方法仍嫌耗时长，自动化程度低，检测结果的稳定性差。

(二) 基于特异性片段的聚合酶链式反应法

从分离纯化的细菌培养物或者具有典型症状的病叶中提取 DNA，以标准菌株的 DNA 作为阳性对照，用非检测对象的植物病原细菌作为阴性对照，用重蒸馏水代替模板 DNA 作为空白对照，采用针对特异性片段设计的引物进行聚合酶链式反应扩增，进行琼脂糖电泳检测分析，或进行实时荧光聚合酶链式反应检测。如果测试菌株的聚合酶链式反应产物与阳性对照一致，则可判定该批样品中带有目标菌株。否则可判定该批样品不带有目标菌株。许多检疫性病原细菌和植原体都推荐使用聚合酶链式反应法。

(三) 核酸序列测定和分析方法

采用聚合酶链式反应技术扩增细菌的 16S rDNA、16S-23S rDNA 区间（intergenic spacer region，ISR）或独有基因等，并进行测序和序列比对分析，确定细菌种类。16S rDNA 在细菌中是高度保守的，但对于相近种或者同一种内不同菌株之间的鉴定分辨力较差，而 16S-23S rDNA 区间的进化速率比 16S rDNA 高 10 多倍，多用于相近种或者菌株的区分和鉴定。

七、Biolog 细菌自动鉴定系统

Biolog 细菌自动鉴定系统是利用细菌对 95 种不同碳源的代谢情况来鉴定菌种的，即每种细菌形成各自特有的代谢指纹图谱，选用四唑紫作为细菌能否利用供试碳源的指示剂。与传统方法相比，Biolog 系统操作标准化，简便、快捷，其细菌库数据大，鉴定范围广，自动化程度高，准确率也很高，适合于植物检疫中病原细菌的鉴定工作。

第五节 植物病毒的检验

带有病毒的植物种子、苗木和其他无性繁殖材料外观常不显症状，或不表现特定的症状，难以直接检验，通常要在隔离条件下种植，在生长期间根据症状做出初步诊断，然后用常规生物学方法或血清学方法鉴定病毒种类。利用血清学方法或分子生物学方法也可直接检

测种子、苗木、无性繁殖材料传带的病毒。

一、植物病毒的直接检验法

带毒种子或其他植物材料表现特异性症状，能以肉眼和借助手持扩大镜直接识别的实例甚少。著名的实例有被大豆花叶病毒侵染的大豆种子，以种脐为中心出现放射形黑褐色斑纹；豌豆种传花叶病毒（PSBMV）造成种皮变色和开裂；蚕豆染色病毒使蚕豆种子产生坏死斑。但是种子症状仅表示母株受到病毒侵染，而不一定表明胚内有病毒侵染，从而不一定传毒。

二、植物病毒的生长检验法

该法将种子、苗木种在实验室内或防虫温室内，适于植物生长与症状表现的条件下栽培，在生长期间根据症状检出病株。种子带毒可根据幼苗症状做初步鉴定，但仅适用于苗期有特征性症状的少数寄主与病毒组合。例如检验莴苣种子传带莴苣花叶病毒（LMV）、大麦种子传带大麦条纹花叶病毒（BSMV）、菜豆种子传带菜豆普通花叶病毒（BCMV）等。通常单凭症状难以做出诊断，这是因为病毒病症状常与其他病原微生物引起的症状，甚至与缺素症相混淆，病毒病害的症状还因品种和病毒株系不同而有较大变化，有时还可能发生潜伏侵染，这些都限制了生长检验法的应用。

三、植物病毒的指示植物鉴定法

种子、苗木以及在生长期可疑病株，常用接种指示植物的方法予以鉴定病毒。鉴定时多用病植物汁液、种子浸渍液或种子研磨后制成的提取液摩擦接种指示植物，依据指示植物症状鉴定病毒种类。种传病毒的带毒率很低，对于危险性的病毒即使指示植物鉴定得出阴性结果，仍需采用血清学方法或电子显微镜观察做进一步鉴定。使用指示植物鉴定法时要正确选择指示植物。表4-4列出了几种马铃薯病毒的指示植物及其症状。

表4-4 几种马铃薯病毒在主要指示植物上的症状

病毒	接毒后检查时间（d）	指示植物	症状
马铃薯X病毒	5~7	千日红	叶片出现红环枯斑
马铃薯M病毒	12~24	千日红	接种叶片出现紫红色小圈枯斑
马铃薯S病毒	14~25	千日红	接种叶片出现橘红色小斑点，略突出的圆或不规则小斑点
马铃薯G病毒	20	心叶烟	系统白斑花叶
马铃薯Y病毒	7~10	普通烟	初期明脉，后期沿脉出现纹带
马铃薯A病毒	7~10	香料烟	微明脉
马铃薯纺锤块茎类病毒	5~15	莨菪	沿脉出现褐色坏死斑点

四、植物病毒的血清学检验法

依据抗原与抗体反应的高度特异性，在具备高效价抗血清情况下，血清学方法不需要复杂的设备，便于推广使用。常用的血清检验方法有以下几种。

（一）沉淀反应法

含有抗原的植物汁液与稀释的抗血清在试管中等量混合，培育后即可产生沉淀反应，在黑暗的背景下可见絮状或致密颗粒状沉淀。为节省抗血清，提出了许多改进方法，例如微滴测定法（micro-drop method）、玻璃毛细管法（glass capillary method）等，这些方法都适用于检疫检验中的病毒检索，但是灵敏度较低。

（二）琼脂扩散法

将加热熔化的琼脂或琼脂糖注入培养皿中，冷却后形成凝胶平板，在板上打孔，孔的直径为 0.3～0.4 cm，两孔间距 0.5 cm，然后将待测植株种子提取液和抗血清加到不同的孔中。测定液中若有抗原存在，则抗原、抗体同时扩散，相遇处形成沉淀带。经典的琼脂扩散法只适于鉴定能在凝胶中自由扩散的球形病毒，琼脂中加入十二烷基硫酸钠（SDS）后，使病毒蛋白质外壳破碎，即克服这种缺陷而适用于多种形状的病毒。在检验大麦种子传带大麦条纹花叶病毒时，有人用剥离的种胚压碎后直接测定；在检测大豆花叶病毒和豌豆黑眼花叶病毒时，用幼苗胚轴切片供测，均取得较好的结果。在检疫检验中，琼脂双扩散法可用作常规病毒检索方法，该法灵敏度较高。用豆科植物种子提取液测定时，常出现非特异性沉淀，这可能是因为豆科种子富含凝集素（lectin）的缘故。

（三）乳胶凝集法

用致敏乳胶吸附抗体制成特异性抗体致敏乳胶悬液，它与抗原反应后，乳胶分子吸附的抗体与抗原结合，凝集成复杂的交联体，凝集反应清晰可辨。检查大麦种子传带大麦条纹花叶病毒时，可取 1 周龄大麦幼苗嫩尖的榨取汁液测定。

（四）酶联免疫吸附法

酶联免疫吸附法（ELISA）是用酶作为标记物或指示剂进行抗原的定性、定量测定。

直接酶联免疫吸附法用特异性酶标抗体球蛋白检出样品中的抗原。操作时，先将待测抗原置于微量反应板凹孔中培育，在吸附抗原后洗涤，保留吸附孔壁的抗原，随后加入特异性酶标记抗体，经洗涤后保留与抗原相结合的酶标抗体，形成抗原抗体复合物，再加酶的底物形成有色产物，用肉眼定性判断或用分光光度计定量测定。

间接酶联免疫吸附法利用抗家兔或鸡球蛋白的山羊抗体与酶结合制备的酶标记抗体，只要制备出抗原的家兔特异抗血清，不需要再制备酶标记抗体就可以用以检出抗原。国内多用辣根过氧化物酶标记。操作时先将待测抗原吸附于微量反应板孔壁上，培育一定时间后洗涤，加入特异性抗血清，经培育和洗涤后再加入羊抗兔酶标抗体，最后加入酶的底物，并及时观察结果。

酶联免疫吸附法已成功地用于检测包括种传病毒在内的多种病毒，其灵敏度高，有些病毒的浓度低至 0.1 μg/mL 也能被检测出来，用种子提取液供测，效率高，可快速检测大量种子。该法有高度的株系专化性，可能将某些病毒感染的材料误判为健康的。

（五）免疫电子显微镜法

免疫电子显微镜法将病毒粒体的直接观察与血清反应的特异性结合起来检测病毒，现已用于检测多种种子传带的病毒。该法对抗血清质量的要求不甚严格，能使用效价较低或混杂有非特异性（寄主）抗体的抗血清。另外，该法灵敏度高，特异性范围较宽，无严格的病毒株系专化性，尤适于种传病毒检验。从干种子磨粉用缓冲液悬浮起，到透射电子显微镜观察的整个操作过程最快只需 1.5 h。

五、植物病毒的分子生物学检验法

植物病毒的分子生物学检测方法以病毒特异性基因片段为检测对象，根据检测结果中特异性基因目标片段的有无，判定病毒是否存在。常用的方法有核酸分子杂交法、聚合酶链式反应法（PCR）、实时荧光定量聚合酶链式反应（PCR）法、核酸序列测定法等。

（一）核酸分子杂交技术

核酸分子杂交技术利用病毒 RNA 或者 DNA 链之间碱基相互配对的基本原理，当双链分子加热时，链间氢键被破坏，两条链分开，变性分开的单链在适当条件下冷却时，碱基间氢键重新形成，双链复原。如果在变性分开的单链 RNA 或者 DNA 中加入带有^{32}P、^{125}I 或者^{3}H 标记的互补 DNA 或者互补 RNA 做探针，与待测 RNA 或者 DNA 进行核酸链之间碱基特异性配对，而形成稳定的双链分子后，通过放射性自显影来检测标样的核苷酸片段，鉴定病毒种类。

（二）聚合酶链式反应法

此法依据聚合酶链式反应技术扩增病毒特异性基因分子，进行病毒种类鉴定。如利用马铃薯帚顶病毒（*Potato mop-top virus*）的特异性检测引物（P_1：GAG GAT AGC GCT CTG CTG AAT GT，P_2：TCC CAT GCC TTA CCA CAT T）检测待测样品（待测样品需要进行反转录聚合酶链式反应扩增），若扩增出 559 bp 的条带，即可判定待测样品为阳性。

（三）qPCR 法

此法根据病毒基因特定序列的保守片段，合成一对通用的特异性引物和一条通用的特异性探针。荧光探针的 5′端标记羟基荧光素（FAM），3′端标记羟基四甲基罗丹明荧光素（TAMRA），3′端的淬灭基团在近距离内能吸收 5′端报告荧光基团发出的荧光信号。在进行聚合酶链式反应扩增时，由于 *Taq* 酶的 5′→3′的外切活性，在延伸到荧光探针时，将其切断，两基团分离，淬灭作用消失，荧光信号产生。可以通过检测荧光信号对核酸模板进行检测。在读取检测结果时，基线和阈值设定原则要根据仪器噪声情况进行调整，以阈值线刚好超过正常阴性样品扩增曲线的最高点为准。无 C_t 值且无扩增曲线，表示样品中无此病毒；$C_t \leq 33$，且出现典型的扩增曲线，表示样品中存在此病毒；$C_t > 33$ 的样品需要重新测定。重新测定结果无 C_t 值者为阴性，否则为阳性。

（四）核酸序列测定和分析法

此法通过对病毒基因组或者特异性基因进行测序，并与植物病毒标准核酸序列进行比对，鉴定病毒种类。例如烟草环斑病毒（*Tobacco ringspot virus*）是 ssRNA 病毒，二分体，其 RNA_1 长为 7.514 kb，RNA_2 长为 3.929 kb，外壳蛋白基因长为 1.548 kb。待测样品经 RT-PCR 扩增后，用其外壳蛋白基因的 2 对特异性引物（TRSV F_1：GAT GCA AAG AAA GGA AAG C 和 TRSV R_1：AGA TAT GGA CAA CAT GGA G；TRSV F_2：ATG TGT GCT GTG ACA GTT G 和 TRSV R_2：TTA TTT CAA AGT GGC GGA GCG）扩增，若在 576 bp 和 1 548 bp 两个位点上均出现条带，可初步判定该待测样品为阳性，可进一步通过对聚合酶链式反应扩增产物测序，并与烟草环斑病毒序列进行同源性比对，鉴定待测样品中是否有烟草环斑病毒。

第六节　植物寄生线虫的检验

植物寄生线虫只有少数种类侵入花序，破坏子房，形成虫瘿，或者潜藏在种子颖壳内，而大多数线虫危害植物地下部。线虫随土壤颗粒、植物碎屑等混杂于种子之间。种子、幼苗、带根的苗木、砧木、鳞茎、球茎、块茎、块根、附着的土壤等都是线虫检验的重要材料。检验植物寄生线虫，通常先采用症状观察、解剖、染色分离等方法检出线虫，然后直接镜检或将线虫麻醉、固定后制片镜检，主要依据形态特征鉴定。有的也用生物学的和分子生物学的方法鉴定。

一、植物寄生线虫的直接检验法

直接检疫法适用于检验固着在植物体内或以休眠状态生存于植物组织内的线虫，例如粒瘿线虫（Anguina）、根结线虫（Meloidogyne）、胞囊线虫（Heterodera）、水稻干尖线虫（Aphelenchoides besseyi）等。

首先以肉眼和手持放大镜仔细检查种子，检出畸形、变色、干秕种子以及夹杂的土粒杂质等，然后做进一步检查。小麦粒瘿线虫和剪股颖粒瘿线虫都使寄主子实形成虫瘿。水稻茎线虫侵染的病粒变褐色，颖部不闭合，谷形瘦小或成为空谷。无性繁殖材料，从根系到茎、叶、芽、花等部位均应仔细检查，要特别注意根、块茎等部位有无根结、瘿瘤，根部有无黄色、褐色或白色针头大小的颗粒状物，须根有否增生，根部有否斑点、斑痕等症状，块根、块茎是否干缩龟裂和腐烂，叶、茎或其他组织是否有肿大、畸形等症状。待检材料可用浸泡、解剖、染色等方法检出线虫。可疑种子放入培养皿内，加入少量净水浸泡后，在解剖显微镜下剥离颖壳，挑破种子检查有无线虫。根、茎、叶、芽或其他植物材料洗净后切成小段置于培养皿内加水浸泡一定时间后，在解剖镜下解剖检查植物组织中有无线虫。检查水稻茎线虫可将病粒连颖及米粒在室温（20~30 ℃）下加灭菌水浸泡 4~12 h，振荡 10 min，低速（1 500 r/min）离心 3 min，弃去离心管内的上清液，吸取沉淀物制片镜检。

二、植物寄生线虫的染色检验法

染色检验法适于检验植物组织中的内寄生线虫。烧杯中加入酸性品红乳酸酚溶液，加热至沸腾，加入洗净的植物材料，透明染色 1~3 min 后取出用冷水冲洗，然后转移到培养皿中，加入乳酸酚溶液褪色，用解剖镜检查植物组织中有无染成红色的线虫。

三、植物寄生线虫的分离检验法

此法将病原线虫由寄主体内、土壤或其他载体中分离出来，再鉴定种类。

（一）改良贝尔曼漏斗法

此法适于分离少量植物材料中有活动能力的线虫。其基本装置是一个直径适当的漏斗，漏斗颈末端接一段乳胶管，用弹簧止水夹把管子夹住。漏斗放置在支架（基座）上，其内盛满清水。把待检验的植物材料洗掉泥土后，切成 0.5 cm 长的小段，放在纱布中包起来，轻轻地浸入漏斗内或放置在筛盘上（图 4-3）。线虫从植物组织中逸出，经纱布沉落到漏斗颈底，经 12 h 或过一夜后，打开弹簧止水夹使胶管前端的水流到另一个承接玻璃皿内，镜检随水流下的线虫。

（二）过筛检验法

本法用于从大量土壤中分离各类线虫。将充分混匀的土壤样品置于不锈钢盆或塑料盆中，加入 2～3 倍的冷水，搅拌土壤并振碎土块后过 20 目筛，土壤悬浮液流入第二个盆中并喷水洗涤筛上物，弃去第一个盆中和筛上的剩余物，第二个盆中的土壤悬浮液经 1 min 沉淀后再按上法过 150 目筛，从筛子背面将筛中物冲洗到烧杯中，盆中土壤悬浮液再继续过 325 目和 500 目筛。筛中物收集在烧杯中静置 20～30 min，线虫沉积于底部，弃去上清液，将沉积物转移到玻皿内镜检或吸取线虫鉴定。

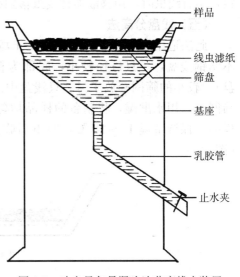

图 4-3　改良贝尔曼漏斗法分离线虫装置

（三）漂浮分离法

本法利用干燥的线虫胞囊能漂浮在水面的特性，分离土壤中的马铃薯金线虫（*Globodera rostochiensis*）和各种胞囊线虫（*Heterodera*）。

1. 芬威克漂浮法　芬威克漂浮法利用称为芬威克罐的装置（图 4-4）进行分离。使用时先将漂浮筒注满水，并打湿 16 目筛和 60 目筛。风干的土壤经 6 mm 筛过筛并充分混匀后，取 200 g 土样，放在 16 目筛内用水流冲洗，胞囊和草屑漂在水面并溢出，经簸箕状水槽流到底部 60 目筛中，用水冲洗底筛上的胞囊于瓶内，再往瓶内注水但不溢出，静置 10 min，胞囊即浮于水面，然后轻轻倒入铺有滤纸的漏斗中过滤，胞囊附着于滤纸上，滤纸晾干后，放在双目解剖显微镜下观察。

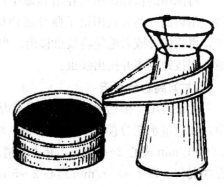

图 4-4　芬威克罐

2. 简易漂浮法　简易漂浮法适于检查少量含有胞囊的土样。该法用粗目筛筛去风干土土样中的植物残屑等杂物，称取 50 g 筛底土放在 750 mL 三角瓶中，加水至 1/3 处，摇动振荡几分钟后再加水至瓶口，静置 20～30 min，土粒沉入瓶底，胞囊浮于水面。把上层漂浮液倒于铺有滤纸的漏斗中，胞囊沉着在滤纸上，再镜检晾干后的滤纸。

（四）薄片洗涤法

此法用于检验原木、木制品和木质包装材料中的线虫，包括松材线虫（*Bursaphelenchus xylophilus*）、拟松材线虫（*Bursaphelenchus mucronatus*）等。

薄片洗涤法操作程序如下：选取长 8～12 cm、宽 6～8 cm、厚 2 cm、重 20～100 g 的木材样品，用刀具将木块劈成 0.1～1.0 cm 厚的薄木片。在常温下，将薄木片放入容器中，加 25～38 ℃温水淹没薄木片，浸泡并不断地进行搅拌。将浸泡液倒入两层线虫筛进行过滤，上层筛孔为 120～300 目，下层筛孔为 500 目。将下层筛底液移至培养皿中，在解剖镜下观察，当有线虫时，用移液器将线虫移到载玻片上，盖上盖玻片进行显微镜形态鉴定。

（五）浅盘分离法

此法适用于植物、植物产品、土壤、栽培介质等样品中迁移性线虫的分离。用两只不锈钢浅盘，一只口径较小，底部为粗筛网（内盘），另一只口径较大，底部正常（外盘）。较小的筛网套放于另一只浅盘中。将线虫滤纸（也可用擦镜纸或双层纸巾）平铺在筛网上，用水淋湿，将制备的样品均匀放在其上，从两只浅盘的夹缝中注入清水至浸没样品。保持室温 15~28 ℃，24 h 后收集底盘中的线虫悬浮液，用 500 目筛过滤收集线虫（图 4-5）。

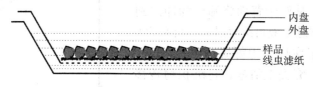

图 4-5　浅盘分离装置

（六）直接解剖分离法

此法适用于植物组织中固着的寄生线虫，如根结线虫（*Meloidogyne*）、球胞囊线虫（*Globodera*）、胞囊线虫（*Heterodera*）、异常珍珠线虫（*Nacobbus abberrans*）等。

将洗净的植物组织放在培养皿中，加少量清水，在实体显微镜下用镊子固定住植物材料，用解剖针挑开或用镊子撕开植物材料，然后用镊子或拨针将线虫从植物组织中分离出来，再用拨针或者毛笔将线虫移出。当线虫大部分露于植物组织表面时，可直接在实体显微镜下用拨针剥离并挑出线虫。

（七）离心分离法

此法适用于植物组织、土壤及栽培介质中线虫的分离。将样品放入烧杯或较大的容器中，加适量水充分搅拌，静置片刻，将上层液倒入离心管，加 1~2 mL 粉状高岭土，以 2 000 r/min 离心 2~5 min，弃去上清液，加入蔗糖溶液，用振荡器混匀或者用玻璃棒充分搅拌混匀，以 2 000 r/min 离心 2~5 min，上清液倒入 500 目筛子中，充分淋洗，将线虫洗入小烧杯中。

四、植物寄生线虫的分子生物学检验法

近年来，随着分子生物学的发展，对线虫的鉴定逐渐采用分子生物学的方法，例如限制性内切酶多态性（限制性内切酶图谱）、特异性 DNA 探针杂交、特异性聚合酶链式反应、内转录间隔区（ITS）及独有基因测序分析等方法。这种方法可以检测和区分存在阶段性非特异形态，或因环境不同而使形态产生变化的多型性线虫。

（一）特异性 DNA 探针法

选择与分类有关的特定 DNA 序列作为探针，与供试线虫的整个基因组 DNA 进行点杂交，通过放射自显影技术检测，进行线虫种类鉴定。这种方法的缺点是费用高且有放射性危害，标记好的探针在几个星期内放射性就衰减至无法使用。现在已有生物素、地高辛等非放射性标记，虽然这些技术比放射性的敏感性差，但仍然可以检测到相当于单个线虫卵或者幼虫的 DNA 量，且费用相对较低，稳定性好，且对人体无害。

（二）聚合酶链式反应检测法

采用聚合酶链式反应（PCR）技术扩增线虫的内转录间隔区（ITS）序列，经限制性酶切后进行限制性片段长度多态性（RFLP）分析，或者直接用限制性酶切线虫的基因组，依据产生的独特限制性内切酶图谱进行线虫属及种类鉴定。也可通过随机扩增多态性DNA-聚合酶链式反应（RAPD-PCR）分析，依据随机扩增多态性DNA（RAPD）的多态性鉴定线虫种类，利用此法可以准确地鉴定区分松材线虫和拟松材线虫，还可以区分松材线虫和拟松材线虫的种下群体。近年来，基于特异性探针的 $TaqMan$ 实时荧光聚合酶链式反应检测技术在线虫检测和鉴定中也逐渐得到了应用。

（三）核酸序列测定和分析方法

通过测定线虫的内转录间隔区（ITS）序列、特有基因序列，与核酸数据库（GenBank、DDBJ、EMBL）中的数据进行比对分析，鉴定线虫的种类。

思 考 题

1. 植物检疫检验方法应具有哪些特点？
2. 试设计检验麦类种子携带多种重要有害生物（5种以上）的方案。
3. 举例说明种传病原细菌的检验方法。
4. 举例说明种传病毒的检验方法。
5. 简要评述分子生物学方法在植物检疫检验中的应用和前景。

第五章　植物检疫处理

植物检疫处理是植物检疫的重要行政措施，它通过中断或避免有害生物的人为传播而保证贸易和引种的正常进行，因而是一项积极的检疫措施。植物检疫处理一般在检验不合格后，由检疫机关通知货主或其代理人实施。但有的重要有害生物尚无可靠的检验方法或因故不能实施检验，则需对其寄主或来源于疫区的植物、植物产品进行预防性处理。植物检疫处理作为进、出境和过境的限制条件，在检疫法规有关条款中有明确的规定。

第一节　植物检疫处理的原则和方法

一、植物检疫处理的原则

为使植物检疫处理达到预期目的，应遵循一些基本原则。检疫处理必须符合检疫法规的规定，并应设法使处理所造成的损失减低到最小。处理方法应能彻底除虫灭病，完全杜绝有害生物的传播，应安全可靠，不造成中毒事故，无残毒，不污染环境，不降低植物存活能力和植物繁殖材料的繁殖能力，不降低植物产品的品质、风味、营养价值，不污损其外貌。凡涉及环境保护、食品卫生、农药管理、商品检验以及其他行政管理部门的处理措施均应征得有关部门的认可并符合有关规定。

二、植物检疫处理的方法

植物检疫处理措施与常规植物保护措施有许多不同，它是由植物检疫机构规定、监督而强制执行的，要求彻底铲除目标有害生物，而植物保护措施仅将有害生物控制在经济损害允许水平以下。检疫处理往往采用最有效的单一方法，而植物保护则需要协调使用多种防治手段。检疫处理可采取除害、避害、退回、销毁等多种措施。

（一）除害处理

除害是检疫处理的主要措施，它通过直接铲除有害生物而保障贸易和引种安全，常用的除害方法有机械处理、熏蒸处理、化学处理、物理处理等。

机械处理是利用筛选、风选、水选等选种方法汰除混杂在种子中的菌瘿、线虫瘿、虫粒和杂草种子，或人工切除植株、繁殖材料已发生病虫危害的部位或挑选出无病虫侵染的个体。熏蒸处理是利用熏蒸剂在密闭设施内处理植物或植物产品的方法，它是当前应用最广泛的检疫除害方法。化学处理利用除熏蒸剂以外的化学药剂杀死或抑制有害生物，并保护检疫物在储运过程中免受有害生物的污染。化学处理是种子、苗木等繁殖材料病害防除的重要手段，也常用于交通工具和储运场所的消毒。物理处理常用高温、低温、微波、高频、超声波、核辐照等处理方法，多兼具杀菌、杀虫效果，对处理种子、苗木、水果、食品等有较好的应用前景。

（二）避害处理

避害处理措施不直接杀死有害生物，仅使其"无效化"，不能接触寄主或不能危害。避害的原理是使有害生物在时间上或空间上与其寄主或适生地区相隔离。主要避害处理方法有以下几种。

1. 限制卸货地点和时间 例如热带和亚热带植物产品在北方口岸卸货、加工，北方特有的农作物产品调往南方进口加工；植物产品若带有不耐严寒低温的有害生物，则可在冬季进口、加工。

2. 改变用途 例如植物种子改用于加工或食用。

3. 限制使用范围和加工方式 进口粮谷可集中在少数城市采取合理工艺加工，以防止有害废弃物进入田间。种苗可有条件地调往有害生物的非适生区使用。

（三）退回和销毁

当不合格的检疫物没有有效的处理方法，或虽有处理方法，但在经济上不合算，时间不允许的，应退回或采用焚烧、深埋等方法销毁。国际航班、轮船、车辆的垃圾、动植物性废弃物、铺垫物等均应用焚化炉销毁。

在各类有害生物中，昆虫、螨类、杂草种子等已有较好的大量除害处理方法，而植物病原物尚缺乏简便、易行、效果较高的处理方法，需进一步完善。但是即使是成功的处理方法，随着有害生物、植物和环境条件诸因素的变化，也需不断改进和提高。

第二节 熏蒸处理

熏蒸处理是利用熏蒸剂产生的有毒气体，在密闭设施或容器内杀死有害生物。熏蒸剂产生的气体经呼吸系统或体壁进入昆虫体内产生毒害作用。部分熏蒸剂还兼有杀鼠、杀螨、杀线虫或杀菌作用。熏蒸处理是应用最广泛的检疫处理措施，可在船舱、车辆、仓库、加工厂、帐幕以及其他可密闭的场所或容器内进行，适于处理粮食、种子、植物无性繁殖材料、水果、蔬菜、其他动植物产品、生长期植株、工业品、土壤等。熏蒸处理可以快速集中消毒大批量物品，节省人工和费用，杀虫效果彻底，能杀死潜伏在植物体内或潜藏在缝隙中的害虫。熏蒸后毒气易于逸出发散，残毒问题较轻。

一、常用熏蒸剂的特点

熏蒸剂是指在所要求的温度和压力下，能够气化并维持足够气体浓度的一类化合物。经常使用的熏蒸剂有10多种，可分为固态熏蒸剂、液态（常温下）熏蒸剂和气态（常温下）熏蒸剂3大类。用于检疫处理的理想熏蒸剂应具有以下特点：①作用迅速，毒杀有害生物效果好；②沸点低，不溶于水；③有效渗透和扩散能力强，吸附率低，易于散毒；④对植物和植物产品无药害，不降低植物生活力和种子萌发率；⑤不损害被熏蒸物的使用价值和商品价值，不腐蚀金属，不损害建筑物；⑥对高等动物毒性低，无残毒；⑦不爆炸，不燃烧，操作安全简便。实际上，现有熏蒸剂很难全部具有上述特点。应根据药剂理化性质、被处理的货物类别、有害生物种类的、气温条件等综合考虑，选择熏蒸剂。

二、常用熏蒸剂

（一）溴甲烷

溴甲烷（methyl bromide）常温下为气态，气体无色、无味，气体浓度高时微带类似乙醚或氯仿的气味，相对密度为 3.27（0 ℃）（注：本书的气体的相对密度，是指某气体的密度与空气的密度的比值）；液体无色，相对密度为 1.73（0 ℃），沸点为 3.6 ℃，冰点为 －93.7 ℃。溴甲烷难溶于水，易溶于乙醇、丙酮等有机溶剂。溴甲烷化学性质稳定，不易被酸碱物质所分解，但在酒精的碱性溶液中可被分解。在一般浓度下，不易燃烧和爆炸，但空气中含溴甲烷体积达 13.5%～14.5%时，遇火花可以燃烧。溴甲烷气体对金属、棉、丝、毛织品、木材等无不良影响，液体则可溶解脂肪、橡胶、树脂、颜料、亮漆等。溴甲烷会与铝发生反应，引起爆炸，因此不能用铝罐或含有铝的容器存储溴甲烷。

溴甲烷穿透力强，扩散速度快，具有广谱的杀虫、杀螨活性，且由于沸点低、汽化快，在冬季气温较低时（6 ℃以上）也能熏蒸，是良好的检疫处理熏蒸剂。溴甲烷在常压或真空减压下广泛用于熏蒸种子、苗木、鳞茎等无性繁殖材料，生长期植物，水果、蔬菜、花卉等多种植物产品，以及仓库、面粉厂、船只、车辆、集装箱、木质包装材料、木材、建筑物、衣服、文史档案等，也可用于土壤熏蒸。但粮食、烟草、动植物油脂、含硫量高的农产品、大豆粉、骨粉、全麦面粉和其他蛋白质含量高的面粉、动物羽毛及其制品、皮革制品、毛料制品、橡胶、人造纤维等不宜用溴甲烷熏蒸。溴甲烷熏蒸实例见表 5-1。

表 5-1 溴甲烷熏蒸实例
（引自出入境检验检疫行业标准）

熏蒸对象	温度（℃）	剂量（g/m³）	处理时间（h）
蔬菜种子 （多种有害生物）	10	48	4.5
	15	48	4.0
	20	48	3.5
	25	32	3.5
	≥26	32	3.0
草莓 （外食性害虫）	≥26.5	24	2.0
	21～26	32	2.0
	15.5～20.5	40	2.0
	10～15	48	2.0
豆荚类蔬菜 （卷叶蛾、小卷蛾、夜小卷蛾等）	≥26.5	24	2.0
	21～26	32	2.0
	15.5～20.5	40	2.0
	10～15	48	2.0
	4.5～9.5	56	2.0
满天星、马蹄莲、百合等鲜切花 （害螨）	20～25	41～69	1.5
马铃薯块茎 （马铃薯白线虫）	32	40	2.0
	26	48	2.0
	21	56	2.0
船舶食品舱 （谷斑皮蠹）	≥32	40	12.0
	26.5～31.5	56	12.0
	21～26	72	12.0
	15.5～20.5	96	12.0
	10～15	120	12.0
	4.5～9.5	144	12.0

(续)

熏蒸对象	温度（℃）	剂量（g/m³）	处理时间（h）
空集装箱 （谷斑皮蠹）	21	80	24.0
	16~20	88	24.0
	11~15	96	24.0
	5~10	104	24.0
木质家具 （多种害虫）	≥21	48	24.0
	≥16	56	24.0
	≥11	64	24.0
木质包装材料 （多种害虫）	≥21	48	36.0
	≥16	56	42.0
	≥11	64	48.0

商品溴甲烷是压缩在钢瓶中的无色或淡黄色液体，国产的有Ⅰ型和Ⅱ型，分别为25 kg和70 kg装，使用时打开钢瓶阀门，就能自动喷出并气化，气体侧向和向下方扩散快，向上方扩散较慢。

溴甲烷熏蒸处理在正常情况下对大多数种子的发芽率无影响，但在剂量过大或熏蒸时间过长、种子含油量或含水量过高时，可能降低种子的发芽率。绝大多数活体植物用溴甲烷熏蒸处理也未出现伤害。被熏蒸的生长期植物应没有机械伤，并预先在暗处放置2~3 h。带土壤的有叶植物需在熏蒸前12 h喷水。熏蒸期间应保持较高湿度，相对湿度应不低于75%。熏蒸应在暗处进行，熏蒸后也应放置暗处，每天至少喷2~3次水。熏蒸期间或熏蒸结束后，强制循环通风时间不能太长，否则容易对植物造成损伤。松柏科植物只在休眠期和带土的情况下熏蒸，否则容易造成损伤。水果中菠萝、香蕉和库尔勒香梨不能用溴甲烷熏蒸，芒果慎用。

溴甲烷是神经毒剂，对动物有毒，且无警戒性，一旦中毒，不易恢复，需严格实施防毒措施。鉴于溴甲烷对大气臭氧层具有破坏作用，国际上已限制或禁止使用溴甲烷，发达国家自2005年停用，发展中国家自2015年停用。

（二）磷化铝

磷化铝（aluminium phosphide）的商品片剂或丸剂，是由磷化铝、氨基甲酸铵、白蜡、硬脂酸镁等混合压制而成的浅黄色或灰绿色松散固体，吸收水分后分解，放出磷化氢而杀虫。

磷化氢为无色气体，具大蒜气味，气体相对密度为1.183（0℃），沸点为－87.5℃，自燃点为37.7℃，在空气中的浓度超过1.7%或达到26 mg/L时，能自爆，但因氨基甲酸铵分解产生的二氧化碳和氨气有助于磷化氢浓度的稀释，控制磷化氢自燃，使用上较安全，但仍需注意防火。磷化氢能和所有金属反应，特别对铜和铜合金有严重腐蚀作用。

磷化铝用于仓库和帐幕熏蒸，防治多种仓储害虫和螨类，但不能毒杀休眠期的螨类。磷化铝熏蒸不受气温影响，磷化氢气体在空气中上升、下沉、侧流等方向的扩散速度差异不大，渗透力强，适用范围广，既能熏蒸原粮、成品粮，又能熏蒸种子及仓储器材，可用于谷物、油料、饲料、种子、药材、坚果、干果、茶叶、面粉、香料、糖果、可可豆、咖啡豆、麻袋等的熏蒸。

磷化铝商品片剂每片重3 g，内含磷化铝52%~67%。仓库内熏蒸每立方米用药1~4

片或每吨粮食用 3~10 片，露天囤每吨粮食用 4~12 片，散装粮可分层均匀分散施放药片，袋装粮可将药片放置袋的中部粮内或粮袋之间，药片要分散放置，以免药片分解时产生的热量引起自燃。万一着火应使用干沙压盖，严禁用水。密闭熏蒸 12~15 ℃ 时为 5 d，16~20 ℃ 时为 4 d，20 ℃ 以上时为 3 d。熏蒸结束后通风散气 5~6 d。

磷化氢一般不降低干燥种子发芽率，但若气温高，熏蒸剂量高，时间过长，也能使棉花、三叶草、绿豆、甘蓝等作物的种子发芽率降低。磷化氢可严重损伤生长中的植物，不适合新鲜水果、蔬菜及其他活体植物的熏蒸。

磷化氢对人、畜剧毒，经呼吸系统进入体内，主要损害神经系统、心脏、肝、肾和呼吸器官，影响细胞代谢，可引起窒息死亡。空气中含磷化氢 7 mg/kg 时，人停留 6 h 就会出现中毒症状；含 400 mg/kg 时，停留 30 min 以上有生命危险。熏蒸时，操作人员不能在库内停留太久，且必须戴防毒面具和胶皮手套，做好安全防护。

（三）氯化苦

氯化苦（chloropicrin）化学名称为三氯硝基甲烷，纯品为无色油状液体，遇光变淡黄色，是一种化学催泪剂。氯化苦沸点为 112.4 ℃，熔点为 -64 ℃，气体相对密度为 5.676，液体为 1.692（20 ℃）。氯化苦在常温下能自行挥发为气体，气体无色，对眼黏膜有强烈刺激作用。氯化苦难溶于水，0 ℃ 时溶解度为 0.227 g/100 mL，25 ℃ 时溶解度为 0.162 g/100 mL；易溶于酒精、乙醚等有机溶剂，易被多孔性物质吸附；化学性质稳定，在空气中不燃烧、不爆炸。

氯化苦主要用于仓库熏蒸和土壤处理。还可与其他熏蒸剂混用，促进挥发，增强效果。整仓熏蒸储粮时，用药量以空间计算为 20~30 g/m³，以粮堆体积计为 35~70 g/m³。此外，还用于空仓、器材、加工厂农副产品和水分含量低于 14% 的豆类种子熏蒸。用氯化苦处理土壤，在土温 10 ℃ 和土壤含水量较高的条件下进行效果较好，用药量为 60 g/m²，打出 20 cm 深的孔后注药，每穴注药 5 mL，穴间距 20~30 cm，施药后用土覆盖孔穴并踏实，挥发的气体在土壤中扩散，杀死葡萄根瘤蚜、土壤线虫和某些病原真菌。仓内杀鼠用药量为每洞为 5 g，田间杀鼠用药量为每洞 5~10 g。

氯化苦渗透力较强，但挥发速度较慢，使用时应尽量扩大蒸发面。该剂易被多孔性物体（例如面粉、墙壁、砖木、麻袋等吸附），且散气迟缓，处理后蒸气约 1 个月才能散尽，因此不能熏蒸加工粮。种子含水量高时，熏蒸后发芽率降低。氯化苦对植物有严重的药害，不能作为植物、水果和蔬菜的熏蒸剂，用作土壤熏蒸处理时，能杀伤某些杂草种子，对萝卜和苜蓿种子发芽率有严重损害。

氯化苦对人畜有剧毒，轻者眼膜受刺激流泪，重者咳嗽、呕吐、窒息、肺水肿、心律失常、虚脱以至死亡。中毒者以 3% 硼酸水洗眼，人工输氧，但禁止施行人工呼吸，立即送医院抢救。现已限制在粮食、食品上使用氯化苦。

（四）硫酰氟

硫酰氟（sulphuryl fluoride）商品名为熏灭净，是一种无色、无味的气体，常压下沸点为 -55.2 ℃，熔点为 -136.7 ℃，气体相对密度为 2.88，液体相对密度为 1.342（4 ℃）。硫酰氟水中溶解度低，但在油脂中溶解度高，可溶于酒精、氯仿、四氯化碳、甲苯等有机溶剂。硫酰氟化学性质稳定，不燃、不爆，与金属、橡胶、塑料、纸张、皮革、布匹、摄影器材等许多材料不发生反应，无腐蚀性，且蒸气压力高，渗透力强。其工业品经冷冻压缩后，灌装在耐压钢瓶中。

硫酰氟具有使用温度范围广、穿透扩散能力强、用量少、吸附量少、解吸快等特点，适用于棉、毛、化纤维材料、皮革、木材、烟草、竹木器、文物档案、工艺品及建筑物的熏蒸，还可在常压下用于小麦、水稻、玉米、高粱、谷子、白菜、甘蓝、胡萝卜、黄瓜、番茄、大豆、花生等种子的熏蒸，可防除玉米象、谷象、米象、豆象类、谷长蠹、粉蠹、皮蠹类、谷盗类、谷蛾类、烟草甲、衣鱼、天牛、家白蚁、土栖白蚁等害虫。谷类害虫熏蒸处理 16 h，成虫的用药量为 0.59～3.45 g/m³，卵的用药量为 5.40～75.8 g/m³。防治白蚁的用药量，前 18 h 为 8g/m³，后 6 h 为 6 g/m³。

硫酰氟在较低的温度（0～6 ℃）下仍能发挥良好的杀虫作用，但杀虫效果仍受温度的影响，在 21 ℃以下，硫酰氟的效力迅速下降。硫酰氟对大多数植物种子萌发没有或很少有影响，但对植物有药害，不能熏蒸活植物、水果、蔬菜等。

硫酰氟是一种神经毒剂，以其蒸气的分子状态对生物起作用，能抑制氧气的吸收，破坏生物体内磷酸的平衡，能抑制大分子脂肪酸的水解，能抑制需要镁离子才具有活性的酶。

硫酰氟对人畜毒性为常用熏蒸剂溴甲烷的 1/3，但操作时仍需注意防护，若发生头晕、恶心等中毒现象，应立即离开熏蒸场所，呼吸新鲜空气。目前尚无有效的硫酰氟中毒的解毒剂。应用硫酰氟熏蒸杀虫，必须严格遵守操作规程。近来的研究发现，硫酰氟也是一种温室气体。

（五）环氧乙烷

环氧乙烷（ethylene oxide）低温时为无色液体，沸点为 10.7 ℃，熔点为 −111.3 ℃，相对密度为 0.887（7 ℃），常温下为气体，相对密度为 1.521。易溶于水和大多数有机溶剂。环氧乙烷一般无腐蚀性，具有强烈的易燃、易爆性，因而常与二氧化碳混合（含 10% 环氧乙烷和 90% 二氧化碳）使用，降低燃烧和爆炸的危险。环氧乙烷还可与氟利昂混用，比例通常是 11∶89。

环氧乙烷对昆虫、真菌、细菌毒性强、渗透力高、散毒容易，适用于熏蒸原粮、成品粮、烟草、衣服、皮革、纸张、空仓等。在植物检疫中环氧乙烷主要用于疫粮的熏蒸杀菌处理，我国用环氧乙烷和二氧化碳混合熏蒸剂（质量比为 3∶7）处理大型立筒仓和袋装疫麦，在平均粮温 20 ℃以上时，使用剂量为 150 g/m³，密闭处理 120 h，可杀灭小麦矮腥黑穗病菌；在 15～25 ℃时，用药量为 50～75 g/m³，熏蒸玉米种子 3～5 d，可杀死玉米枯萎病病原细菌。环氧乙烷还可用于空船舱非洲大蜗牛和其他蜗牛的检疫处理。

环氧乙烷对植物有药害，能严重降低小麦等禾谷类种子以及其他植物种子的发芽率，且不适于处理萌芽的和生长期的植株、水果、蔬菜等。

环氧乙烷对人畜中等毒，低浓度时对肝、肾及呼吸道有刺激作用，高浓度则对中枢神经有抑制作用，接触高浓度环氧乙烷气体对眼、呼吸道和肺有强烈的刺激作用，严重者引起死亡，死因主要是肺水肿。皮肤接触液体环氧乙烷后，应立即用清水冲洗，以防冻伤。出现头痛、恶心等中毒症状时，应立即转移到空气新鲜处；如出现呕吐等严重中毒症状，应马上送医院治疗。另外，环氧乙烷可与粮食中的氧离子、溴离子发生化学反应，生成毒性比环氧乙烷高的物质，使用时应严格遵守操作规程进行。

三、熏蒸方式

熏蒸方式有常压熏蒸和真空熏蒸（减压熏蒸）两种。

(一) 常压熏蒸

常压熏蒸是在正常大气压下进行的熏蒸，其一般程序为：①熏蒸前的准备，包括选择合适熏蒸场所和熏蒸剂种类；②根据熏蒸设施容积、货物所占容积比例、对熏蒸剂的吸附量以及可能的漏气程度确定熏蒸剂用药量；③安放施药设备及虫样管，然后施药；④施药后按时测定设施内熏蒸剂浓度，并全面查漏，发现漏毒要及时采取补救措施；⑤熏蒸达到规定时间后，实施散毒，检查虫样的熏蒸效果；⑥安全处理残留熏蒸剂和熏蒸用具。

通常进行的仓库、船舱、集装箱、车辆及帐幕熏蒸等都是常压熏蒸。陆地帐幕熏蒸时，应选择距离人们居住活动场所 50 m 以外的干燥地点，帐幕用绳子或网袋拴紧，熏蒸结束后对熏蒸剂残渣及被污染的衣服、器具进行处理，严禁超标大剂量地熏蒸。集装箱熏蒸时，箱体要结实，四周不得有洞或开口，地板、顶篷上下不得有裂缝，门关上时胶片必须紧密；货物占箱体的体积在 60%～80%，货物与顶篷的距离在 60 cm 以上；并严格掌握处理时间，禁止提前开箱放毒。船舱熏蒸时，应根据海上作业的特殊要求，注意船体结构、糊封密闭、船上升挂有毒作业的信号旗和信号灯以及做好船员和其他人员的安置等。

目前较为先进的循环熏蒸库，主要通过机械引力穿透的方法，将熏蒸剂蒸气通入熏蒸库内，借鼓风机使其在短时间内分布均匀，达到有效杀虫的目的。水果、蔬菜的熏蒸处理要在有温控设备的循环熏蒸库内进行，散装粮食等的熏蒸只需一般的循环熏蒸库。

(二) 真空熏蒸

真空熏蒸是指在一定的气密容积内，低于 9.8×10^4 Pa (1 atm) 下进行的熏蒸。在货物装入真空熏蒸室（库）后，首先抽气减压，达到设定的真空度，再施入药剂进行熏蒸。真空减压有利于熏蒸剂气体分子的扩散和渗透，可大大缩短熏蒸时间，杀虫灭菌效果好。熏蒸结束后，抽出熏蒸剂气体，反复通入空气冲洗。

真空熏蒸具有安全、快速、有效的特点。真空熏蒸时间短，一些不适合常压熏蒸除虫灭菌的水果、蔬菜、种子、苗木等可考虑使用真空熏蒸。

四、熏蒸效果的主要影响因素

熏蒸效果受药剂理化性质、环境因素、熏蒸物品以及有害生物种类、生理状态等多种因素的影响。

(一) 药剂的理化性质

1. 药剂的挥发、扩散性能　熏蒸剂的挥发、扩散性能好，能在短时间内使熏蒸物品各部位都接受到足够的药量，熏蒸效果较好，所需熏蒸时间较短。溴甲烷、环氧乙烷、氢氰酸等低沸点的熏蒸剂扩散较快；二溴乙烷等高沸点的熏蒸剂，在常温下为液体，加热蒸散后，借助风扇或鼓风机的作用，方能迅速扩散。植物检疫中应用的多数熏蒸剂，气体密度大于空气，向上方扩散慢，多积聚于下层，需由货物顶部施入，鼓风扩散。

2. 药剂的渗透性　药剂渗透性强，易于进入物品内部，杀虫灭菌效力高。一般沸点低，分子质量小的药剂渗透性较强。气体浓度越高，物品透入空隙越大，渗透量也越高。熏蒸物品对气体分子的吸附作用阻碍气体的渗透。

(二) 环境因素

在环境因素中，以温度和湿度最重要。

1. 温度　温度可以影响有害生物的生理代谢、药剂的挥发扩散、被熏蒸物体的吸附能力等。温度高，有害生物生理代谢旺盛，呼吸速率加快，单位时间内熏蒸剂进入有害生物的量也相对提高。温度升高后，生物体内的生理生化反应速度也加快，更有利于熏蒸剂发挥毒杀作用。温度升高，熏蒸剂的扩散性和挥发性增加，被熏物品对熏蒸剂气体的吸附率降低，熏蒸体系自由空间中就有更多的熏蒸剂气体参与有害生物的杀灭作用。

熏蒸温度温度低于 10 ℃时，称为低温熏蒸。低温可降低熏蒸剂的挥发扩散能力，增加货物对熏蒸剂的吸附能力，降低有害生物的呼吸率，增加抗毒能力。在低温条件下需提高熏蒸剂用量和熏蒸时间。采用溴甲烷熏蒸蔬菜种子时，在$\geqslant 26$ ℃时，用药剂量为 $32\ g/m^3$，熏蒸时间为 3.0 h；在 10 ℃时，剂量需提高到 $48\ g/m^3$，熏蒸时间需 4.5 h。用硫酰氟熏蒸，当温度低于 10 ℃时，杀虫效果急剧下降。

2. 湿度　湿度对熏蒸效果的影响不如温度明显，但对某些药剂影响较大。例如用磷化铝或磷化钙进行熏蒸，湿度太低会影响磷化氢的产生速度，需延长熏蒸时间；相对湿度大或谷物含水量较高时，可促使磷化铝分解。对于落叶植物或其他生长中的植物及其器官，熏蒸时必须保持较高的湿度；而熏蒸种子，湿度越低越安全。

（三）熏蒸物

1. 货物的类别和堆放形式　货物的类别和堆放形式对熏蒸效果也有明显影响。货物对熏蒸剂气体分子的吸附性，关系到熏蒸剂的渗透、杀虫灭菌效果以及残留问题。每种货物对不同熏蒸剂都有一固定的吸附率。一般而言，水稻和麦类种子吸附量中等，荞麦种子、面粉和小麦麸皮等吸附量较高。吸附量高，可降低种子发芽率，使植物遭受药害，使面粉和其他食物营养成分变劣。

2. 货物的填装量　在熏蒸体系中，货物填装量不同，对熏蒸剂的吸附量也不相同，用相同的投药剂量会导致不同的熏蒸效果。在熏蒸室内熏蒸，水果、蔬菜等的填装量一般不超过总容积的 2/3；其他农产品的填装量限于其堆垛顶部与天花板之间的距离不少于 30 cm。货物的堆放形式直接影响熏蒸剂气体的穿透扩散，因此货物应堆放整齐，在货物与地面之间以及货物堆垛每隔一定高度，都要用木托盘垫空，以保证熏蒸剂气体能顺畅地环流扩散。

（四）熏蒸对象

1. 昆虫的虫态和营养生理状况　昆虫的虫态和营养生理状况不同，对熏蒸剂的抵抗性有差异。同种昆虫对熏蒸剂的抵抗力卵强于蛹，蛹强于幼虫，幼虫强于成虫，雄虫强于雌虫。饲养条件不好，活动性较低的个体呼吸速率低，较耐熏蒸。

2. 病原真菌的休眠结构　一些病原真菌的休眠结构（例如厚垣孢子、菌核、子座等）耐药能力强，细菌的芽孢、线虫的卵也都有很强的耐药性。

（五）熏蒸容器

熏蒸容器的气密性也是影响熏蒸效果的重要因素，毒气泄漏，不但降低熏蒸效果，还可能发生中毒事故。

第三节　化学药剂处理

本节所谓化学药剂处理是指除了熏蒸剂以外，在除害处理中所施用其他类型的杀虫剂、杀菌剂、防腐剂、烟雾剂等。药剂处理设备简单，操作方便，经济、快速，但难以取得彻底的铲除效果，所用药剂还可能有较强的毒性和残毒。化学药剂主要用于种子、无性繁殖材料、运输工具和储运场所的消毒处理，不适于处理水果、蔬菜和其他食品。

一、种子药剂处理

种子药剂处理可以抑制或杀死种传病原菌，并保护种子在储运过程中免受病原菌的污染。处理方法有拌种法、浸种法、包衣法等。

（一）拌种法

药剂拌种是用适当剂量的药剂直接与种子混拌均匀。该方法简便易行，适于处理大批量种子。在植物检疫中常用福美双、克菌丹等低毒、广谱保护性杀菌剂在种子出境前或进境后拌药。但保护性杀菌剂只对种子表面和种皮中的病菌有效，与内吸杀菌剂复配使用，可以增强对种胚和胚乳内病菌的防除效果。例如用内吸杀菌剂苯菌灵与福美双复配，用于拌种处理。

（二）浸种法

浸种法是将种子在适当浓度的药液中浸泡一段时间，达到除害目的的处理方法。浸种法的药效优于拌种法，但操作较麻烦，浸种后需立即干燥。用 $500\mu g/mL$ 剂量的链霉素药液浸渍十字花科蔬菜种子 1 h，再用 0.5% 次氯酸钠溶液浸渍 30 min 可防除黑腐病病原细菌。水稻种子用 $800~\mu g/mL$ 氯霉素浸渍 48 h，可有效地防除白叶枯病的病原细菌和细菌性条斑病的病原细菌。用 50% 多菌灵 500 倍液浸白菜、番茄、瓜类种子 1～2 h，可防除白菜白斑病、黑斑病、番茄早（晚）疫病、瓜类炭疽病和白粉病的病原菌。

二、无性繁殖材料药剂处理

在植物检疫中，常采用药剂浸泡或喷药处理苗木、接穗、球根、块茎等无性繁殖材料，控制繁殖材料携带的病原菌、线虫或某些根部害虫。柑橘接穗先在 1 000 U/mL 四环素液中浸 2 h，清水冲洗后在 700 U/mL 硫酸链霉素和 1% 乙醇的混合液中浸 30 min，可有效防除柑橘黄龙病病菌、柑橘溃疡病病菌等有害生物。水仙属植物的鳞茎在 0.3% 三氯酚钠溶液中浸泡 15 min，可有效防除大豆胞囊线虫。出口露根苗木用 10% 二硫氰基甲烷乳油 500～1 000 倍液浸根处理 3 min，可以灭杀苗木根围线虫。

三、防腐剂处理

防腐处理是一种永久性的处理措施，主要用于保护木材，防止白蚁、小蠹、天牛等的危害。木质包装物经防腐剂处理后可以循环使用。常用的防腐剂是砷铜铬合剂（CCA），用表面处理法或加压渗透法处理。表面处理法是采用喷雾、涂抹、浸泡的方法进行防腐，对木材表面或浅层的有害生物有效。加压渗透法则通过一系列抽真空及加压过程，迫使防腐剂进入木材组织内部，使防腐剂能够与木材紧密结合，从而达到持久防腐效果。由于砷铜铬合剂中含有铬、亚砷酸等剧毒成分，容易造成人员中毒和环境污染。

四、烟雾剂处理

烟雾剂是一种由杀菌剂或杀虫剂与助剂、发烟剂、阻燃剂、辅料等组成的混合物，引燃加热后有效成分迅速产生成烟或雾的制剂。烟雾剂具有颗粒细小、附着力强、多向沉积性及良好的通透性，适于在火车、汽车、集装箱、货舱、机舱等相对封闭的环境中使用。例如

2%苯醚菊酯烟雾剂用于机舱或货舱施药，杀灭暴露或隐蔽的害虫。

五、药剂消毒处理

车辆、船舶、飞机等运输工具凡不能熏蒸处理的，可喷洒杀虫剂、杀菌剂消毒，飞机客货舱消毒多采用苯醚菊酯、除虫菊酯等杀虫剂。入境集装箱黏附有土壤和动植物残余物的，可喷洒福尔马林液（1%水溶液）、过氧乙酸消毒剂或除虫菊酯类药剂进行消毒处理。

第四节 物理处理

物理处理利用物理因子杀灭有害生物，主要有热力处理、低温处理、电磁波处理、核辐射处理、气调处理等，可用于植物种子、无性繁殖材料、水果、蔬菜及土壤的除害处理。在实际工作中，需根据有害生物种类、检疫物种类、设备条件和处理要求的不同，选用适宜的方法。

一、热力处理

热力处理是利用热能杀灭有害生物而达到除害效果的处理方法，在植物检疫处理中使用广泛。热力处理有干热处理和湿热处理两种类型，湿热处理因传热介质不同，又有热蒸汽处理和热水处理。窑内烘干（kiln-drying）、化学加压浸透（chemical pressure impregnation）一类处理方法只要达到热处理的要求，就可以视为热处理。例如化学加压浸透可用热蒸汽、热水或干热等方法达到热处理的技术指标。

（一）干热处理

干热处理主要用于处理蔬菜种子，对多种种传病毒、细菌和真菌都有除害效果。干热处理一般在烤炉或烤箱里进行，当被处理物品内部温度达到处理温度时，开始计算处理时间。黄瓜种子在70 ℃处理2~3 d，可杀灭种传绿斑花叶病毒；在70 ℃处理2 d可杀死黑星病菌。番茄种子在75 ℃处理6 d，或在80 ℃处理5 d，可以杀死种传黄萎病菌。不同作物的种子耐热性有明显差异，处理不当，可能降低种子萌发率。耐热性强的有番茄、辣椒、茄子、黄瓜、甜瓜、西瓜、白菜、甘蓝、芜菁、韭菜、莴苣、菠菜等，耐热性中等的有萝卜、葱、胡萝卜、欧芹、牛蒡等，耐热性较弱的有菜豆、花生、蚕豆、大豆等。豆科作物种子不宜干热处理。含水量高的种子受害较重，应先行预热干燥。干热处理后的种子应在1年内使用。

干热法还用于处理原粮、饲料、面粉、包装袋、干花、草制品、泥炭藓和土壤，以杀死害虫、病菌以及其他有害生物。例如用干热法处理小麦原粮和加工后的下脚料，可杀死小麦矮腥黑穗病病菌的厚垣孢子。

（二）蒸汽热处理

蒸汽热处理在检疫上常用于处理水果和蔬菜，杀死地中海实蝇、墨西哥实蝇、橘小实蝇、瓜实蝇等害虫。处理温度和时间随寄主和害虫组合不同而异。通常用43.3~44.4 ℃的饱和水蒸气加热果实，在一定时间内使之逐渐升温，果实中心达到该温度，再保持6~8 h，处理后立即冷却、干燥。蒸汽热处理荔枝果实时，先使荔枝果肉温度升到30 ℃，在50 min内，再使荔枝果肉温度从30 ℃上升到41 ℃，随后上升到46.5 ℃并维持10 min，然后迅速降温，这样可将果肉中的橘小实蝇卵和幼虫全部杀死。在对葡萄柚、芒果、柑橘类水果用饱和水蒸气热处理时，使果肉中心温度在 8 h 内升到 43.3 ℃，并将 43.3 ℃维持 6 h，可灭杀墨西哥实蝇。另外，热蒸汽也用于种子、苗木及接穗的灭菌处理。

（三）热水处理

热水处理用于处理植物种子和无性繁殖材料，以杀死病原真菌、细菌、线虫和某些昆虫。热水处理利用植物材料与有害生物耐热性的差异，选择适宜的水温和处理时间以杀死有害生物而不损害植物材料。

用热水处理种子，即温水浸种，可以杀死种子表面和种子内部的病原菌。温水浸种包括预浸、预热、浸种和冷却干燥几个步骤。先用冷水预浸种子 4～12 h，排除种胚和种皮间的空气，以利于热传导，同时刺激种内休眠菌丝体恢复生长，降低其耐热性。然后把种子放在比处理温度低 9～10 ℃的热水中预热 1～2 min，再用选定的水温和浸种时间进行处理。达到规定的时间后，将浸过的种子取出，摊开晾晒或通气处理，使之迅速冷却、干燥，以防发芽。

温水浸种的应用实例很多。例如用 53 ℃的热水处理水稻种子 15 min，可杀灭水稻干尖线虫。将柑橘种子置于 50～52 ℃的热水中预浸 5～6 min，再放入 54.7～55.3 ℃的热水中处理 50 min，可杀死柑橘黄龙病病菌、柑橘溃疡病病菌等。刺槐种子经 80～100 ℃的热水处理 1～3 min，可杀死刺槐种子小蜂。

热水处理也用于处理鳞茎、球茎、块根、块茎、苗木等无性繁殖材料，杀死各类线虫，部分实例见表 5-2。

表 5-2 无性繁殖材料热水处理方法

（引自检验检疫行业标准）

繁殖材料种类	有害生物	处理技术指标	
		水温（℃）	时间（min）
蛇麻草地下茎	美洲剑线虫	50	10
		51.7	5
马铃薯块茎	爪哇根结线虫	45.5	120
	短尾短体线虫	45～50	60
大丽花属、芍药属块茎	根结线虫	47.8	30

二、低温处理

低温处理分为速冻处理和冷处理。

（一）速冻处理

速冻处理是在指在 -17 ℃或更低的温度下对物品急速冷冻处理一定时间，然后在不低于 -6 ℃的温度条件下保持一定时间。该法可有效地杀死许多害虫，适合于水果和蔬菜的除害处理。

（二）冷处理

冷处理指在接近 0 ℃的温度条件下进行的除害处理。各种蔬菜、水果等要求保鲜度高的植物和植物产品多适宜冷处理。冷处理要求严格控制处理温度和处理时间，在处理前或处理后可配合使用熏蒸剂熏蒸，以缩短低温处理时间。

冷处理通常是在冷藏库（包括陆地冷藏库和船舱冷藏库）和集装箱内进行。冷藏库的制冷设备能力应符合处理温度的要求并保证温度的稳定性，同时冷藏库应配备足够数量的温度记录传感器，并有空气循环系统。集装箱冷处理时，集装箱应具备制冷设备并能自动控制箱内温度，并在水果或蔬菜间放置温度自动记录仪，运抵口岸时，由检疫官开启温度记录仪铅封，检查处理时间和处理温度是否符合规定的要求。冷处理的时间和温度因被处理果蔬种类和有害生物的种类不同而异。实蝇类害虫大多在 0 ℃ 或 0 ℃ 以下处理 10~13 d 即死亡，苹果蠹蛾在 0 ℃ 左右的条件下处理 30 d 才可杀死虫卵。我国规定的部分进出口水果的冷处理技术指标见表 5-3。

表 5-3　进出口水果冷处理方法

（引自检验检疫行业标准）

水果种类	产地	输往、输入国家	有害生物	处理技术指标
荔枝	中国	澳大利亚	实蝇	≤0 ℃ 10 d 或≤0.56 ℃ 11 d 或≤1.11 ℃ 12 d 或≤1.67 ℃ 14 d
龙眼	中国	澳大利亚	实蝇	≤0.99 ℃ 13 d 或≤1.38 ℃ 18 d
荔枝或龙眼	中国	澳大利亚	实蝇、荔枝蒂蛀虫	≤1 ℃ 15 d 或≤1.39 ℃ 18 d
荔枝或龙眼	中国	美国	橘小实蝇、荔枝蒂蛀虫	≤1 ℃ 15 d 或≤1.39 ℃ 18 d
鲜梨	中国	美国	—	≤0.0 ℃ 10 d 或≤0.56 ℃ 11 d 或≤1.11 ℃ 12 d 或≤1.67 ℃ 14 d
鲜梨	中国	墨西哥	食心虫类害虫	0 ℃±0.5 ℃ 40 d
葡萄柚、红橘、李、柑橘	墨西哥、哥伦比亚	中国	墨西哥实蝇	≤0.56 ℃ 18 d 或≤1.11 ℃ 20 d 或≤1.66 ℃ 22 d
葡萄	秘鲁	中国	实蝇	≤1.5 ℃ ≥19 d
苹果、杏、樱桃、葡萄、李、梨	阿根廷	中国	按实蝇属害虫	≤0.0 ℃ 11 d 或≤0.56 ℃ 13 d 或≤1.11 ℃ 15 d 或≤1.66 ℃ 17 d

三、电磁波处理

常用电磁波处理有微波处理法和辐照处理法。

（一）微波处理法

微波是一种高频电磁波，频率为 $3×10^8$~$3×10^{11}$ Hz。微波杀虫效率高，不仅能杀灭粮粒表面的害虫，也能杀死粮粒内部各个虫态的害虫。有研究表明，用 1.5 kW 的微波炉，处理 0.75~1.0 kg 粮食，在 1.5 min 内，粮食各部位的最低温度达到 65 ℃，可全部杀死谷斑皮蠹、四纹豆象和其他仓库害虫。微波处理还可以防除检疫物上携带的病原菌、线虫等。用 ER-692 型微波炉（输出功率 650 W，工作频率 2 450 MHz），以带盖瓦罐作容器，处理玉米种子，在 70 ℃ 下处理 10 min，就能杀死玉米枯萎病病原细菌，但种子发芽率有所下降。

微波处理升温快，介质内部温度往往高于外部，处理快速、安全、效果可靠，处理费用较低，尤适于旅检、邮检部门处理旅客携带或邮寄的少量非种用材料。

（二）辐照处理法

辐照处理是利用 γ 射线（^{60}Co-γ、^{137}Cs-γ）、电子加速器产生的高能电子、X 射线等作为高能射线进行杀虫灭菌的处理方式。辐照处理可直接杀死有害生物,阻滞昆虫发育(如不出现成虫),或使昆虫不育。

辐照处理在食品加工产业中应用广泛,目前已有 40 多个国家批准了 200 多种食品的辐照处理。我国自 1984 年起,先后颁布了多项辐照食品国家标准和行业标准,其中包括 9 大类辐照食品的卫生标准和 17 项食品辐照加工工艺标准,规定了新鲜水果、蔬菜,豆类、谷类及其制品、香辛料类、花粉类等食品的允许辐照剂量及适用范围。

辐照处理所需时间短(一般仅需 20 min 左右),且处理时不需拆包装,无残留、无污染。1986 年,美国农业部批准 150 Gy 的辐照剂量可用于检疫处理从夏威夷州运到美国大陆等地的木瓜。随后北美植物保护组织、东南亚条约组织(ASEAN)等先后制定了辐照用于检疫处理的条例和技术标准。联合国粮食及农业组织(FAO)也于 2003 年正式颁布了国际植物检疫措施标准《辐射用作植物检疫措施准则》,将辐射处理正式纳入检疫除害处理范畴。

我国学者曾对柑橘大实蝇、昆士兰实蝇、荔枝蒂蛀虫、谷象、绿豆象、印度谷螟等害虫的不育剂量进行了研究。例如以辐照剂量为 150~1 200 Gy 的 ^{60}Co-γ 射线辐照处理进境的菲律宾芒果,对芒果实蝇老熟幼虫有杀灭效果,未被杀死的幼虫可以化蛹,但不能羽化。

四、气调处理

气调技术是通过调节气密容器中的气体成分,使有害生物处于不适宜生存的气体环境而达到除害目的。气调中所涉及的气体主要包括二氧化碳气、氧气和氮气,氮气的作用是控制氧气的含量。气调技术在仓储害虫、害螨防治中应用广泛,其工作原理是通过降低处理容器中氧气的含量,提高二氧化碳或氮气的浓度而杀死害虫。当储粮环境中的氧气浓度降到 2% 以下时,大多数储粮害虫死亡;氧气浓度降至 0.2%~1.0% 时,真菌被明显抑制。但低氧环境会影响到农产品的品质,因此处理时应针对农产品及害虫种类的不同,综合考虑二氧化碳气和氧气的比例、处理温度、持续时间和相对湿度诸因素。

在检疫处理中,气调技术常与其他处理技术结合使用,例如与低温处理技术结合使用。在氧气含量为 1%~5%,二氧化碳气含量为 5%~6% 的条件下,2 ℃ 低温处理荔枝果实 13 d,可完全杀死人工接种在荔枝鲜果中的橘小实蝇的卵及幼虫。气调处理还可与熏蒸处理结合使用,如在 22 ℃ 下用溴甲烷(40 g/m³)和 5% 二氧化碳气处理 2 h,能全部杀死鲜切花中携带的蚜虫、蓟马和叶螨。

第五节 木质包装材料和进境原木的处理

木质包装材料和原木是携带林木有害生物在国际间传播的重要载体,对进境原木和木质包装材料需实行严格的检疫检验和检疫处理。

一、木质包装材料的除害处理

在国际植物保护公约组织发布的《国际贸易中木质包装材料管理准则》(修改版)和我国发布的《进出境货物木质包装材料检疫管理准则》中,都确定热处理和溴甲烷熏蒸可用于木质包装材料的除害处理。木质包装材料的热处理要使木料的整体(包括木芯)最低在 56 ℃ 下至少持续 30 min。溴甲烷熏蒸处理最低温度不低于 10 ℃,最短熏蒸时间不少于

24 h,具体要求见表5-4。

表5-4 木质包装材料溴甲烷熏蒸处理技术

(引自检验检疫行业标准)

温度（℃）	剂量（g/m³）	密闭时间（h）	最低浓度要求（g/m³）			
			2h	4h	12h	24h
≥21	48	24	36	31	28	24
≥16	56		42	36	32	28
≥11	64		48	42	36	32

二、进境原木的检疫处理

原木指未经纵向切割，仍保持其自然圆柱形的木材，带有树皮或不带树皮。进境原木的检疫除害处理方法有熏蒸处理和热处理。

(一) 熏蒸处理

熏蒸处理可在船舱、集装箱、库房或帐幕内进行。

1. 溴甲烷常压熏蒸 环境温度在5～15 ℃时，溴甲烷的剂量起始浓度达到120 g/m³，密闭时间至少16 h。环境温度在15 ℃以上时，溴甲烷的剂量起始浓度达到80 g/m³，密闭时间至少16 h。

2. 硫酰氟常压熏蒸 环境温度在5～10 ℃时，硫酰氟的剂量起始浓度达到104 g/m³，密闭时间至少24 h。环境温度在10 ℃以上时，硫酰氟的剂量起始浓度达到80 g/m³，密闭时间至少24 h。

(二) 热处理

热处理可采用蒸汽处理、热水处理、干热处理、微波处理等方法。处理时原木的中心温度至少要达到71.1 ℃并保持75 min以上。

(三) 浸泡处理等

有条件的地方，可将原木完全浸泡于水中90 d以上，杀死所携带的有害生物。也可使用其他经输出国官方植物检疫部门批准使用的有效的除害处理方法。

进口原木须附有输出国家或地区的官方植物检疫证书，证明不带有规定的有害生物和土壤。进境原木带有树皮的，应当在输出国家或地区进行有效的除害处理，带有树皮未进行除害处理的，不准入境。

思 考 题

1. 简述植物检疫处理的原则。
2. 比较各种除害处理方法的优点、局限性和应用范围。
3. 简述熏蒸处理的优点和主要熏蒸剂的使用范围。
4. 简述低温处理和高温处理的常用方法。
5. 分析微波处理、辐射处理和气调处理在植物检疫中的应用前景。

第六章 鞘翅目检疫性害虫

鞘翅目是昆虫纲中最大的类群,种类繁多、寄主广泛、食性复杂。绝大多数种类的成虫和幼虫都能危害,可蚕食植物的根、茎、叶、花、果实和种子,许多还具有钻蛀性,在寄主组织内部取食危害,随同植物和植物产品远距离传播。鞘翅目具有重要的检疫地位,是实行植物检疫的主要有害生物类群。在2007年颁布的我国进境植物检疫性有害生物中,害虫有146种(属),其中鞘翅目有69种(属),占47.3%。在国内农业植物和林业植物检疫性有害生物中,也有不少鞘翅目害虫。

具有重要检疫意义的鞘翅目害虫主要是豆象类、天牛类、小蠹类、皮蠹类和叶甲类。有些种类,诸如稻水象甲、马铃薯甲虫、墨西哥棉铃象等危害农作物;有些种类对经济林木和观赏植物造成危害,例如椰心叶甲、光肩星天牛、双钩异翅长蠹、杨干象等;还有的在仓库内危害,例如谷斑皮蠹、菜豆象、巴西豆象、四纹豆象等多种豆象。有些检疫害虫自身飞翔力强,或借助水流、气流传播,自然扩散能力强,一旦传入,很难控制其蔓延。也有的体型微小,容易携带,不易查出,漏检率较高,传入概率大。

世界其他国家实施植物检疫的鞘翅目害虫也很多,许多种类我国尚无分布记载,具有潜在危险性,也需严密注意。

第一节 马铃薯甲虫

学名 *Leptinotarsa decemlineata* (Say)
英文名称 Colorado potato beetle

一、马铃薯甲虫的分布

马铃薯甲虫于19世纪初发现于北美洲洛基山脉东麓,取食野生茄科植物,后转而危害马铃薯,并逐渐向东蔓延。1935—1975年,传遍欧洲主要产区,同时侵入亚洲大陆、非洲大陆北部。我国于1993年在新疆伊犁地区首次发现。

马铃薯甲虫目前分布于欧洲、非洲、亚洲和北美洲的40多个国家和地区,包括美国、加拿大、墨西哥、危地马拉、哥斯达黎加、古巴、欧洲大部分国家、利比亚、土耳其、哈萨克斯坦、吉尔吉斯斯坦、塔吉克斯坦、乌兹别克斯坦、伊朗、叙利亚和中国(新疆)。

二、马铃薯甲虫的寄主

马铃薯甲虫寄主范围较窄,主要是茄科的20多种植物,包括马铃薯、番茄、茄子、烟草、曼陀罗属、天仙子属、颠茄属、菲沃斯属植物;嗜好寄主是马铃薯,其次是茄子和番茄。

三、马铃薯甲虫的危害和重要性

马铃薯甲虫为叶甲科叶甲亚科瘦跗叶甲属害虫。其成虫和幼虫均取食寄主叶片和枝梢。幼虫孵化后群集取食,最初将叶片吃成网络状,继而咬成孔洞,随着幼虫长大取食量逐渐加大,被害株上遗留大量黑色虫粪,严重时仅残留茎秆基部。

马铃薯甲虫取食量大,一般造成减产30%～50%,有时高达90%。在美国马里兰州的田间试验发现,当每株番茄上幼虫数由5头增加到10头时,产量减少67%。乌克兰有例证表明,被害株率为17%的田块,1个月后上升到82%,一个半月竟达95%。在欧洲和北美洲,马铃薯甲虫也严重危害茄子。在新疆发生区,如果不进行合理防治,一般减产30%～50%,严重的90%,或者绝收。

四、马铃薯甲虫的形态特征

1. 成虫的形态特征　成虫体长为9.0～11.5 mm,宽为6.1～7.6 mm,短卵圆形,基色为浅黄色至黄褐色,具许多黑色斑纹。头部宽大于长,背面中央有一近心形斑。触角细长,11节,可伸达前胸后角。复眼肾形,黑色。前胸背板有黑斑10多个,中间两个最大,略呈V形。小盾片边缘黑色。每个鞘翅上有5条纵纹。腹部1～4节腹板各有4个明显斑纹(图6-1)。

2. 卵的形态特征　卵长为1.5～1.8 mm,宽为0.7～0.8 mm,椭圆形,黄色且具光泽。

3. 幼虫的形态特征　腹部膨大而隆起,1龄幼虫长约为2.6 mm,暗红色;4龄幼虫长约15 mm,砖红色(图6-2)。

图6-1　马铃薯甲虫成虫

图6-2　马铃薯甲虫幼虫

4. 蛹的形态特征　蛹为裸蛹,长为9～12 mm,宽为6～8 mm,橙黄色。

五、马铃薯甲虫的发生规律和习性

马铃薯甲虫1年发生1～4代;以成虫在土壤中越冬入土深度与土壤的类型有关,在黏土中,一般为10～30 cm,在砂质土中为20～40 cm。土壤湿度愈高,成虫越冬入土愈浅。一般在4月上中旬土温上升到14 ℃时,成虫开始在地面出现。成虫极活跃,能作长距离飞翔，一般可飞300 m，借风可迁飞100 km。成虫产卵于叶背，块状，卵粒与叶面多呈垂直状态。产卵常持续几周，直到仲夏，每雌产卵达2 000粒，同一卵块的卵几乎同时孵化。幼虫孵出后即开始取食。幼虫共4龄，发育历期15～34 d。老熟幼虫停止取食，做蛹室化蛹。多在距离被害株10～20 cm半径的范围内入土化蛹，仅少数个体爬到35～45 cm之外。化蛹的深度为1.5～12.0 cm不等，多数在2～6 cm。

成虫寿命平均长达1年。23～25 ℃及相对湿度60%～75%最适于产卵。温度低于14 ℃或高于26～27 ℃，相对湿度高于80%或低于40%均对繁殖不利。温度降至10～13 ℃时，成虫不大活动，停止取食。成虫耐饥力强，在只喂水无食物情况下，可存活11个月。马铃薯甲虫抗寒力不强，越冬死亡率较高，有时高达85%以上。

六、马铃薯甲虫的传播途径

马铃薯甲虫随寄主植物、农产品、包装物和运输工具远距离传播，也可随气流、水流扩散。我国口岸检疫中曾在马铃薯块茎内发现成虫和幼虫，也多次从美国进境小麦中截获死成虫。

七、马铃薯甲虫的检验方法

马铃薯甲虫的幼虫、成虫虫体均较大，肉眼观察即可发现。因此在调运检疫中，可用直接观察法，检查进境货物是否携带虫体。产地检疫可用扫网法、目测法、土壤取样法进行调查。该虫与美国发生的近缘种伪马铃薯甲虫（*Leptinotarsa juncta*）形态相似，主要区别在于前者成虫腿节无黑斑，后者具黑斑。

八、马铃薯甲虫的检疫和防治

（一）马铃薯甲虫的检疫

马铃薯甲虫是马铃薯的毁灭性害虫，是重要的国际检疫性害虫，也是我国进境植物检疫性有害生物。禁止从有马铃薯甲虫分布的地区输入马铃薯。对疫区或途经疫区的飞机、轮船等运输工具及所运载的农副产品，特别是谷类、种子、苗木、长毛类野生动物等，应严格检查。发现虫情，必须及时进行除害处理。要加强旅检，特别注意是否携带有活成虫。

马铃薯甲虫的除害处理主要措施是熏蒸法。马铃薯块茎可用溴甲烷在25 ℃下，以16 mg/L的剂量密闭熏蒸4 h；在15～25 ℃范围内，每降低5 ℃，用药量应增加4 mg/L，可彻底杀灭成虫。若要灭蛹，则温度应在25 ℃以上。

（二）马铃薯甲虫的防治要点

实行轮作倒茬，适时早播，躲避马铃薯甲虫的盛发期。在第1代幼虫发生高峰时用药，有效药剂有乙嘧硫磷、喹硫磷、氯氰菊酯、醚菊酯、三氟氯氰菊酯等，不可长期使用同一成分的杀虫剂，以防害虫产生抗药性。生物防治可苏云金芽孢杆菌圣地亚哥变种制剂或白僵菌制剂，前者对低龄幼虫防治效果较好，后者可防治低龄幼虫和卵。

第二节　椰心叶甲

学名　*Brontispa longissima* (Gestro)

英文名称　coconut leaf beetle，coconut hispine beetle

一、椰心叶甲的分布

椰心叶甲原产于印度尼西亚和巴布亚新几内亚，后分布区逐渐扩大。20 世纪 70 年代初随种苗传入我国台湾，1991 年传入香港，1999 年侵入广东；现广泛分布于印度尼西亚、马来西亚、澳大利亚、巴布亚新几内亚、南太平洋岛屿以及中国（台湾、香港、广东、海南）。

二、椰心叶甲的寄主

椰心叶甲的寄主为棕榈科 25 属约 34 种林木，包括椰子、油椰、槟榔、棕榈、鱼尾葵、山葵、刺葵、蒲葵、散尾葵、雪棕、假槟榔等，其中椰子是最主要的寄主。

三、椰心叶甲的危害和重要性

椰心叶甲为铁甲科害虫，又名椰棕扁叶甲。寄主受害部位仅限于最幼嫩的心叶部分。幼虫和成虫在未展开的卷叶内或卷叶间取食叶片的薄壁组织，导致叶肉细胞死亡。一旦心叶抽出，即离去，寻找新的场所取食。由于沿叶脉平行取食，留下与叶脉平行的狭长褐色条纹。被害心叶伸展后，呈现大型褐色坏死条斑，有的皱缩、卷曲，形成一种特别的"灼伤"症状。叶片严重受害后，表现枯萎、破碎、折枝或仅余叶脉。成年树受害后期表现局部枯萎和顶冠变褐死亡。

椰心叶甲在 20 世纪 80 年代在西萨摩亚椰子产区大暴发，产量损失 50%～70%。2001 年在越南南部有近 100 万棵椰子受到侵害，2002 年扩大到 600 万棵。1976 年我国台湾受害椰苗约 4 000 株，1978 年超过 40 000 株。1994 年我国香港华盛顿葵和椰子的受害率分别为 100% 和 62%。2002 年 6 月在海南省海口市发现危害椰子，2006 年已蔓延到 16 个县市，受害棕榈科植物 930 万株，椰子树死亡 3 万株。它的入侵和定殖将对我国南方的椰子和棕榈苗木产业构成严重威胁，不仅造成直接经济损失，还破坏景观，影响入侵地的生态系统。

四、椰心叶甲的形态特征

1. 成虫的形态特征　成虫体狭长、扁平，体长为 8～10 mm，鞘翅宽约 2 mm。头部比前胸背板显著窄，头顶前方有触角间突；触角鞭状，11 节。前胸背板红黄色，有粗而不规则的刻点。鞘翅前缘约 1/4 表面红黄色，余部蓝黑色上面的刻点呈纵列。足红黄色，短而粗壮（图 6-3）。

2. 卵的形态特征　卵为椭圆形，褐色，长为 1.5 mm，宽为 1.0 mm。卵的上表面有蜂窝状扁平突起，下表面无此构造。

3. 幼虫的形态特征　成熟幼虫体扁平，乳白色至白色，头部隆起，两侧圆。腹部 9 节，因第 8 节和第 9 节合并，在末端形成 1 对向内弯曲不能活动的卡钳状突起，突起的基部有 1 对气门开口；各腹节侧面有 1 对刺状侧突和 1 对腹气门（图 6-3）。

4. 蛹的形态特征　蛹和幼虫相似，但个体稍粗，出现翅芽和足，腹末仍保留 1 对卡钳状突起，但基部的气门开口消失。

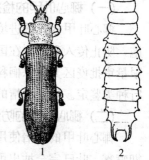

图 6-3　椰心叶甲
1. 成虫　2. 幼虫
（1 仿 Maulik，2 仿陈乃中）

五、椰心叶甲的发生规律和习性

椰心叶甲在广东 1 年发生 3 代以上，在海南 1 年发生 4~5 代，世代重叠，主要以成虫越冬。在海南完成每个世代需要 55~110 d，其中卵期为 3~5 d，幼虫有 5~6 龄，幼虫期为 30~40 d，预蛹期为 3 d，蛹期为 3~7 d，成虫寿命超过 220 d。成虫产卵期长，产卵不规则。单雌平均产卵量为 119 粒，最多可达 196 粒。卵产在取食心叶而形成的虫道内，3~5 个一纵列，卵和叶面粘连固定，四周有取食残渣及排泄物。成虫白天爬行迟缓，不多飞行。但早晚趋于飞行。雌虫和雄虫均可多次交配。成虫和幼虫具负趋光性、假死性，喜聚集在未展开的心叶基部活动，见光即迅速爬离，寻找隐蔽处。成虫具一定的飞翔能力，未取食雌虫最远飞行距离可达 400 m。成虫 3~5 d 不取食可存活，高龄幼虫 7 d 不取食仍可存活。世代发育起点温度约为 15.8 ℃，24~28 ℃ 为其种群生长的适合温度。低于 17 ℃ 时，卵孵化率明显降低。寄主植物可显著影响个体发育，在海南椰子和散尾葵上，幼虫共 5 龄；在大王椰子和鱼尾葵上，幼虫 6 龄。

六、椰心叶甲的传播途径

各个虫态随寄主种苗、幼树或其他载体远距离传播，成虫也可通过飞行短距离扩散。

七、椰心叶甲的检验方法

椰心叶甲的现场检验采用直接观察法，检查进境棕榈科植物未展开和初展开心叶的叶面、叶背是否有椰心叶甲的危害状以及有无成虫和幼虫；同时检查装载容器有无虫体。现场未发现成虫和幼虫的，剪取带症状叶片带回室内检查是否有虫卵，一经发现，宜饲养为成虫再行鉴定。

种类鉴定根据形态特征。本种以其触角鞭状、头中间部分宽大于长、雌雄二性角间突长超过柄节的 1/2、前胸长宽相等、刻点多超过 100、侧角圆且略向外伸、角内侧无小齿或细小突起、鞘翅刻点的大小多数窄于横向间距、刻点间区除两侧和末梢外平坦等特征而区别于本属中的其他种类。

八、椰心叶甲的检疫和防治

(一) 椰心叶甲的检疫

椰心叶甲为我国进境植物检疫性有害生物和全国林业危险性有害生物，应加强检疫措施，防止传入和限制在国内传播蔓延。要严格检疫审批制度，不予批准疫区寄主植物调入，限量审批疫区其他棕榈科植物。进境口岸检疫中发现可疑虫卵、幼虫或蛹，应饲养到成虫进行种类鉴定。发现虫情的进境种苗应予以烧毁。

(二) 椰心叶甲的防治要点

椰心叶甲的防治使用西维因和敌百虫等杀虫剂，在心叶未展开时用药液灌心，心叶展开期喷雾。叶已完全抽出可不必喷药，在寄主开花期（即花苞抽出、展露花序时）不能喷药，以防药害。也可喷施绿僵菌制剂防治。椰甲截脉姬小蜂（*Asecodes hispinarum*）和椰心叶甲啮小蜂（*Tetrastichus brontispae*）在海南繁殖释放，控制效果良好。

第三节 墨西哥棉铃象

学名 *Anthonomus grandis* Boheman

英文名称 cotton boll weevil, boll weevil

一、墨西哥棉铃象的分布

墨西哥棉铃象原产于墨西哥或中美洲。1892年传入美国得克萨斯州,之后每年以40～160 km的距离向北、向东扩散。目前主要分布北美洲和南美洲。此外,印度西部和匈牙利也有发生。

二、墨西哥棉铃象的寄主

墨西哥棉铃象的寄主有棉花、瑟伯氏棉、木槿、野棉花、桐棉、秋葵等。

三、墨西哥棉铃象的危害和重要性

墨西哥棉铃象为象甲科花象属害虫。成虫在棉花现蕾之前,危害棉苗嫩梢和嫩叶,现蕾后则取食棉蕾、棉铃的内部组织,致使被害棉蕾张开、脱落或干枯在棉枝上。幼虫蛀食棉蕾、棉铃,使棉蕾不能开花或只产生具有少量纤维的种子。

20世纪初,墨西哥棉铃象曾在美国南部棉区造成重大经济损失。当时美国南部的农业、工业几乎完全依赖于棉作,此虫引起棉花减产1/3～1/2。1909年以后,美国棉花平均损失率也达20%～40%。

四、墨西哥棉铃象的形态特征

1. 成虫的形态特征 成虫体长为3～8 mm,宽为1～3 mm,长椭圆形,红褐色至红黑色,被灰至褐色毛。喙细长,基部有稀疏的毛,从基部到中间有较大刻点组成的行纹,从中部到端部散布小而稀的刻点。触角细长,鞭节有9个亚节,第1亚节较长,第2～6亚节等长且逐渐增粗,第7～8亚节膨大。头圆锥形,被毛和大而稀的刻点。前胸背板宽约为长的1.5倍,密布毛和大小不等的刻点,前端圆形,侧缘从基部到中间几乎直,基部左右各有1个浅凹。鞘翅呈长圆形,密布成行的刻点和毛,行间凸(图6-4)。

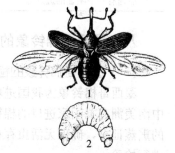

图6-4 墨西哥棉铃象
1. 成虫 2. 幼虫
(仿美国农业部)

2. 卵的形态特征 卵呈白色,椭圆形,长为0.8 mm,宽为0.5 mm。

3. 老熟幼虫的形态特征 老熟幼虫体长约为8 mm,身体白色,被覆少数刚毛,无足,头部浅黄褐色。体呈C形。腹部毛孔二孔形(图6-4)。

4. 蛹的形态特征 蛹为乳白色。

五、墨西哥棉铃象的发生规律和习性

墨西哥棉铃象在美国中部1年发生2～3代,在美国南部和中美洲(亚热带和热带棉区)

可全年繁殖，发生8～10代，以成虫在落叶内、树皮下、篱笆、仓库附近的隐蔽场所越冬，越冬死亡率常高达95%。越冬成虫3—6月活动，觅食棉蕾、嫩梢。交配后的雌虫先在棉蕾或棉铃上咬1个穴，并在其中产单个卵，每雌一生可产卵100～300粒。卵经3～5 d孵化成幼虫，幼虫蜕皮2～3次，在棉蕾或棉铃内做蛹室化蛹。蛹期为3～5 d。完成1代需要21～25 d。棉花成熟后，成虫飞离棉田扩散。冬季温暖，夏季多雨常猖獗发生。

六、墨西哥棉铃象的传播途径

墨西哥棉铃象以幼虫、蛹和成虫随籽棉、棉籽、棉籽壳的调运而远距离传播。皮棉传带此虫的可能性很小，但皮棉中有可能混杂棉籽而造成传播。成虫具较强的飞翔能力，每年可以自然传播40～160 km。

七、墨西哥棉铃象的检验方法

现场检查进境籽棉、棉籽、棉籽壳、包装物、铺垫物、残留物以及运输工具、存放货物的仓库等处，发现可疑昆虫后，携回室内鉴定，主要依据成虫形态特征确定种类。在美国和墨西哥，还有一种主要危害野棉花的野棉铃象（*Anthonomus grandis thurberiae*），它和墨西哥棉铃象的主要区别如表6-1所示。

表6-1 墨西哥棉铃象与野棉铃象成虫的形态区别

野棉铃象	墨西哥棉铃象
1. 触角鞭节的颜色明显淡于触角棒	1. 触角鞭节和触角棒颜色相同
2. 前胸前端略缩窄	2. 前胸前端不缩窄
3. 中足股节有齿2个	3. 中足股节有齿1行
4. 后翅有一个明显的斑点	4. 后翅无明显斑点

八、墨西哥棉铃象的检疫和防治

（一）墨西哥棉铃象的检疫

墨西哥棉铃象为我国进境植物检疫性有害生物，对从疫区，特别是对从美国、墨西哥及中南美洲有关国家进口的棉籽和籽棉要实行严格的检疫，要严格控制数量，货主需出具官方的熏蒸证书，确保无活虫存在。进境检疫中若发现活虫，用溴甲烷进行灭虫处理。皮棉也要进行检验。

（二）墨西哥棉铃象的防治要点

美国采用的综合治理墨西哥棉铃象措施，包括应用杀虫剂、改进栽培措施、使用性诱剂、释放不育昆虫等。美国还培育一种不能滞育的品系，释放到田间后，造成害虫自然种群的灭亡。化学防治中常使用马拉硫磷、毒杀芬等药剂，幼嫩植株可施用甲基对硫磷。

第四节 棕榈象甲

学名 *Rhynchophorus palmarum* （Linnaeus）
英文名称 South American palm weevil, grugru beetle

一、棕榈象甲的分布

棕榈象甲现分布于美国、墨西哥、中美洲和南美洲的大多数国家。

二、棕榈象甲的寄主

棕榈象甲的寄主为棕榈科多种植物及非棕榈科的香蕉、木瓜、可可、甘蔗、蓖麻、芒果等。

三、棕榈象甲的危害和重要性

棕榈象甲为象甲科害虫。幼虫蛀食树冠和树干，蛀食后生长点周围的组织不久坏死，腐烂，产生一种特别难闻的气味，植株可能枯死。受害植株的外部症状最初为树冠四周的叶片枯黄、死亡，而后逐渐向树冠中心扩展以致内腔的叶片也逐渐萎黄。幼虫蛀食茎干的输导组织，取食量大，在大树干的上部可蛀成长达 1 m 的隧道，树体渐趋衰弱。危害严重时，树干成空壳，易在强风中折断。

该虫是热带地区椰子和油棕上的一种重要害虫，8~9 龄幼虫危害严重，一株 3~5 年生椰树如被 20~30 头幼虫危害，30~40 d 后整株树被摧毁。成虫可危害 1~12 年生椰子树叶柄基部边缘，尤喜 3~5 年生椰树。成虫还可传播红环线虫（*Rhadinaphelenchus cocophilus*），引起椰子红环腐病，给美洲椰子产业带来毁灭性破坏。

四、棕榈象甲的形态特征

棕榈象甲的形态特征见图 6-5。

1. 成虫的形态特征 成虫为黑色，雄虫体长为 29~44 mm，宽为 11.5~18.0 mm；雌虫体长为 26~42 mm，宽为 11~17 mm，长卵形，喙短，短于前胸背板，触角粗大，呈宽三角形。触角窝深而宽，触角沟间窄，刻点稀疏，大部分分布在边缘和端部，有一条中隆线。后胸前侧片宽大，近矩形。足黑色，有细刻点。小盾片呈三角形，大而光滑。鞘翅缝的行纹不伸达基部，行纹的第 4 行与第 5 行在末端汇合，第 6 行与第 7 行相连，行间宽是行纹宽度的 5~8 倍。

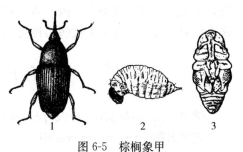

图 6-5 棕榈象甲
1. 成虫 2. 幼虫 3. 蛹
（仿 Hill）

2. 卵的形态特征 卵长为 2.50 mm，宽为 0.90 mm，细长，淡黄褐色，卵膜薄而透明。

3. 幼虫的形态特征 老熟幼虫体长为 44.0~57.0 mm，宽为 22.0~25.0 mm；头壳长为 0.5~13.0 mm，宽为 9.5~11.0 mm。体大而粗，身体弯曲，腹部第 4 节或第 5 节最宽，向两端急剧缩小，浅黄白色，头红褐色，几乎圆形。雄虫有分叉的背刚毛。有 9 对气门，1 对在中胸，8 对在腹部第 1~8 节，中胸的气门二唇状，腹节上的气门简单，椭圆形。

4. 蛹的形态特征 蛹体长为 40~51 mm，宽为 16~20 mm，浅黄褐色，长卵形。喙背面有 3 对瘤，其上有毛。离蛹在纤维做成的茧内，被一层较薄的软表皮包裹着。

五、棕榈象甲的发生规律和习性

棕榈象甲的成虫白天隐藏在叶腋基部、茎干基部和椰子园附近的垃圾堆或椰子壳堆里。傍晚及上午9：00—11：00最活跃。有迅速飞翔及扩散能力，可连续飞翔4~6 km。成虫喜危害病树，并喜选择新切割的树桩产卵。产卵场所包括破伤表面、树皮裂缝和伐倒的树桩处，咬成3~7 mm深的穴，将卵产于穴中。卵单产，产卵后分泌蜡质将穴盖住。卵期为3 d。1龄幼虫通过树干周围薄壁组织从维管束间垂直钻入危害。老熟幼虫移动到树干周边，在树皮下做茧化蛹。

六、棕榈象甲的传播途径

棕榈象甲可随寄主植物的种苗及包装物的运输而远距离传播，成虫可飞翔进行自然扩散。

七、棕榈象甲的检疫和防治

（一）棕榈象甲的检疫

棕榈象甲危害多种热带经济植物，是重要的国际检疫有害生物，我国已列入进境植物检疫性有害生物名录。禁止从疫区引进寄主种苗。对进境寄主植物苗木，仔细检查茎干和叶柄之间，特别注意切割伤口等处，还要包装材料及附带的残留物等，发现带虫后需进行检疫处理或销毁。

（二）棕榈象甲的防治要点

种植棕榈等寄主植物时，要防止植株损伤，发现伤口应及时用油灰或拌有杀虫杀菌剂的混合土涂抹，以防成虫在其内产卵。对严重受害植株和死树，应尽快砍伐并集中烧毁，防止该虫扩散蔓延。栽培抗虫抗病品种可减少危害。

第五节　稻水象甲

学名　*Lissorhoptrus oryzophilus* Kuschel
英文名称　rice water weevil

一、稻水象甲的分布

稻水象甲原产于美国东南部，以野生的禾本科、莎草科植物为食。1800年首次在密西西比河流域发现该虫。随着水稻大规模栽培，先后传到美国其他州以及加拿大、墨西哥等国家，1972年由美国传入多米尼加，1976年传入日本，1988年由日本传入韩国和中国，现广泛分布于美国、加拿大、墨西哥、古巴、哥伦比亚、圭亚那、多米尼加、委内瑞拉、苏里南、日本、朝鲜、韩国、印度、北非等地。截至2012年，我国已有21个省、直辖市、自治区发现稻水象甲，广东、广西、海南、四川、重庆、江苏、上海和河南尚未发现。

二、稻水象甲的寄主

稻水象甲的寄主是水稻等禾本科、泽泻科、鸭跖草科、莎草科、灯心草科等数十种植物。另据报道，成虫能取食13科104种植物，幼虫能在6科30余种植物上完成生活史。

三、稻水象甲的危害和重要性

稻水象甲为象甲科稻水象属害虫，以成虫和幼虫危害水稻。成虫在幼嫩水稻叶上沿叶脉食稻叶，形成留有一层表皮的纵形长条斑，条斑长在 3 cm 以下，宽为 0.38～0.80 mm，斑纹两端钝圆，比较规则。田间被害叶片上一般有 1～2 条白色长条斑。危害严重时叶片全白、下折，减弱稻株光合作用，抑制生长发育。幼虫密集水稻根部，在根内或根上取食，根系被蛀食，变黑并腐烂，刮风时植株易倾倒，受害植株变矮，成熟期推迟，产量降低。幼虫取食严重时可摧毁根系的 83%，减产 54%；较轻时根系被毁 45%，减产 37%。

稻水象甲 1959 年 6 月在美国加利福尼亚州被发现，10 年后扩展到 160 km 以外的地方，蔓延速度每年约为 16 km，1978 年在加利福尼亚州一般损失率为 28.8%，严重地块达 37.89%。该虫 1976 年在日本爱知县发现，至 1983 年几乎扩展到日本全境，发生面积约占水稻种植面积的 15%，一般减产 10%～20%，严重田块减产 50%；1987 年发生面积占水稻种植面积的 73%。

我国河北省滦南和唐海两县的定点调查发现，稻水象甲主要影响水稻的分蘖数、株高，延缓水稻的发育期，从而降低产量，受害重的田块每公顷穗数减少 183 万穗；株高平均为 50.7 cm，比正常的矮 44 cm，仅为正常株高的 53.5%；每穗粒数为 47.6 粒，比正常减少 41.1 粒，仅为正常的 53.7%；受害严重田块减产 66%。

四、稻水象甲的形态特征

1. 成虫的形态特征　成虫体长为 2.6～3.8 mm，宽为 1.15～1.75 mm，灰褐色，密被鱼鳞状排列的灰色鳞片。喙约与前胸背板等长，稍弯，扁圆筒形。触角索节有 6 节，第 1 节膨大成球形，基半部表面光滑，端半部表面密布毛状感觉器。前胸背板宽 1.1 倍于长，中央最宽，眼叶明显，小盾片不可见。前胸背板和鞘翅的中央有深褐色鳞片组成的广口瓶状斑纹。鞘翅侧缘平行，长为宽的 1.5 倍，宽为前胸背板宽度的 1.5 倍，肩斜，行纹细，行间宽，至少有 3 行鳞片，鞘翅端半部行间上有瘤突。中足胫节两侧各具 1 排游泳毛。雌虫后足胫节有前锐突和锐突，锐突长而尖；雄虫仅具短粗的两叉形锐突（图 6-6）。

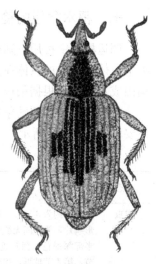

图 6-6　稻水象甲成虫

2. 卵的形态特征　卵大小为 0.8 mm×0.2 mm，呈圆柱形，两端圆，乳白色。

3. 幼虫的形态特征　幼虫体白色，长条形，弯曲，新月状。头黄褐色，无足，第 2～7 腹节背面各有 1 对向前伸的钩状气门，4 龄幼虫长约为 10 mm。

4. 蛹的形态特征　蛹体白色，复眼红褐色，大小及形态似成虫。在土茧中形成，土茧黏附于根上，灰色，近球形，直径为 5 mm。

五、稻水象甲的发生规律和习性

稻水象甲在美国 1 年发生 2 代，在日本、我国福建和河北唐山 1 年发生 1 代，在浙江双季稻区1年可发生2代，以成虫在稻草、田间的稻茬和水田周围大型禾本科杂草、田埂土中、落叶下及住宅附近的草地越冬。在福建，春季气温回升后，越冬成虫滞育解除并在杂草上取食，于4月中下旬陆续迁入早稻秧田，4月下旬至5月上旬早稻插秧后迁入本田，4月下旬至5月上中旬出现卵的高峰，5月中旬幼虫出现，5月下旬至6月初出现幼虫高峰，蛹的高峰期在6月中旬，第1代成虫6月中下旬始见，第1代成虫取食水稻后，大多重新迁飞到越夏越冬场所，部分残留在田间和田埂上。

成虫多在植株基部水线下产卵，卵单个产在叶鞘内。调查发现，93%的卵产在叶鞘的浸水部分，5.5%是在水面以上，1.5%是在根部。成虫产卵期为30～50 d。卵期约为7 d。幼虫共4龄，有较强的群居性。幼虫孵出后短时间潜入叶鞘静伏，然后爬行到根部取食。1～2龄幼虫可蛀孔进入稻根，3～4龄取食根表，常造成断根。幼虫期为30～40 d。老熟幼虫做土茧附着在根上化蛹，也有在远离稻根的土壤中化蛹的。蛹期为1～2周。羽化的成虫白天潜伏在稻根周围，夜间取食禾本科杂草叶片。成虫有趋光性，飞翔力较强，还可借风力迁移10 km。

稻水象甲有单性生殖型（孤雌生殖型）和两性生殖型，在美国西部发生的是单性生殖型，南部发生的是两性生殖型，在日本、朝鲜和我国发生的均为单性生殖型。

六、稻水象甲的传播途径

稻水象甲随稻秧、稻谷、稻草及其制品以及其他寄主植物和交通工具传播。此外，在田间可随水流、气流传播扩散。

七、稻水象甲的检验方法

调运检疫中可用过筛检验法分离夹杂在稻秧、稻谷、稻草及其他寄主植物产品中的稻水象甲虫体。检出的虫体在室内根据形态进行鉴定。产地检疫中可利用黑光灯诱捕、水网捕捞稻田成虫，也可根据稻株害状，拔出受害株，检查根部。

在我国危害水稻的象甲还有稻象甲（*Echinonemus squameus*），它与稻水象甲各虫态的主要区别如表6-2所示。

表6-2　稻水象甲和稻象甲的形态区别

虫态	稻水象甲	稻象甲
成虫	体长约为3 mm，宽为1.5 mm；体表密被灰色圆形鳞片，鳞片间无缝隙；前胸背板中间和鞘翅中间基半部深褐色，鞘翅近端部无灰白色斑；触角索节6节，第1节球形，棒节愈合为一节	体长约为5 mm，宽为2.3 mm；体表密被椭圆形鳞片，鳞片间隙明显；前胸背板中间两侧和鞘翅中间6个行间的鳞片为深褐色，行间近端部各有1个长圆形灰白色斑；触角索节7节，第1节棒形，棒节分节明显
幼虫	细长，腹部第2～7节气门背面有钩状突	肥胖多皱褶，稍腹向弯曲，气门背面无突起
蛹	做薄茧，附于根部	离蛹，位于土室内

八、稻水象甲的检疫和防治

（一）稻水象甲的检疫

稻水象甲是我国进境植物检疫性有害生物和全国农业植物检疫性有害生物。禁止从疫区输入稻草、秸秆。凡属用寄主植物做填充材料的，到达口岸应彻底销毁。对运输工具、包装材料应仔细检验，发现疫情应熏蒸灭虫，严防传入，熏蒸药剂有溴甲烷、磷化氢和硫酰氟。

（二）稻水象甲的防治要点

稻水象甲的药剂防治策略为"根治迁入早稻田的越冬后成虫，兼治第1代幼虫，挑治第1代成虫"。每次施药，必须兼施田边、沟边、坎边杂草。晚稻秧苗、本田均结合防治其他害虫兼治，一般不需专治。可用水胺硫磷、三唑磷、杀灭菊酯、醚菊酯等杀虫剂药液喷雾施药，或撒施甲基异柳磷毒土。

第六节　芒果果肉象甲

学名　*Sternochetus frigidus*（Fabricius）
英文名称　mango nut borer, mango weevil

一、芒果果肉象甲的分布

芒果果肉象甲在国外分布于印度、孟加拉国、缅甸、泰国、老挝、越南、马来西亚、印度尼西亚和巴布亚新几内亚，在我国云南有分布。

二、芒果果肉象甲的寄主

芒果果肉象甲仅危害芒果。

三、芒果果肉象甲的危害和重要性

芒果果肉象甲为象甲科害虫。成虫在30~50 mm大小的芒果果皮下产卵，幼虫蛀食果肉，形成纵横交错的虫道，其中堆积虫粪，果实不堪食用。在云南西双版纳危害严重的年份，感虫芒果品种的受害率超过50%，一般年份也在20%。

四、芒果果肉象甲的形态特征

芒果果肉象甲的形态特征见图6-7。

1. 成虫的形态特征　成虫体长为5~6 mm，体壁黄褐色至黑色，有光泽，被黑褐色鳞片，夹以浅黄色鳞片形成斑纹。头部密布刻点，被鳞片；额四周黑褐色，中央有淡褐色鳞片斑，中间无窝；喙背面有3条近平行的隆线，中间的较明显。触角锈赤色，11节。索节7节，第1索节与第2索节等长，第3索节长略大于宽，第4~7索节长等于或小于宽，除第2索节有2圈环毛外，其余索节各仅有1圈刚毛；棒节3节，长2倍于宽，表面密被白色绒毛，节间缝不明显。前胸背板宽大于长，前方缩细，后1/2两侧平行，

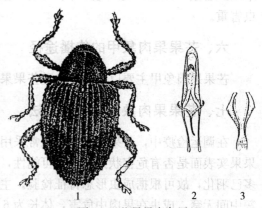

图6-7　芒果果肉象甲
1. 成虫　2. 雄性外生殖器　3. 雌虫腹部骨片
（张志钰绘图）

前缘弯曲包裹颈部，后缘中央突出，两边凹形；背中隆线两侧有由浅黄及黑褐色鳞片相间组成的纵带。鞘翅长为宽的1.5倍，翅肩明显，从肩至第3行间具三角形淡褐色鳞片斜带，整体呈倒八字形，近后端有不完全的横带，行间略宽于行纹，3、5、7等奇数行间较隆，具少量鳞片瘤。行纹刻点较深，近长方形，被淡褐或深褐色鳞片。腿节各具1齿，腹面具沟，胫节直，前后等宽。腹板第2～4节各有3排刻点。雄性外生殖器的内阳茎中部略前有1个倒V形骨片；雌虫第8腹节Y形骨片叉臂中央外突弱，叉柄中央略收缩。

2. 卵的形态特征 卵为长椭圆形，长为0.8～1.0 mm，宽为0.3～0.5 mm，乳白色，表面光滑。

3. 幼虫的形态特征 老熟幼虫体长为7～10 mm，黄白色；头部较小，圆形，淡褐色，胸足退化为小突起，体表面有白软毛。

4. 蛹的形态特征 蛹长为6～8 mm，长椭圆形，初期乳白色，后变黄白色。喙管紧贴于腹面，末节着生尾刺1对。

五、芒果果肉象甲的发生规律和习性

芒果果肉象甲在云南1年发生1代。成虫在芒果树的断枝头、树皮裂缝或树洞中越冬。翌年3月中旬出蛰，在枝头、花穗活动。4月中旬开始交配，下旬进入盛期，并开始产卵。卵散产，直插入果皮，呈竖立状，周围有黑色凝胶。一般一头雌虫在1个果上只产1粒卵。卵期为4～6 d。4月中旬至5月下旬为幼虫期。孵化后的幼虫即钻蛀取食果肉，在果肉内形成虫道。幼虫期为60～70 d。老熟幼虫在危害的果实中化蛹。蛹室以虫粪围成，内面较光滑、干燥。预蛹期为2～3 d，蛹期为6～10 d。刚羽化的成虫留在果内至芒果成熟，然后咬破果皮，外出到芒果林内活动，果实表面留有直径2～3 mm的羽化孔。成虫白天隐蔽，夜间活动，取食芒果树的嫩叶和嫩梢。成虫有假死性，具一定的飞翔能力，耐饥饿、耐高温、耐低温和耐干旱能力强。

每年5月中旬危害率达到最高峰，6月上旬为化蛹盛期，此时，越冬成虫还部分存在而新羽化成虫已出现。6月下旬羽化率达97%，至7月中旬，成虫出果率达95%。

芒果果肉象甲在云南原有的本地品种上危害重，新引进的品种虫害轻；长期失管的果园虫害重；果园产地环境开阔，园内通透良好的虫害轻；果园地处夹谷，通透不好的虫害重。

六、芒果果肉象甲的传播途径

芒果果肉象甲主要以蛹和成虫随芒果果实调运传播，成虫也可随芒果种苗的调运传播。

七、芒果果肉象甲的检验方法

在调运检疫中，芒果果肉象甲通常采用直观检验与解剖检验相结合的方法。首先根据芒果果实表面是否有危害状判断携带可能性，随后剖开果实寻找虫体。芒果成熟时芒果果肉象多已羽化，故可根据成虫形态特征检验。主要鉴别特征为鞘翅奇数行间鳞片瘤少而不明显，额中间无窝，成虫在果肉中危害，体长为6 mm左右。

危害芒果果实的象甲尚有芒果果实象甲（*Sternochetus olivieri*）和芒果果核象甲（*Sternochetus mangiferae*），这3种象甲的比较见表6-3。

表6-3　3种芒果象虫成虫比较

项目	芒果果肉象甲	芒果果实象甲	芒果果核象甲
体长	5.5~6.5 mm	7.0~8.5 mm	6~9 mm
体壁	黄褐色，被暗褐至黑色鳞片	黑色，被锈红色、黑褐色和白色鳞片	暗褐色，具淡色斑块条纹横过胸与鞘翅
额	中间无窝	中间有窝	中间有窝
前胸背板	中隆线细不明显，被规则的刻点鳞片遮盖	中隆线明显隆起，前缘及中间两侧有乳头状黑色鳞片丛	中隆线很不明显，被两侧刻点遮盖，外缘具隆线
鞘翅	行纹横脊不明显；行间略宽于行纹，鳞片瘤少而不明显；黄褐色斜带较窄；横带不完全且不明显	行纹横脊明显，刻点深凹；行间有明显的鳞片瘤；黄褐色斜带宽，横带明显	行纹鳞片瘤均匀；行间不隆，无明显的鳞片瘤；黄褐色斜带窄；有横带
腹板	2~4节各有刻点3排	2~4节各有刻点2排	
在我国分布	云南	云南、广西	无分布

八、芒果果肉象甲的检疫和防治

（一）芒果果肉象甲的检疫

芒果果肉象甲为我国进境植物检疫性有害生物，禁止调运疫区的种苗和果实，严禁从国外发生地引种。对必须外运的苗木，严格检疫，发现虫情，就地处理。可用热水浸泡处理，在49.5℃热水中浸泡果实75 min。要加强产地检疫。

（二）芒果果肉象甲的防治要点

收集和清理被害果并烧毁。开花前树体涂胶或石油乳剂杀成虫。芒果结果期（3月下旬至5月上旬）用辛硫磷、溴氰菊酯等杀虫剂药液树冠喷雾，隔10~15 d喷1次，防治3次。利用姬蜂、黄猄蚁（*Oecophylla smaragdiha*）等天敌控制。

第七节　杨干象

学名　*Cryptorrhynchus lapathi* Linne
英文名称　osier weevil, mottled willow borer

一、杨干象的分布

杨干象在国外广泛分布于日本、朝鲜、前苏联地区、匈牙利、捷克、斯洛伐克、德国、英国、意大利、波兰、法国、前南斯拉夫地区、西班牙、荷兰、加拿大和美国，在我国分布于黑龙江、吉林、辽宁、北京、河北、内蒙古、新疆、甘肃和陕西。

二、杨干象的寄主

杨干象危害甜杨、小黑杨、北京杨、中东杨、加杨、白城杨、沙兰杨、I-214杨、箭杆杨、小叶杨、旱柳、爆竹柳等，国外还报道危害赤杨、黄花儿柳、矮桦、银白杨和酸模。

三、杨干象的危害和重要性

杨干象是象甲科隐喙象属害虫，危害杨树幼苗及人工林的枝干。以幼虫在韧皮部与木质部之间，环绕枝干蛀道，成虫将喙伸入寄主形成层组织中取食危害，轻者造成枝梢干枯，枝干折断，重者整株死亡。另外，由于木材中形成虫孔，会降低使用价值。

该虫对3～6年生幼树危害严重，致使造林成活率和保存率低，树木难以成林成材。危害严重的地区树体风折率达到40%～60%。其危害还会提高杨树韧皮部发生溃疡病和烂皮病的概率。在河北昌黎，遭其蛀食的杨树均不同程度地感染以上病害，使树势衰弱，严重的几乎停止生长，病斑环绕树干使杨树死亡。

四、杨干象的形态特征

杨干象的形态特征见图6-8。

1. 成虫的形态特征 成虫体长为7～10 mm（头管除外），呈长椭圆形，黑褐色或棕褐色，无光泽。全体密被灰褐色鳞片及很短的刚毛，其间散布白色鳞片形成若干不规则的横带。头部较小，呈半球形，被有密刻点、稀疏白色鳞片和刚毛，头顶中间具略明显的隆线。复眼圆形，黑色，略突出，一半隐藏于前胸内。眼的上方有竖鳞斑。喙弯曲，略长于或等长于前胸，基部着生1对黑色鳞片簇。触角9节，呈膝状，棕褐色，第1节最长，锤节由1节组成，呈卵圆形粗大。前胸背板宽大于长，两侧近圆形，并且中央之前向前端显著缩小，而后端略缩窄，散布大刻点，背面中央具1条细纵隆线；在前方

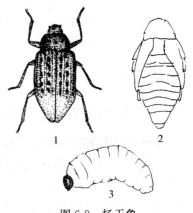

图6-8 杨干象
1. 成虫 2. 蛹 3. 幼虫

着生2个、后方着生3个横列的黑色鳞片簇。小盾片圆。鞘翅肩部宽度大于前胸背板，占2/3的前部两侧平行，占1/3的后部向后倾斜，并逐渐缢缩形成三角形斜面。鞘翅上各着生6个黑色鳞片簇。前胸背板两侧，鞘翅后端1/3处及腿节上的白色鳞片较密，并混杂直立的黑色鳞片簇。雄虫外生殖器阳具端，侧缘几乎平行，先端不扩大，略似弹头形，但不隆起，先端边缘中央有1个V形缝。雌虫臀板尖形，雄虫臀板圆形。

2. 卵的形态特征 卵呈椭圆形，乳白色，长为1.3 mm，宽为0.8 mm。

3. 幼虫的形态特征 老熟幼虫体长为9～13 mm，圆筒形，乳白色，有许多横皱纹和稀疏黄色短毛。胴部弯曲略呈马蹄形。头部黄褐色，上颚黑褐色，下颚及下唇须黄褐色。下颚须和下唇须均为2节。前胸具1对黄色硬皮板。中胸和后胸各由2小节组成，腹部第1～7节各由3小节组成，胴部的侧板及腹板隆起。胸足退化，在足痕处生有数根黄毛。气门黄褐色。

4. 蛹的形态特征 蛹为乳白色，长为8～9 mm。腹部背面散生许多小刺，在前胸背板上有数个突出的刺。腹部末端具1对向内弯曲的褐色几丁质小钩。

五、杨干象的发生规律和习性

杨干象在我国1年发生1代，以卵或初孵幼虫在枝干韧皮部内越冬。翌年4月越冬幼虫开始活动，卵也相继孵化。初孵幼虫先取食韧皮部，后逐渐深入韧皮部与木质部之间环绕树干蛀成圆形蛀道，蛀孔处的树皮常裂开如刀砍状，部分掉落而形成伤疤。5月中下旬在蛀道的末端蛀入木质部做椭圆形的蛹室，用细木屑封闭孔口在内化蛹。7月中旬为成虫羽化盛

期。成虫具假死性，善爬行，很少起飞，补充营养后交尾产卵，卵多产在树干 2 m 以下的叶痕、枝痕、树皮裂缝、棱角、皮孔处，后期产的卵不再孵化，直接越冬。

黑杨派及欧美品系杂交杨树品种在春季湿度较低，冬季较湿润，夏季湿度和降水量不过高时，适于该虫发生。

六、杨干象的传播途径

杨干象以越冬卵或初孵幼虫，随寄主苗木、无性系株或新采伐的带皮原木远距离传播。

七、杨干象的检验方法

在产地检疫和调运检疫时，以直观检验法与解剖检验法相结合进行检查。4 月前对所调运的苗木、幼树应仔细察看有无初孵幼虫及卵；4 月以后察看是否有幼虫侵入孔、红褐色丝状排泄物和虫粪以及树皮是否有一圈圈刀砍状裂纹，或剖木察看木质部是否有圆柱形的纵坑。可在苗木栽植当年的 5 月再复查 1 次，调查有无新的幼虫危害状。

八、杨干象的检疫和防治

（一）杨干象的检疫

杨干象严重威胁杨树人工林和"三北"防护林，已列为全国林业检疫性有害生物和我国进境植物检疫性有害生物。对调运的寄主苗木必须经过严格的检疫，防止将此虫传入非发生区，特别是调运 3 年以上的幼树更应慎重检疫。发现虫情，应立即采取除害处理措施。

除害处理方法有多种：①调运新采伐的杨柳带皮原木或小径材时，就地剥皮或用溴甲烷、硫酰氟或磷化铝熏蒸处理，气温 4.5 ℃以上时，溴甲烷用药量为 80 g/m^3，熏蒸 24 h；硫酰氟用药量为 64~104 g/m^3，处理 24 h；磷化铝用药量为 4~9 g/m^3，处理 3 d。②热处理带虫木材时，在相对湿度达到 60%、木材中心干球温度达到 60 ℃的条件下处理 10 h。③对携带有越冬幼虫卵的苗木（含插条、接穗）可用 2.5%溴氰菊酯乳油 1 000~2 500 倍液浸泡 5 min。

（二）杨干象的防治要点

在春季掘苗、起运前，用氧化乐果、溴氰菊酯等杀虫剂药液全面喷洒树干，确保出圃苗木无杨干象。在杨干象幼虫 2~3 龄时，用氧化乐果药液在 2.5 m 高处涂 10 cm 宽的封闭环；或用溴氰菊酯、氰戊菊酯或灭幼脲 3 号药液点涂虫孔处，也可用有机磷杀虫剂药液在危害部位打孔注药。老龄幼虫或蛹期宜用磷化铝片剂放入虫孔道内，并密封虫口，或用乐果与柴油混合液涂虫孔。生物防治可喷洒青虫菌或白僵菌制剂，也可用白僵菌制剂涂刷虫孔防治幼虫。

第八节 菜 豆 象

学名 *Acanthoscelides obtectus*（Say）
英文名称 bean weevil

一、菜豆象的分布

菜豆象原产于北美洲南部和南美洲，现已广泛分布于美洲、亚洲、欧洲、非洲和大洋洲的 40 多个国家，日本、朝鲜、缅甸、越南、泰国、塔吉克斯坦等国有分布。

二、菜豆象的寄主

菜豆象可危害菜豆属多种豆类,例如菜豆、红花菜豆、宽叶菜豆、乌头叶菜豆等,也危害豇豆、兵豆、鹰嘴豆、木豆、蚕豆、豌豆等,不危害大豆。

三、菜豆象的危害和重要性

菜豆象为豆象科三齿豆象属害虫。幼虫蛀食种子,使种子中空,并充满虫粪。一粒种子最多有20多头幼虫,蛀孔可达12个以上,是储藏豆类最重要的害虫之一。有研究发现,豇豆被害60 d后,平均损失重量14.7%;平均每粒豆有虫4.2头,每头虫一生食去豆粒重量的3.5%。豆类储藏期间菜豆象和巴西豆象共同造成的重量损失,在墨西哥和巴拿马为35%,在巴西为13.3%;在哥伦比亚,虽然储藏期短,损失也达7.4%。菜豆象产卵后留在豆粒上的排泄物有某种警戒作用,可阻止其他雌虫产卵。低龄幼虫扩散时喜欢寻觅和侵入无警戒物的豆粒。由于这种特性,使得豆粒受害率大为增加。

四、菜豆象的形态特征

菜豆象的形态特征见图6-9。

1. 成虫的形态特征 成虫体长为2~4 mm,雌虫比雄虫稍大。身体长椭圆形,全体披盖浓密暗黄色柔毛。头小,复眼马蹄形。触角11节,第1至第4节(有时也包括第5节基半部)和末节红褐色,其余节近黑色。前胸背板均匀隆起,刻点多而明显。鞘翅表皮近黑色,有较淡的横带状毛斑2条,表面散布稍呈方形和不明显的无毛黑色、暗褐色斑。臀板及腹部的腹板大部红褐色,仅腹板的基部有时黑色,后足腿节腹面内缘近端部有3个齿。

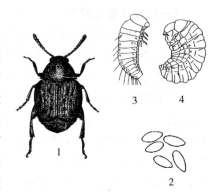

图6-9 菜豆象
1. 成虫 2. 卵 3. 1龄幼虫 4. 老熟幼虫
（仿张生芳）

2. 卵的形态特征 卵呈长椭圆形,长为0.54~0.79 mm,一端宽,污白色,透明,有光泽。

3. 老熟幼虫的形态特征 老熟幼虫体长为3~4 mm,乳白色,肥胖,弯曲。头暗褐色,有小眼1对,下颚须1节,无下唇须,唇基小,上唇末端密布小短毛。

4. 蛹的形态特征 蛹长为3.2~5.0 mm,宽约为2 mm,椭圆形,淡黄色,肥大,疏生柔毛。

除菜豆象外,巴西豆象（*Zabrotes subfasciatus*）、鹰嘴豆象（*Callosobruchus analis*）、灰豆象（*Callosobruchus phaseoli*）等,也均属我国进境植物检疫性有害生物,其形态特征与分布见表6-4。

表6-4 几种豆象形态特征比较

		巴西豆象	鹰嘴豆象	灰豆象
成虫形态特征	触角	雌虫弱锯齿状,黑色,基部2节红褐色。雄虫锯齿状	两性均锯齿状,全部黄褐色	雄性强锯齿形,基部4~5节及末节黄褐色,其余各节色暗

(续)

		巴西豆象	鹰嘴豆象	灰豆象
成虫形态特征	鞘翅花纹	雌虫鞘翅中部有横列白毛斑组成1条宽横带	每鞘翅具3个暗色斑,位于肩部、中部和端部,肩斑较小	侧缘中部各有1个半圆形暗色大斑,斑内有淡色长条状斑;端部也有褐色斑
	后足腿节	无齿突	外缘齿突长,略弯向腿节端部;内缘齿极小或缺,沿内缘基部3/5有小齿突	外缘齿突大而钝,内缘齿突长而较直
分布		日本、印度、越南、缅甸、美国、非洲、欧洲	日本、印度、斯里兰卡、缅甸、美国、前苏联地区、马来西亚、非洲、欧洲	日本、印度、斯里兰卡、缅甸、美国、古巴、前苏联地区、澳大利亚、非洲、欧洲

五、菜豆象的发生规律和习性

菜豆象在法国南部1年发生4～5代,在美国西部1年发生5～6代,在巴西1年发生8代,以幼虫在豆粒中越冬。越冬幼虫次年春天化蛹羽化,成虫在田间豆荚裂缝中的豆粒表面或在仓储豆粒表面产卵。在田间,菜豆象先在豆荚上咬成凹陷再产卵;在仓内,喜欢选择完整豆粒的光滑表面产卵,在破碎有虫孔豆粒上产卵较少。

据报道,在29 ℃恒温时,相对湿度过低不产卵;相对湿度20%时产卵最少,平均产卵数48.7粒;相对湿度90%时产卵期为21 d,产卵最多,平均产卵数为72.7粒。卵期发育最适条件为30 ℃和70%相对湿度。高于35 ℃时成虫不能羽化,低于15 ℃时极少羽化。从卵到成虫羽化平均需27.5 d。

六、菜豆象的传播途径

菜豆象以各种虫态随被害豆类种子的调运而远距离传播,我国口岸在各种进口豆类中屡有截获。

七、菜豆象的检验方法

过筛检验可分离虫体与豆粒,若未筛出,可检查豆粒表面有无蛀孔,剥开豆粒,检出虫体进行鉴定。菜豆象的卵产出时缺少黏性物质,不能牢固地黏附在豆粒上,因此检查卵的有无,要在样品的筛下物中仔细寻找。

对受害不严重的豆粒,采取相对密度检验、染色检验和油脂浸润检验,计算菜豆象感染率。

1. 相对密度检验 将100 g样品倒入饱和食盐水,搅拌15～25 s,静置2 min,捞出浮起的豆粒再行剖检。

2. 染色检验 将50 g样品放在铁丝网或纱布中,浸入1%碘化钾或2%碘酒溶液中1.0～1.5 min,再移入0.5%氢氧化钠或氢氧化钾溶液中20～30 s,取出后清水冲洗15～20 s,发现豆粒表面有直径1～2 mm黑圆点的,再行剖检。

3. 油脂浸润检验 将样品用橄榄油、凡士林油或机械油充分浸润0.5 h,豆类会变成琥珀色,被感染的豆粒会在受害处出现从一点(幼虫侵入处)向四面分散的透明管道(幼虫的通道)。据此特征可鉴别豆粒是否被菜豆象侵染。白色、黄色以及淡黄褐色的菜豆种子对油脂浸润法的反应最好，杂色菜豆种子的反应较差，而红色菜豆种子反应最差。

此外，使用 X 光机检测法也能取得良好效果。

八、菜豆象的检疫和防治

（一）菜豆象的检疫

菜豆象是我国进境植物检疫性有害生物，也是全国农业植物检疫性有害生物。进境检疫发现有虫豆类后，可采用熏蒸处理。用溴甲烷熏蒸，在 20 ℃ 以上时用药量为 30 g/m³，在 10~20 ℃ 时用药量为 35 g/m³，皆处理 48 h。在 20~23 ℃ 时，用磷化铝 9 g/m³ 熏蒸 48 h。也可用二硫化碳 200~300 g/m³ 或氯化苦 25~30 g/m³ 或氢氰酸 30~50 g/m³ 处理 24~48 h。以上措施可杀灭各个虫态。邮寄物检疫或旅客携带物检疫中截获的少量豆类，可用干热、微波或高频杀虫处理。

（二）菜豆象的防治要点

选用健康的种子播种或进行种子除虫处理。成虫发生盛期喷施触杀性杀虫剂，一般豆荚开始成熟时喷药，7 d 后再喷施 1 次。

第九节　检疫性小蠹

一、咖啡果小蠹

学名　*Hypothenemus hampei* (Ferrari)

英文名称　coffee berry beetle, coffee berry borer

（一）咖啡果小蠹的分布

咖啡果小蠹原产于非洲，现已分布于世界许多咖啡种植国家，包括非洲的大部分国家、越南、老挝、柬埔寨、泰国、印度、印度尼西亚、马来西亚、菲律宾、斯里兰卡、墨西哥、加勒比地区、萨尔瓦多、危地马拉、洪都拉斯、哥伦比亚、巴西、秘鲁、巴布亚新几内亚和南太平洋的一些岛屿。

（二）咖啡果小蠹的寄主

咖啡果小蠹主要寄主为咖啡属植物，其他还有灰毛豆属、野百合属、距瓣豆属、云实属（苏木属）、银合欢属、木槿属、悬钩子属等。

（三）咖啡果小蠹的危害和重要性

咖啡果小蠹为小蠹科咪小蠹属害虫。成虫和幼虫蛀食果肉，可危害不同发育期的果实。青果被蛀食后引起真菌寄生，造成腐烂，变黑和果实脱落。咖啡果小蠹危害成熟的果实和种子直接造成咖啡果的损失。被害果常有一个到数个圆形蛀孔，蛀孔多半靠近果实顶部（花的基部），蛀孔褐色到深黑色，被害的种子内有钻蛀的坑道。果实内有时含有不同龄期的白色幼虫，从几头到 20 多头。

咖啡果小蠹严重危害咖啡树。在刚果（金）的斯坦利维尔地区咖啡青果受害率为 84%，成熟果受害率为 96%，直接减产 60% 以上。咖啡果的受害率，在科特迪瓦曾达 50%~80%，在乌干达 80%。在巴西有时损失率高达 60%~80%。在马来西亚咖啡果被害率曾达 90%，田间减产 26%。

(四) 咖啡果小蠹的形态特征

咖啡果小蠹的形态特征见图 6-10。

1. 成虫的形态特征 成虫体长为 1.4~1.7 mm，为体宽的 2.3 倍。体呈圆柱形，黑色，有光泽。头小，隐藏于半球形的前胸背板下。眼肾形，缺刻甚小。触角鞭节 5 节，锤状部 3 节。前胸背板长小于宽，背板上面强烈弓凸，背顶部在背板中部，背板前缘中部有 4~6 枚小颗瘤，背板瘤区中的颗瘤数量较少，形状圆钝，背顶部颗瘤逐渐变弱，无明显的瘤区后角。刻点区底面粗糙，一条狭直光平的中隆线跨越全部刻点区，刻点区中生狭长的鳞片和粗直的刚毛。鞘翅长度为两翅合宽的 1.33 倍，为前胸背板长度的 1.76 倍；刻点沟宽阔，其中刻点圆大规则，沟间部略凸起，上面的刻点细小，不易分辨，沟间部中的鳞片狭长，排列规则。

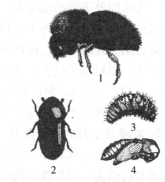

图 6-10 咖啡果小蠹
1. 成虫侧面 2. 成虫背面 3. 幼虫 4. 蛹
（仿张从仲）

2. 卵的形态特征 卵为乳白色，稍有光泽，长球形，大小为 0.31~0.56 mm。

3. 幼虫的形态特征 幼虫为乳白色，有些透明。体长为 0.75 mm，宽为 0.2 mm。头部褐色，无足。体被白色硬毛，后部弯曲呈镰刀形。

4. 蛹的形态特征 蛹为白色，头藏于前胸背板之下。前胸背板边缘有 3~10 个彼此分开的乳头状突起，每个突起上面有 1 根白色刚毛。腹部有 2 根较小的白色针状突起，长为 0.7 mm，基部相距 0.15 mm。

(五) 咖啡果小蠹的发生规律和习性

咖啡果小蠹在巴西每年发生 7 代，在乌干达每年发生 8 代，有世代重叠现象。雌虫交配后钻入果内产卵直至下一代羽化为成虫后钻出。每雌一生产卵 8~12 批，共产卵 30~60 粒。卵产在硬的、成熟的咖啡豆所在的各小室内，卵期为 5~9 d。幼虫在豆内取食，幼虫期为 10~26 d。雌幼虫取食期约为 19 d，雄幼虫为 15 d。蛹期为 4~9 d，完成 1 个世代需 25~35 d。雌虫在种群中比例占优势，雌雄性比约为 10∶1。雌成虫一般在16∶00—18∶00 飞翔于树间寻找产卵场所；雄成虫不飞翔，通常不离开果实，1 头雄虫可同 30 头雌虫交尾。

咖啡果小蠹生长发育受海拔高度和湿度的影响，在海拔高度低的咖啡种植区较为普遍。例如在东非，海拔高度 1 500 m 以上地区很少发生；在爪哇海拔高度 250~1 000 m 地区，咖啡受害极为严重。咖啡果小蠹性喜潮湿，荫蔽、潮湿的种植园比裸露、干燥的种植园受害程度要严重得多。

(六) 咖啡果小蠹的传播途径

咖啡果小蠹各虫态随咖啡果（豆）、种子及其包装物远距离传播，许多国家在贸易咖啡果中截获此虫，在田间成虫借助气流飞翔传播。

(七) 咖啡果小蠹的检验方法

检查咖啡果有无虫孔，剖开咖啡果检查，观察有无钻蛀的虫道，是否有幼虫、蛹或成虫。捡取的幼虫和蛹，在室内饲养，得到成虫，检测其形态特征。

(八)咖啡果小蠹的检疫和防治

1. 咖啡果小蠹的检疫 此虫为我国进境植物检疫性有害生物,禁止从疫区引进寄主的种子,凡从国外进境的咖啡果,须随同包装物进行熏蒸处理,因科研需要进口的种子,必须进行灭虫处理并隔离试种1年以上。

除害熏蒸处理可用二硫化碳、氯化苦或磷化铝。0.28 m³ 的咖啡种子用85 mg二硫化碳熏蒸15 h。也可用氯化苦,剂量为5 mg/L时熏蒸8 h,剂量为10 mg/L时熏蒸4 h,剂量为15 mg/L时熏蒸2 h,剂量为50 mg/L时熏蒸1 h。也可用磷化铝8~9 g/m³熏蒸36 h。高温处理果豆,可用干燥炉在49 ℃处理30 min。也可以微波炉加热灭虫。

2. 咖啡果小蠹的防治要点 咖啡种植园及时清理和收集被蛀果实和落果,集中深埋或烧毁。储存的果豆和种子,含水量不可高于12.5%。生物防治可利用寄生性天敌肿腿蜂、小茧蜂和白僵菌,捕食性天敌红蜻或和蚁类。药剂防治可喷布硫丹或马拉硫磷。

二、欧洲榆小蠹

学名 *Scolytus multistriatus* (Marsham)

英文名称 smaller European elm bark beetle

(一)欧洲榆小蠹的分布

欧洲榆小蠹分布于欧洲、美国、加拿大、伊朗、埃及、阿尔及利亚和澳大利亚。

(二)欧洲榆小蠹的寄主

欧洲榆小蠹主要危害榆属植物,偶尔也危害杨树、李树、栎树、东方山毛榉等。

(三)欧洲榆小蠹的危害和重要性

欧洲榆小蠹幼虫主要危害榆树主干和粗枝韧皮部,破坏形成层,对树木的生理机能和木材的工艺价值都有较大不利影响,还是榆枯萎病(也称为荷兰榆树病)的媒介昆虫。此虫喜食不健康的榆树,在濒死的、新死的但树皮完整、水分充足的榆树上种群数量增长迅速。榆树是欧美国家行道树和公园林木的重要树种,但因榆枯萎病的危害使榆树大批死亡,被称为恐怖的生态灾难。许多国家将榆枯萎病病菌及其媒介昆虫都列为检疫性有害生物。

(四)欧洲榆小蠹的形态特征

欧洲榆小蠹的形态特征见图6-11。

1. 成虫的形态特征 成虫体长1.9~3.8 mm,体长为体宽的2.3倍。体红褐色,鞘翅常有光泽,背部少毛。眼椭圆形,无缺刻。触角鞭节7节,锤状部呈铲状,不分节。雄虫额面狭长偏平,表面生纵向针状褶皱,额毛长而稠密,环聚在额周缘上;雌虫额面较短阔弓凸,额毛短小疏少,分布于全额面上。前胸背板长为宽的0.96倍;背板表面平滑光亮,生清晰稠密的小圆刻点,无茸毛。鞘翅长度为两翅合宽的1.32倍,并为前胸背板长度的1.32倍,鞘翅末端不向体下方弓曲,即不构成斜面。腹部第1与第2腹板相夹形

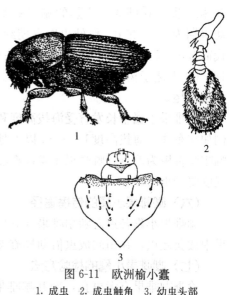

图6-11 欧洲榆小蠹
1. 成虫 2. 成虫触角 3. 幼虫头部
(肖良供图)

成直角状折曲的削面，第2腹板前缘当中有1个粗直大瘤，瘤身向体后水平延伸，第2~4腹板后缘两侧各有1个极小的刺状瘤，第3、4腹板后缘当中有时各有1个极小的瘤，两性腹部形态基本相同，只是雌虫第2~4腹板后缘两侧的刺状瘤较小，第3、4腹板后缘当中光平无瘤。

2. 卵的形态特征 卵为白色，近球形。

3. 成熟幼虫的形态特征 成熟幼虫长为5~6 mm，白色，体拱曲，多褶折。额心脏形，具6对额刚毛和前后2对额感觉孔。触角表面有微刺，有7根刚毛。唇基宽为长的2.5倍，具5对上唇毛，侧方的3对排列成三角形，前方具中毛2对，上唇感觉孔3个。内唇的3对刚毛排列与唇缘平行，内唇之间有3对刚毛，第2对与第3对之间有2对内唇感觉孔，排列成一个四方形。

4. 蛹的形态特征 蛹体色由白色至黑色，随蛹龄的增加而颜色加深。蛹的短壮翅芽弯曲包在腹部之外。

（五）欧洲榆小蠹的发生规律和习性

欧洲榆小蠹在加拿大每年发生1~2代，在美国每年发生2~3代，以幼虫在蛹室内越冬，春暖时化蛹。欧洲榆小蠹喜在通风透光场所的树干下部及伐倒树木的韧皮部内寄居。成虫侵入树木后，先蛀成一个交配室，交配后的雌虫在树皮下筑成母坑道，同时在坑道两侧咬成卵室产卵。每雌产卵80~140粒，以微细的蛀屑覆盖。卵孵化后，幼虫从母坑道向外蛀食，在形成层范围内蛀出1条逐渐宽大的子坑道，沿途留下深暗色粉状蛀屑。老熟幼虫从形成层向外咬食，进入树皮做蛹室化蛹。成虫在蛹室内羽化后，略停片刻，咬出树皮，留下直径2 mm的圆孔。

（六）欧洲榆小蠹的传播途径

欧洲榆小蠹以各种虫态随寄主原木的调运远距离传播，成虫在林地可通过飞翔或爬行近距离扩散。

（七）欧洲榆小蠹的检验方法

欧洲榆小蠹的现场检验主要直接观察，检查原木的表皮有无虫孔和蛀孔屑，之后剥皮或剖开检查看有无坑道。采集到的虫体带回实验室镜检。种类鉴别主要根据成虫形态特征。

（八）欧洲榆小蠹的检疫和防治

1. 欧洲榆小蠹的检疫 欧洲榆小蠹是我国进境植物检疫性有害生物，不从疫区进口榆树苗木、插条等繁殖材料和原木。其他地区进口的繁殖材料和苗木也要严格检验，发现有虫材料可退回、集中销毁，或就地熏蒸。熏蒸处理在15 ℃以上，用溴甲烷32 g/m³熏蒸24 h，或用硫酰氟64 g/m³熏蒸24 h。数量少的可干燥处理或用水浸泡1月以上。

2. 欧洲榆小蠹的防治要点 清除被害树干和树枝，并用林丹处理树干和枝条，保持林区立地卫生。要合理施肥、浇水、整枝，保持树势生长旺盛，增强树木抗病、抗虫能力。用内吸性杀虫剂喷布和涂布树干杀灭幼虫、成虫。

第十节 谷斑皮蠹

学名 *Trogoderma granarium* Everts
英文名称 khapra beetle

一、谷斑皮蠹的分布

谷斑皮蠹原产于南亚，已传播到各大洲 60 多个国家和地区。发生较重的国家有缅甸、印度、巴基斯坦、阿富汗、土耳其、伊拉克、叙利亚、塞浦路斯、塞内加尔、尼日利亚、阿尔及利亚、突尼斯和苏丹。中国台湾有分布。

二、谷斑皮蠹的寄主

谷斑皮蠹食性杂，取食多种植物性和动物性仓储农产品，例如小麦、大麦、麦芽、燕麦、黑麦、玉米、高粱、稻谷、面粉、花生、干果、坚果以及奶粉、鱼粉、鱼干、蚕茧、皮毛、丝绸等。

三、谷斑皮蠹的危害和重要性

谷斑皮蠹是皮蠹科斑皮蠹属重要仓库害虫，难以防除。幼虫贪食，有粉碎食物的特性。谷斑皮蠹对谷类、豆类、油料等植物性储藏品及其加工品危害严重，损失率为 5%～30%，有时高达 75%。谷斑皮蠹抗逆性强，耐高温、低温，耐干旱能力远高于一般仓虫，对许多药剂和熏蒸剂有显著抗性。幼虫喜藏匿在缝隙中，各种防治方法效果不佳，甚至焚烧仓库后，从残垣断壁的缝隙中仍能发现活虫体。感染此虫的货轮，虽经反复清洁和施药都难以根除。

四、谷斑皮蠹的形态特征

1. 成虫的形态特征 成虫体长为 1.8～3.2 mm，椭圆形。头和前胸背板暗褐色至黑色；鞘翅红褐色，有淡色毛形成的不清晰的花斑。触角 11 节；雄虫触角棒节 3～5 节，雌虫棒节 3～4 节；触角窝后缘隆线显著退化，雄虫消失全长的 1/3，雌虫消失全长的 2/3。颏的前缘中部深凹，凹缘最深处颏的高度不及颏最大高度之半（图 6-12）。

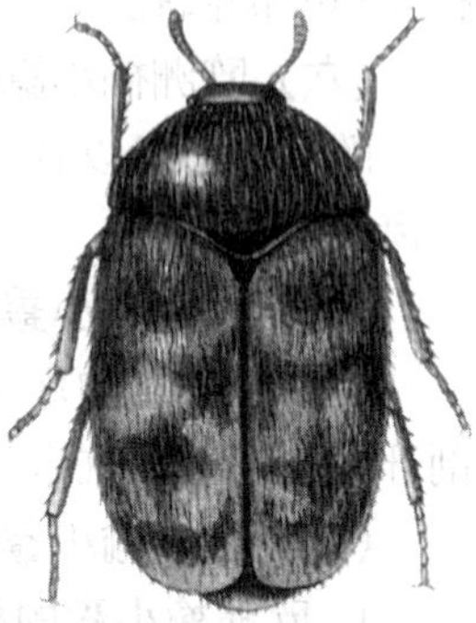

2. 卵的形态特征 卵为圆筒形，长为 0.6～0.8 mm，宽为 0.24～0.26 mm，初产时乳白色，后变为淡黄色。

3. 幼虫的形态特征 幼虫为纺锤形，老熟幼虫长为 4.0～6.7 mm。体背乳白色至红褐色。箭刚毛（矛形毛）多着生于背板侧区，尤其在腹末几节的背板两侧最集中，形成浓密的褐色毛簇。第 8 腹节背板无完整的前脊沟或前脊沟完全消失。上内唇具感觉乳突 4 个。

图 6-12 谷斑皮蠹成虫

4. 蛹的形态特征 雄蛹长为 3.5 mm，雌蛹长为 5 mm，椭圆形，淡黄色，全身密生细毛。

谷斑皮蠹的成虫、幼虫和黑斑皮蠹近似，但黑斑皮蠹雄成虫触角棒节 6～7 节，触角窝的后缘隆线完整，幼虫腹部第 8 节背板有前脊沟，可资区别。另外，谷斑蠹体红褐色，而黑斑皮蠹为灰色。

五、谷斑皮蠹的发生规律和习性

谷斑皮蠹在东南亚 1 年发生 4～5 代，4—10 月为繁殖危害期，11 月至翌年 3 月以幼虫在仓库缝隙内越冬。

谷斑皮蠹生长温度范围为21~40 ℃，最适温度为30~40 ℃；抗低温能力强，2~4 ℃时能生存12个月，-10 ℃时能生存72 h；抗干燥能力亦强，能在相对湿度2%，食物含水量2%~2.5%条件下充分生长发育。

成虫有翅但不能飞。成虫羽化后2~3 d开始交尾产卵。卵散产，适宜条件下每雌可产卵50~90粒，平均70粒。卵产于粮粒的缝隙中，卵表面无黏附物，极易脱落在粮粒的碎屑之中。幼虫在适宜条件下有4~7龄，不利条件下可增至10~15龄。幼虫期的长短及龄数因食物和温度不同而异，温度低于5 ℃或高于48 ℃时幼虫停止发育。不休眠幼虫能耐饥2~3年，休眠幼虫能耐饥8年，且休眠幼虫对低温和熏蒸剂的抵抗性更强。

六、谷斑皮蠹的传播途径

谷斑皮蠹主要以各虫态随被侵害的动、植物产品，包装物和运载工具传播。

七、谷斑皮蠹的检验方法

对来自东南亚的饲料粮，来自非洲的花生、芝麻等进行针对性检查，对缝隙、包角、褶缝、船舱、阴暗角落等要仔细检查。对粮谷、油料和饲料还需过筛检查。

八、谷斑皮蠹的检疫和防治

所有斑皮蠹（非中国种）为我国进境植物检疫性有害生物。口岸检疫发现虫情应立即退货或就地熏蒸除虫。可用溴甲烷或磷化铝进行熏蒸，溴甲烷用量为50~80 g/m^3，密闭48~72 h；或用磷化铝2片/m^3，密闭32 h。用药量视温度和其他条件而增减。溴甲烷与磷化铝混用处理幼虫和卵，比单用一种药剂效果要好。对空仓或运输工具可喷布马拉硫磷灭虫。

第十一节 大 谷 蠹

学名　*Prostephanus truncatus* (Horn)
英文名称　larger grain borer, greater grain borer

一、大谷蠹的分布

大谷蠹原产于美国南部，后在美洲扩展，20世纪80年代初侵入非洲并定殖，现在美洲各国，非洲的坦桑尼亚、肯尼亚、布隆迪、多哥、赞比亚和贝宁，亚洲的印度和泰国有发生。

二、大谷蠹的寄主

大谷蠹主要危害玉米、木薯干和红薯干，还可危害软粒小麦、花生、豇豆、可可豆、扁豆、糙米等多种粮谷，对木制器具及仓内的木质结构也可造成危害。

三、大谷蠹的危害和重要性

大谷蠹是长蠹科危害农家储藏玉米的重要害虫。成虫穿透玉米的包叶蛀入籽粒内，并可由一个籽粒转移到另一籽粒，形成大量玉米碎屑。其危害既可发生于玉米收获前，又可发生于储藏期。在尼加拉瓜，玉米储存6月后，因其危害可使重量损失40%；在坦桑尼亚，玉米储存3～6月后，重量损失达34%，籽粒被害率达70%。此外，该虫可将木薯干和红薯干破坏成粉屑，特别是发酵过的木薯干，由于质地松软，更适其钻蛀危害。在非洲，经4月储存的木薯干重量损失可达70%。

四、大谷蠹的形态特征

大谷蠹的形态特征见图6-13。

1. 成虫的形态特征 成虫体长为3～4 mm，圆筒状，暗褐色至黑褐色，体表密布粗大刻点。头下垂，隐藏在前胸背板之下，由背方不可见。触角10节，末3节形成触角棒，第10节与第8～9节等宽或稍宽于后两节。前胸背板长、宽略相等，上面密生多列小齿。鞘翅刻点行较规则；鞘翅后部斜截形，形成一个平的坡面，坡面两侧的缘脊明显。

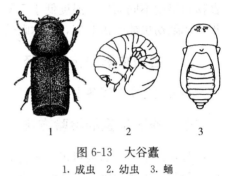

图6-13 大谷蠹
1. 成虫 2. 幼虫 3. 蛹

2. 卵的形态特征 卵长约为0.9 mm，宽约为0.5 mm，椭圆形，短圆筒状，初产时珍珠白色。

3. 老熟幼虫的形态特征 老熟幼虫体长为4～5 mm，身体弯曲呈C形，有胸足3对。

4. 蛹的形态特征 蛹为乳白色，前胸背板光滑，在前半部约有18个瘤突；腹部多皱，但无任何突起物。

五、大谷蠹的发生规律和习性

大谷蠹成虫钻蛀玉米粒时，形成整齐的圆形蛀孔。雌虫在与主虫道垂直的盲端室内产卵。在32℃和相对湿度80%的最适条件下，产卵前期为5～10 d，卵期为4.68 d，幼虫期为25.4 d，蛹期为5.16 d，平均发育期为35 d。大谷蠹在玉米内的发育比在木薯干内快。硬粒玉米被害较轻，具有明显的抗虫性。

六、大谷蠹的传播途径

大谷蠹主要通过被害寄主的调运进行远距离传播。

七、大谷蠹的检验方法

仔细检查玉米、薯干等是否有圆形的大谷蠹成虫蛀入孔，以及成虫和幼虫危害形成的粉屑。过筛及剖检粮粒和薯干，看是否有成虫或幼虫。有条件时可对种子进行X光检验。

大谷蠹与常见种谷蠹的区别在于后者体较小（体长为2～3 mm），前胸背板每侧有1条完整的脊，鞘翅后半部翅坡不明显，且无缘脊。大谷蠹与竹蠹也很相似，但竹蠹前胸背板每侧有1条完整的脊，鞘翅翅坡不明显，前胸背板后部中央有1对深凹窝等特征，可与大谷蠹相区别。大谷蠹与日本竹蠹可从触角的节数进行鉴别，大谷蠹的为10节，日本竹蠹的为11节。

八、大谷蠹的检疫和防治

(一) 大谷蠹的检疫

大谷蠹为我国进境植物检疫性有害生物，禁止从疫区调运玉米、薯干、木材及豆类；特许调运的，必须严格检疫。对感染的物品、包装材料等，用磷化铝或溴甲烷进行的熏蒸处理。

(二) 大谷蠹的防治要点

将玉米棒去包叶后摊成薄层，在太阳下暴晒；或将玉米放入圆筒仓内，用 10 cm 厚的草木灰或沙子压盖；或用 10%～30% 的草木灰与玉米粒混合，可显著减轻危害。玉米脱粒后用醚菊酯、虫螨磷或马拉硫磷处理，之后储藏。γ 射线照射处理可杀死各个虫态。

第十二节　双钩异翅长蠹

学名　*Heterobostrychus aequalis*（Waterhouse）
英文名称　kapok borer

一、双钩异翅长蠹的分布

双钩异翅长蠹在国外分布于印度、印度尼西亚、马来西亚、泰国、斯里兰卡、越南、缅甸、菲律宾、日本、以色列、美国、古巴、苏里南、马达加斯加等国，在我国分布于云南、广东、海南和台湾。

二、双钩异翅长蠹的寄主

双钩异翅长蠹的寄主植物有白格、香须树、楝树、凤凰木、黄桐、橡胶属、木棉属、琼楠属、橄榄、海南苹婆、黄藤、白藤属等。

三、双钩异翅长蠹的危害和重要性

双钩异翅长蠹是长蠹科，异翅长蠹属害虫，在热带、亚热带地区，危害木材、锯材、竹材、原藤等。以成虫、幼虫在原木、板材、家具、胶合板、弃皮藤料及其他寄主材料上蛀食木质部、钻蛀孔道，同时向外排出蛀屑。受害寄主外表虫孔密布，内部蛀道相互交叉，严重的几乎全部蛀成粉状，一触即破，完全丧失使用价值。1988 年深圳发展中心大厦的高级建筑玻璃因该虫钻蛀玻璃胶而面临掉落的危险。同年，东莞市藤厂也因该虫严重蛀粉，致使 20% 的库存藤料失去使用价值。我国口岸还多次在进境的木材、木制品货物中查获此虫。

四、双钩异翅长蠹的形态特征

双钩异翅长蠹的形态特征见图 6-14。

1. 成虫的形态特征　成虫为圆柱形，赤褐色。雌虫长为 6.0～8.5 mm，宽为 2.1～2.6 mm；雄虫长为 7.0～9.2 mm，宽为 2.5～3.0 mm。头部黑色，具细粒状突起，头背中央具 1 条纵向脊线。上唇甚短，前缘密布金黄色长毛。触角 10 节，柄节粗壮，鞭节 6 节，锤状部 3 节，其长度超过触角全长的 1/2，端节呈椭圆状。前胸背板前缘呈弧状凹入，前缘角每边有1个较大的齿状突起，前缘后面明显横向凹陷，后缘角成直角。背板前半部密布锯齿状突起，两侧缘具5~6个齿，后半部的突起呈颗粒状。小盾片四边形，微隆起，光滑无毛。鞘翅具刻点沟，刻点近圆而深凹，沟间光滑无毛，肩角明显，两侧缘自基缘向后几乎平行延伸，至后翅1/4处急剧收尾。在斜面的两侧，雄虫有2对钩状突起，上面的1对较大，向上并向中线弯曲，呈强钩状，下面1对较小；雌虫两侧的突起仅微隆起。亚缘隆起线自翅端向前延伸，并在鞘翅处向上弯曲形成亚侧隆线。

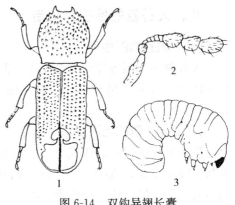

图6-14　双钩异翅长蠹
1. 成虫　2. 触角　3. 幼虫

2. 幼虫的形态特征　幼虫为乳白色，体肥胖，12节，体壁褶皱，长为8.5~10.0 mm，宽为3.3~4.0 mm。头部着生1对坚硬上颚，体壁褶皱。头部大部分被前胸背板覆盖，背面中央有1条白色中线，穿越整个头背。前额密被黄褐色短绒毛。体向腹部弯曲，胸部特别粗大，中部略小，后部比中部稍大；胸部正面观，中央明显具1条白色而略下陷的中线，后端较大，其轮廓形似1支钉；侧面观，胸部中间明显有1个浅黄褐色骨化片，略比中部粗，后端显著扩大而向上弯曲，形似茶匙。其下方具1个椭圆形气门，黄褐色，长为0.4 mm，宽为0.18 mm。腹部侧下缘具短绒毛，各节两侧均有黄褐色气门，椭圆形，长为0.15 mm。

3. 蛹的形态特征　蛹体长为7~10 mm。前蛹期，体乳白色，可见触角轮廓锤状部3节明显，复眼转为暗褐色。前胸背板前缘凹入，两侧密布乳白色锯齿状突起，且密被浅褐色绒毛；中胸背中央明显具1个瘤突，后胸背中央有1条纵线凹入，后缘具1束浅褐色毛；腹部各节近后缘中部有1列浅褐色毛；第6节的毛列多呈倒V形，鞘翅弯向腹部。后蛹期，体转浅黄色，复眼和上颚黑色，触角可见柄节、鞭节（6节）及锤状部（3节），前胸背板两侧锯齿状突呈褐色，鞘翅逐渐向背中央吻合，斜面的1对突起明显，成虫轮廓基本可见。

五、双钩异翅长蠹的发生规律和习性

双钩异翅长蠹为钻蛀性害虫，几乎终生都在木材等寄主内部生活，仅在成虫交尾、产卵时在外部活动。一般1年发生2~3代，以老熟幼虫或成虫在寄主内越冬。越冬幼虫于翌年3月中下旬化蛹，蛹期为9~12 d。3月下旬至4月下旬为成虫羽化盛期。当年第1代成虫最早在10月上中旬出现。第2代在10月上中旬出现。第2代部分幼虫期延长，以老熟幼虫越冬，第2代最后一批成虫期延至3月中下旬，和第3代（越冬代）成虫重叠。第3代自10月上旬以幼虫越冬，至翌年3月中旬化蛹，下旬羽化，其中部分幼虫延迟至4—5月化蛹，成虫期和第1代重叠，成虫期正常寿命2月左右，但越冬代成虫期寿命可达5月。全年都能找到幼虫和成虫，世代界线不清。

成虫喜在傍晚至夜间活动，有弱趋光性，有较强的飞行能力。成虫羽化2~3 d后开始在木材表面蛀食，形成浅窝或蛀道，有粉状物排出。蛀道由树皮到边材，长度不等。雌虫喜在锯材、剥皮原木、木质包装材料、弃皮藤料上产卵，在上述材料的缝隙、孔洞处咬1个不规则的产卵窝，卵产其中，卵期为10~15 d。幼虫蛀道大多沿木材纵向伸展，弯曲并互相交错，蛀道直径一般为 6 mm，长达 30 cm，蛀入深度可达 5~7 cm。蛀道内充满紧密的粉状排泄物和蛀屑，不排出蛀道外。幼虫期约 2 个月，幼虫老熟后在虫道末端化蛹。蛹期为 12~19 d。

六、双钩异翅长蠹的传播途径

双钩异翅长蠹各虫态随木材、木箱包装、木垫板、藤料及运输工具远距离传播。成虫可爬行和飞行，做短距离传播。

七、双钩异翅长蠹的检验方法

（一）木材及其制品的检验

肉眼观察木材及其制品表面是否有众多圆而垂直的蛀孔口，隧道与年轮是否略平行。成虫期危害，一般可在木材表面见到大量蛀屑，有蛀屑时破木找虫，较易发现。幼虫期则无蛀屑外露，通常粉状排泄物紧塞坑道内。检查时，应先用斧头或锤子击打木料，因其蛀道大多数纵向伸展，弯曲而交错，若有则发出的声音异常，便可破木找虫，幼虫或蛹一般在充满粉状排泄的坑道端处，查虫时，需随坑道的延伸破木，在端处方能找到。

（二）藤料的检验

检验藤料时，应仔细检查捆藤表面是否有蛀屑，然后逐条检查。藤条有虫孔，即可破藤查虫。或根据藤的韧性判断是否有幼虫危害，因受害藤内幼虫蛀道纵横向交错其韧性受影响，可用手拉一拉或压一压藤条，如极易折断，可在坑道内发现幼虫。

八、双钩异翅长蠹的检疫和防治

（一）双钩异翅长蠹的检疫

双钩异翅长蠹是我国进境植物检疫性有害生物，需行检疫。发现疫情后，大批量木材及其制品、集装箱运载的藤料及其制品、木质包装箱等可采用溴甲烷、硫酰氟熏蒸处理。在 20~25 ℃时，溴甲烷用药量为 30~40 g/m³，熏蒸 24 h。硫酰氟在 25 ℃以上使用，用药量为 20~40 g/m³，熏蒸 20~22 h。用薄膜密闭后要立即投药，以防该虫咬破孔洞而漏气，影响熏蒸效果。少量有虫藤料，可采用 45% 硫黄熏蒸处理，用药量为 250 g/m³，点燃后熏蒸 24 h。有条件的地方也可采用水浸木材的处理方法，水浸时间应不少于 1 月。木制品（含家具、人造板等）厚度在 2~3 cm 时，还可采用热处理（烘房温度 65~67 ℃，相对湿度 80%）2 h 以上。

对堆放木箱有可能感染疫情的场所，用敌敌畏 500 倍稀释对所有物品、墙壁、木柱、地面、顶棚等全面喷雾，每 10 d 喷 1 次，连续 3 次。

（二）双钩异翅长蠹的防治要点

对带有越冬幼虫或卵的苗木可在春季掘苗。起运前，用氧化乐果、溴氰菊酯等杀虫剂药液对树干进行全面喷洒。经检查确认无此虫后才能出圃造林。携带有 2~3 龄幼虫的苗木，可用氧化乐果、溴氰菊酯等杀虫剂药液点涂坑道表面排粪处。老龄幼虫或蛹期宜用磷化铝片剂，放入虫孔道内，并密封虫口或用乐果柴油液涂虫孔。

思 考 题

1. 为什么说鞘翅目害虫是具有重要检疫意义的昆虫类群？

2. 马铃薯甲虫是如何传播的？应当采取什么检疫措施阻止其蔓延？
3. 豆象的检验方法有哪些？
4. 试论谷斑皮蠹的检疫重要性。
5. 稻水象甲在我国的发生现状如何？如何防止其进一步扩散蔓延？
6. 试根据墨西哥棉铃象的生物学特性和传播途径，分析其检验方法。
7. 说明椰心叶甲在中国的分布和危害情况。
8. 如何识别咖啡果小蠹？
9. 简述欧洲榆小蠹、双钩异翅长蠹的危害特点、传播途径和检验方法。

第七章 双翅目检疫性害虫

在双翅目昆虫中,具有检疫重要性的主要是实蝇科、潜蝇科和瘿蚊科害虫。实蝇类害虫广泛分布于温带、亚热带和热带地区,幼虫蛀食果实、种子、茎叶和花序,给水果和蔬菜造成重大损失,且多随果蔬、花卉传播蔓延,世界各国都十分重视对实蝇的检疫,一旦发现,往往不惜代价予以扑灭。

世界各国实施检疫的实蝇有 20 多种（属）,在我国进境植物检疫性有害生物名录列入了 10 种（属）：按实蝇属、果实蝇属、小条实蝇属、寡鬃实蝇属（非中国种）、绕实蝇属（非中国种）,以及橘实锤腹实蝇、甜瓜迷实蝇、番木瓜长尾实蝇、欧非枣实蝇和枣实蝇。

潜蝇科危险性种类多属植潜蝇亚科斑潜蝇属,该属已知 300 余种,有 156 种可危害经济植物,对农作物构成严重威胁或潜在威胁的有 23 种,美洲斑潜蝇、南美斑潜蝇、三叶草斑潜蝇等均为著名种类,前二者在 20 世纪 90 年代初先后传入我国,曾被列为国内植物检疫对象,但由于扩展迅速,国内大部分适生区已有发生而失去检疫意义,仅美洲斑潜蝇在 2013 年被列为全国林业危险性有害生物而进行限制。三叶草斑潜蝇仅在国内局部地方有发现,被列为我国进境植物检疫性有害生物。

瘿蚊科的著名种类有黑森瘿蚊、高粱瘿蚊、苹果瘿蚊等,均为危险性害虫。

第一节 地中海实蝇

学名 *Ceratitis capitata*（Wiedemann）
英文名称 mediterranean fruit-fly，medfly

一、地中海实蝇的分布

地中海实蝇原产于西非热带雨林,后遍布西非和北非,1942 年传入欧洲和中近东,现在除远东、东南亚和北美大陆外,分布于 90 多个国家和地区,我国无分布。

二、地中海实蝇的寄主

地中海实蝇的已记录寄主超过 350 种,主要有柑橘类和落叶果树,诸如甜橙、葡萄柚、柠檬、桃、杏、李、樱桃、苹果、梨、槟榔、鳄梨、柿、枇杷、无花果、芒果、番石榴、香蕉、木瓜、葡萄、安石榴等;番茄、辣椒、茄子果实带虫,但田间发生较少。

三、地中海实蝇的危害和重要性

地中海实蝇为实蝇科实蝇亚科小条实蝇属害虫。成虫在果皮上刺孔产卵,幼虫孵化后钻入果肉取食危害。一个果实内常有多条幼虫,最多的可超过 100 头。严重时,可将果肉吃光,带有幼虫的果实品质大大降低。此外,产卵的刺孔有利于细菌、真菌的入侵,使果实发病腐烂，失去食用价值。

据约旦报道，1960—1961 年该国桃被害率达 90%，杏被害率达 55%。1970 年哥斯达黎加、巴拿马和尼加拉瓜的柑橘损失 240 万美元。不少国家为了防治地中海实蝇花费了大量的人力、物力和财力，美国加利福尼亚州 1986—1991 年则花费 1.5 亿美元，共进行了 10 多次大规模的根除活动。

四、地中海实蝇的形态特征

地中海实蝇的形态特征见图 7-1。

1. 成虫的形态特征 成虫体长为 4.5～5.5 mm，翅长为 4.5 mm。额黄色，头顶略具黄色光泽。单眼三角区黑褐色，复眼深蓝色。触角 3 节，较短，基部 2 节红褐色，第 3 节常为黄色，触角芒黑色。雄虫具匙形银灰色额附器，位于触角的外侧。胸部背面黑色有光泽，间有黄白色斑纹，中胸背板上有特殊花纹极易辨别，小盾片黑色有光泽。翅透明，长约为 5 mm，宽约为 2.5 mm，有橙黄色或褐色斑纹和断续的横带（中部横带位于前缘和外缘之间，外侧横带从外缘延伸但不

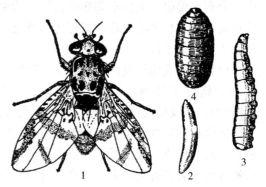

图 7-1 地中海实蝇
1. 雄虫 2. 卵 3. 幼虫 4. 蛹
（仿 Bodenheimer）

达前缘），翅的前缘及基部为深灰色。足红褐色，后足胫节有一排较长黄毛。雄蝇前足腿节上的侧毛黑色，雌蝇为黄色。腹部浅黄红色，有 2 条银灰色横带。雌蝇产卵器较短，扁平，伸长时可达 1.2 mm。胸鬃有背中鬃 2 对、背侧鬃 2 对、前翅上鬃 2 对、后翅上鬃 1 对、扁鬃和沟前鬃各 1 对。

2. 卵的形态特征 卵长约为 0.9 mm，宽约为 0.19 mm，纺锤形略弯曲，腹面凹，背面凸。

3. 幼虫的形态特征 初孵幼虫乳白色。1 龄幼虫体长为 1.0～2.5 mm，口钩长约为 0.04 mm（整个头咽骨长约为 0.17 mm）。2 龄幼虫长为 2.25～5.00 mm，口钩长为 0.10～0.11 mm，黑褐色至黑色，端片末端为灰色，后气门裂口长约为 0.03 mm，宽约为 0.02 mm。3 龄幼虫长为 6.5～10.0 mm，口钩长约为 0.21 mm，无端片，黑色，前气门具指状突 10～12 个。

4. 蛹的形态特征 蛹长约为 4.38 mm，宽约为 2.02 mm，桶形，头部稍尖。体色初为黄色，以后变为褐色。两个前气门间的区域突出，两个后气门间也有 1 个凸区，并具有 1 条黄色带。

五、地中海实蝇的发生规律和习性

地中海实蝇在各发生地 1 年发生 2～16 代不等。在冬季平均气温高于 12 ℃地区，终年有寄主果实时，可持续活动；低于 12 ℃地区则以幼虫、蛹或成虫越冬。

成虫具较强的飞翔能力，可飞行 1 km 以上，最远的达 37 km，但多在近处取食植物渗出液、昆虫蜜露、动物分泌物、果汁等作为补充营养。性成熟后飞向有果实的树丛交配。雌

蝇可多次交配产卵，喜在半成熟果实上刺孔产卵。产卵处起初不明显，随后可见其周围有褪色痕迹。产卵孔在各类果实上形态不同。番茄上的产卵孔周围变成绿色，桃子上自刺孔处流出透明胶状物，甜橙、梨、苹果上刺孔处变硬、色暗、凹陷，柑橘上产卵孔周围呈火山口状突起，而在枇杷上，即使果实已黄熟，刺孔周围仍保持绿色。26 ℃上下成虫羽化4~5 d后产卵，在15~16 ℃以下时不产卵。雌蝇每次产卵2~6粒，每天产22~60粒或更多，一生可产卵500~800粒。每卵腔有卵2~9粒，1个果实上可有多个卵腔。卵的发育、孵化受温度和湿度影响大，发育最适相对湿度为70%~85%。26 ℃时卵历期为2~3 d，冬季低温时卵期可达16~18 d。

幼虫孵化后即钻入果肉取食和发育。幼虫共3龄，发育最适温度为24~30 ℃，在24.4~26.1 ℃时历期6~11 d，在10 ℃以下或36 ℃以上则停止发育。幼虫具强烈负趋光性。寄主果实表面油胞腺密度、果皮厚度与结构，常是影响幼虫成活率的重要因素。果皮油胞腺多，破裂后释放的芳香油可致幼虫死亡；果皮厚，阻力较大，幼虫入果困难，死亡率也高。

幼虫老熟后脱果外出，钻入深为5~15 cm土层中化蛹，也可在其他隐蔽场所化蛹。24.4~26.1 ℃时蛹历期为6~13 d。

成虫羽化需气温12.5 ℃以上，具趋光性和趋化性。雄蝇对丁苯-6-甲基-3环己烯-1-羧酸异丁酯等趋性极强。在缺乏食料和水时，成虫寿命为3~4 d；在有蜜露等食料情况下，寿命较长，夏季一般可1月，长者可达2月，冬季平均寿命为2~3月，最长的达6~7月。

六、地中海实蝇的传播途径

地中海实蝇以卵和幼虫随寄主果实远距离传播，幼虫和蛹还可随农产品包装物和苗木所带的泥土远传，成虫在顺风时可短距离（2~3 km）飞行扩散。

七、地中海实蝇的检验方法

检出地中海实蝇的方法很多，可肉眼直接观察寄主果实表面是否有产卵孔，用刀具剖开果实，寻找蛆状幼虫。也可将果实切成片放入温水（室温）中，约经1 h，幼虫从果肉中爬出，沉入底部。将果实样品放置生长箱中，定温25~26 ℃，饲养3~5 d或更长时间，可获得成虫，进行形态鉴定。也可将有产卵痕的果实用塑料袋密封3~5 h，其中的幼虫因缺氧破果而出，可获得幼虫，进而饲养成虫。在产地检疫中，可使用地中海实蝇雌性性诱剂诱捕雄虫，或用水解蛋白类饵剂诱捕两性成虫。

地中海实蝇卵、幼虫和蛹不能作为种类鉴定的最后依据，而饲养成虫鉴定需时过长，使用分子生物学方法则可快速鉴定种类。各虫态样本提取基因组DNA，用常规聚合酶链式反应（PCR）法或实时荧光聚合酶链式反应（PCR）法检测。

八、地中海实蝇的检疫和防治

地中海实蝇虫寄主广泛，适应性强，危害严重，被很多国家列入检疫名单。该虫所在的小条实蝇属（*Ceratitis*）也是我国进境植物检疫情有害生物。禁止从地中海实蝇发生的国家和地区进口水果、蔬菜（仅限番茄、茄子、辣椒等），禁止入境人员携带果蔬入境。获准入境的批量果蔬，应观察表面有无产卵孔，有无手按有松软感觉的水渍状斑块或黑化的斑块，剖检有无幼虫。来自疫区的水果及包装物，可采取以下除害措施。

1. 低温处理 果品及其他货物、包装材料在 0 ℃低温处理 15 d。

2. 湿热处理 茄子、木瓜、凤梨、番茄等，用 44.4 ℃的饱和蒸汽处理 8.75 h，然后迅速冷却，或 43 ℃蒸汽处理水果 12～16 h，但会影响某些柑橘品种的风味，缩短储存期。芒果在 45.9～46.3 ℃处理 79.7 min。

3. 热水浸泡 用 49.5 ℃热水浸泡 70 min，可杀死水果中的卵和幼虫。

4. 熏蒸处理 在 16～21 ℃条件下常压熏蒸，用二溴甲烷 11 g/m³ 处理 2 h，或溴甲烷 30 g/m³ 处理 3 h，可彻底杀卵和幼虫。

侵入新区的地中海实蝇，需采取处理虫果和落果、诱捕成虫、适时施药等措施彻底根除。

第二节　橘小实蝇

学名　*Bactrocera dorsalis*（Hendel）
英文名称　oriental fruit-fly

一、橘小实蝇的分布

橘小实蝇原产于我国台湾和日本九州、琉球群岛一带，后传播到东南亚、南亚、美国、澳大利亚（北部）、南太平洋岛屿等 20 多个国家和地区。我国南方局部地区有发生。

二、橘小实蝇的寄主

橘小实蝇的寄主超过 250 种植物，主要寄主有柑橘、橙、柚、台湾青枣、芒果、洋桃、枇杷、杏、桃、李、樱桃、胡桃、橄榄、柿、无花果、西瓜、番石榴、西番莲、番木瓜、香蕉、葡萄、鳄梨、番茄、辣椒、茄子等。

三、橘小实蝇的危害和重要性

橘小实蝇为实蝇科寡鬃实蝇亚科果实蝇属害虫，也称为东方果实蝇、芒果大实蝇，严重危害多种水果。20 世纪 40 年代末期，该虫曾在夏威夷连年发生，柑橘类几乎全部受害。雌蝇产卵于果皮下，幼虫常群集于果实中取食瓤瓣汁液，使瓤瓣干瘪收缩，造成果实内部空虚，常常未熟先黄，早期脱落。雌蝇产卵后，在果实表面留下不同的产卵痕迹，易诱发病原菌入侵。在储运期间，受害果多变质腐烂。

四、橘小实蝇的形态特征

橘小实蝇的形态特征见图 7-2。

1. 成虫的形态特征 成虫体长为 6～8 mm，黄褐色至黑色。额上有 3 对褐色侧纹和 1 个位于中央的褐色圆纹。头顶鬃红褐色。触角细长，第 3 节长度为第 2 节的 2 倍。胸部有肩鬃 2 对、背侧鬃 2 对、中侧鬃 1 对、前翅上鬃 1 对、后翅上鬃 2 对、小盾前鬃 1 对、小盾鬃 1 对。足黄褐色，中足胫节端部有红棕色距。翅透明，前缘及臀室有褐色带纹。腹部椭圆形，上下扁平。雄虫略小于雌虫。雌虫产卵管大，由 3 节组成，黄色，扁平。

2. 卵的形态特征 卵为梭形，长约为 1 mm，宽约为 0.1 mm，乳白色。精孔一端稍尖，尾端较钝圆。

3. 幼虫的形态特征 幼虫3龄。老熟幼虫体长为 7~11 mm（平均为 10 mm），蛆形，白色。头咽骨黑色，口钩长为 0.27~0.29 mm，稍细。前气门具 8~12 个指状突。后气门板 1 对，新月形，其上有 3 个椭圆形裂孔。肛门隆起明显突出，全都伸到侧区的下缘，形成一个长椭圆形后端。

4. 蛹的形态特征 蛹为椭圆形，长约为 5 mm，宽约为 2.5 mm，淡黄色。前端有气门残留的突起，后端后气门处稍收缩。

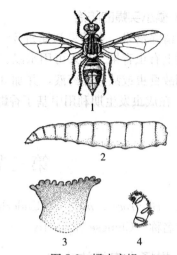

图 7-2 橘小实蝇
1. 成虫 2. 幼虫 3. 幼虫前气门 4. 幼虫后气门
（1仿刘秀琼，2~3仿Peterson，4仿农业部植物检疫实验所）

五、橘小实蝇的发生规律和习性

橘小实蝇在我国大陆分布区1年发生3~5代，在台湾1年发生7~8代，且无严格的越冬过程。各代生活史交错，世代常不整齐，各种虫态并存，以5—9月虫口密度最高。成虫集中在午前羽化，以 8:00 前羽化量最大。羽化后需经历一段时期方能交配产卵，产卵前期的长短随季节而有显著差异，夏季世代产卵前期约为20 d，秋季世代为25~60 d，冬季世代为3~4月。每雌产卵量为200~400粒，分多次产出。雌成虫在果实上刺孔产卵，卵产于果皮内，每孔5~10粒不等。卵历期为1 d（夏季）、2 d（秋季）至3~6 d（冬季）。幼虫孵化后即在果内危害，蜕皮2次。幼虫期也随季节不同而长短不一，一般夏季为7~9 d，春秋季为10~12 d，冬季为13~20 d。幼虫老熟后即脱果入土化蛹，入土深度通常为3 cm左右。蛹期夏季历时8~9 d，春秋季为10~14 d，冬季为15~20 d。

六、橘小实蝇的传播途径

橘小实蝇卵和幼虫随寄主被害果实，蛹随水果包装物远距离传播。

七、橘小实蝇的检验方法

橘小实蝇的检验方法参见地中海实蝇。直观检验中，应注意被害果实有如下特征：果面有芝麻大的孔洞，挑开后有幼虫弹跳出来；果面可见水浸斑，用手挤压后有空虚感，挑开可见幼虫；果柄周围有孔洞，挤压后果皮出现皱缩，挑开可见幼虫。

八、橘小实蝇的检疫和防治

（一）橘小实蝇的检疫

橘小实蝇所在的果实蝇属（*Bactrocera*）是我国进境植物检疫性有害生物。从发生区调运水果时需行检疫，发现虫果需有效处理。

（二）橘小实蝇的防治

及时清除落果，在落果初期每5~7 d清除1次，落果盛期至末期每日1次。同时应经常摘除树上有虫青果。虫果可用水浸、深埋、焚烧、水烫等方法杀死果内幼虫。在成虫产卵盛期，用敌百虫或敌敌畏药液，并加3‰红糖喷布树冠浓密处，每4~5 d防治1次，连续3~4次。在成虫发生期利用甲基丁香酚在成虫发生期诱杀雄成虫。在果实膨大软化前套袋，隔离害虫。

第三节 柑橘大实蝇

学名 *Bactrocera minax* (Enderlein)

英文名称 Chinese citrus fly

一、柑橘大实蝇的分布

柑橘大实蝇最初发现于我国重庆市江津区，现已传播到四川、云南、贵州、广西、湖南、湖北、陕西等地。

二、柑橘大实蝇的寄主

柑橘大实蝇危害柑橘属多种果树的果实，诸如红橘、甜橙、酸橙、柚子等，偶尔危害柠檬、香橼和佛手。

三、柑橘大实蝇的危害和重要性

柑橘大实蝇为实蝇科寡鬃实蝇亚科果实蝇属害虫。幼虫在果实内部穿食瓤瓣，常使果实未熟先黄，提前脱落。被害果极易腐烂，完全失去食用价值。该虫是我国特有的实蝇类害虫，20世纪60—70年代以来，对柑橘类的危害日趋严重。据调查，损失率一般为10%~20%，有的产区高达50%，生产柑橘的省份蒙受不同程度的损失。

四、柑橘大实蝇的形态特征

1. 成虫的形态特征 成虫体长为10~13 mm，翅展约为21 mm，全体淡黄褐色。触角黄色，由3节组成，第3节上着生有长形的触角芒。复眼大，肾脏形，金绿色。单眼3个，排列成三角形，此三角区黑色。胸部背面有稀疏的绒毛，具鬃6对，即肩板鬃1对、前背侧鬃1对、后背侧鬃1对、后翅上鬃2对及小盾鬃1对，缺前翅上鬃。胸背面中央具深茶褐色人形斑纹，其两旁各有宽的直斑纹1条。翅透明，翅脉黄褐色，翅痣和翅端斑棕色，臀区色泽一般较深。腹部长卵圆形，由5节组成，基部稍狭窄，第1节方形略扁，第3节最大，此节近前缘有1个较宽的黑色横纹，与腹部中央从基部起至尾部的一条黑纵纹相交，成十字形，第4~5节的两侧近前缘处及第2~4节侧缘的一部分均有黑色斑纹。雌虫产卵管圆锥形，长约为6.5mm，由3节组成，基部1节粗壮，其长度与腹部相等，端部2节细长，其长度与第5腹节约略相等（图7-3）。

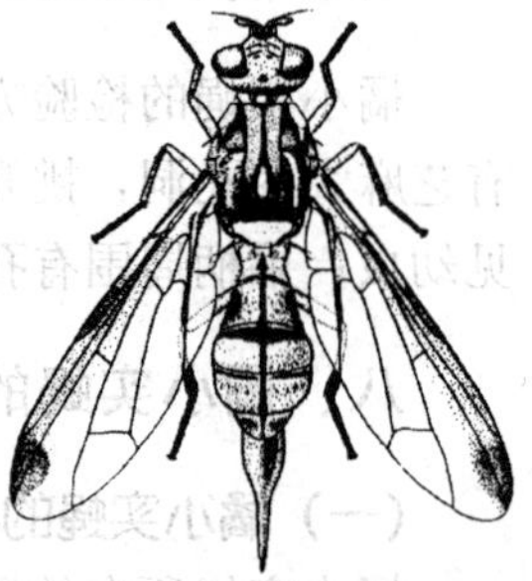

图7-3 柑橘大实蝇成虫（仿陈乃中）

2. 卵的形态特征　卵长为 1.2~1.5 mm，长椭圆形，一端稍尖，微弯曲，中央乳白色，两端较透明。

3. 幼虫的形态特征　老熟幼虫体长为 15~19 mm，乳白色，圆锥状，前端尖细，后端粗壮。体躯由 11 个体节组成。口钩黑色，常缩入前胸内。前气门呈扇形，上有乳状突起 30 多个，后气门位于体末；气门片新月形，上有 3 个长椭圆形气孔，周围具扁平毛群 4 丛。

4. 蛹的形态特征　体长约为 9 mm，宽为 4 mm，椭圆形，金黄色，鲜明，羽化前转变为褐色，幼虫时期的前气门乳状突起仍清晰可见。

五、柑橘大实蝇的发生规律和习性

柑橘大实蝇在四川、贵州、湖北等地 1 年发生 1 代，以蛹在土壤中越冬。在四川越冬蛹于翌年 4 月下旬开始羽化，4 月底至 5 月上中旬为羽化盛期，成虫活动期可持续到 9 月底。成虫一般羽化后 20 d 才交配，交配后半月开始产卵。6 月上旬至 7 月中旬为产卵期。7 月中旬幼虫开始孵化。8 月底至 9 月上旬为孵化盛期，10 月中下旬被害果大量脱落。虫果落地数日后，幼虫即脱果入土化蛹越冬。少数发育较迟的幼虫可随果实运输，在果内越冬，翌年 1—2 月老熟后脱果。蛹也可在包装物、铺垫物上越冬，第二年羽化。

柑橘大实蝇抗寒力较强，在室内 0 ℃条件下，少数幼虫可成活 29 d，多数可成活 20 d 以上；在 3 ℃以上时，幼虫死亡率仅为 3%~7%，93% 以上的幼虫能完成化蛹。蛹的抵抗力较幼虫弱。柑橘大实蝇滞育性强，以蛹为滞育虫态。

六、柑橘大实蝇的传播途径

柑橘大实蝇主要以卵和幼虫随柑橘类果实、种子远距离传播，越冬蛹也可随带土苗木及包装物传播。

七、柑橘大实蝇的检疫和防治

柑橘大实蝇是我国特有的实蝇类害虫，严重危害柑橘类果实，疫情扩散形势严峻，已列入全国林业危险性有害生物名单，本种所在的果实蝇属（*Bactrocera*）则为我国进境植物检疫性有害生物。检疫措施与防治要点可参考其他实蝇。

第四节　蜜柑大实蝇

学名　*Bactrocera tsuneonis* (Miyake)

英文名称　citrus fruit-fly, Japanese orange fly

一、蜜柑大实蝇的分布

蜜柑大实蝇原产于日本的日向、大隅、萨摩的野生橘林中，现分布于日本、越南和中国，我国四川、广西、贵州、云南、海南、湖南、江苏、台湾等省区有发生。

二、蜜柑大实蝇的寄主

蜜柑大实蝇的寄主仅限于柑橘类，主要有蜜柑、温州蜜柑、甜橙、酸橙、金橘、红橘等。在日本小蜜柑受害严重。

三、蜜柑大实蝇的危害和重要性

蜜柑大实蝇为实蝇科寡毛实蝇亚科果实蝇属害虫。成虫在寄主果实表面刺孔产卵，产卵孔不久变黑褐色小点，逐渐扩大并木栓化。幼虫蛀食瓤瓣和种子，致使果实干瘪失水，被害果到 10 月上旬逐渐变黄，受害严重的常在收获前脱落，导致减产甚或绝收。

四、蜜柑大实蝇的形态特征

1. 成虫的形态特征 蜜柑大实蝇成虫体大型，雌虫长为 10.1～12.0 mm，雄虫长为 9.9～11.0 mm；头部黄色至黄褐色，具 1 对椭圆形黑色颜面斑。单眼三角区黑色有光泽。触角第 3 节深棕黄色，触角芒暗褐色，其基部黄色，端部黑色。胸部黄褐色至深黄色。中胸背板中央有人字形赤褐色纵纹，肩胛、背侧板胛、中胸侧板条和小盾片均为黄色。中胸侧板条宽，几乎伸达肩胛后缘，侧缝后黄色条始于中胸缝并终于后翅上鬃之后，呈内弧形弯曲，具中缝后色条。翅膜质透明，前缘带宽，黄褐色，斑纹的端部和翅痣常呈褐色。腹部黄褐色至红褐色，背面中央有 1 条自腹基伸至腹端的黑色纵带，第 3 背板基部有 1 条黑色横带，与中央的纵带相交呈十字形，第 4 节和第 5 节背板两侧各有 1 对暗褐色至黑色短带。雄虫第 3 节背板两侧具横毛，第 5 腹板后缘略凹。雌虫产卵器的基节瓶形，长度约为腹部 1～5 节长度之和的 1/2，末端三叶形（图 7-4）。

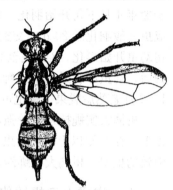

图 7-4 蜜柑大实蝇成虫
（仿 White）

2. 卵的形态特征 卵长为 1.33～1.60 mm，椭圆形，白色。

3. 老熟幼虫的形态特征 老熟幼虫为乳白色蛆形，体长为 11～13 mm，前气门扇形，有指突 33～35 个。

4. 蛹的形态特征 蛹为淡黄色至黄褐色，椭圆形，体长为 8.0～9.8 mm。

五、蜜柑大实蝇的发生规律和习性

蜜柑大实蝇在日本九州岛 1 年发生 1 代，以蛹在土壤中越冬，个别的能在被害果中越冬。成虫一般 6 月上旬开始羽化，可持续到 8 月初。8 月成虫开始刺孔产卵，卵产在果皮下或果实果瓤内，多数产在果皮中，产卵孔周围变褐色。通常每个产卵孔中有 1 粒卵。1 头雌虫一生可产卵 30～40 粒。幼虫孵化后即在果瓤瓣中取食，至 3 龄后可转移到其他瓤瓣取食。10 月上旬老熟幼虫脱果，在地面爬行选择适当场所，钻入土表下 3～6 cm 处化蛹。10 月下旬至 12 月中旬为化蛹盛期。在广西的发生情况与日本相似，只是成虫羽化期一般提前到 4 月中下旬开始，盛期出现在 5 月上中旬。成虫寿命为 40～50 d，卵历期为 20～30 d，幼虫 3 龄，历期为 40～60 d，蛹期很长，在储藏库中平均为 241 d。

六、蜜柑大实蝇的传播途径

蜜柑大实蝇主要以卵和幼虫随寄主被害果实远距离传播。

七、蜜柑大实蝇的检疫地位

蜜柑大实蝇为全国农业植物检疫性有害生物和林业植物危险性有害生物，其所在属为我国进境植物检疫性有害生物。

第五节 苹果实蝇

学名 *Rhagoletis pomomella*（Walsh.）
英文名称 apple maggot

一、苹果实蝇的分布

苹果实蝇原产于美国，现仅分布于美国、加拿大和墨西哥。

二、苹果实蝇的寄主

苹果实蝇的已知寄主有苹果类、山楂类、酸樱桃、甜樱桃、杏、桃、李、梨、疏果唐棣、栒子、玫瑰等，主要危害蔷薇科的苹果和山楂。

三、苹果实蝇的危害和重要性

苹果实蝇为实蝇科实蝇亚科绕实蝇属害虫，危害多种果树，在北美洲对苹果的危害仅次于苹果蠹蛾。苹果实蝇以幼虫蛀食果肉，形成纵横交错的虫道，引起腐烂，造成落果。被害果表皮有细小的产卵孔，还有歪曲的凹陷。被害轻时，果肉内仅有黑色浅虫道，早熟薄皮品种受害较重。

四、苹果实蝇的形态特征

1. 成虫的形态特征 成虫体长为 4.5～6.0 mm，黑色，有光泽。头部背面淡褐色，腹面柠檬黄色。中胸背板侧缘从肩胛至翅基具白色条纹，背板中部有灰色纵纹 4 条。腹部黑色有白色带纹，雌虫 4 条，雄虫 3 条。翅透明，有 4 条明显的黑色斜行纹带，第 1 条在后缘和第 2 条合并，第 2 条、第 3 条和第 4 条在翅的前缘中部合并。因而在翅的中部看不到一个横贯全翅的透明区（这是与近似种的主要区别）。产卵管角状，腹面有沟，产卵管鞘上有许多几丁质突起。雄虫第 6 腹节不对称，右边退化（图 7-5）。

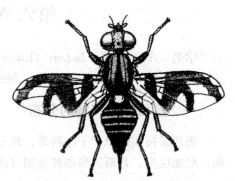

图 7-5 苹果实蝇成虫
（仿 Weems）

2. 卵的形态特征 卵为长椭圆形，前端具刻纹。

3. 幼虫的形态特征 3 龄幼虫体长为 7～8 mm，白色。1 龄幼虫口钩具齿片（爪状突起），无前气门，后气门裂有 2 个，裂口呈卵圆形，周围有 4 个放射状细毛丛。2 龄幼虫口钩齿片小，前气门的指状突小而少，后气门裂有 3 个，裂口呈椭圆形，内缘各具 6～8 个齿状突，周围有4个分支的细毛丛。3龄幼虫口钩无齿片，前气门扇形，具17～23个指状突，后气门裂有3个，裂口细长，内缘齿状突甚多且相互嵌接，周围4个细毛丛分枝更多。

4. 蛹的形态特征 蛹体长为4～5 mm，宽为1.5～2.0 mm，褐色，具前气门痕迹，前端原前气门下有一条缝向后延伸至第1腹节，与该节环形缝相接。从后胸到腹末端，各节两侧都具有1对小气门（共9对）。

五、苹果实蝇的发生规律和习性

苹果实蝇在北美洲1年发生1～2代，以蛹在土表下2.5～15.0 cm处越冬。翌年6月中旬左右羽化为成虫。成虫仅取食叶、果上的水滴。雌虫一般在羽化后8～10 d产卵，卵产于果皮下，每孔产卵1粒。每雌平均产卵约400粒。卵经5～10 d孵化。幼虫在果内蛀食，经12～21 d，随被害果落地，此后才迅速生长，老熟后脱果入土化蛹。

六、苹果实蝇的传播途径

苹果实蝇以卵和幼虫随寄主被害果实远距离传播，脱果幼虫也可随包装物及运输工具传播。

七、苹果实蝇的检验方法

对进境寄主果实，肉眼观察果面是否有产卵孔、变色凹陷斑。发现上述症状后，剖开果实，检查是否有蛆状幼虫。检出的幼虫可进行形态鉴定，或饲养到成虫阶段进行鉴定。产地检疫中，可用合成的乙酸铵盐诱剂诱捕两性成虫。

八、苹果实蝇的检疫地位

苹果实蝇所在绕实蝇属（非中国种）为我国进境植物检疫性有害生物。

第六节　墨西哥按实蝇

学名　*Anastrepha ludens* (Loew)
英文名称　Mexican fruit-fly, Mexican orange maggot

一、墨西哥按实蝇的分布

墨西哥按实蝇原产于墨西哥，现分布于墨西哥、危地马拉、伯利兹、萨尔瓦多、洪都拉斯、尼加拉瓜、哥斯达黎加和美国（得克萨斯州、亚利桑那州、加利福尼亚州）。

二、墨西哥按实蝇的寄主

墨西哥按实蝇危害柑橘、芒果、番石榴、蒲桃、桃、番荔枝、葡萄柚、柚、石榴、梨、苹果、甜柠檬、李、番木瓜、柿、枇杷、番茄、辣椒、南瓜、芭蕉、仙人掌等。

三、墨西哥按实蝇的危害和重要性

墨西哥按实蝇为实蝇科实蝇亚科按实蝇属害虫。雌虫将卵产于成熟的果皮下（在未成熟的青果内不能生存），幼虫潜食果肉，引起腐烂，造成落果。在危地马拉低地，可使橙子损失 70%～80%。

四、墨西哥按实蝇的形态特征

1. 成虫的形态特征 成虫体长为 6～7 mm，体色淡黄褐色，额多为鲜黄色，额鬃黑色。胸部背板鲜黄褐色、发亮，具 3 条以上的浅黄色纵纹，胸部有很多黄色短毛，鬃通常为黑褐色。小盾片鲜黄色，有 4 根黑色鬃。后胸黄褐色。翅不宽，其上有浅黄褐色纹，狭窄而明显，翅外半部下方有 1 个倒 V 形纹，不与端部连接，也不与其他主要斑纹连接，这个特征可以与其他近似种相区别。翅的后部边缘和翅尖均为褐色，色纹之间透明。透明部分有：①在翅痣下，伸向中室基部和基中室；②在中间有 1 条宽 S 形带，起自翅后缘，通过 2 条横脉之间到达 R_{2+3} 脉，又下达 M_{1+2} 脉端部边缘；③在倒 V 形纹中间有一个大的三角形部分。前缘室除基部外，稍带黄色。翅痣相当长，周围稍带黑色。横脉直而坚硬。R_{4+5} 脉有明显的鬃毛。M_{1+2} 脉端向上弯曲，臀室末端延长。足黄色，前足腿节下侧边缘有许多黑褐鬃。雌虫腹部最后一节（产卵管）伸得很长，是腹部前面部分的 2 倍，根据这个特征易与近似种南美按实蝇（*Anastrepha fraterculus*）相区别（图 7-6）。雄虫腹部第 5 背片长于第 3 与第 4 背片之和。

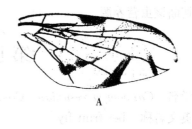
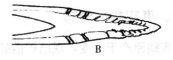

图 7-6 墨西哥按实蝇翅（A）和产卵器梢部（B）
(仿 Stone)

2. 卵的形态特征 卵为绿色，馒头形。

3. 幼虫的形态特征 成熟幼虫白色、灰白色或黄色，体长为 9～11 mm，直径约为 1.5 mm，虫体常呈圆柱体。表皮有皱褶，其上小刺一般明显可见，小刺基部锥形，端部钩状。头部略尖，其上有黑色口钩，前气门有指状突 13～17 个。在第 1 节与第 2 节间具有 1 条由小刺组成的完整的带，背部有 1 对小瘤。后气门片与腹线平行，后气门裂长而窄，四周具 4 个分支的细毛丛。后气门上下各有瘤 2 对。肛门叶分叉。

4. 蛹的形态特征 蛹为浅黄色。

五、墨西哥按实蝇的发生规律和习性

墨西哥按实蝇在墨西哥 1 年发生 4 代，发生期不整齐，世代重叠。墨西哥按实蝇为热带昆虫，一般不越冬，仅在气温低于 3 ℃时，个别幼虫在被害果中化蛹越冬。一般于 4 月上旬羽化，成虫局限在成熟的果实上活动。每雌平均产卵约 400 粒。幼虫于 1—4 月危害早橘，5—6 月危害芒果，以后又可危害番石榴，11—12 月再转向成熟的柑橘上危害，终年取食成熟的果实。成虫在 3 ℃左右时进入休眠，在更低温度下死亡。

六、墨西哥按实蝇的传播途径

墨西哥按实蝇以卵和幼虫随被害果远距离传播。

七、墨西哥按实蝇的检验方法

观察水果有无被害状,剖果找虫。饲养所获幼虫,取得成虫,据形态鉴定种类。

八、墨西哥按实蝇的检疫和防治

墨西哥按实蝇所在按实蝇属为我国进境植物检疫性有害生物,禁止从疫区进口寄主水果和蔬菜。芒果和柚果实的检疫处理,可用氯溴乙烷熏蒸,在 20.5～23.3 ℃条件下,用药量,柚子为 7～17 g/m³,芒果为 8.3～17.0 g/m³。芒果也可用热蒸汽处理,开始 8 h 自室温升至 43.3 ℃,再保持 3.9～5.7 h。也可低温处理,在 0.6 ℃以下为 18 d,在 1.1 ℃以下为 20 d,在 1.7 ℃以下为 22 d。美国发生区采取烧毁早橘、清洁落果、摘去青果、除掉绿篱等措施,切断该虫营养源。

第七节 枣 实 蝇

学名 *Carpomya vesuviana* Costa
英文名称 ber fruit fly

一、枣实蝇的分布

枣实蝇原产于印度,现已扩散到阿富汗、塔吉克斯坦、土库曼斯坦、乌兹别克斯坦、巴基斯坦、伊朗、阿曼、塞浦路斯、俄罗斯、格鲁吉亚、阿塞拜疆、亚美尼亚、泰国、毛里求斯、意大利等国。

二、枣实蝇的寄主

枣实蝇的寄主为枣属(*Ziziphus*)植物。

三、枣实蝇的危害和重要性

枣实蝇为实蝇科实蝇亚科咔实蝇属害虫。幼虫蛀食果肉,但不食害枣核和种仁。受害果面出现斑点和虫孔,内部形成蛀道,导致果实提早成熟和腐烂。此外,枣实蝇还危害枣花,降低坐果率。该虫对伊朗等西亚国家以及印度的枣业已造成严重的危害。在发生区,枣果被害率可达 60% 以上,产量损失达 20% 以上,严重时可使枣果绝收。2007年,我国首次在新疆吐鲁番发现该虫,发生面积 1 066 hm²,受害枣树 6.6 万株,对当地枣果业发展构成威胁。

四、枣实蝇的形态特征

1. 成虫的形态特征 成虫体长为 2.9～3.1 mm,黄色。头高大于长,雌雄的头宽相同,淡黄色至黄褐色。额表面平坦,两侧近于平行,约与复眼等宽。复眼圆形。触角全长较颜短或约与颜等长,第 3 节的背端尖锐;触角芒裸或具短毛。下侧额鬃 3 对,上侧额鬃 2 对;单眼后鬃、内顶鬃、外顶鬃、颊鬃各 1 对;单眼鬃退化,缺如或微小如毛状;单眼后鬃、外顶鬃和颊鬃淡黄色,上对上侧额鬃淡褐色,余全黑色。翅透明,具 4 个黄色至黄褐色横带,横带的部分边缘带有灰褐色；基带和中带彼此隔离，较短，均不达翅后缘；亚端带较长，伸达翅后缘，带的前端与前端带于 r_1 和 r_{2+3} 室内相互连接成倒 V 形；前端带伸至翅尖之后，边缘的大部分一般由几个小透明斑带与翅前缘相隔。R_{4+5} 脉背、腹面裸或仅于径脉结节上被小鬃；r m 横脉接近 dm 室的中点。cup 室的后端角较短。足完全黄色；前腿节具 1~3 根后背鬃和 1 列后腹鬃；中胫端刺（距）1 根。

2. 卵的形态特征 卵为圆形，黄色至黄褐色。

3. 幼虫的形态特征 幼虫为蛆形，3 龄幼虫体长为 7.0~9.0 mm，宽为 1.9~2.0 mm。口感器具 4 个口前齿；口脊 3 条，其缘齿尖锐；口钩具 1 个弓形大端齿。第 1 胸节腹面具微刺；第 2~3 胸节和第 1 腹节均有微刺环绕；第 3~7 腹节腹面具条痕；第 8 腹节具数对大瘤突。前气门具 20~23 指状突；后气门裂大，长 4~5 倍于宽。

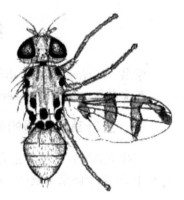

图 7-7 枣实蝇雄成虫
（仿 White 和 Harris）

4. 蛹的形态特征 蛹体为 11 节，初为黄白色，后变黄褐色。

五、枣实蝇的发生规律和习性

1 年发生 6~10 代不等，因地区而异，在新疆吐鲁番地区 1 年发生 2~3 代，世代重叠，以蛹在表土下 3~6 cm 处越冬。翌年 5 月中旬成虫开始羽化，6 月中旬在枣树头棚果初次膨大时开始产卵。幼虫孵化后即蛀食，1~2 龄幼虫是主要危害龄期。9 月下旬老熟幼虫脱果，钻入树盘 6~15 cm 深土壤中化蛹越冬。

雌成虫和雄成虫均需补充营养，寿命可达 45 d。成虫对绿色、黄色和青色敏感，多在 8：00—11：00 羽化，白天交配、产卵，晚间在树上歇息，具多次交配习性。成虫穿透果皮将卵产于表皮下，卵为单粒，单雌平均怀卵量为 16 粒，最多达 26 粒。每果着卵 1~6 粒，最多 8 粒。

六、枣实蝇的传播途径

枣实蝇主要以卵及幼虫随寄主果实远距离传播，蛹随苗木的调运做远距离传播。

七、枣实蝇的检疫和防治

枣实蝇对枣生产威胁极大，为我国进境植物检疫性有害生物，也是全国林业检疫性有害生物。要加强对枣实蝇疫情的监测和检疫封锁，严防该虫的传入和扩散。禁止从发生区调运寄主植物、枣果和繁殖材料。一旦发现，要进行除害处理或销毁。

枣实蝇发生地区要采取多种防治措施。要及时砍除枣园内和枣园附近的野生枣树，定期翻晒树盘和周围的土壤，消灭土壤中的幼虫和蛹。在结果期间，要及时捡拾落果，摘除树上虫害果，并定点集中销毁。甲基丁香酚（methyl eugenol）可用作诱虫剂诱杀成虫。该剂和黄色诱虫板均可用于虫情监测。在成虫羽化期可喷施敌敌畏、马拉硫磷等杀虫剂。国外还用两种茧蜂 *Fopius carpomyiae*、*Biosteres vandenboschi* 进行生物防治。

第八节 三叶草斑潜蝇

学名 *Liriomyza trifolii* (Burgess)

英文名称 American serpentine leaf miner, chrysanthemum leaf miner

一、三叶草斑潜蝇的分布

三叶草斑潜蝇起源于北美洲，20世纪60—80年代随国际贸易传播到世界各地，已广泛分布于70多个国家与地区。我国于2005年在广东省蔬菜上首次发现。

二、三叶草斑潜蝇的寄主

三叶草斑潜蝇危害25科的300多种植物，重要寄主作物有菊花、扶朗花、大丽花、百日菊、石竹、瓜类、芹菜、番茄、辣椒、马铃薯、菜豆、豇豆、豌豆、甜菜、菠菜、甘蓝、蒜、洋葱、莴苣、苜蓿、棉花等，菊科、茄科、葫芦科植物、旱芹等是嗜食寄主。

三、三叶草斑潜蝇的危害和重要性

三叶草斑潜蝇为潜蝇科斑潜蝇属重要害虫，在北美洲和欧洲许多国家，是温室花卉、蔬菜的主要害虫。20世纪70年代以来，已成为美国菊花生产的重要生物灾害。印度有番茄受害减产25%的事例。该虫随植物材料远传，加之形体微小、隐蔽性强、繁殖力强、易产生抗药性而难以防治，具有重要检疫意义。

雌虫产卵于寄主叶片组织内，幼虫孵化后即在表皮下取食叶肉，破坏植物组织，降低光合作用，延迟生长发育，受害果表面出现伤疤，严重时落叶落果，严重降低作物的产量和品质。

四、三叶草斑潜蝇的形态特征

1. 成虫的形态特征 成虫体长为1.3~1.6 mm，翅长为1.8~2.1 mm。头部触角各节亮黄色，额黄色，内顶鬃和外顶鬃均着生于黄色区域。中胸盾片灰黑色，无光泽，带灰白色绒毛被；小盾片除基侧缘黑色外，全为鲜黄色；中侧片大部黄色，仅于前下角处具黑褐至黑色小斑。翅中室小，M_{3+4}脉末段的长度为次末段的3~4倍。雄虫阳茎端阳体（阳茎端）的中间偏端部有明显缢缩，中阳体（柄部）较长，约与其后部长度相当（图7-8）。

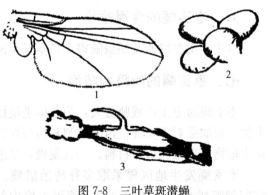

图7-8 三叶草斑潜蝇
1. 前翅 2. 蛹后气门 3. 雄虫外生殖器

2. 卵的形态特征 长椭圆形，淡乳白色，半透明，长0.2~0.3 mm，宽0.1~0.15 mm。

3. 幼虫的形态特征 蛆状。刚孵化时呈淡白色，渐变为浅橙黄色，2龄以后为橙黄色，成熟幼虫长约 3 mm，橙黄色。1 对后气门形似三突锥状，每一后气门的 3 个气门孔位于锥突的顶端。

4. 蛹的形态特征 为围蛹，椭圆形，长约 1.3～2.3 mm，从橙黄渐变为暗褐色。腹面略扁平，有突出的前、后气门，后气门有 3 个指状突。

五、三叶草斑潜蝇的发生规律和习性

三叶草斑潜蝇的生活习性和繁殖速率因环境温度和寄主的不同而变化。在温度高的地方，全年都能繁殖，世代重叠严重。在浙江杭州，秋季对茄果类、豆类、瓜类危害最重，9月中旬后逐渐进入危害高峰期，并持续到 11 月初。幼虫在叶片和叶柄内取食，被害部位的表面出现白色小点，直径约为 0.2 mm，后形成枯死斑，叶片内形成弯曲的虫道。幼虫一般在土壤中化蛹。蛹在土壤中越冬。

成虫多在上午羽化，羽化 24 h 后交配。成虫具一定的飞翔能力，可飞行 100 m，对黄色敏感。雌成虫在叶片上刺孔，形成刻点，通过刻点取食、产卵。卵产于叶片表皮下。每雌产卵 25～639 粒。在 24 ℃条件下，卵期为 2～5 d，幼虫期为 4～7 d，蛹期为 7～14 d，成虫寿命为 15～30 d。

六、三叶草斑潜蝇的传播途径

三叶草斑潜蝇主要以卵和幼虫随寄主植物叶片进行远距离传播。

七、三叶草斑潜蝇的检验方法

观察植物叶片，若发现由细变粗，弯曲缠绕的白色虫道，检查虫道末尾有无幼虫，查找周围有无虫蛹。摘取带虫叶片，捡取虫蛹，携回室内，在 25～30 ℃的培养箱内培育，获取成虫标本。用体视显微镜检查成虫标本，雄外生殖器则制片用显微镜观察。主要依据成虫形态特征确定种类，卵、幼虫、蛹的特征用作参考。

卵的检验可将采回的叶片放入乳酸酚的品红溶液中煮 3～5 min，冷却 3～5 h 后用温水冲洗。叶片置于盛有温水的培养皿中，在解剖镜下检验。被染成黑色的斑点为卵。

检查幼虫和蛹，可用昆虫针将采集的标本刺几个小孔，之后放进盛有 2 mL 氢氧化钾的小坩埚中微火煮沸，保持 5～10 min，取出虫体在清水中冲洗去杂质，再置于载玻片上，加一滴乳酚油，用解剖镜观察。观察后气门特征需用 400 倍显微镜。

八、三叶草斑潜蝇的检疫和防治

（一）三叶草斑潜蝇的检疫

三叶草斑潜蝇现为我国进境植物检疫性有害生物，禁止从疫区进口植株和鲜切花。发现虫情后，应作销毁、退货或除害处理。除害处理方法有低温处理（1.1 ℃、16 d 以上）、溴甲烷熏蒸、用有机磷杀虫剂药液浸泡切花、γ 射线辐照处理等。

（二）三叶草斑潜蝇的防治

三叶草斑潜蝇的防治措施有套种或间种非嗜好作物，清洁田园，深翻改土；在作物生长前中期用黄板诱虫；喷施阿维菌素、杀虫单、环丙氨嗪（蝇蛆净）、锐劲特等杀虫剂。

第九节 黑森瘿蚊

学名 *Mayetiola destructor*（Say）
英文名称 Hessian fly

一、黑森瘿蚊的分布

黑森瘿蚊分布于美国、加拿大、欧洲大部分产麦国、摩洛哥、突尼斯、阿尔及利亚、塞浦路斯、伊拉克、伊朗、土耳其、以色列、黎巴嫩、巴勒斯坦、新西兰和中国（新疆）。

二、黑森瘿蚊的寄主

黑森瘿蚊的寄主有小麦、大麦、黑麦、梯牧草、匍匐龙牙草以及冰草属、野麦属和山羊草属等。在新疆黑森瘿蚊仅严重危害小麦，基本不在其他作物或杂草上产卵与致害。

三、黑森瘿蚊的危害和重要性

黑森瘿蚊为瘿蚊科喙瘿蚊属害虫。幼虫潜藏在茎秆与叶鞘间取食，造成死苗，茎秆萎缩变曲，折断倒伏或麦穗畸形，籽粒空瘪，一般减产25%～30%。另据实测，单株有虫1～6头，冬麦减产46%～77%，春麦减产65%～84%。黑森瘿蚊还造成麦茎折倒，严重发生田折秆率达50%～70%，妨碍机械收割。20世纪50年代，黑森瘿蚊在美国每年造成的经济损失高达1亿美元，1989在佐治亚州曾使124 000 hm² 小麦绝收。在我国最早于1975年在新疆霍城县发现，1980年伊宁县局部麦田发生，减产60%以上，1981年博州小麦受灾面积占播种面积的78.9%，以后也屡有发生，疫情扩散形势严峻。

四、黑森瘿蚊的形态特征

黑森瘿蚊的形态特征见图7-9。

1. 成虫的形态特征 成虫体似小蚊，灰黑色，雌虫体长约为3 mm，雄虫体长约为2 mm。头部前端扁，后端大部分被眼所占据。触角黄褐色，位于额部中间，基部互相接触，雌虫16～18节，雄虫17～20节，第1节铁钻形，第2节球形，其他各节圆锥形，节间有透明的柄（触角间柄）相连，各节上生有直立短毛。下颚须4节，黄色，第1节最短，近球形；第3节较长；第4节较细，圆柱形，长于前一节的1/3。胸部黑色，背面有2条明显的纵纹，平衡棒长，暗灰色。足极细长且脆弱，跗节5节，第1节很短，第2节等于末3节长度之和。翅脉简单，亚缘脉很短，几乎跟缘脉合并，径脉很发达，纵贯翅的全部，臂脉分成两叉。雌虫腹部肥大，橘红色或红褐色；雌虫腹部纤细，几乎为黑色，末端略带淡红色。雄虫外生殖器上生殖板很短，

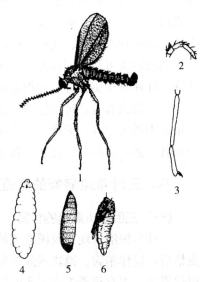

图7-9 黑森瘿蚊
1. 雄虫侧面 2. 下颚须 3. 雄虫前足
4. 幼虫 5. 围蛹 6. 伪蛹
（仿 E. P, Felt）

深深凹入，有很少的刻点，尾铗（抱雌器）的端节长近于宽的4倍。

2. 卵的形态特征 卵为长圆形，两端尖，长为0.4～0.5 mm，长约为宽的6倍。初产时透明，有红色斑点，后变成红褐色。卵产于叶正面的沟凹内，密集成串，每串2～15粒卵。

3. 幼虫的形态特征 幼虫初孵时为红褐色，后变乳白色或半透明，背中央有1条半透明的绿色条纹。3龄幼虫体长为3.5～5.0 mm，表面光滑，无刚毛，呈不对称梭形，前端圆，后端较尖，13节，前胸腹面后缘生有1个Y形胸叉（剑骨片）。

4. 蛹的形态特征 蛹为围蛹，栗褐色，形似亚麻籽，长约为4 mm，前端小而钝圆，后端大具有凹缘。蛹包裹在最后一龄幼虫蜕皮形成的茧状结构中，这又称为伪蛹。

五、黑森瘿蚊的发生规律和习性

黑森瘿蚊在各地1年发生世代数为1～6代不等。在加拿大和美国加利福尼亚州1年发生1代，在堪萨斯州1年发生5代，在欧洲大部分地区1年发生3代。黑森瘿蚊在我国新疆冬麦区和冬春麦混栽区，1年大多发生3代，部分1年发生2代或4代；在春麦区，1年大多发生2代，部分1年发生1代或3代。3龄老熟幼虫在围蛹里越冬。春季世代和秋季世代为主要危害世代，夏季世代主要在小麦无效分蘖上取食。

成虫不取食，飞行能力差，遇大风则紧贴在叶片上或群集于植株基部，温暖天气则在田间飞行、交配，交配后1 h即可产卵。秋季世代每雌平均产卵285粒，春季世代稍少。成虫寿命为2～3 d。卵一般在傍晚孵化，卵期为3～12 d。

产在叶片正面的卵，其幼虫孵出后即沿脉沟爬行到叶鞘基部里面吸食，直至小麦抽穗前形成围蛹。产在叶片背面的卵，其孵化出的幼虫不能侵入叶鞘。冬小麦苗期，幼虫危害部位在表土下茎节，受害麦苗生长点被破坏，新叶短小或缺如，幼苗矮小，叶片暗蓝绿色，厚而脆，严重的枯黄死亡，造成缺苗。拔节后，幼虫多在地面上1～2节危害，受害株由取食处折倒，易于识别。春小麦被害株十分矮小，麦穗畸形，麦芒弯曲，甚至和部分叶片扭在一起，籽粒空瘪，剥开分蘖基部，均有围蛹。越冬围蛹潜伏在自生小麦或早播冬麦秋苗的叶鞘与茎秆间，有时还潜伏在田间残留的根茬内。

黑森瘿蚊对湿度非常敏感，除围蛹阶段外，也不耐低温和高温。春季多雨，温度较高，有利于越冬围蛹的羽化和卵的孵化，虫口增多，会造成严重为害。夏季干旱高温，虫体大量死亡，围蛹不能羽化。干旱年份不仅虫口减少，而且世代数也减少。小麦连作，冬麦与春麦插花种植，都有利于黑森瘿蚊的存活和繁殖。耕作粗放，土壤肥力低，麦苗柔弱，招引成虫产卵，受害加重。

六、黑森瘿蚊的传播途径

黑森瘿蚊主要以围蛹随被害麦秆和麦秸制品（如草垫）、禾本科饲草、包装物、填充物及其交通工具等远距离传播。少数围蛹可能混入麦种、麦类粮食而被携带传播。成虫可随风扩散蔓延数十千米。

七、黑森瘿蚊的检验方法

对进境麦种、粮食过筛，检查筛上物和筛下物中是否有亚麻籽状围蛹。对麦秆、麦秆制品、干草、禾本科包装、铺垫材料等，重点检查根部和近根部各节叶鞘，可剥开叶鞘，检查是否携带幼虫和蛹。

八、黑森瘿蚊的检疫和防治

黑森瘿蚊为我国进境植物检疫性有害生物，禁止从疫区调运或进口麦种、麦秆、麦秆制品以及禾本科包装物、填充物等。特许调运或进口者，需严格检疫，发现疫情立即处理或销毁。

黑森瘿蚊的主要防治方法有种植抗虫、耐虫品种；小麦种子用有机磷杀虫剂拌种；合理调整播种期，春麦应尽量早播，冬麦要适期晚播；麦收后耕翻灭茬，将围蛹翻埋到 10 cm 土层以下，并铲除自生麦苗。

第十节　高粱瘿蚊

学名　*Contarinia sorghicola*（Coguillet）
英文名称　sorghum midge

一、高粱瘿蚊的分布

原产于非洲，现广泛分布于北纬 40°至南纬 40°之间，包括大部分热带非洲国家、法国、意大利、印度尼西亚、印度、巴基斯坦、美国、委内瑞拉、加勒比海区域、澳大利亚、南太平洋岛屿等地。

二、高粱瘿蚊的寄主

高粱瘿蚊的寄主为高粱、甜高粱、帚高粱、假高粱、约翰逊草、苏丹草等。

三、高粱瘿蚊的危害和重要性

高粱瘿蚊为瘿蚊科康瘿蚊属害虫，以幼虫取食危害。成虫产卵于正在抽穗开花的寄主植物的内稃和颖壳间，幼虫孵化后即取食正在发育的幼胚汁液，严重时半数以上小穗不能结实，形成秕粒。该虫危害高粱可使产量降低 20%～50%。美国常年损失率为 20%，苏丹为 25%；在加纳开花早的品种损失 20%，开花期迟的品种损失高达 80%。

四、高粱瘿蚊的形态特征

高粱瘿蚊的形态特征见图 7-10。

1. 成虫的形态特征　成虫体长约为 2 mm。头黄色，触角黄褐色，胸部、腹部橘红色，中胸背板中央和穿过侧板在腹板扩大的一个斑点为黑色。下颚须 4 节。触角 14 节。雄虫触角与体等长，第 3～14 节的每节中间之前极度收缩，各节具 1 环丝。雌虫触角仅为体长之半，第 3～14 节的每节中间收缩。翅灰色透明，翅脉 4 条，臀脉和肘脉各 1 条，中脉分为 2 叉。臀脉位于翅中间之前，其长达到前缘脉；中脉 1 几乎平直，终止于翅的端部下方，其基部明显，与臀脉相连；中脉 2 在翅中间的前方分叉，其前叉终止于后叉端部与肘脉 1 端部的中间。腹部可见 11 节。雌虫产卵管呈毛状，很细，其长度（完全伸出时）长于体长。

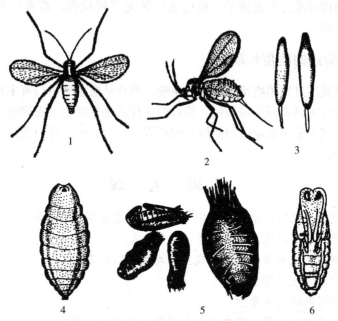

图 7-10 高粱瘿蚊
1. 雄成虫 2. 雌成虫 3. 卵 4. 幼虫 5. 伪蛹 6. 蛹
（1 仿 Harris，2 仿 Walter，3～6 仿张从仲）

2. 卵的形态特征　卵长约为 0.2 mm，浅粉红色或黄色，柔软，长圆柱形。

3. 幼虫的形态特征　老熟幼虫体长约为 1.5 mm，宽为 0.5 mm，深红色，圆筒状，两端微尖。末次蜕皮后，剑骨片才显现出来，并吐丝做薄茧。

4. 蛹的形态特征　蛹为椭圆形，常结有茧（伪蛹）。茧较扁，泥褐色。

五、高粱瘿蚊的发生规律和习性

高粱瘿蚊在美国德克萨斯州高粱上1年可发生13代，以幼虫在寄主小穗颖壳内做薄茧越冬，翌年春季化蛹、羽化。若环境干旱，可休眠到次年或第3年才化蛹、羽化。春季成虫羽化不整齐，4月中旬，约翰逊草和其他野生寄主开花时，先羽化的成虫在这些野生寄主上产卵，繁殖第1代。高粱进入开花盛期时，越冬代成虫大量羽化，发生在约翰逊草上的第1代成虫也处于羽化期，大量成虫飞入高粱田产卵繁殖。

雌成虫寿命为1 d，产卵量为30～100粒，卵产于种子外颖内壁。卵经2 d孵化。幼虫吸食发育中种子的汁液，使被害种子变成秕粒。1粒种子中往往有幼虫8～10头，但1头幼虫即可使1粒种子变为秕粒。幼虫期为9～11 d，在寄主小穗内化蛹。完成1代需14～15 d。

六、高粱瘿蚊的传播途径

高粱瘿蚊主要以休眠幼虫随寄主种子、粮食或带穗子的寄主植物远距离传播。

七、高粱瘿蚊的检验方法

肉眼观察进境高粱种子和穗头，发现虫茧、空壳、破损种子后仔细检查，找出休眠幼虫或蛹，饲养至成虫，进行形态鉴定。种子量大时，可用相对密度检验法，将种子置于清水中，漂浮在水面的可能为带虫种子。也可进行 X 光透视检查，被害粒图像模糊不清，健康高粱籽粒图像清晰。

八、高粱瘿蚊的检疫和防治

高粱瘿蚊是我国进境植物检疫性有害生物，禁止从发生区进口寄主种子、不脱粒穗及其包装物等。对特许进口者应严格检疫。检查时应仔细逐粒剖检。发现疫情后立即进行除害处理。国外发生地区多采用农业防治措施，包括栽培抗虫品种、选用花期一致的品种、烧毁残秆、翻耕灭虫等。

思 考 题

1. 若发现进境水果携带地中海实蝇，可采取哪些除害处理措施？
2. 如何处理橘小实蝇危害造成的落果？
3. 简述柑橘大实蝇和蜜柑大实蝇成虫、幼虫的区别方法。
4. 实蝇的检验方法有哪些？
5. 简述枣实蝇的检疫重要性。
6. 三叶草斑潜蝇在我国如有发生，如何阻止其扩散蔓延？
7. 黑森瘿蚊高粱瘿蚊如何远距离传播？

第八章 同翅目检疫性害虫

同翅目害虫，包括蚜虫、蚧、叶蝉、飞虱、粉虱等重要类群，是农林作物的重要害虫。它们除直接危害外，还能传播植物病毒。可随种苗传播的植物病毒介体昆虫约有200种，其中绝大多数属于同翅目。同翅目害虫多数微型，活动性差，可由植物繁殖材料或农产品远距离传播。人类与检疫性同翅目害虫的斗争，促进了植物检疫事业的开创和发展。19世纪中期，葡萄根瘤蚜随葡萄苗木的调运由美洲传入西欧，给法国的葡萄栽培业造成毁灭性的打击。为严防该虫侵入，1873年德国颁布了禁止输入栽培用葡萄苗木的禁令，这是历史上第一个植物检疫单项法规。还缔结了防除葡萄根瘤蚜的国际公约。19世纪中后期，由于葡萄根瘤蚜、梨圆蚧、吹绵蚧等多种危险性害虫侵入美国加利福尼亚州，加利福尼亚州政府颁布了《加利福尼亚州园艺法》，成为历史上第一个综合性植物检法规。

具有检疫重要性的同翅目害虫首推蚜虫和蚧类。葡萄根瘤蚜、苹果绵蚜、梨矮蚜、松突圆蚧、扶桑绵粉蚧、松针盾蚧、无花果蜡蚧、香蕉灰粉蚧、新菠萝灰粉蚧、湿地松粉蚧等，均具有重要检疫意义。螺旋粉虱在国外严重危害蔬菜、果树、观赏植物，已传入我国台湾，也具有检疫重要性。葡萄根瘤蚜、苹果绵蚜、松突圆蚧、扶桑绵粉蚧等虽然在国内局部地区已有发生，仍是需要严加控制的危险性害虫。

第一节 松突圆蚧

学名 *Hemiberlesia pitysophila* Takagi
英文名称 pine armored scale

一、松突圆蚧的分布

松突圆蚧原产于日本，1982年5月首次在广东省珠海市发现，随后以低龄若虫随气流向西和西北方向扩散，目前分布于日本和中国（台湾、香港、澳门、广东、广西、江西和福建）。

二、松突圆蚧的寄主

松突圆蚧危害松属植物，其中有马尾松、黑松、琉球松、湿地松、火炬松、裂果沙松、光松、加勒比松、松洪都拉斯加勒比松、展松、巴哈马加勒比松、短叶松、卵果松、卡锡松、晚松、南亚松等，对马尾松的危害最大，其次是黑松。

三、松突圆蚧的危害和重要性

松突圆蚧属同翅目蚧总科盾蚧科，危害松属植物，可造成林木大面积枯死。松树受害部位是针叶、叶鞘基部,其次是新抽嫩梢基部、新球果(果鳞)、新叶中下部等幼嫩组织。一般雌虫多在叶鞘基部,雄虫多在叶鞘上部针叶嫩尖及球果上。由于该虫群集叶鞘基部等处刺吸危害,使被害处缢缩、变黑,针叶上部枯黄。严重时针叶脱落,新抽枝条短而黄,最后全株枯死。马尾松受害最重,树苗、成株都可被害致死,发生3~5年,就可使成片松林被毁。在日本常同金松牡蛎蚧(*Leipidosaphes pitysophila*)混栖在琉球松(园林绿化树)上严重危害。

广东省1990年因松突圆蚧枯死或濒于枯死的马尾松林高达$1.3×10^5$ hm^2,损失木材约$3.0×10^7$ m^3,经济损失近20亿元。至2003年,松突圆蚧造成的松树枯死面积全国累计已达$1.8×10^5$ hm^2。2009年调查发现,在福建、江西、广东、广西等省、自治区110个县(市、区)发现该虫,发生面积超过$1.54×10^6$ hm^2。

四、松突圆蚧的形态特征

1. 成虫的形态特征 雌介壳长约2 mm,育卵前略呈圆形,扁平,中心略高,壳点居中或略偏。介壳有3圈明显的轮纹,中心橘黄色,内圈淡褐色,外圈淡黄色至灰白色。育卵后,介壳变厚,壳点偏向一边,壳呈梨状,与危害同类寄主的罗汉松灰圆盾蚧(*Piaspidiotus makii*)相似。壳下雌成虫体呈倒梨形,淡黄色。触角呈1对小突起,各具刚毛1根。前气门和后气门附近均无盘腺孔,但两气门间有横排小管腺,体缘也分布许多小管腺。第2~4腹节侧突明显。臀板后部较宽圆。背管腺细长,多集中于臀板末端。臀叶2对(偶有不明显的第3臀叶),第1臀叶(中臀叶,L_1)发达,二叶间有一缘腺开口,第2臀叶(L_2)小而硬化,向内倾斜(罗汉松灰圆盾蚧L_2不硬化,微小)。L_1间的一对臀栉短,不在L_1末端。臀缘上在L_1与L_2间,以及L_2与L_3(很小或无)间分别有1对半月形硬化棒。臀板背腺管极细长,尤其在L_1之间的1根背腺管很长,超过肛门孔。肛门孔大而圆,其直径约与L_1的宽度相等,其与臀缘的距离约与肛孔直径相近。肛门周围无阴腺(图8-1)。

雄虫介壳长卵形,壳点突出在一端,橙黄色,介壳为淡黄褐色至灰白色。雄成虫橘黄色。触角10节。前翅半透明。后翅为平衡棒,在其端具微毛1根。交配器针状,长而稍弯。

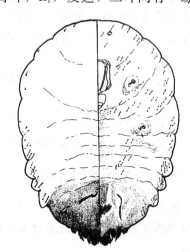

图8-1 松突圆蚧雌成虫
(仿黄子清和孙丽华)

2. 1龄若虫的形态特征 1龄若虫介壳呈圆形,边缘透明。虫体初孵时体呈卵圆形,淡黄色,长为0.2~0.3 mm,头胸部最宽为0.1~0.3 mm。复眼发达,着生于触角下方侧面。触角4节,第4节最长,其长度约为基部3节的3倍,整节有轮纹。口器发达。胸足3对发达。转节有长毛1根,跗节末端有冠球毛1对,爪腹面也有冠球毛1对。腹面沿体缘有1列刚毛。臀叶2对,中臀叶(L_1)大而突出,外缘有齿刻,其上有长、短刚毛各1对,第2臀叶(L_2)小。

3. 2龄若虫的形态特征 2龄若虫介壳在性分化前呈圆形,中央有1个橘红色的1龄蜕。性分化后，雌性 2 龄介壳只增大，其形状、颜色同分化前。雄性 2 龄介壳变为长卵形，壳点突出于一端，褐色，壳点周围淡褐色。介壳较低的一端（另一端）呈灰白色。

五、松突圆蚧的发生规律和习性

松突圆蚧雄虫为全变态，雌虫为不全变态。卵在雌体内发育成熟，产卵和孵化几乎同时进行。孵出的若虫通常在母体腹下存留一段时间，待环境条件适宜时，从母体介壳边缘爬出。新出壳的若虫在寄主植物上活跃爬行，寻到合适的寄生部位后，将口针刺入植物组织开始取食，营固定生活。取食一段时间后，开始泌蜡形成介壳盖住虫体。发育到 2 龄中期时，雄性若虫介壳尾端伸长，虫体前端出现眼点、触角、足和翅芽雏形，口器退化，进入前蛹期，再经蜕皮成为蛹，附肢和翅芽趋于完善，蛹体也随之长大，再经一段时间，便羽化为雄成虫。雌性若虫 2 龄后，不显眼点，足全部退化，口器发达，脱皮后成为雌成虫。羽化后的雄成虫通常在介壳内蛰伏一段时间，选择合适时机爬出介壳，胸足和翅逐渐硬化，跳跃或飞翔寻找雌成虫交尾，交尾后逐渐死去。雌成虫经交尾受精后即孕卵，完成 1 个世代。

松突圆蚧在广东省惠东县 1 年发生 3~5 代，以第 4 代发生危害最为严重，主要以 2 龄若虫越冬。雌虫产卵期持续为 30~50 d，由于产卵期长，造成世代重叠严重。各代第 1 龄若虫是自然扩散的主要虫态，发生期分别在 3 月中旬至 4 月中旬、6 月初至 6 月中旬、7 月底至 8 月上旬、9 月底至 11 月中旬，这也是药剂防治的关键时期。松突圆蚧在福建省福清市 1 年发生 4 代，全年出现 4 个发生高峰，分别在 4 月下旬、6 月上旬、10 月中旬和 11 月下旬，其中第 3 代与第 4 代世代重叠严重，无明显越冬现象。上半年虫口密度高于下半年。气温对其分布范围起着主要作用。

六、松突圆蚧的传播途径

松突圆蚧随寄主苗木、接穗、新鲜球果、原木、枝杈、盆景等的调运而远距离传播。此外，还可由 1 龄若虫爬行或被风、雨及鸟、兽携带而扩散。随气流扩散的高度可达 200 m，水平扩散距离可达 8 000 m，每年可自然扩散 30~50 km。

七、松突圆蚧的检疫和防治

（一）松突圆蚧的检疫

松突圆蚧属我国进境检疫性有害生物，严禁从疫情发生区调运松类种苗、接穗、松盆景、原木、枝杈及其包装物等，特需者必须严格检疫和除害处理。除害方法可用溴甲烷等进行熏蒸，或用高温干燥法处理原木、包装物等，也可喷施柴油乳剂。

（二）防治要点

营造阔叶林隔离林带，可有效地阻止该虫的自然扩散。早春若虫上树前，在树干基部缠绕一圈塑料薄膜或者涂粘虫胶，阻止若虫上树。在初孵若虫及雄成虫盛发期，喷施亚胺硫磷、吡虫啉、顺式氯氰菊酯等杀虫剂。在松树树干基部刮宽 30 cm 的树环，然后涂上氧化乐果乳油，可有效防治若虫。早春可喷布机油乳剂防治越冬虫体。土壤处理可在幼树根部沟施异丙磷颗粒剂。另外，还可人工释放花角蚜小蜂，进行生物防治。

第二节　湿地松粉蚧

学名　*Oracella acuta*（Lobdell）
英文名称　loblolly pine mealybug

一、湿地松粉蚧的分布

湿地松粉蚧原产于北美洲，1988年随引种材料由美国佐治亚州传入我国广东，目前分布于美国得克萨斯州至大西洋沿岸的广大地区和中国的广东、广西、湖南、福建等省区。

二、湿地松粉蚧的寄主

湿地松粉蚧的寄主包括湿地松、火炬松、矮松、萌芽松、长叶松、加勒比松、马尾松等松属植物。

三、湿地松粉蚧的危害和重要性

湿地松粉蚧为同翅目蚧总科粉蚧科重要害虫，主要寄生在松树的嫩梢，部分寄生于嫩枝和新鲜的球果上，以若虫和雌成虫刺吸针叶、嫩梢和球果的汁液，造成春梢难以抽生，针叶难以伸长，老针叶大量枯死、脱落，严重时枝梢弯曲和萎缩。该虫还诱生煤污病，影响松树的正常生长。

湿地松粉蚧传入我国后，扩散蔓延迅速。2002年在广东省的发生危害面积达 $1.4 \times 10^6 \ hm^2$，此后仍有继续扩展的趋势。

四、湿地松粉蚧的形态特征

1. 雌成虫的形态特征　雌成虫为梨形，中后胸最宽，大小为 $1.52 \sim 1.90 \ mm \times 1.02 \sim 1.20 \ mm$，浅红色，在蜡包中，虫体上刺突少，体上有大量具泌蜡功能的多孔腺和少量的孔腺，分布不规则。多孔腺在各腹节边缘较多，成行排列。触角7节，其上有细毛；端节较长，为基节的2倍，并具数根感觉刺毛。复眼明显，半球状。口针长度为体长1.5倍。足3对，不退化，后足基节无透明孔。中胸和后胸各具1对气门。前背裂不明显。腹侧具5对刺孔群。第7腹节具1对后背裂，较大。臀瓣不突出，其上各具1根臀瓣刺，肛环上具6根肛环刺和数十个圆盘状孔（图8-2）。

2. 雄成虫的形态特征　雄成虫体长为 $0.88 \sim 1.06 \ mm$，翅展为 $1.50 \sim 1.66 \ mm$，粉红色。触角基部和复眼朱红色。中胸大，黄色，有1对白色翅，翅脉简单；第4腹节两侧各具1条0.7 mm长白色蜡丝。

3. 卵的形态特征　卵为长椭圆形，大小为 $0.32 \sim 0.36 \ mm \times 0.17 \sim 0.19 \ mm$，浅红色至红褐色。

4. 若虫的形态特征　若虫为椭圆形至不对称椭圆形，大小为 $0.44 \sim 1.52 \ mm \times 0.18 \sim 1.02 \ mm$，浅黄色至粉红色，足3对。2龄若虫固定生活，分泌出的蜡质物形成蜡包，覆盖虫体。

5. 雄蛹的形态特征　雄虫化蛹前有1个预蛹期。蛹为离蛹，粉红色，大小为 $0.89 \sim 1.03 \ mm \times 0.34 \sim 0.36 \ mm$。触角可活动。复眼圆形，朱红色。足3对，浅黄色。在头、胸

第八章　同翅目检疫性害虫

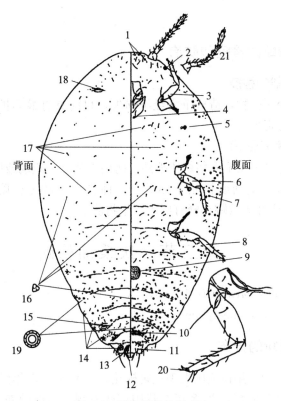

图 8-2　湿地松粉蚧雌成虫

1. 多孔腺　2. 眼　3. 前足　4. 口器（退化）　5. 前胸气门　6. 中足　7. 后胸气门
8. 后足　9. 脐斑　10. 阴孔　11. 尾片　12. 肛环　13. 肛孔　14. 腺堆　15. 后背唇裂
16. 三孔腺　17. 刚毛　18. 前背唇裂　19. 多孔腺　20. 爪　21. 触角

（仿杨平澜）

和腹部分泌出白色粒状蜡质物和灰白色长蜡丝（为体长的 2~3 倍），并逐渐覆盖蛹体。

五、湿地松粉蚧的发生规律和习性

湿地松粉蚧在美国佐治亚州南部和我国广东，1 年可发生 4~5 代，在湖南郴州 1 年可发生 3~4 代，以 1 龄若虫聚集在老针叶的叶鞘内或叶鞘层间越冬。翌年 3 月新梢开始伸出时出蛰，初孵若虫自蜡包中爬出，在松树上四处爬行寻觅取食部位，也可随气流在植株间扩散。部分低龄若虫在较隐蔽的嫩梢针叶刺或球果处聚集生活，发育至中龄若虫后，大部向上爬动，至松梢顶端取食危害。3 月底，雌虫开始分泌白色蜡包，4 月上旬出现成虫。4 月下旬至 5 月中旬是越冬代雌虫大量产卵时期，卵产在蜡包中，1 头雌虫可产卵 100~300 粒，非越冬代每雌产卵 60~80 粒。第 1 代若虫高峰期出现在 5 月中下旬，此代历期为 40~60 d；第 2 代历期为 20~30 d，若虫 6 月初出现；第 3 代若虫 7 月中旬开始出现，第 4 代卵于 11 月中下旬孵化，初龄若虫大多进入越冬状态，少数发育至第 5 代。在各发生区均有世代重叠现象。湿地松粉蚧的发生高峰期与初春气温密切相关，每年 4 月中旬至 5 月中旬危害最严重。

六、湿地松粉蚧的传播途径

湿地松粉蚧主要随苗木、接穗、球果和原木的调运远距离传播，初孵若虫可随气流自然扩散。

七、湿地松粉蚧的检疫和防治

(一) 湿地松粉蚧的检疫

该虫严重危害松属植物，造成重大经济损失。目前具有继续扩展的可能，2013年确定为全国林业危险性有害生物。

(二) 湿地松粉蚧的防治

在广东，每年4月中旬至下旬树体喷药，防治在松针上爬动或固定下来的第1代低龄若虫。药剂可用有机磷杀虫剂或松脂柴油乳剂。捕食性天敌孟氏隐唇瓢虫（*Cryptolaemus montrouzieri*）和寄生性天敌跳小蜂有望用于生物防治。

第三节 扶桑绵粉蚧

学名 *Phenacoccus solenopsis* Tinsley
英文名称 solenopsis mealybug

一、扶桑绵粉蚧的分布

原产于北美洲，1991年在美国发现危害棉花，2002—2005年侵入智利、阿根廷和巴西，2005年传入印度和巴基斯坦，2008年在我国广州发现。目前分布于墨西哥、美国、古巴、牙买加、危地马拉、多米尼加、厄瓜多尔、巴拿马、巴西、智利、阿根廷，尼日利亚、贝宁、喀麦隆、新喀里多尼亚、巴基斯坦、印度、泰国和中国。

二、扶桑绵粉蚧的寄主

扶桑绵粉蚧的寄主有57科149属207种植物，其中以锦葵科、茄科、菊科、豆科、葫芦科、旋花科、胡麻科、马齿苋科受害较重，主要寄主有棉花、扶桑、向日葵、南瓜、茄、蜀葵、豚草、羽扇豆、灰毛滨藜等。

三、扶桑绵粉蚧的危害和重要性

扶桑绵粉蚧为同翅目粉蚧科绵粉蚧属害虫。雌成虫和若虫主要在棉花的嫩枝、叶片、花芽、叶柄等幼嫩部位取食。受害植株衰弱，生长缓慢或停止，失水干枯，亦可造成花蕾、花、幼铃脱落。分泌的蜜露可诱发煤污病，导致叶片脱落，严重危害的棉花成片死亡。番茄受害后茎秆或整个植株扭曲变形。

该虫扩散迅速，危害严重。2005年仅在巴基斯坦信德省和旁遮普省侵害少量棉株，随后在多数棉区大面积发生，发生面积达$4\times10^4\,\mathrm{hm}^2$。2006年旁遮普省棉花减产12%，2007年减产40%。

四、扶桑绵粉蚧的形态特征

1. 雌成虫的形态特征 雌成虫为卵圆形，浅黄色，被薄蜡粉，体长约为4 mm。足红色，腹脐黑色。在胸部可见0~2对黑色斑点，腹部可见3对黑色斑点。体缘有蜡突，均短粗，腹部末端 4~5 对较长。除去蜡粉后，在前胸和中胸背面亚中区可见 2 条黑斑，腹部第 1~4 节背面亚中区有 2 条黑斑。制片观察可见体阔卵圆形，长为 2.5~2.9 mm，宽为 1.60~1.95 mm。尾瓣发达。触角 9 节；单眼发达，突出，位于触角后体缘。足粗壮，发达，转节每侧有 2 个感觉孔，腿节和胫节上有许多粗刺，爪下有 1 个不明显小齿。爪冠毛粗，端部膨大且长于爪，跗冠毛不显。后足胫节后面有透明孔，在腿节端部亦有少量透明孔，胫节长为跗节长的 3 倍。腹脐 1 个，横椭圆形或盘形，前缘通常宽于后缘，位于腹部第 3 节和第 4 节之间。背孔 2 对。肛环位于背末，具有 5 列环孔和 6 根环毛。刺孔群 18 对，均有 2 根锥刺和 1 群三格腺。末对刺孔群中锥刺较大，且三格腺较多，为 25~30 个，而其余各对刺孔群刺较小，三格腺 6~11 个。背面散布小刺。小刺长约刺孔群中锥刺长之半，偶尔刺基有 1 或 2 个三格腺。腹面中部有长毛，头部毛最长，小刺较体背小，主要分布于缘区，但亦可到中部（图 8-3）。

2. 雄成虫的形态特征 雄成虫体微小，细长，红褐色，长为 1.4~1.5 mm。触角 10 节，长约为体长的 2/3。足细长，发达。腹部末端具有 2 对白色长蜡丝。前翅正常发达，平衡棒顶端有 1 根钩状毛。

3. 卵的形态特征 卵为长椭圆形，橙黄色，略微透明，长约为 0.33 mm，宽约为 0.17 mm，产在白色棉絮状卵囊里，初产时橘色，孵化前变粉红色。

4. 若虫的形态特征 若虫共 3 龄。1 龄若虫初孵时体表平滑，淡黄绿色，头、胸、腹区分明显；足发达，红棕色；单眼半球形，突出，呈红褐色；体长约为 0.43 mm，宽为 0.19 mm。此后体表逐渐覆盖一层薄蜡粉，呈乳白色，身体亦逐渐圆润。2 龄若虫初蜕皮时黄绿色，椭圆形，体缘出现明显齿状突起，尾瓣突出，在体背亚中区隐约可见条状斑纹；体长约为 0.80 mm，宽为 0.38 mm。取食 1~2 d 之后，身体明显增大，体表逐渐被蜡粉覆盖，体背的条状斑纹亦逐渐加深变黑。在末期可明显区分雌雄，雄虫体表蜡粉层较雌虫厚，几乎看不到体背黑斑。3 龄若虫仅限于雌虫。刚蜕皮的 3 龄若虫身体呈椭圆形，明黄色，体缘突起明显，在前胸和中胸背面亚中区和腹部第 1~4 节背面亚中区均清晰可见 2 条黑斑；体长约为 1.32 mm，宽为 0.63 mm。2~3 d 之后，体表逐渐被蜡粉覆盖，腹部背面的黑斑较胸部背面黑斑颜色深，体缘现粗短蜡突。3 龄末期体长可达 2.0 mm 左右，外表形似雌成虫。

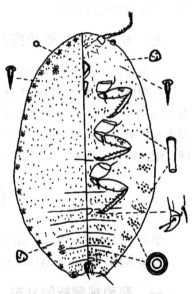

图 8-3 扶桑绵粉蚧雌成虫
（仿武三安）

5. 蛹的形态特征 仅雄虫有蛹，分为预蛹期和蛹期。预蛹初期亮黄棕色，体表光滑，身体椭圆形，两端稍尖，腹部体节明显。随着时间延长，体色逐渐变深，呈浅棕色或棕绿色（头部和胸部颜色较深），此时体表开始分泌柔软的丝状物包裹身体，从而进入蛹期。蛹为离蛹，包裹于松软的白色丝茧中，浅棕褐色，体长约为 1.4 mm。

五、扶桑绵粉蚧的发生规律和习性

扶桑绵粉蚧在巴基斯坦旁遮普省 1 年发生 12~15 代，完成 1 个世代需要 25~30 d，以卵在卵囊中越冬，或以其他虫态在寄主植物上与土壤里越冬。若气候条件适宜，可周年活动和繁殖，世代重叠现象明显。该虫多营孤雌生殖。雌虫产卵于卵囊中，单雌平均产卵量为400~500粒，每卵囊包含150~600粒卵。行卵胎生，卵期很短，发育历期为3~9 d。绝大部分卵最终发育为雌虫。若虫共3龄，历期为22~25 d。1龄若虫行动活泼，从卵囊爬出后短时间内即可取食，历期约为6 d。2龄若虫大多聚集在寄主的茎、花蕾和叶腋处取食，历期约为8 d。3龄若虫历期约为10 d，虫体明显被覆白色绵状物。3龄若虫于7 d龄期开始蜕皮，并固定于所取食部位。成虫全体被覆白色蜡粉，似白色棉籽状群居于植物茎部，有时群居于叶背。

六、扶桑绵粉蚧的传播途径

扶桑绵粉蚧主要通过寄主苗木的携带远距离传播，低龄若虫可随风、雨、鸟类、覆盖物、机械等短距离扩散。

七、扶桑绵粉蚧的检疫和防治

该虫为近年侵入的危险性害虫，已被确定为全国农业植物和林业植物检疫性有害生物，一旦发现疫情，就地进行除害处理。可用溴甲烷熏蒸处理2 h，在21~25 ℃条件下，用药量为38 g/m^3；在26~30 ℃条件下，用药量为25 g/m^3。要及时铲除并烧毁棉田、果园和林地周边有扶桑绵粉蚧的杂草，清理烧毁棉田虫害株落叶或枯枝。在1龄若虫高峰期，可用毒死蜱、吡虫啉、丙溴磷、灭多威、西维因、喹硫磷等杀虫剂喷雾。

第四节 葡萄根瘤蚜

学名 *Daktulosphaira vitifoliae* (Fitch)
英文名称 grape phylloxera

一、葡萄根瘤蚜的分布

葡萄根瘤蚜原产于美国，1858—1862年传入欧洲，1892年传入我国山东烟台，目前已广泛分布于各大洲40多个国家和地区；在我国的山东、辽宁、陕西、湖南、上海等地曾有零星发生，后被根除，现较难采到标本。

二、葡萄根瘤蚜的寄主

葡萄根瘤蚜为单食性，仅危害葡萄属植物。

三、葡萄根瘤蚜的危害和重要性

葡萄根瘤蚜属同翅目球蚜总科根瘤蚜科，是葡萄的重要害虫，历史上曾成为欧洲葡萄生产的毁灭性灾害。1860年传入法国后，在25年内毁灭了法国1/3的葡萄园，使葡萄酒业濒于停产。该虫主要以无翅成蚜和若蚜危害葡萄根部。欧洲系葡萄只有根部被害，而美洲系葡萄和野生葡萄的根和叶都可被害。须根被害后肿胀，形成菱角形或鸟头状根瘤，侧根和大根受害则形成关节形肿瘤，虫体多在肿瘤缝隙处。该虫严重破坏根系吸收、输送水分和营养的功能，造成树势衰弱，影响开花结果，严重时植株死亡。叶片受害后在背面形成虫瘿，叶片萎缩，光合作用减弱。

四、葡萄根瘤蚜的形态特征

葡萄根瘤蚜有干母、根瘤型无翅孤雌蚜、叶瘿型无翅孤雌蚜、有翅孤雌蚜、性蚜、卵和若蚜等虫态（图8-4）。

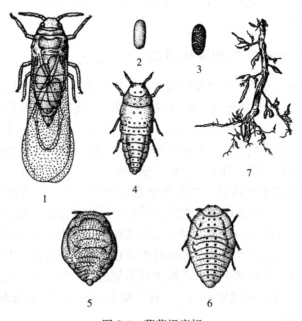

图 8-4　葡萄根瘤蚜
1. 有翅型成虫　2. 有性卵　3. 无性卵　4. 有翅型若虫
5. 叶瘿型孤雌蚜　6. 根瘤型孤雌蚜　7. 葡萄被害状
（仿农业部植物检疫实验所）

1. 干母的形态特征　越冬卵孵化后长成干母，其无翅，孤雌卵生，在叶片上形成虫瘿。

2. 根瘤型无翅孤雌蚜的形态特征　根瘤型无翅孤雌蚜成蚜体长为 1.15～1.50 mm，宽为 0.75～0.90 mm，卵圆形，污黄色或鲜黄色，头部色较深，触角和足深褐色，无腹管。国外标本可见体背各节具灰黑色瘤，头部4个，各胸节6个，各腹节4个。我国标本（取自山东烟台）可见体背有明显的暗色鳞或菱形隆起，体缘（包括头顶）有圆珠笔形微突起，胸部和腹部各节背面都具1个横形深色大瘤状突起。复眼由3个小眼面组成。触角3节，第3节最长，其端部有一个圆形或椭圆形感觉圈，末端有刺毛3根（个别的具4根）。

3. 叶瘿型无翅孤雌蚜的形态特征　叶瘿型无翅孤雌蚜成蚜体长为 0.9～1.0 mm，近圆形，黄色，无腹管；与根瘤型无翅孤雌蚜极相似，但体背无瘤，体表具细微凹凸皱纹，触角末端有刺毛5根。

4. 有翅孤雌蚜的形态特征　有翅孤雌蚜（即性母蚜）体长约为 0.90 mm，宽为 0.45 mm，长椭圆形。翅2对，前宽后窄，平叠于体背（不同于一般有翅蚜的翅呈屋脊状覆于体背）。触角第3节有感觉圈2个，1个在基部，1个在端部。前翅翅痣很大，长形，仅3根斜脉（中脉、肘脉和臀脉）。

5. 雌蚜的形态特征 雌蚜体长为 0.38 mm，宽为 0.16 mm，无翅，喙退化，触角第 3 节为前两节之和的 2 倍，跗节 1 节。

6. 雄蚜的形态特征 雄蚜体长为 0.3 mm，宽为 0.14 mm，外生殖器突出于腹末，乳突状；其他同雌蚜。

7. 卵的形态特征 卵分无性卵和有性卵。干母、无翅孤雌蚜产的卵均为无性卵，长椭圆形，黄色有光泽。有性卵为有翅型所产，大卵为雌卵，小卵为雄卵，其他同无性卵。

8. 若蚜的形态特征 若蚜共 4 龄。无翅若蚜淡黄色，体梨形。有翅若蚜 2 龄后身体变狭长，色稍深，3 龄后出现翅芽。

五、葡萄根瘤蚜的发生规律和习性

在山东烟台发生的葡萄根瘤蚜是根瘤型，一年发生 7~8 代，主要以 1 龄若蚜在 1 cm 以下土层中、2 年生以上的粗根根叉、缝隙被害处越冬。次年 4 月开始活动，此时主要危害粗根，5 月上旬无翅成蚜产第 1 代卵。全年以 5 月中旬至 6 月底、9 月上旬到 9 月底两个时间段发生量最大。7 月后进入雨季，被害根开始腐烂，蚜虫沿根和土壤缝隙迁移到土壤表层的须根上危害，形成根瘤，以 7 月上中旬形成根瘤最多。7 月上旬开始出现有翅蚜（性母蚜），9 月下旬至 10 月下旬为发生盛期，但有翅蚜很少出土。在美洲系葡萄品种枝条上越冬卵孵化为干母，可以存活，并形成叶瘿。在欧洲系葡萄品种枝条上，越冬卵孵出的干母死亡，在叶片上不形成虫瘿。在两系的杂交品种上可形成叶瘿，此类型蚜虫即叶瘿型。常在美洲系品种上 2 年 1 个循环，包括有性阶段、形成叶瘿和在根部取食阶段，其生活史是完整的，在欧洲葡萄品种上通常连续在根部生活，孤雌生殖重复进行，其生活史是不完整的。根瘤型 7—8 月每雌产卵 39~86 粒。卵期为 3~7 d，若虫期为 12~18 d，成虫寿命为 14~26 d，完成 1 个世代平均需要 20 d。

六、葡萄根瘤蚜的传播途径

葡萄根瘤蚜主要随带根葡萄苗木传播，一般离根 1 d 即亡；亦可随美洲系品种的接穗远距离传播。

七、葡萄根瘤蚜的检疫和防治

（一）葡萄根瘤蚜的检疫

该虫是葡萄的重要害虫，至今仍是多个国家的植物检疫对象。我国将其列为进境植物检疫性有害生物和全国农业植物检疫性有害生物，严禁从葡萄根瘤蚜发生区向外调运葡萄苗木和插条，必须调出的需经严格检疫和彻底的除害处理。葡萄苗木主要有以下处理方法：用 50% 辛硫磷乳油 1 500 倍浸泡葡萄枝条 1 min；用 80% 敌敌畏乳油 1 500~2 000 倍液浸沾 2~3 次；用 30~40 ℃ 热水浸泡 5~7 min 后，移入 50~52 ℃ 热水浸泡 7 min，也可用 45 ℃ 热水浸泡 20 min。此外，也可熏蒸处理砧木，在 26.7 ℃ 条件下，用溴甲烷（30.5 g/m³）熏蒸 3 h。

（二）葡萄根瘤蚜的防治要点

培育和栽植抗蚜葡萄品种；沙地育苗，培育无虫苗；施用辛硫磷毒土，施用二硫化碳或其他熏蒸剂。

第五节 苹果绵蚜

学名　*Eriosoma lanigerum*（Hausmann）
英文名称　woolly apple aphid，elm rosette aphid

一、苹果绵蚜的分布

苹果绵蚜原产于美国东部，1801年传入欧洲，1872年由美国传入日本，1880年由日本传入朝鲜；1910年由德国传入青岛，后又由日本传入大连，20世纪初自印度传入西藏；现分布于70余个国家的苹果产区，在我国局部地区发生。

二、苹果绵蚜的寄主

苹果绵蚜的寄主以苹果为主，还有山荆子、海棠、花红和沙果；在原产地也危害山楂、洋梨、美国榆、花椒等。

三、苹果绵蚜的危害和重要性

苹果绵蚜为同翅目瘿绵蚜科绵蚜属害虫，主要危害寄主枝干和根，喜群集在枝干上的剪锯口、伤口、老树裂缝和新梢叶腋处。枝干被害处形成瘤状突起，破裂后成为伤口，易诱发苹果腐烂病和诱生苹果透翅蛾。苹果绵蚜还危害浅土中或裸露的根，可产生根瘤，根瘤易腐烂，不利于水分和养分的吸收和输导。该虫还可在短果枝、果柄和果实的梗洼、萼洼处危害，使果柄变黑褐色，果实易脱落，产量和品质降低。严重发生时，全树枝条被覆白色绵状分泌物，树体发育不良，延迟结果，树龄缩短。受害株遭遇严寒和干旱易死亡。

四、苹果绵蚜的形态特征

苹果绵蚜的形态特征见图8-5。

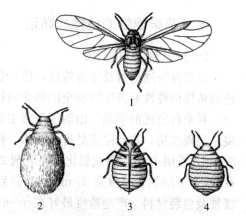

图8-5　苹果绵蚜
1. 有翅孤雌蚜　2. 无翅孤雌蚜
3. 若蚜腹面　4. 若蚜背面

1. 有翅胎生雌蚜的形态特征　有翅胎生雌蚜体长为1.7～2.0 mm，宽为0.9 mm，呈长卵圆形，体为暗褐色，头及胸部黑色，体被白粉。喙不达后足基节。触角6节，为体长的1/3，第3节特长，有不完全的和完全的环状感觉器24～28个，第4节有3～4个，第5节有1～4个，第6节有2个。腹管呈环状黑色小孔状。

2. 无翅胎生雌蚜的形态特征　无翅胎生雌蚜体长为1.8～2.2 mm，宽为0.9～1.3 mm，近椭圆形，赤褐色，体侧有瘤状突，体被白色蜡质绵状物。触角6节，无环状感觉器。腹背有4条纵列的泌蜡孔，腹管退化，在第5节与第6节间，呈半圆形裂口。尾片及生殖板灰黑色，尾片馒头状，具1对短刚毛。

3. 雌蚜的形态特征　雌蚜体长为1 mm，淡黄褐色，触角5节，口器退化，腹部褐色，稍被绵毛。

4. 雄蚜的形态特征　雄蚜体长为 0.7 mm，黄绿色，触角 5 节，口器退化。腹部各节中央隆起，有明显沟痕。

5. 若蚜的形态特征　若蚜体赤褐色，略呈圆筒状。喙细长，触角 5 节。体被白色绵状物。

五、苹果绵蚜的发生规律和习性

苹果绵蚜在辽宁大连 1 年发生 13~14 代，在山东青岛 1 年发生 17~18 代，在河南 1 年发生 14~20 代，在华东地区 1 年发生 12~18 代，以 1~2 龄若蚜在树皮下、伤疤裂缝和近地表根部越冬。翌年 4 月初开始活动，多在树干的粗皮裂缝、树洞、各种伤疤伤口等处危害。5 月上旬可迁至当年新生枝梢、叶腋等处危害。5 月下旬至 6 月，是全年繁殖盛期，1 龄若蚜四处扩散，7—8 月受高温和寄生蜂影响，蚜虫数量大减。9 月中旬至 10 月底，气温下降，虫口密度回升，出现第 2 次危害高峰期。11 月中旬，若蚜进入越冬状态。但在温暖地区，越冬期不休眠，继续危害。全年分别在 5 月下旬至 6 月下旬、8 月底至 10 月下旬出现 2 次有翅蚜，但第 1 次数量少，不易采到。有翅蚜虽有喙，但未见取食。秋季性蚜交配后，每雌蚜产卵 1 枚。在北美洲有美国榆生长的地方，以卵在榆树的粗皮裂缝中越冬；在我国卵不能越冬。

苹果绵蚜的发生、消长与气候和天敌有关，繁殖适温为 22~25 ℃，在 10 ℃条件下完成一代需 57.8 d，30 ℃时仅需 11.7 d。日平均气温连续多日超过 26 ℃时，繁殖率显著下降。

六、苹果绵蚜的传播途径

苹果绵蚜的成蚜和若蚜随苗木、接穗、果实及其包装物远距离传播，近距离扩散通过农事操作中人、畜、工具携带、风雨传播和有翅蚜的自然迁飞完成。

七、苹果绵蚜的检疫和防治

（一）苹果绵蚜的检疫

该虫极易通过贸易渠道传播，传入后防治较困难，对苹果产业威胁很大，已确定为我国进境植物检疫性有害生物和全国林业植物危险性有害生物。

对来自疫区的苹果、山荆子等寄主苗木、接穗、果实、包装材料、运输工具进行严格检疫。发现虫情，进行除害处理。苗木、接穗可用 80% 敌敌畏乳剂 1 000~1 500 倍液浸泡 2~3 min，或用 40% 乐果或氧化乐果乳剂 2 000 倍液浸泡 10 min；也可用 80% 敌敌畏乳剂原液在 36 ℃下加热密封熏蒸 30 min，熏蒸后将材料在阴处晾 4 h。也可用溴甲烷熏蒸处理苗木、接穗及包装材料。产地检疫最好在 5—6 月和 9—10 月进行。

（二）苹果绵蚜的防治要点

①结合冬季修剪，彻底刮除老树皮，修剪虫害枝、树干并销毁。秋末或早春用刀和刷刮除越冬部位，消灭越冬蚜虫。

②人工繁殖释放苹果绵蚜蚜小蜂，保护利用瓢虫、草蛉等天敌。

③休眠期用柴油乳剂喷布树体，兼治介壳虫。春季果树发芽开花前，或秋季果树部分叶片脱落后进行树体喷药，可用毒死蜱、蚜灭磷、啶虫脒杀虫剂等。

④在 4 月或 10—11 月，在树盘地表撒施乐果粉剂或辛硫磷颗粒剂，然后浅耕 4~5 cm。

也可在春季施基肥时，施用毒死蜱毒土。在苹果绵蚜繁殖期喷施乐果或其他杀虫剂。

思 考 题

1. 简述松突圆蚧和湿地松粉蚧的检疫重要性。
2. 如何防止扶桑绵粉蚧在我国的扩散和蔓延？
3. 葡萄根瘤蚜在美洲系品种和欧洲系品种葡萄上的危害状和生活史有何异同？
4. 简述苹果绵蚜的形态特征和危害特点。

第九章 鳞翅目和其他目检疫性害虫

鳞翅目害虫数量是仅次于鞘翅目的一大类害虫,主要以幼虫取食植物的叶片、嫩茎,或钻蛀果实、种子、花蕾、块根和块茎造成危害,对农林植物的产量和品质影响很大。在鳞翅目害虫中,最具有检疫重要性的是蛾类,特别是卷蛾、螟蛾和灯蛾。著名的有苹果蠹蛾、山楂小卷蛾、樱小卷蛾、杏小卷蛾、苹果异形小卷蛾、黄瓜绢野螟、小蔗螟、美国白蛾等。美国白蛾和苹果蠹蛾在世界范围内也是重要检疫性害虫。

除了鞘翅目、双翅目、同翅目和鳞翅目以外,昆虫纲害虫中,具有检疫重要性的还有一些膜翅目、等翅目害虫。例如膜翅目的苜蓿籽蜂、扁桃仁蜂、李仁蜂、李叶蜂、苹叶蜂、刺桐姬小蜂、云杉树蜂等。等翅目的红火蚁杂食性,可危害人体健康,是世界性检疫害虫,也已被列入我国农业植物检疫性有害生物名单。另外,乳白蚁属的非中国种被列入我国进境植物检疫性有害生物名录,麻头砂白蚁、小楹白蚁、欧洲散白蚁、尖唇散白蚁则作为国内林业危险性有害生物而予以控制。

第一节 苹果蠹蛾

学名 *Cydia pomonella* (L.)
英文名称 codling moth

一、苹果蠹蛾的分布

苹果蠹蛾原产于欧洲大陆,现已传到世界大部分苹果产区,我国新疆和甘肃局部地区有发生。

二、苹果蠹蛾的寄主

苹果蠹蛾的寄主为蔷薇科的仁果和核果类,主要有苹果、沙果、梨、海棠、胡桃、石榴、李、山楂、桃、杏等。

三、苹果蠹蛾的危害和重要性

苹果蠹蛾为卷蛾科小卷蛾亚科小卷蛾属害虫。幼虫钻蛀果实,食害种子,造成大量落果。果肉被蛀食后苹果品质低劣,不能食用(图9-1)。据新疆调查,未防治的老果园苹果被害率为84.3%~98.4%。苹果蠹蛾繁殖力和对环境条件

图9-1 苹果蠹蛾幼虫危害状

的适应能力均较强,发育历期长且不整齐,是世界上危害最严重的蛀果害虫之一。

四、苹果蠹蛾的形态特征

苹果蠹蛾的形态特征见图 9-2。

1. 成虫的形态特征 体长为 8 mm，翅展为 15～22 mm，身体灰褐色，带紫色光泽。前翅臀角处有深褐色椭圆形大斑，内有 3 条青铜色条纹，其间显出 4～5 条褐色横纹。翅基部外缘略呈三角形，有较深的波状纹。雄蛾前翅腹面中室后缘有 1 个黑褐色条纹，雌蛾无。雌虫翅缰 4 根，雄虫翅缰仅 1 根。雄虫外生殖器的抱器中间有凹陷，外侧有 1 个指状突。抱器端圆形，有许多毛。阳茎粗短，基部稍弯。雌虫外生殖器产卵瓣外侧弧形，交配孔宽扁。囊导管粗短，囊突两枚，牛角状。

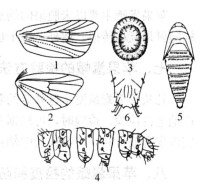

图 9-2 苹果蠹蛾
1. 前翅翅脉 2. 后翅翅脉 3. 卵
4. 幼虫 5. 蛹 6. 蛹末端

2. 卵的形态特征 卵为椭圆形，扁平，中央略突出，长为 1.1～1.2 mm，宽为 0.9～1.0 mm，初产似蜡粒，后出现 1 个红圈，卵面有很细的皱纹。

3. 幼虫的形态特征 初龄幼虫黄白色。成熟幼虫体长为 14～18 mm，头黄褐色，体呈红色，背面色深，腹面色浅，前胸盾淡黄色，并有褐色斑点，臀板上有淡褐斑点。幼虫前胸气门群 3 毛位于同一毛片上，腹足趾钩 19～23 个，单序缺环；臀足趾钩 14～18 个，单序新月形。

4. 蛹的形态特征 蛹为黄褐色，长为 7～10 mm。第 2～7 腹节各生有前后两排刺，前排较粗大，后排较细小；第 8～10 腹节仅生 1 排刺。肛门两侧各有 2 根臀棘，末端有 6 根，共 10 根臀棘。

五、苹果蠹蛾的发生规律和习性

苹果蠹蛾在俄罗斯北方 1 年发生 1～2 代，在南方高加索和黑海沿岸 1 年发生 2～3 代；在美国北方 1 年发生 2 代，在南方 1 年发生 4 代；在新疆库尔勒 1 年发生 3 代，在石河子 1 年完成 2 个完整世代和部分第 3 代。苹果蠹蛾以老熟幼虫在树皮下做茧越冬。在新疆喀什地区越冬幼虫 3 月底开始化蛹，4 月底至 5 月上旬为盛期，成虫羽化盛期在 5 月中下旬。第 1 代卵期在 5 月下旬，幼虫孵化盛期在 5 月底至 6 月初，6 月底至 7 月初是化蛹盛期，7 月上旬为成虫羽化盛期，7 月初至中旬为第 2 代卵期。第 3 代卵期在 9 月底至 10 月初。

成虫有趋光性。黄昏至清晨交尾、产卵，卵散产，喜产于背风向阳处。每雌虫产卵少者 1 粒，多者超过 100 粒，平均 30 多粒。树冠上层落卵量大，叶上卵多于枝条和果实上卵，且喜产于背风向阳处。初孵幼虫遇到叶片咬食叶肉，遇到果实后不久从胴部蛀入，食果肉和种子。幼虫可转果危害，一头幼虫能咬多个苹果，从蛀果到脱果一般需 1 个月左右。幼虫老熟后脱果，爬到树干裂缝处、地上隐蔽物或土缝中结茧化蛹，也能在果内、包装物及储藏室等作茧化蛹。部分幼虫有滞育习性，脱果越晚滞育幼虫越多。

苹果蠹蛾广泛分布在南半球和北半球，对各种气候适应能力很强。发育起点温度为 9 ℃ 或 10 ℃，适宜温度为 15～30 ℃，最适温度为 20～27 ℃，成虫活动和产卵需 15.5～16.0 ℃ 或以上的温度。苹果蠹蛾抗逆性强，幼虫在 −20 ℃ 方开始死亡，在 −25～−27 ℃ 大部分冻死。

六、苹果蠹蛾的传播途径

苹果蠹蛾主要以未脱果的幼虫随果品、运输工具及包装物进行远距离传播，也有少数的蛹随鲜果调运传播。此外，杏干也可传带该虫。

七、苹果蠹蛾的检验方法

凡从苹果蠹蛾发生区外运的苹果、沙果、梨、桃、杏等果品及其包装物，均需启运前在产地进行检验。检验时，可根据苹果蠹蛾的危害状及形态特征进行初步观察和鉴别。发现果实外皮有被害状，应剖检其中幼虫或蛹，有怀疑时应进一步镜检鉴定。

八、苹果蠹蛾的检疫和防治

（一）苹果蠹蛾的检疫

苹果蠹蛾为我国进境植物检疫性有害生物，也是全国农业植物与林业检疫性有害生物，禁止将新疆苹果和梨的鲜果携带和调运到国内其他省区。对进境的果品和繁殖材料要严格检疫。在港口、机场、车站周围和果区定期进行疫情调查，可利用苹果蠹蛾性诱剂监测其发生情况。发现苹果蠹蛾疫情后要严格处理，用溴甲烷熏蒸，或熏蒸结合冷藏以及γ射线辐照可杀死各虫态。常压条件下，温度为21 ℃或更高，溴甲烷用量为32 g/m^3，熏蒸2 h；低于21 ℃熏蒸，要适当提高溴甲烷剂量。γ射线177 Gy的剂量辐照，无正常成虫出现，230 Gy则使幼虫不能发育到成虫。在港口、机场、车站周围和果区，要定期进行疫情调查，可利用苹果蠹蛾性诱剂监测其发生情况。

（二）苹果蠹蛾的综合防治

①要加强果园管理，保持果园清洁，经常捡拾落果，消灭落果中尚未脱果的幼虫。果树落叶后或早春，刮树皮、填树洞，消灭潜伏的越冬幼虫。

②利用老熟幼虫潜入树皮下化蛹的习性，在主干分枝下束草，诱集老熟幼虫入内化蛹，每10 d检查处理1次。

③在第1代卵孵化期或大部分卵处于红圈期时，喷施杀螟松、辛硫磷、溴氰菊酯等杀虫剂。喷施西维因防治初龄幼虫，喷施敌百虫防治较大幼虫效果较好。

④生物防治可释放广赤眼蜂或松毛虫赤眼蜂，也可使用性诱剂诱捕雄蛾，或在田间释放绝育雄虫。

第二节　美国白蛾

学名　*Hyphantria cunea*（Drury）
英文名称　fall webworm

一、美国白蛾的分布

美国白蛾原产于北美洲，广泛分布于美国北部、加拿大南部和墨西哥。20世纪40年代，美国白蛾从北美洲随军用物资传播到欧洲；1945年在日本东京发现，1958传入朝鲜半岛，1979年从朝鲜传入我国；现分布于加拿大、美国、墨西哥、土耳其、前苏联地区、波兰、捷克、斯洛伐克、匈牙利、罗马尼亚、前南斯拉夫地区、奥地利、意大利、希腊、法国、朝鲜、韩国、日本和中国。

二、美国白蛾的寄主

美国白蛾是典型的多食性害虫。幼虫可危害200多种林木、果树、农作物和野生植物，但主要危害阔叶树。最嗜好的植物有桑、白蜡槭、胡桃、苹果、梧桐、李、柿、榆、柳等。

三、美国白蛾的危害和重要性

美国白蛾为灯蛾科白蛾属害虫。幼虫取食树叶，并常群集叶上吐丝做网巢，在其内食害（图9-3）。网巢可长达1 m或更大，稀松不规则，把小枝和叶片包进网内，形如天幕。发生严重时可吃光大部分叶片，造成树木部分或整株死亡。严重受害果树当年或次年不结果。被害树木树势衰弱，易遭蠹虫、真菌和细菌病害的侵袭。幼虫嗜食桑叶，对养蚕业也构成严重威胁。

图9-3 美国白蛾幼虫危害状

四、美国白蛾的形态特征

美国白蛾的形态征见图9-4。

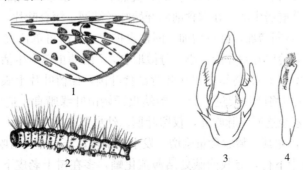

图9-4 美国白蛾
1. 雄成虫具黑斑的前翅 2. 幼虫 3. 雄虫外生殖器 4. 阳茎端
(3、4仿 Hettori 和 Ito)

1. 成虫的形态特征 成虫翅展为23～45 mm。雄虫触角双栉齿状，雌虫触角锯齿状。翅的底色为纯白色，无暗色斑或具有或多或少的暗色斑，雄蛾前翅多有黑斑。前翅 R_1 脉由中室单独发出，R_2～R_5 共柄；后翅 $Sc+R_1$ 脉由中室前缘中部发出；前翅和后翅的 M_1 脉由中室前角发出，M_1 脉及 M_2 脉基部有一短的共柄，由中室后角上方发出，Cu_1 脉由中室后角发出。前足基节及腿节端部橘黄色，胫节跗节大部分黑色。后足胫节缺中距，仅有1对端距。雄性外生殖器的钩形突向腹方呈钩状弯曲，基部宽，两侧抱握器对称，其内侧各有一发达的中央突，阳茎端稍弯曲，顶端密布微刺突。

2. 卵的形态特征 卵为球形，直径为 0.4~0.5 mm。

3. 幼虫的形态特征 幼虫老熟时体长达 22~37 mm，圆筒状。头黑色，仅后唇基白色。身体背方有 1 条暗色宽纵带，暗色带内有成排的黑色毛瘤；体侧淡黄色，着生橘黄色毛瘤。

4. 蛹的形态特征 蛹体长为 8~15 mm，宽为 3~5 mm，暗红褐色。

五、美国白蛾的发生规律和习性

美国白蛾在原产地北美洲 1 年发生 1~4 代，在欧亚疫区 1 年发生 2 代，在中国 1 年发生 2~3 代，以蛹在茧内于树皮裂缝、农作物、建筑物缝隙中越冬。在每年发生 2 代区，翌年 5 月至 6 月中旬越冬蛹羽化，进入第 1 代成虫发生期。6 月下旬始见幼虫结网幕；6 月下旬至 7 月初为网幕盛发期；7 月中旬老熟幼虫化蛹。7 月下旬至 8 月中旬为第 2 代成虫发生期。8 月初为第 2 代幼虫始见期；8 月下旬至 9 月初是网幕盛发期；9 月中上中旬老熟幼虫开始化蛹；10 月中旬化蛹结束。1 年发生 3 代区，越冬蛹一般在 5 月中旬羽化，第 1 代卵在 5 月中下旬始见，5 月末至 6 月初出现第 1 代 1 龄幼虫；6 月下旬始见幼虫化蛹，7 月上旬始见第 2 代成虫羽化，8 月中下旬第 2 代幼虫开始化蛹；8 月底至 9 月初始见第 3 代成虫羽化，10 月下旬至 11 月初第 3 代幼虫进入蛹期。一般完成 1 个世代大约需 40 d，幼虫有 7 个龄期，通常于 6—9 月活动。

成虫羽化主要集中在下午或傍晚，飞翔力不强，具趋光性。由于雌虫孕卵量大，活动性差，黑光灯诱到的多为雄虫。成虫羽化第二天即觅偶交配。成虫白天隐蔽不取食，夜间活动和交尾。雌虫喜将卵产在槭树、桑树、苹果树等寄主的叶背。卵排列成块，上覆白色鳞毛，1 头雌虫只产 1 个卵块，每块 500~900 粒，最多可超过 2 000 粒。卵最适宜发育温度为 23~25 ℃，最适相对湿度为 75%~80%，低温、炎热和干旱易使卵干涸死亡。

幼虫孵化后，营群居生活，在取食前即开始吐丝结网，缀合叶片，开始仅缀叶 1 片，后扩大到 2~3 片。随着龄期增加，食量增加，网幕也扩大，有时可罩住整个树冠。1~4 龄幼虫生活于网幕内，进入 5 龄后开始弃网，小群分散取食，7 龄幼虫单个生活，幼虫在网幕内的时间占整个幼虫期的 60%。1~2 龄幼虫仅在叶背刮食叶肉，保留叶片上表皮及叶片细脉，被害叶呈纱窗状；3 龄幼虫可将叶片咬透；4~5 龄幼虫开始由叶缘啃食，造成边缘缺刻；6~7 龄幼虫往往将整片叶片甚至连同主脉吃光，仅留叶柄。幼虫具有暴食性，1 头幼虫一生可吃掉 10~15 片桑叶或糖槭叶，尤其 5 龄后食量剧增，发生严重时，3~4 d 内可吃光整株树的叶片。

老熟幼虫沿树干下行，寻找隐蔽处结薄茧化蛹，多在树干老皮下、树盘表土内或砖瓦土块下，或附近建筑物的缝隙内。蛹期可耐-30 ℃低温。

六、美国白蛾的传播途径

美国白蛾主要随运输工具、原木、苗木、鲜果、蔬菜及包装物传播。各虫态都可能借助交通工具进行传播，但以 4 龄以上的幼虫和蛹传播的机会最多。此外，也可通过自身的飞翔，在一定范围内自然扩散蔓延。

七、美国白蛾的检疫和防治

(一) 美国白蛾的检疫

美国白蛾是我国进境植物检疫性有害生物，也是全国农业、林业检疫性有害生物，对进境木材、苗木、鲜果、蔬菜、包装材料及运输工具需严格检疫。发现虫情后，可用溴甲烷（20~30 g/m³）熏蒸 2 d，或磷化铝（15~20 g/m³）熏蒸 3 d，或氯化苦（30~40 g/m³）熏蒸 3 d。植物性包装物可用 85 ℃蒸汽处理 1 h。

（二）美国白蛾的防治要点

①幼虫 4 龄前剪除网幕，集中销毁。5 龄幼虫期开始在树干离地面 1 m 处缚草诱集老熟将化蛹的幼虫，在化蛹盛末期解下缚草，集中烧毁。幼虫化蛹后刮下老树皮烧毁，树干再涂白。深翻树干周围土壤。

②成虫发生期利用黑光灯或性诱剂诱杀。

③在 2、3 龄幼虫高峰期喷施杀虫剂，有效药剂有有机磷杀虫剂、菊酯类杀虫剂、阿维菌素、灭幼脲 3 号、虫酰肼、苦参碱等。高大林木、果树、行道树，需用机动高压喷雾器或无人机喷药。

④生物防治，在非养蚕区可施用青虫菌制剂，在养蚕区可施用核型多角体病毒制剂。还可人工繁殖释放寄生性天敌白蛾周氏啮小蜂或舞毒蛾黑瘤姬蜂。

第三节 杨干透翅蛾

学名 *Sphecia siningensis* Hsu

一、杨干透翅蛾的分布

杨干透翅蛾在国外分布于俄罗斯、乌克兰等地，在我国分布于山西、青海、陕西、甘肃、山东、内蒙古、安徽、云南、宁夏和四川。

二、杨干透翅蛾的寄主

杨干透翅蛾危害小叶杨、青杨、新疆杨、河北杨、加杨、合作杨、箭杆杨和柳属树木，亦有报道危害槐树。

三、杨干透翅蛾的危害和重要性

杨干透翅蛾为透翅蛾科蜂形翅蛾属成员，是杨树的重要蛀干害虫之一，危害严重时使整株树木枯死，降低杨树的防护性能利用价值，给大面积防护林及环境绿化造成严重危害。幼虫主要蛀害 8 年生以上中龄杨树的基部，也侵害树干中部直至上部树干分叉处和根部，在树干基部留下孔状洞穴。严重危害时，皮层翘裂，树干木质部直至髓心均被蛀空，树体基部易风倒、风折，整棵树木枯死，降低杨树的防护性能和利用价值。

四、杨干透翅蛾的形态特征

杨干透翅蛾的形态特征见图 9-5。

1. 成虫的形态特征 雌蛾体长为 25~30 mm，翅展为 38~50 mm。额灰紫色，两侧白色。头顶覆毛前为红黄色，中为白色，后为灰黑色。触角棒状，暗红褐色，背面着黑鳞，顶端有褐色小毛束。领片黄色，中胸紫黑色，两侧中后部有黄色长毛，后胸被青黄色长毛。翅基片中部黄色，前缘黑色，杂生红褐色毛，后端具红褐色和灰紫色长毛。腹部第 3 节前部约

1/2 为黄色带；第 4～5 节黑色，着红褐色毛；第 6 节黄色，后具黑边；第 7 节黄色，臀毛束红黄色。腹面第 2～6 节黄色，有灰黑色边。前后翅均透明，前翅狭长，前缘基有 1 个黄色小斑，M_1 脉和 M_2 脉略向下弯，R_3 脉出自中室；后翅扇形，M_3 脉与 Cu 脉共柄。前足基节黄红褐色，后足胫节外侧有 1 个白斑，内侧中部着黑色毛，跗节浅褐色，散生小黑刺。

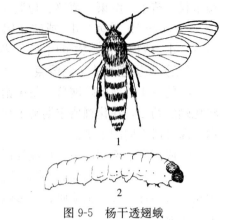

图 9-5 杨干透翅蛾
1. 成虫 2. 幼虫

雄蛾体长为 20～25 mm，翅展为 29～45 mm。似雌蛾，但头顶覆毛灰黑色，于单眼前方之间混有 1 列白色短毛。触角栉齿状，栉齿外侧具纤毛，基部有 1 个外侧突。翅基片中部带暗红褐色。生殖器钩状突二分叉，叉端生黑色刺毛；颚状突为舌形；抱器端着黑色刺毛，有宽大的方形突出部；抱器腹外端呈微向内弯的角突；抱片中部具 1 枚三角骨片，生细长毛，近基部另有 5～7 根 1 束的黑色长刺毛。阳具端膜有半环外翻的角状器，膜质部分着较粗大的阳端刺；阳具端鞘，散生小刺；阳茎末端略凹入，两角钝圆稍扩伸。

本种与 *Sphecia oberthuri* 近似，主要区别是后者的雄蛾头顶覆毛几乎全为灰黑色，雌蛾头顶之后部也为灰黑色，后胸被青黄色毛，腹部第 3 节黄色带甚宽，且无淡红色窄边，腹部腹面黄色具灰黑色边。杨干透翅蛾另与杨大透翅蛾（*Aegeria apifomis*）也极易混淆，主要区别是杨大透翅蛾的后翅 M_3 脉和 Cu 脉不共柄，由中室下角伸出，领片为黑色，雄蛾生殖器钩状突宽，颚状突为管状，抱片正常。

2. 卵的形态特征 卵为椭圆形，长为 1.2～1.4 mm，褐色，表面光滑。

3. 幼虫的形态特征 幼虫体为圆筒形。初孵幼虫头黑色，体灰白色。老熟幼虫黄白色，头暗褐色，体长为 40～50 mm，体表具稀疏黄褐色细毛。单眼每边 6 个，椭圆形。唇基深褐色。前胸背板两侧各有 1 条外斜的褐色浅沟，前缘近背中线处有 2 个并列褐斑。胸足 3 对，腹足 4 对，臀足 1 对。胸足尚发达，末端具深褐色的爪。腹足退化，仅留单序二横带式趾钩。臀足退化单序中列趾钩，臀节背端具 1 个黑褐色钩突。背面散生浅褐色斑纹。腹部气门椭圆形，围气门突起，深褐色。第 8 腹节气门较第 1～7 腹节的气门邻近背中线。

4. 蛹的形态特征 蛹为褐色，纺锤形，长为 21～35 mm，第 2～6 腹节背面有细刺 2 排，尾节具粗壮臀刺 10 根。

五、杨干透翅蛾的发生规律和习性

杨干透翅蛾在我国 3 年发生 1 代。在陕西榆林，以当年孵化幼虫在树干皮下或木质部蛀道内越冬。除成虫、卵和初孵幼虫短暂几天在树干外部生活，幼虫期约有 23 月在树干内隐蔽生活。初孵化的幼虫春季开始蛀害，至 7 月下旬，多在裂缝的幼嫩组织上潜入皮下及木质部内蛀食，蛀屑中混有小木质纤条。部分幼虫有转移危害习性。翌年在边材中蛀成 L 形上行蛀道，有黑色的虫粪成串排出，9—10 月后，老熟幼虫化蛹，羽化后的蛹壳有 1/3～1/2 留在羽化孔外。成虫于 6 月上旬和 8 月中旬盛发。成虫白天活动，飞翔力强，无趋光性，雄蛾嗅觉灵敏，雌蛾性引诱力强。雌蛾在羽化当日傍晚即可进行交尾，并围绕树干，飞到树干基部粗皮缝中或受伤处产卵。该虫对造林密度、郁闭度、树种等生活条件要求严格。

六、杨干透翅蛾的传播途径

杨干透翅蛾主要靠携带有幼虫和蛹的苗木或木材调运扩散，也可附着于交通工具、货物上做远距离传播。此外，成虫自身可做短距离飞行扩散。

七、杨干透翅蛾的检验方法

根据树木干枯、开裂、木质腐损、有黑色成串虫粪等特征，初步确定。或观察树皮外有无椭圆形蛀孔，孔外一侧有无侵蛀甚浅的宽大虫疤。用小刀撬开皮层，检查是否有蛀道，两端截齐的小木质纤条以及幼虫、蛹等虫态，或检查边材是否有L形上行蛀道。

八、杨干透翅蛾的检疫和防治

杨干透翅蛾现为全国林业植物危险性有害生物。

幼虫期用磷胺或药液喷干，用杀螟松乳剂加柴油涂蛀孔，或用棉球蘸乐果、敌敌畏原液后堵蛀孔。在化蛹初期，于树干基部培土30～40cm，以阻止成虫羽化飞出。成虫期可用性诱剂诱捕雄虫。

第四节　蔗扁蛾

学名　*Opogona sacchari*（Bojer）
英文名称　banana moth

一、蔗扁蛾的分布

蔗扁蛾1856年发现于印度洋的马斯克林群岛，后陆续传入非洲和欧洲多地，20世纪80年代传入美国，20世纪80年代末至90年代初随巴西木的引进传入中国，现分布于非洲、欧洲、秘鲁、委内瑞拉、巴巴多斯、洪都拉斯、美国、百慕大（英）、日本、印度和中国。

二、蔗扁蛾的寄主

已报道的蔗扁蛾寄主植物有28科87种8变种，主要危害巴西木、发财树、天竺葵、香蕉、甘蔗等，在有些地方对马铃薯块茎、竹子和玉米也危害较重。

三、蔗扁蛾的危害和重要性

蔗扁蛾为鳞翅目辉蛾科扁蛾属重要害虫，别名香蕉蛾、香蕉谷蛾。幼虫钻入寄主植株内取食，严重阻滞植物生长发育，或导致死亡。不同寄主植物的危害状不同。在巴西木上，初孵幼虫通过表皮的裂纹钻入韧皮部取食，残留表皮，但取食木质部较少，内部堆积碎片和粪粒，并显露于外。在棕榈上，生长点的叶片苍白并肿胀。对甘蔗和玉米，多从叶鞘或茎节上的嫩芽着生处蛀入取食。低龄幼虫在甘蔗叶鞘下取食，大龄幼虫穿入茎秆取食，茎秆被挖空并填满粪粒。幼虫也危害玉米穗，取食玉米粒。在非洲，幼虫食害香蕉根和叶片以外各部分。传入我国后，发生量和危害程度有加重趋势。据调查，巴西木在催芽期间，有近30%

的柱桩受害，有 8%～10% 死亡，栽培期间虫株率达 10%～80%。盆栽发财树带虫率近40%。香蕉、甘蔗等农作物也受害。蔗扁蛾对我国花卉业、热带农业和制糖业构成巨大威胁。

四、蔗扁蛾的形态特征

蔗扁蛾的形态特征见图 9-6。

1. 成虫的形态特征　成虫体黄褐色，体长为 8～10 mm，展翅为 22～26 mm。前翅深棕色，中室端部和后缘各有 1 个黑色斑点。前翅后缘有毛束，停息时毛束翘起如鸡尾状。雌虫前翅基部有 1 条黑色细线，可达翅中部。后翅黄褐色，后缘有长毛。后足长，超出翅端部，后足胫节具长毛。腹部腹面有两排灰色点列。停息时，触角前伸。爬行速度快，形似蜚蠊，可做短距离跳跃。

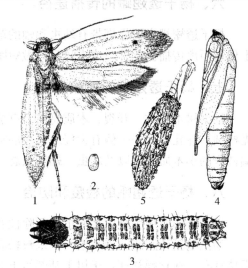

图 9-6　蔗扁蛾
1. 成虫　2. 卵　3. 幼虫　4. 蛹　5. 茧
（仿程桂芳）

2. 卵的形态特征　卵为淡黄色，卵圆形，长为 0.5～0.7 mm，宽为 0.3～0.4 mm。

3. 幼虫的形态特征　幼虫为乳白色，透明。老熟幼虫体长 30 mm，宽 3 mm。头红棕色，胴部各节背面有 4 个毛片（黑斑），矩形，前 2 后 2 排成 2 排，各节侧面亦有 4 个小毛片。

4. 蛹的形态特征　蛹长为 10 mm 左右，宽约为 3 mm。背面暗红褐色，腹面淡褐色。体疏生明显刚毛。第 4～8 腹节背面近基部各有 1 横列小刺突；腹端有 1 对粗壮的黑褐色钩状臀棘，向背面弯突。蛹体包裹在茧内，茧长为 14～20 mm，宽为 4 mm 左右，由白色丝织成，外面黏附木丝碎片与粪粒等。羽化前蛹从茧的前端钻出。

五、蔗扁蛾的发生规律和习性

蔗扁蛾在广州、江苏、北京等地室内观赏花木上 1 年可发生 3～4 代，以幼虫在盆土中越冬。若温度合适，冬季仍可继续危害。在 25 ℃、相对湿度 75% 条件下，完成 1 个世代需 61～121 d，平均需 90.5 d；卵期为 7 d，幼虫期为 37～75 d（共 7 龄），蛹期为 11～24 d。雄成虫寿命为 9.4 d，雌成虫寿命为 8.5 d。幼虫多在受害植株内化蛹，有时也在土壤表层化蛹。成虫夜间羽化，羽化后需取食花蜜补充营养。多在凌晨 2:00—3:00 交尾，少数在上午 8:00—10:00 进行。羽化后 1～2 d 内即可产卵，但多在羽化 4～7 d 后产卵。卵主要产于未展开的叶片或茎秆表面，单粒散产，或数十粒成堆。单雌产卵量为 145～386 粒。成虫喜阴暗，常隐藏于树皮裂缝或叶片背面。飞行能力较弱，一般一次只能飞行 10 m 左右。蔗扁蛾有趋糖习性。

该虫耐寒能力较弱，幼虫在 −2 ℃ 以下死亡率很高。相对湿度高于 80%，适于卵的孵化，低于 60% 不利于卵的孵化，低于 45% 时卵孵化受阻。降水对其生存影响不大。

六、蔗扁蛾的传播途径

蔗扁蛾主要随巴西木、发财树等寄主植物的调运而人为远距离传播，成虫可通过飞翔短距离扩散。

七、蔗扁蛾的检验方法

直接观察调运的寄主植物，发现茎秆不坚实，有松软感的，剥开受害部分的表皮进行检查，找到虫体并进行形态鉴定。

八、蔗扁蛾的检疫和防治

蔗扁蛾为我国进境植物检疫性有害生物，禁止从疫区调运观赏植物和绿化苗木，必须调运的需严格检验，发现虫情，可用磷化铝片剂（10 g/m³）熏蒸 24 h，或用溴甲烷（24 g/m³）在 0 ℃以上条件下真空熏蒸 1 h。对国外引进的观赏植物和绿化苗木，做好隔离试种工作。认真实行产地检疫，发现有虫植株应集中烧毁或深埋，同时对所有植物用菊酯类农药喷雾处理。

幼虫入土越冬期是防治蔗扁蛾的最佳时期，可用氧化乐果药液灌茎段受害处，并用敌百虫粉剂混土撒在表土内，以杀死越冬幼虫。植株生长期可用杀虫剂药液刷树干、喷淋或喷雾，也可使用小卷蛾线虫制剂喷雾，或用注射器直接注入受害部位。

第五节 红 火 蚁

学名　　*Hyphantria cunea* (Drury)
英文名称　　red imported fire ant

一、红火蚁的分布

红火蚁原产于巴西、巴拉圭、阿根廷等国，1918—1930 年入侵美国，2001 年侵入澳大利亚和新西兰，2002 年随集装箱和草皮从美国蔓延至我国台湾省，2003 年传入马来西亚，2004 年随家居垃圾从台湾省传入广东省。已报道发生红火蚁的有巴西、巴拉圭、阿根廷、秘鲁、玻利维亚、乌拉圭、加勒比地区、美国东南部、澳大利亚、新西兰、土耳其、马来西亚和中国。

二、红火蚁的寄主

红火蚁属杂食性昆虫，可取食危害 57 种农作物、149 种野生花草，喜捕食昆虫和其他节肢动物，也取食腐肉，攻击一些脊椎动物。

三、红火蚁的危害和重要性

红火蚁属膜翅目蚁科家蚁亚科火蚁属，也称为外来红火蚁。其适生范围广，具有较强的抗逆性、适应性和破坏力，被视为世界上 100 种危害最严重的入侵生物之一。通过筑巢，取食种子、幼芽、根系或果实，破坏灌溉系统，直接破坏植物或造成作物减产。因红火蚁危害，美国佛罗里达州茄科作物曾减产 50%，加利福尼亚州的水果种植业和酿酒业生产成本增加 10%～40%。红火蚁攻击性极强，一旦受到侵扰，群出攻击叮咬，用螯针刺伤动物和人体。人体受害部位有火灼感和疼痛感，出现灼伤般水泡，少数过敏体质的发生休克甚至死亡。1998年，美国南卡罗来纳州有33 000人因被叮咬而就医，15%受害者产生局部过敏反应，2%发生休克。红火蚁的竞争力很强，进入新区后可取代本地物种，使动物多样性和丰富度降低，对生态系统影响巨大。

四、红火蚁的形态特征

红火蚁的形态特征见图9-7。

1. 小型工蚁（工蚁）的形态特征 小型工蚁体长为2.5~4.0 mm。头、胸、触角和足红棕色，腹部常为棕褐色，腹节间色略淡，腹部第2~3节腹背面中央常有近椭圆形的淡色斑纹。头部略呈方形，复眼细小，黑色，位于头部上方两侧。触角10节，柄节最长，但不达头顶；鞭节端部两节膨大呈棒状。额下方连接的唇基明显，两侧各有齿1个，唇基内缘中央具三角形小齿1个，齿基部上方着生刚毛1根。上唇退化。上颚发达，内缘具小齿数个。前胸背板前端隆起，前胸和中胸背板的节间缝不明显，中胸和后胸背板的节间缝明显；胸腹连接处有2个腹柄结，第1结节扁锥状，第2结节圆锥状。腹部卵圆形，可见4节，腹部末端有螯刺伸出。

图9-7 红火蚁小型工蚁
（引自曾玲）

2. 大型工蚁（兵蚁）的形态特征 大型工蚁体长为6~7 mm。形态与小型工蚁相似，体橘红，腹部背板深褐色。上颚发达，黑褐色。体表略具光泽，体毛较短小，螯刺常不外露。

3. 雄蚁的形态特征 雄蚁体长为7~8 mm，体黑色，头部细小，触角呈丝状；胸部发达，具翅2对，前胸背板显著隆起。

4. 生殖型雌蚁的形态特征 有翅型雌蚁体长为8~10 mm，头部和胸部棕褐色，腹部黑褐色。头部细小，触角膝状。胸部发达，具翅2对，前胸背板亦显著隆起。

5. 卵、幼虫和蛹的形态特征 卵呈卵圆形，大小为0.23~0.30 mm，乳白色。幼虫共4龄，各龄均乳白色，1龄幼虫体长为0.27~0.42 mm，2龄幼虫体长为0.42 mm，3龄幼虫体长为0.59~0.76 mm；发育为工蚁的4龄幼虫体长为0.79~1.20 mm，将发育为有性生殖蚁的4龄幼虫体长为4~5 mm。1~2龄幼虫体表较光滑，3~4龄幼虫体表被短毛，4龄幼虫上颚骨化较深，略呈褐色。蛹为裸蛹，乳白色，工蚁蛹体长为0.70~0.80 mm，有性生殖蚁蛹体长为5~7 mm。

五、红火蚁的生物学特性

红火蚁为地栖型社会性昆虫，通常将巢穴建在光线充足的地方。根据蚁巢中蚁后数量的不同，巢穴可分为单蚁后型和多蚁后型。红火蚁根据形态、行为和社会分工的不同可分为3个基本品级：雄蚁、雌蚁（蚁后）和工蚁。工蚁是不具生殖能力的雌蚁，又可分为小型工蚁、大型工蚁（兵蚁）等亚品级。一个成熟的蚁群约有5万~24万只个体（单蚁后型），或10万~50万只个体（多蚁后型），包括1头（单蚁后型）或多头（多蚁后型）蚁后，几百头有翅繁殖雄蚁和雌蚁，大量多形态的工蚁及处于不同生长发育阶段的幼蚁。

蚁后是整个族群存在的中心。蚁后通过产卵控制整个族群，利用信息素影响工蚁和有性生殖蚁的生理与行为。蚁后的产卵速率受环境条件、营养状况以及工蚁行为的制约。1头蚁后每日可产卵1 500~5 000粒，卵有3种类型：①营养卵，为不育卵，用于饲喂幼虫；②受精卵，最终发育为不育的雌性工蚁或有繁殖力的雌蚁；③未受精卵，最后发育为雄蚁。

红火蚁的个体发育历期与体型大小有关。从卵发育为成虫小型工蚁（工蚁）需20~45 d，大型工蚁（兵蚁）需30~60 d，蚁后和雄蚁需80 d。卵历期一般为7~10 d；幼虫共4龄，历期为6~15 d；蛹历期为9~15 d。成虫寿命，蚁后为6~7年，工蚁和兵蚁为1~6月。

有翅蚁进行的婚飞是红火蚁建立新蚁巢，以及进行扩散的主要途径之一。婚飞活动的发生具有明显的季节性和环境特征。红火蚁无特定的婚飞期（交配期），只要蚁巢成熟，全年都可形成新的生殖个体，进行婚飞，通常以春季和秋季居多。在广州，主要集中在3—5月。有翅蚁在降雨后一两天内，如气候温暖（高于24 ℃）、晴朗、风不大，则上午10:00前后开始婚飞。婚飞时，雌蚁和雄蚁飞到90~300 m的空中进行配对、交配，交配后雄蚁很快死亡，雌蚁则可以飞行3~5 km，降落寻觅新筑巢地点，翅脱落后开始营巢。

新形成的蚁巢在4~9月后出现明显的用土壤堆成的蚁丘。蚁丘一般高为10~30 cm，直径为30~50 cm，有时为大面积蜂窝状，内部结构也呈蜂窝状。

六、红火蚁的传播途径

红火蚁主要通过园艺植物、草皮、培养土、肥料、园艺农耕机具设备、空集装箱、运输工具等携带而人为远距离传播。生殖蚁可飞行或随水流自然扩散。

七、红火蚁的检验方法

①在进境口岸可肉眼观察进境货物、货柜是否携带红火蚁，也可用红火蚁检疫监测盒进行监测。

②在发生地，可用目测法调查蚁丘，用干扰取样法、陷阱法或诱剂诱集法调查红火蚁数量。鉴别时主要以形态特征为基础，同时参考其野外结巢的特点和攻击干扰者的行为特征。

③利用线粒体DNA的聚合酶链式反应（PCR）扩增检验，正向引物采用CB-J-10933，反向特异引物RIFR序列为5′-ATTGGGGTGATTATTGGATTAGCC-3′。

八、红火蚁的检疫和防治

（一）红火蚁的检疫

红火蚁仅在我国局部地区发生，是我国进境植物检疫性有害生物，也是国内农业植物、林业植物检疫性有害生物。

从疫区运出的应检物品，包括土壤与其他栽培介质、草皮、花卉、苗木、带有土壤的其他植物、用过的运土器具或机械、废纸、纸箱、集装箱、木材、木包装、木材加工厂的木屑与废料等，在存放时曾与土壤接触的草捆、农作物秸秆、农家肥、曾与土壤接触的废品、垃圾等。调运检疫不合格的，须用有效的灭除方法处理。未行处理或无法处理的，禁止调运。疫区内生产盆栽植物、花卉、苗木、草皮、栽培介质等的厂家或地点须行产地检疫。

有效的灭除方法有多种。带土或种在容器内的苗圃植株，可用毒死蜱或氯氰菊酯等杀虫剂药液浸泡，或用联苯菊酯、毒死蜱或二嗪农的药液喷雾或淋浇。盆栽土壤和介质可施用氟虫腈颗粒剂、七氟菊酯颗粒剂。带土并包有塑料布、塑料编织袋、麻布的植株的田间处理，可施用含有苯氧威、氟蚁腙、烯虫酯或蚊蝇醚的饵剂后，再撒施毒死蜱颗粒剂。使用过的土壤运输工具或机械须将土壤刷净、洗净或用高压气流冲净。进口原木和废纸可用溴甲烷熏蒸处理。

（二）红火蚁的防治要点

防除红火蚁，通常采用毒饵诱杀法和蚁巢药剂处理法。

1. 毒饵法 常用饵剂有赐诺杀（spinosyns）、芬普尼（fipronil）、百利普芬（pyriproxyfen），饵剂的主要成分有载体、诱饵和化学药剂。饵剂中常用药剂有氟蚁腙、苯氧威、多杀菌素、氟虫腈、蚊蝇醚、烯虫酯、阿维菌素等。多用含有药剂的大豆油与去脂玉米颗粒混合制作毒饵。施用饵剂时，地表温度要在21~38 ℃，地面比较干燥。一般在早春、中夏和早秋各处理1次。可单个蚁巢施用或成片撒施。单个蚁巢处理适用于蚁丘零星分布的地区，可将饵剂点状或均匀撒施于蚁丘周围0.3~1.0 m的范围内。成片撒施用于蚁丘普遍出现的地区。小面积撒施可用手摇式专用撒播器将饵剂均匀撒施于防治区，大面积施用则可选用地面机械式撒播机或飞机撒施。

2. 单个蚁巢药剂处理法 利用触杀性或接触性慢性药剂处理单个可见蚁巢。施药方法有浇灌、颗粒处理、粉剂处理和气雾剂处理。可选药剂有拟除虫菊酯、西维因、毒死蜱、乙酰甲胺磷、辛硫磷等。

3. 二阶段施药法（两步法） 将毒饵诱杀和药剂灌巢配合使用。先在红火蚁觅食区散布饵剂，隔10~14 d再使用触杀性农药直接灌蚁巢。每年防治2次，通常在4—5月和9—10月。

除了上述化学防治措施以外，还可采用沸水灌注蚁巢、用水淹没蚁巢等物理防治方法，以及生物防治法。

第六节 大家白蚁

学名 *Coptotermes curvignathus* Holmgren
英文名称 rubber tree termite

一、大家白蚁的分布

大家白蚁主要分布于马来西亚、新加坡、文莱、印度尼西亚、柬埔寨、缅甸、泰国、越南（南部）和印度。

二、大家白蚁的寄主

大家白蚁的寄主有合欢属、菠萝蜜属、橄榄属、龙香脑属、桉属、柳属、腰果、南洋杉、木棉、椰子、咖啡、黄檀、三叶橡胶、芒果、柑橘、加勒比松、岛松、柚木、桃花心木等多种木本植物。

三、大家白蚁的危害和重要性

大家白蚁属等翅目鼻白蚁科乳白蚁属，也称为曲颚乳白蚁，在东南亚危害多种经济林木，是最危险的白蚁。大家白蚁是唯一能危害橡胶树的白蚁，也使多种珍贵树木蒙受严重损失。大家白蚁主要从地下直根分叉处侵入树木心材，在活树表面建立蚁道，蛀孔于树心并筑巢。受害大树茎干被蛀空，易风折，降低木材使用价值。新栽的芽接树和实生树在3～4周内可被蛀断死亡。在森林砍伐后，许多巢群残留在地下树根中，后续种植的热带林木，即可受到严重危害。受害植株树干部位出现泥被和泥线，但有时不易发觉。在印度尼西亚，该虫还蛀蚀地下电缆和森林中的仪器装置。我国从马来西亚进口木材中多次截获该虫。大家白蚁属土木两栖性白蚁，在土中和活树中均可筑巢，且具补充生殖蚁的副巢，一旦传入难以除治。

四、大家白蚁的形态特征

1. 兵蚁的形态特征 兵蚁体长为5.1～6.8 mm，头壳黄色，上颚紫褐色，胸部、腹部及足淡黄。头壳具分散的长、短刚毛，乳孔每侧具毛1根。前胸背板中区具短毛近20根。头壳宽卵形，最宽处约在头后段1/3处。乳孔似圆形，侧观孔口倾斜。触角15～16节，第2节稍长于第3节或近相等。上唇钝矛状，长稍大于宽，唇端半透明，近平直。上颚军刀状，颚端强弯曲，左上颚基具齿刻。后颏腰区最狭处近后端。前胸背板前后缘中央浅凹，前侧角狭圆，两侧缘直斜向后缘（图9-8）。

2. 工蚁的形态特征 工蚁体长为4.10～5.05 mm。头近圆形，淡黄褐色，头宽为1.30～1.75 mm，头长为0.85～1.05 mm。触角14～15节。前胸背板宽为0.60～0.85 mm，前缘略翘起，中央有缺刻，前胸背板及腹部乳白色，疏生淡黄色短毛，腹部可见黑色肠内物。

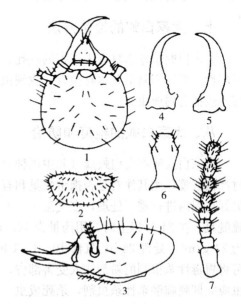

图9-8 大家白蚁兵蚁
1. 头部背面 2. 前胸背板 3. 头部侧面
4. 左上颚 5. 右上颚 6. 后颏 7. 触角
（仿齐桂臣）

3. 有翅成虫的形态特征 有翅成虫全长（含翅）为16～17 mm，翅长为13～14 mm。头近圆形，深褐色，触角及足黄褐色。触角21节，第2～4短于其他节，第3节最短。前胸背板前缘向后凹入，与侧缘连成半圆形，后缘中央向前略凹入。前胸背板及腹部褐色，密生黄褐色长毛。翅面密生细短的淡褐色毛。

五、大家白蚁的生物学特性

大家白蚁属土木两栖性白蚁，在土中和活树中均可筑巢，且具补充生殖蚁的副巢。

大家白蚁为社会性昆虫，在一个群体内有不同品级的分化，一般有生殖型和非生殖型两类。生殖型又有原始蚁王和蚁后，短翅补充蚁王和蚁后和无翅补充蚁王和蚁后。非生殖型白蚁无生殖机能，包括工蚁和兵蚁。工蚁在整个群体内的居绝大多数，担负筑巢、取食、清扫、开路、喂食及搬运蚁卵、照料幼蚁等各项任务。兵蚁担负防卫任务，在群体中的数目仅次于工蚁。在成熟的白蚁群体内，每年在一定季节会出现大量的有翅成虫（有翅繁殖蚁），有很强的趋光性，发育成熟后遇适宜气象条件，就飞离老群体另建新巢。

大家白蚁营隐蔽生活，除了有翅成虫短暂离群"分飞"外，皆隐蔽于巢内。工蚁外出觅食，兵蚁跟随防卫，一般都要事先筑以泥被、隧道隐蔽身躯。

六、大家白蚁的传播途径

大家白蚁主要随进境原木和锯材的运输而人为传播，也可随来自疫区的木质包装、纸箱或其他货物的携带远距离传播。2001年和2002年海南检验检疫局从马来西亚进口的梢原木和杂原木中曾截获大量的大家白蚁。

七、大家白蚁的检验方法

大家白蚁根据木材有无被害的蛀孔、泥线、泥被等污染物，初步确定携带蚁巢和虫体的可能性。再用刀具剖开木材检查，找到虫体进行鉴定确认。在堆放进境木材的地方，可利用灯光诱捕有翅成虫。

八、大家白蚁的检疫和防治

大家白蚁所在乳白蚁属（非中国种）为我国进境植物检疫性有害生物。对疫区进境的木材严格检疫，尤其注意是否携带蚁巢和有翅成虫，发现疫情后及时进行除害处理。受害木材最好在船内进行熏蒸处理，在气温4.5 ℃以上时，可用溴甲烷（48 g/m^3）处理24 h。或用硫酰氟，在21 ℃以上时，用药量为16g/m^3，密闭处理16 h；气温15.5～20.5 ℃时，药量为24 g/m^3，处理24 h；气温10～15 ℃时，用药量为40 g/m^3，处理24 h。若木材已上岸，可将胃毒性杀虫剂的粉剂注入受害部位，由白蚁携带入穴，杀死木材内部白蚁。发现有翅成虫应立即喷施触杀性杀虫剂，杀死成虫。有翅成虫有很强的趋光性，可使用黑光灯诱杀。

思 考 题

1. 如何控制苹果蠹蛾在国内的扩散？
2. 美国白蛾近几年在华北地区发生较严重，如何有效地防治和控制其扩散？
3. 试论蔗扁蛾的检疫重要性。
4. 如何鉴定红火蚁？在检疫处理和防治上可采取哪些措施？
5. 大家白蚁的检疫处理有哪些方法？

第十章 检疫性软体动物

软体动物是指动物界软体动物门（Mollusca）的成员。其身体柔软，通常有壳，无体节，有肉足或腕。外层皮肤自背部折皱成所谓外套，将身体包围，并分泌保护用的石灰质介壳。各地水陆都有软体动物分布。软体动物种类繁多，已记载13万多种。其生活范围极广，海水、淡水和陆地均有分布。软体动物具有食用、药用以及其他多方面的用途，仅部分种类对人类有害，例如产生毒素，传播疾病，损坏港湾建筑和交通设施以及危害农林作物。

软体动物身体分头、足和内脏团3部分。体外被套膜，部分种类分泌有贝壳。头部在身体的前端，其上生有眼、触角等感觉器官。足部通常位于身体的腹侧，为运动器官。内脏团为内脏器官所在部分，常位于足的背侧。多数种类的内脏左右对称，但有的扭曲成螺旋状，失去了对称性，例如螺类。外套膜为体背侧皮肤褶向下伸展而成，常包裹整个内脏团。外套膜与内脏团之间形成的腔室称为外套腔。腔内常有鳃、足以及肛门、肾孔、生殖孔等开口于外套腔。大多数软体动物都具有贝壳，形态各不相同。有些种类的贝壳退化成内壳，有的无壳。软体动物多雌雄同体，一般异体交配，但也能自体受精繁殖，且繁殖力强，卵生或卵胎生。一般生活在阴暗潮湿多腐殖质的环境，昼栖夜出活动。

软体动物门有双神经纲、腹足纲、掘足纲、瓣鳃纲和头足纲共5纲，危害农作物的软体动物隶属于腹足纲。腹足纲成员多营活动性生活，头部和足部左右对称。头部发达，具眼和触角。足叶状，位于腹侧。体外多被一个螺旋形贝壳，贝壳形态为分类的重要依据。壳可分为两部分：含卷曲内脏团的螺旋部和容纳头和足的体螺层。螺旋部一般由许多螺层构成，壳顶端称为壳顶，各螺层间的界限称为缝合线，缝合线深浅不一。体螺层的开口称为壳口，壳口内侧为内唇，外侧为外唇。壳口常有1个盖，称为厣。螺轴基部遗留的小窝称为脐，深浅不一。常见的蜗牛、蛞蝓等都属于腹足纲，蜗牛具有类似锉刀一样的齿舌和角质颚片，用颚片来固定食物，齿舌舔刮食物，因而被害的叶片、嫩梢形成孔洞。有些成员危害严重，分布不广，适于人为传播，具有检疫重要性。我国进境植物有害生物名录中有非洲大蜗牛等6种蜗牛。

第一节 非洲大蜗牛

学名 *Achatina fulica* (Bowditch)（褐云玛瑙螺）
英文名称 African giant snail

一、非洲大蜗牛的分布

非洲大蜗牛原产于非洲东部，现广泛分布于非洲、北美洲南部、巴西、南亚、东南亚、南太平洋岛屿、新西兰以及其他热带、亚热带地区；我国已有发生，分布于海南、福建、广东、广西、云南的局部地区。

二、非洲大蜗牛的危害和重要性

非洲大蜗牛又名非洲巨螺,取食 500 多种植物,主要取食幼芽、嫩叶和嫩枝,有时可将植物枝叶吃光,对蔬菜、花卉、豆类、甘蔗、麻类、甘薯、花生和多种热带经济植物造成严重危害。另外,农产品可遗留非洲大蜗牛爬行的黏液痕迹,会降低了商品价值,也造成经济损失。非洲大蜗牛还是人畜寄生虫和病原菌的重要中间宿主。该螺传播嗜酸性脑膜炎,引起剧烈头疼、呕吐、嗜睡、脖项僵硬等症状,严重的导致死亡,对人类健康危害很大。

三、非洲大蜗牛的形态特征

非洲大蜗牛为腹足纲柄眼目玛瑙螺科玛瑙螺属成员。

1. 成螺的形态特征 成螺贝壳大型,壳质稍厚,有光泽,呈长卵圆形。壳高为 130 mm,宽为 54 mm,螺层 6.5~8.0 个,螺旋部呈圆锥形。体螺层膨大,其高度约为壳高的 3/4。壳顶尖,缝合线深。壳面为黄色或深黄底色,带有焦褐色雾状花纹。胚壳一般呈玉白色。其他各螺层有断续的棕色条纹(图 10-1)。生长线粗而明显,壳内为淡紫色或蓝白色,体螺层上的螺纹不明显,中部各螺层与生长线交错。壳口卵圆形,口缘简单,完整。外唇薄而锋利,易碎。内唇贴缩于体螺层上,形成 S 形的蓝白色的胼胝部,轴缘外折,无脐孔。足部肌肉发达,背面呈暗棕黑色,其黏液无色。

图 10-1 非洲大蜗牛成螺贝壳

2. 卵的形态特征 卵为椭圆形,色泽乳白或淡青黄色,外壳石灰质。卵长为 4.5~7 mm,宽为 4~5 mm。

3. 幼螺的形态特征 刚孵化的螺有 2.5 个螺层,各螺层增长缓慢。壳面为黄色或深黄底色,似成螺。

四、非洲大蜗牛的生物学特性

非洲大蜗牛原产地为东非马达加斯加,生活于热带和亚热带,喜欢栖息于阴暗潮湿杂草丛、腐殖质多而疏松的土壤表层、枯草堆中、乱石穴下等隐蔽处。产卵最适土壤含水量为 50%~75%,土壤 pH 为 6.3~6.7。非洲大蜗牛具群居性,昼伏夜出。该种雌雄同体,异体交配,繁殖力强。每年可产卵 4 次,每次产卵 150~300 粒。卵孵化后,经 5 月性发育成熟,成螺寿命一般为 5~6 年,最长可达 9 年。

五、非洲大蜗牛的传播途径

非洲大蜗牛个体大,外形美观,肉质鲜美,而被人们当作观赏品和食物直接引入,这是人为传播造成有害生物广泛扩散的一个典型的事例。另外,还随苗木、接穗、鲜花、鲜切花、盆景、新鲜的水果蔬菜、板材、货物包装箱、随集装箱、运输工具远程传播。螺卵还可混入土壤中传播。国内外疫情分析表明,该螺随集装箱传播的概率很高。

六、非洲大蜗牛的检验方法

蜗牛类传播不需要特定的寄主，凡接触过地面的物品都可能传播。因而要仔细检查运输工具、木质包装物、植物性材料等是否有蜗牛附着其上。非洲大蜗牛多栖息在阴暗处，昼伏夜出，尤其要注意阴暗处的检查，需用手电筒仔细寻找蜗牛的爬行痕迹。非洲大蜗牛爬行过后，会留下银灰色的丝带状黏液痕迹，这是判定是否有蜗牛污染的重要依据。盆景等携带土壤或其他细碎衬垫材料，需用土壤筛过筛，检查是否有卵或小蜗牛。发现蜗牛后，要装入塑料标本袋或标本瓶带回实验室，根据形态或解剖特征鉴定种类。

七、非洲大蜗牛的检疫和防治

非洲大蜗牛是我国进境植物检疫性有害生物，对来自发生区的菜苗、花卉、苗木、包装箱等运输工具和实施重点查验。一经发现要进行灭害处理。灭杀蜗牛的熏蒸剂种类很多，目前常用的有磷化铝、磷化锌、硫酰氟、溴甲烷等。溴甲烷渗透性强，对各种蜗牛的卵、幼螺和成螺都有强烈的毒杀作用，特别适合于以彻底灭螺为目的检疫处理。

防治非洲大蜗牛，应破坏其越冬越夏场所，摧毁其栖息地，在夜晚和清晨人工捕杀。药剂防治可使用灭旱螺、灭蜗灵、百螺敌、密达等杀螺剂，施药方式有喷雾、撒毒土、撒施毒饵等。

第二节　花园葱蜗牛

学名　*Cepaea hortensis* Muller
英文名称　white-lipped banded snail, whitelipped grove snail, white-lipped garden snail

一、花园葱蜗牛的分布

花园葱蜗牛主要分布在欧洲和美国部分地区，在英国、德国、法国等地是常见种。

二、花园葱蜗牛的危害和重要性

花园葱蜗牛杂食性，以各种绿色植物为食，喜食多汁的蔬菜和幼嫩的花卉。在欧洲危害各种蔬菜、瓜果、花卉，是重要的间歇性园艺有害生物。花园葱蜗牛还在果筐、果箱中栖息，在果实运输过程中危害。该蜗牛可传播广州管圆线虫（*Angiostrongylus cantonensis*），其幼虫寄生人体，引起以脑膜炎为主要特征的寄生虫病。我国尚未发现花园葱蜗牛。近年口岸检疫机构多次从欧洲进境的原木、集装箱和木质包装材料中截获该种蜗牛，入侵的风险较大。

三、花园葱蜗牛的形态特征

花园葱蜗牛为腹足纲柄眼目大蜗牛科成员。贝壳扁球形，缓慢膨胀，脐孔完全被唇缘覆盖。口唇白色粗短。贝壳色彩明亮，有光泽，其上有微弱而不规则的生长嵴和螺旋状的色带 0～5 条，故也称为白唇彩带蜗牛。贝壳的颜色和色带类型变异很大。螺体通常呈绿灰色，后部逐渐变为黄色。壳高为 10～15 mm，壳宽为 14～20 mm。其头部有触角 2 对，可以翻转缩入，前触角作嗅觉用，后触角顶有眼。

四、花园葱蜗牛的生物学特性

花园葱蜗牛主要生活在废物堆、林地、灌木丛、草地以及稠密的植被下,昼伏夜出,白天常躲藏在乱石堆中、岩石缝隙、树叶底下等荫蔽潮湿处。在干旱或无食物等恶劣环境下,能以休眠方式生存。在潮湿的天气条件下群居活动,天气干燥时,则附着在植物背阴处休眠。个体寿命3年左右。雌雄同体,多异体交配。发情交配期发生在春季到秋季。卵产在土壤中。

五、花园葱蜗牛的传播途径

蔬菜、瓜果等农产品和植物无性繁殖材料可夹带卵和幼螺,扩散传播。蜗牛也可爬到木质包装材料中和车辆、集装箱等运输工具上,以休眠方式而被远距离传播。

六、花园葱蜗牛的检验方法

花园葱蜗牛的检验方法参见非洲大蜗牛。应重点对潮湿带皮的原木和集装箱内潮湿的木质包装箱进行查验,特别注意检查阴暗角落处,发现有蜗牛爬行过后留下的银白色黏液痕迹时,一般都能检获蜗牛。

七、花园葱蜗牛的检疫和防治

花园葱蜗牛是我国进境植物检疫性有害生物,应严格检查来自发生区的植物材料、木质包装材料、集装箱等运输工具。对来自疫区的原木和集装箱等运输工具,要采取熏蒸等防范措施。主要防治方法有人工捕杀和施用密达、贝螺杀、百螺敌等杀螺剂。

第三节 散大蜗牛

学名 *Helix aspersa* Muller
英文名称 brown garden snail, common garden snail, European brown snail

一、散大蜗牛的分布

散大蜗牛主要分布在欧洲、黑海沿岸国家、阿尔及利亚、南非、那加利群岛、澳大利亚、加拿大、美国、墨西哥、海地、阿根廷、智利等地。

二、散大蜗牛的危害和重要性

散大蜗牛没有特定的寄主,以各种绿色植物为食,最喜食蔬菜、花卉、果树和树木,在幼龄果园中取食叶片、嫩芽、嫩枝和树皮,可摧毁幼树;在成年果园中危害,引起落叶和果实腐烂,造成经济巨大损失;在柑橘园和葡萄园中危害特别严重;在储运过程中,往往引起果品、蔬菜大量腐烂,且爬行过后留下白色黏液痕迹,大大降低商品价值。散大蜗牛极易在新区建立种群,危害经济植物,不利于农业生产、居民生活和风景区环境卫生。许多国家和地区已对散大蜗牛实施检疫。散大蜗牛尚未在我国发现,但存在传入和定殖的风险。

三、散大蜗牛的形态特征

散大蜗牛为腹足纲柄眼目大蜗牛科成员。卵圆形，白色，直径为 3 mm。幼贝刚孵化时只有 1 个螺层，贝壳光滑，淡褐色，有细小的黑斑，无条状色带和色斑。成螺贝壳大型，卵圆形或球形，壳质稍薄，不透明，有光泽，贝壳表面呈淡黄褐色，有稠密和细致的刻纹，并有多条深褐色螺旋状色带，阻断于与其相交叉的斑点或条纹处。贝壳有 4.5~5.0 个螺层，壳高为 29~33 mm，壳宽为 32~38 mm，壳面有明显的螺纹和生长线，螺旋部矮小，体螺层特别膨大，在前方向下倾斜，壳口位于其背面。壳口完整，卵圆形或新月形，口缘锋利。散大蜗牛体宽为 2.5 cm，呈黄褐色到绿褐色，头部和腹足爬行时伸展长度可达 5~6 cm。从触角基部到贝壳之间有 1 条浅色的线条。

四、散大蜗牛的生物学特性

散大蜗牛活动主要受湿度控制，在潮湿的环境条件下昼伏夜出，夜间在 5~20 m 范围内活动。休耕、洒水、滴灌等栽培措施可提高环境湿度，有利于蜗牛栖息繁殖。散大蜗牛以休眠的方式度过干旱季节。生长发育的适宜温度范围为 4.5~21.5 ℃，在 −10 ℃ 的严寒下仍能生存。冬季以幼螺或成螺在隐蔽的环境中以休眠方式群集越冬，翌年春季气温回升时开始危害植物。

雌雄同体，异体交配，受精后 5~7 d 开始产卵，卵穴通常构筑在疏松而潮湿的土壤中，每次产卵 30~120 粒，平均为 86 粒，卵块隐藏在由蜗牛分泌的黏液、粪便和泥土组成的混合物中。在温暖湿润的条件下，一般 14d 后孵出幼螺。

五、散大蜗牛的传播途径

散大蜗牛主要起源于西欧和东欧一些国家，由于具有食用价值，19 世纪后期被一些国家和地区盲目引种养殖，以至成为危害园艺作物的主要有害生物之一。散大蜗牛的卵和幼螺可夹带在土壤、苗木、水果、蔬菜、鲜花、盆景中进行远距离传播。该蜗牛没有特定的寄主，能以休眠方式在无水分和食物的环境下长期生存，多爬到车辆、集装箱等运输工具上，躲在隐蔽部位休眠而被远距离传播。随着集装箱运输业的发展，传入的风险增大。

六、散大蜗牛的检验方法

散大蜗牛的检验方法参见非洲大蜗牛。现场检验时应仔细检查集装箱底部和四周角落等隐蔽部位。混杂在土壤中的卵和幼螺用肉眼难以发现，可过筛检查。

七、散大蜗牛的检疫和防治

散大蜗牛是我国进境植物检疫性有害生物，需依法检疫。发现被蜗牛污染的货物和运输工具，须行灭螺处理，可用高压水枪冲洗，喷施杀螺剂或行溴甲烷熏蒸。对于来自疫区的运输工具也可进行预防性熏蒸。

药剂防治可选用聚氯乙醛类杀螺剂，宜用谷类食物拌药制成毒饵诱杀或喷雾施用。中耕除草、翻晒土壤、焚烧垃圾、搞好果园环境卫生等措施，可破坏蜗牛的栖息、产卵和越冬环境，能有效降低螺口密度。在雨天、黄昏、黎明等蜗牛活动期可行人工捕杀，将瓜皮、杂草等堆放在田间四周，引诱蜗牛，天亮后捕捉蜗牛并集中销毁。

第四节 比萨茶蜗牛

学名 *Theba pisana* Müller

英文名称 white garden snail, sand hill snail, white Italian snail, Mediterranean coastal snail

一、比萨茶蜗牛的分布

比萨茶蜗牛原产于地中海沿岸非洲和欧洲国家，后传播到英国、爱尔兰、荷兰、南非、索马里、以色列、澳大利亚、巴西和美国，我国尚未发生。

二、比萨茶蜗牛的危害和重要性

比萨茶蜗牛为杂食性动物，寄主植物范围很广，受害最严重的是柑橘类果树、小麦、豆类、芦笋、朝鲜蓟、紫花苜蓿、甜菜、葡萄、观赏植物等；常引起果树落叶和果实腐烂，对收获后的果实和麦粒也常常造成危害。这种蜗牛繁殖力很强，侵入新区后种群迅速增长。该蜗牛从欧洲南部传入澳大利亚、南非和北美洲，现已成为传入地重要农业有害生物；有传入我国的风险和定殖的可能性。

三、比萨茶蜗牛的形态特征

比萨茶蜗牛属于软体动物门腹足纲柄眼目大蜗牛科。贝壳中等大小，呈扁球形，壳质稍厚，坚实，不透明。壳宽为 12～15 mm（最宽达 25 mm），壳高为 9～12 mm（最高达 20 mm），有 5.5～6.0 个螺层。壳顶尖，缝合线浅，脐孔狭小。壳口呈圆形或新月形，稍倾斜，口唇锋利而不外折，但有些个体内唇壁处增厚。幼螺体螺层周缘有 1 个锋利的龙骨状突起，但成螺体螺层周缘上仅有 1 个不明显的肩角突起。壳面不光滑，具有无数明显的垂直螺纹，底色近乎乳白色（极少呈粉红色），其上常有狭窄的黑褐色螺旋形色带，数量不定，由小点和条斑组成。有触角 2 对，前触角短，后触角长。腹足淡黄色。头部颜色较腹足深。头部两侧各有 2 个黑色斑点。

四、比萨茶蜗牛的生物学特性

比萨茶蜗牛具有生长迅速、繁殖力高、抗逆性强等生物学特性，喜栖生于砂壤土和园地，故也称为沙丘蜗牛或花园蜗牛。干旱时在树木、篱笆和其他直立物表面等开放环境中休眠。在田间可观察到大量蜗牛群集在麦秆、葡萄藤、果树和树木上以休眠方式越冬、越夏。比萨茶蜗牛为雌雄同体，异体交配，交配后 7～14 d 即产卵。在欧洲南部，产卵季节为 6—10 月，每次产卵 60 粒左右，卵多产于乱石堆中或表土层下。

五、比萨茶蜗牛的传播途径

比萨茶蜗牛喜在集装箱中藏匿，随集装箱而被远距离传到未发生区。该种蜗牛具有很强的休眠能力，在无食物、无水的条件下以休眠方式长期存活，因而极易于黏附在任何货物和物品，随其调运而传播，也可混入土壤中或随盆景、苗木、水果和其他植物性原材料传播。

六、比萨茶蜗牛的检验方法

比萨茶蜗牛的检验方法参见非洲大蜗牛。

七、比萨茶蜗牛的检疫和防治

比萨茶蜗牛现为我国进境植物检疫性有害生物，需行检疫。在蜗牛活动期用四聚乙醛制剂防治效果较好，可将药剂撒施成一条着药带，保护带内作物。也可用四聚乙醛制剂与米糠等混合制成毒饵，于傍晚时撒施，诱杀蜗牛。栽培防治措施有深翻土壤、中耕除草、搞好田间卫生、焚烧地面杂草、清除蜗牛栖息的垃圾和枯枝落叶等。

第五节 其他检疫性软体动物

一、盖罩大蜗牛

学名 *Helix pomatia* L.
英文名称 burgundy snail, Roman snail

盖罩大蜗牛原产于欧洲中部地区，主要分布于欧洲、北非、乌干达、美国、阿根廷，现为是我国进境植物检疫性有害生物。

盖罩大蜗牛为腹足纲柄眼目大蜗牛科大蜗牛属成员。成螺螺壳较大，厚重坚实，不透明，卵圆形或球形，宽度与长度几相等，直径约为 40 mm，黄褐色，有 1 条横行的白色带。有 5~6 个螺层。体螺层膨大，并向下倾斜；螺旋部较矮小，稍凸出，无光泽，壳口向下倾斜，口缘锋利，呈 U 形。壳高为 38~45 mm，宽为 45~50 mm。软体部分乳白或米黄色。盖罩大蜗牛与散大蜗牛相似，但比散大蜗牛略大，最大可长到 40 g。生长适宜温度为 20~28 ℃，相对湿度为 85%~90%，沙土湿度为 30%~40%。

二、琉球球壳蜗牛

学名 *Acusta despecta* Gray

琉球球壳蜗牛原产于中国台湾，日本有发生，现为我国进境植物检疫性有害生物。

琉球球壳蜗牛为腹足纲柄眼目玛瑙螺科球蜗牛属成员。壳呈薄球状，黄色或淡赤褐色，表面具明显长脉，无色带。琉球球壳蜗牛主要危害柑橘属植物。

思 考 题

1. 简述软体动物的分类地位和形态特点。
2. 写出我国检疫性软体动物的种类和学名。
3. 非洲大蜗牛有哪些危害？
4. 简述非洲大蜗牛的检验方法和鉴别特点。
5. 查阅参考文献，拟定检疫性蜗牛的铲除和防治方案。

第十一章 检疫性植物寄生线虫

线虫（nematode）是动物界中一类具有假体腔，两侧对称，不分节的多细胞无脊椎动物，皆属于线虫门（Nematoda）。据估计线虫有 50 万～100 万种，其中约有 10% 是植物寄生线虫。线虫门分为 2 纲：侧尾腺纲（泄管纲）和无侧尾腺纲（泄腺纲），植物寄生线虫多是侧尾腺纲垫刃目（Tylenchida）和滑刃目（Aphelenchida）以及无侧尾腺纲矛线目（Dorylaimida）和三矛目（Triplonchida）中的部分成员。

线虫虫体多为细长圆筒形，两端稍细，呈细线状。多数种类雌雄同形，少数种类雄虫为线形，雌虫则膨大为球状或囊状。植物寄生线虫虫体较小，多数体长不超过 2 mm，体宽不超过 50 μm。线虫虫体分为背面、腹面和 2 个侧面，口器位于虫体前端，排泄孔口以及雌虫的阴门、雄虫的泄殖腔口位于腹面。虫体外部从前向后可区分为头部、颈部、躯干部和尾部。但是多数种类除了尾部（肛门以后的部位）以外，各部位分界并不明显。虫体内部是体壁围成的体腔，消化系统、生殖系统、排泄系统和神经系统位于体腔内和体壁上。所有植物寄生线虫的口腔内都有一个称为口针针状结构，这是植物寄生线虫区别于其他生活类型线虫的最重要的形态特征。

植物寄生线虫的生活史包括 6 个发育时期：卵期、4 个幼虫期和成虫期，完成 1 个世代需 2～4 周。多数植物线虫寄生植物的根或其他地下器官，少数种类寄生地上器官，极少数种类（如鳞球茎茎线虫）既可寄生地上部，也可寄生地下部。植物寄生线虫有内寄生、半内寄生和外寄生 3 种寄生方式。内寄生线虫在植物组织内取食、发育和繁殖。其中一些种类的卵后各个发育阶段都能侵入植物，且持续移动，不断变换取食位点，这种内寄生方式称为迁移型内寄生。另一些种类则以 2 龄幼虫侵入植物，固定在一个取食位点取食并完成生活史，这种内寄生方式称为定居型内寄生。半内寄生线虫的虫体前半部侵入植物的根或其他器官，后半部露在植物组织外。大多数植物线虫属外寄生类型，生活在土壤中，仅用口针刺入植物细胞取食。

已报道的植物寄生线虫超过 200 属 5 000 种。对农、林业造成明显经济损失的种类多属于其中 20 多属。植物寄生线虫造成的农作物产量损失为 1%～12%，危害严重时则高达 80%～90%。全球主要农作物因线虫危害每年损失超过 1 000 亿美元。具有检疫意义的植物寄生线虫多属于根结属、胞囊属、球胞囊属、茎属、短体属、假根结属、穿孔属、粒属、滑刃属、伞滑刃属、长针属、剑属、毛刺属和拟毛刺属。我国进境植物检疫性有害生物名录中列入了植物寄生线虫 20 种（属），《全国农业植物检疫性有害生物名单》有 2 种，《全国林业植物检疫性有害生物名单》中有 1 种。这些种类也被欧洲联盟、美国、加拿大等许多国家或地区列为检疫性植物有害生物，是国际公认的重大病原线虫。

第一节 剪股颖粒线虫

学名 *Anguina agrostis* (Steinbuch, 1799) Filipjev

英文名称　bent-grass gall nematode

一、剪股颖粒线虫的分布

剪股颖粒线虫发生于在瑞典、芬兰、德国、荷兰、英国、挪威、法国、爱沙尼亚、俄罗斯、乌克兰、格鲁吉亚、南非、澳大利亚、新西兰、加拿大和美国；我国内蒙古有零星发生。

二、剪股颖粒线虫的寄主

剪股颖粒线虫的寄主为剪股颖属和其他属禾草。

三、剪股颖粒线虫的危害和重要性

剪股颖粒线虫引起剪股颖等禾草的粒线虫病，危害花序，形成虫瘿，导致牧草产量和种子产量剧降。紫羊茅和黑麦草上的虫瘿对牛、马和羊有毒。我国口岸检疫机构曾多次从进口的剪股颖、画眉草、羊茅等禾本科草籽中截获该线虫，表明从境外传入的风险很大，具有检疫重要性。

四、剪股颖粒线虫的形态特征

剪股颖粒线虫属于侧尾腺纲垫刃目粒虫科粒线虫属。其形态特征见图 11-1。

1. 雌虫的形态特征　雌虫为蠕虫形，体长为 1.39～2.70 mm，口针长为 8～12 μm，热杀死后虫体向腹面卷成螺旋形或 C 形。头部低平，缢缩。食道为垫刃型，前体部与中食道球连接处略缢缩，峡部细短，后食道腺近梨形，不覆盖或略覆盖肠前端；单卵巢、前伸，折叠 2～3 次，卵母细胞呈轴状多行排列；后阴子宫囊长约为肛阴距的 1/2；尾圆锥形，尾端锐尖。

2. 雄虫的形态特征　雄虫为蠕虫形，体长为 1.05～1.68 mm，口针长为 10～12 μm；虫体较雌虫细短，热杀死后向腹面弯成弓状或近直伸；交合刺长为 25～40 μm，引带长为 10～14 μm，交合伞向后伸至近端部；尾端锐尖。

五、剪股颖粒线虫的危害症状

被侵染的剪股颖等禾草植株在幼苗期无明显症状，在花穗期表现典型症状，被寄生小花的颖片、外稃和内稃显著增长，分别达正常长度的 2～3 倍、5～8 倍和 4 倍，子房转变成雪茄状的虫瘿。虫瘿初期绿色，后期呈紫褐色，长为 4～5 mm，而正常颖果的长度仅 1 mm 左右。被侵染的羊草植株矮小，生育期延迟，病穗呈浓绿色、短棒状。

六、剪股颖粒线虫的发生规律

剪股颖粒线虫以 2 龄幼虫在虫瘿中休眠，度过干旱季节。虫瘿吸水后破裂，幼虫逸出，侵入寄主植物幼苗。在秋季和冬季，以外寄生方式在寄主植物生长点附近取食，来年春季，寄主植物进入生殖生长期后，2 龄幼虫即侵入花芽，并很快发育为成虫，而被侵染小花的子房已转变成虫瘿。在虫瘿中，雌虫受精后产卵，卵孵化出 2 龄幼虫，2 龄幼虫进入休眠状态。

七、剪股颖粒线虫的传播途径

病种子的调运是该线虫远距离传播的主要途径。在发病区，线虫随风雨、流水、农事操作和鸟类的活动扩散传播。

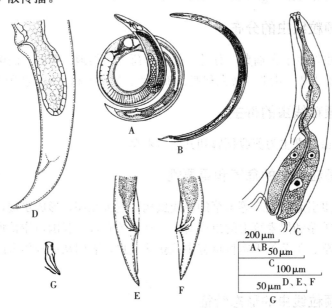

图 11-1 剪股颖粒线虫
A. 雌虫 B. 雄虫 C. 雌虫食道区 D. 雌虫尾部 E、F. 雄虫尾部 G. 交合刺和引带
(仿 Southey)

八、剪股颖粒线虫的检验方法

检查进境或调运的种子、包装箱、农机具等是否混杂或黏附有虫瘿。若发现可疑的虫瘿，用直接解剖法和浸泡法分离线虫，镜检确定。在隔离苗圃，可将虫瘿与健康寄主植物种子一起播种，待植株进入花穗期后观察花序病变，并采集小花用直接浸泡法分离线虫镜检。

九、剪股颖粒线虫的检疫和防治

①剪股颖粒线虫为我国进境植物检疫性有害生物，禁止从疫区调运寄主植物种子或进行严格检疫。经检验未发现带虫的种子也须经消毒处理后才能用于生产。

②种子可行温水浸种，即在 24 ℃的温水中预浸 2 h，然后用 52 ℃热水处理 15 min，也可用适宜的杀线虫剂药液浸种。

③发病区应加强田间卫生，注意清除农机具等黏附的虫瘿。发病田实施轮作或休闲 1 年以上，草坪草应定期刈割，以抑制开花，使线虫无法完成生活史。

第二节 水稻茎线虫

学名 *Ditylenchus angustus* (Butler) Filipjev
英文名称 rice stem menatode

一、水稻茎线虫的分布

水稻茎线虫分布于缅甸、乌兹别克斯坦、印度、巴基斯坦、孟加拉国、印度尼西亚、马来西亚、泰国、菲律宾、越南、柬埔寨、阿拉伯联合酋长国、埃及、马达加斯加、苏丹、南非和古巴。

二、水稻茎线虫的寄主

水稻茎线虫寄生稻属植物，水稻是最主要的寄主。

三、水稻茎线虫的危害和重要性

水稻茎线虫为植物外寄生线虫，引起水稻茎线虫病，水稻因病平均减产30%，危害严重时减产50%～100%。我国尚无发生，从境外传入该线虫将对粮食生产安全构成极大威胁，具有检疫重要性。

四、水稻茎线虫的形态特征

水稻茎线虫属于侧尾腺纲垫刃目粒科茎属，其形态特点见图11-2。

1. 雌虫的形态特征 雌虫为蠕虫形，细长，体长为0.8～1.2 mm，口针长为10～11

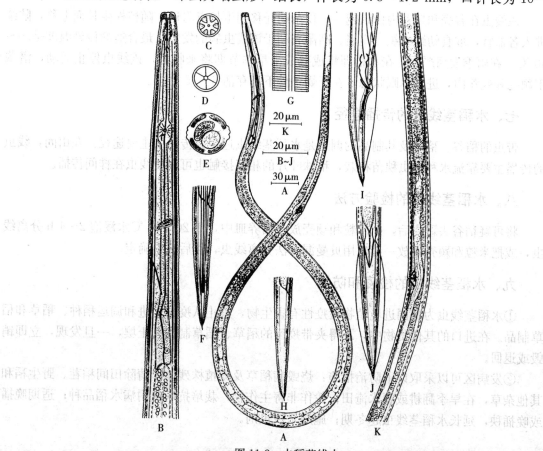

图 11-2 水稻茎线虫
A. 雌虫整体　B. 雌虫食道区　C. 雌虫头部顶面　D. 雌虫头架
E. 雌虫体中部横切面　F. 雌虫尾部　G. 雌虫侧区　H. 幼虫尾部
I. 雄虫尾部　J. 雄虫尾部腹面　K. 雌虫阴门区
(仿 Seshadri 和 Dasgupta)

μm。热杀死后，虫体直或略向腹面弯，侧线 4 条。中食道球卵圆形，具瓣，后食道腺略覆盖肠。单卵巢，前伸，$V=78\sim80$（$V=$头顶至阴门长度×100/体长），阴道长为阴门处体宽的 1/2，后阴子宫囊长是肛阴距的 33%～67%。尾部呈圆锥形，渐变细，末端锐尖，具有尾尖突。

2. 雄虫的形态特征 雄虫为蠕虫形，体长为 0.70～1.18 mm，口针长为 10 μm。除生殖系统外，其他特征与雌虫相似。交合刺长为 16～21 μm，引带长为 6～9 μm，交合伞延伸到近尾端。

五、水稻茎线虫的危害症状

病株幼叶基部捻卷，出现白色或浅绿色斑点，叶片和叶鞘上产生褐色斑，叶缘卷缩，叶尖弯曲，叶鞘扭曲。病株不能结实，花轴和枝梗变暗褐色，穗和剑叶扭曲。有的病株下部节位肿大，产生不规则的分支，穗包在叶鞘内不能抽出或仅部分抽出。

六、水稻茎线虫的发生规律

该线虫在谷壳和残茬内休眠越冬，秧苗期迁移到生长点附近，随植株生长而上移，陆续进入各器官，取食幼嫩组织。高温、高湿有利于该线虫病的发生，最合适的侵染温度是 20～30 ℃，在雨季发病严重。在水稻即将成熟或干旱季节即将来临时，该线虫停止活动，潜藏于颖壳和残茬内，进入休眠状态，在干燥条件下可存活 6～15 个月。

七、水稻茎线虫的传播途径

带虫的稻谷、稻草及其制品的调运是水稻茎线虫远距离传播的主要途径。在田间，线虫的传播主要靠流水和带虫秧苗移栽，稻株叶片的相互接触也可以使线虫在株间传播。

八、水稻茎线虫的检验方法

将可疑稻谷去颖壳后，把米粒和颖壳放在培养皿中，用 20～30 ℃水浸泡 2～4 h 分离线虫，或把米粒和颖壳混放一起，用贝曼漏斗法分离线虫，然后镜检确定。

九、水稻茎线虫的检疫和防治

①水稻茎线虫为我国进境植物检疫性有害生物，禁止从疫区引进和调运稻种、稻草和稻草制品。在进口的其他货物中，不得夹带疫区的稻草、稻草制品和土壤，一旦发现，立即销毁或退回。

②发病区可以采取以下防治措施：烧毁病稻草及其植株残体，清除田间稻茬、野生稻和其他杂草，在旱季翻耕或灌水淹田；轮作非寄主作物；栽培抗病或耐病水稻品种；适期晚播或晚插秧，延长水稻茎线虫越冬期；施用杀线虫剂。

第三节　腐烂茎线虫

学名　*Ditylenchus destructor* Thorne

英文名称　potato tuber nematode, potato rot nematode

一、腐烂茎线虫的分布

腐烂茎线虫在欧洲、北美洲、厄瓜多尔、伊朗、日本、哈萨克斯坦、塔吉克斯坦、乌兹别克斯坦、沙特阿拉伯、土耳其、澳大利亚和新西兰均有发生；在我国辽宁、山东、河南、河北、安徽和江苏省有分布。

二、腐烂茎线虫的寄主

已报道的腐烂茎线虫寄主植物超过 90 种，其中有马铃薯、甘薯、洋葱、大蒜、鸢尾、郁金香、人参、当归等。

三、腐烂茎线虫的危害和重要性

腐烂茎线虫严重危害马铃薯和甘薯，是欧洲马铃薯最重要病害之一；在我国既危害田间的甘薯，又造成储藏期烂窖和育苗期烂床，严重时可造成绝产。另外，腐烂茎线虫对人参、当归等中药材和鳞球茎花卉等也造成严重危害。我国口岸检疫机构曾从进口的欧洲马铃薯和甜菜上截获该线虫，而我国马铃薯和甜菜上尚无发生报道，因而具有检疫重要性。该线虫可能存在不同的生理小种（或致病型），增加了防治难度。

四、腐烂茎线虫的形态特征

该线虫属于侧尾腺纲垫刃目粒科茎属，其形态特征见图 11-3。

1. 雌虫的形态特征

雌虫为蠕虫形，体长为 0.69～1.89 mm，热杀死后虫体略向腹面弯，侧线 6 条。头部低平、略缢缩，口针长为 10～13 μm，中食道球纺锤形、有瓣，后食道腺短、覆盖肠的背面。单卵巢，前伸，$V=77～84$，后阴子宫囊长是肛阴距的 40%～98%。尾圆锥形，通常腹弯，端圆。

2. 雄虫的形态特征 雄虫虫体形态与雌虫相似，体长为 0.63～1.35 mm，口针长为 10～12 μm，交合刺长为 24～27 μm，交合伞伸到尾部的 50%～90%。

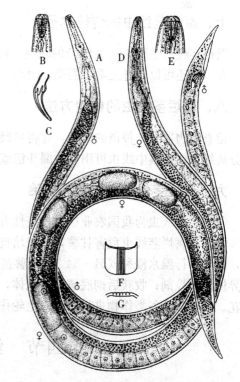

图 11-3 腐烂茎线虫
A. 雄虫整体 B. 雄虫头部 C. 雄虫交合刺 D. 雌虫整体
E. 雌虫头部 F. 雌虫体中部侧区 G. 雌虫侧区横切面
(仿 Hooper)

五、腐烂茎线虫的危害症状

腐烂茎线虫引起甘薯茎线虫病，病苗发育不良、矮小发黄，根部、茎基部表皮生有蓝紫色块状或条状晕斑，严重的髓部变褐干腐。成株茎蔓髓部呈白色或褐色干腐，主蔓基部拐子上出现褐色裂纹，严重的病茎蔓变粗，易折断。病薯外表无异状，但内部干腐，表现褐白相间的干絮状糠心，重量显著减轻，用手弹敲时发出空心声。

马铃薯病块茎表皮褐色龟裂，内部出现点状空隙或糠心状，薯块重量减轻，无经济价值。

洋葱病株矮化，新叶上产生淡黄色小斑点。叶片基部和鳞茎顶部变软，外部鳞片干枯脱落，最外层的肉质鳞片撕裂呈白色海绵状。病鳞茎被细菌或真菌第二次侵染后发生腐烂，有异臭。

六、腐烂茎线虫的发生规律

腐烂茎线虫以各种虫态在罹病块茎、鳞茎、球茎、块根等植物器官越冬，或以成虫在土壤内越冬。用带虫的种薯育苗后，线虫从种薯芽苗的着生点侵入。病秧苗栽入大田，茎线虫随之传入，在秧薯内生长发育，顺着根基进入薯块顶端，并向薯块纵深移动危害，同时线虫沿着茎薯向上移动危害薯蔓基部。侵入薯块的线虫在储藏窖内或加工食用前，还可继续危害，引起更大损失。

在田间缺少栽培作物寄主时，该线虫可以在田间的杂草和土壤中的真菌寄主上存活。该线虫发育和繁殖温度为5～34 ℃，最适温度为20～27 ℃，在27～28 ℃时，完成1个世代需18 d。当温度在15～20 ℃、相对湿度为90%～100%时，腐烂茎线虫对马铃薯的危害最严重。

七、腐烂茎线虫的传播途径

腐烂茎线虫主要随着被侵染的块茎、鳞茎、球茎、块根、种苗以及黏附的土壤进行传播，在田间还可以通过土壤、粪肥、雨水、灌溉水、农机具或人畜携带而传播。

八、腐烂茎线虫的检验方法

检查植物器官、种苗的症状，并将可疑的植物材料剪成小块，用直接浸泡法或贝曼漏斗法分离线虫，土壤中线虫可用贝曼漏斗法或筛淘法分离，然后镜检。

九、腐烂茎线虫的检疫和防治

①腐烂茎线虫为我国农业植物检疫性有害生物和进境植物检疫性有害生物。

②防治腐烂茎线虫危害甘薯，可栽培抗病品种，建立无病留种田，使用无病种薯和高剪苗，种薯可行温水浸种（51～54 ℃），薯苗可用辛硫磷、甲基异柳磷药液浸渍；田间穴施甲基异柳磷颗粒剂；收获后彻底清除病残体，深翻土壤，不用病薯、病秧作饲料。重病地应与棉花、烟草、禾谷类作物进行3年以上轮作。

第四节 鳞球茎茎线虫

学名 *Ditylenchus dipsaci* (Kühn) Filipjev

英文名称 stem nematode, stem and bulb eelworm, teasel nematode

一、鳞球茎茎线虫的分布

鳞球茎茎线虫在欧洲和美洲的多数国家以及亚洲、非洲和大洋洲的部分国家有分布。

二、鳞球茎茎线虫的寄主范围

鳞球茎茎线虫的寄主范围非常广泛，已报道的寄主植物超过500种，危害严重的重要经济植物有马铃薯、玉米、甜菜、大蒜、洋葱、水仙、郁金香、风信子等。

三、鳞球茎茎线虫的危害和重要性

在严重侵染时，鳞球茎茎线虫引起作物产量损失高达60%~80%。在温带病区，若不加以防治，洋葱、大蒜、郁金香、水仙等鳞球茎作物可能绝产。该线虫的生存能力极强，一旦在土壤中定殖，很难完全铲除。目前我国尚无发生，但从疫区引进其寄主植物时有可能传入，具有检疫重要性。

四、鳞球茎茎线虫的形态特征

鳞球茎茎线虫的分类地位同水稻茎线虫，其形态特征见图11-4。

1. 雌虫的形态特征 雌虫为蠕虫形，体长为1.0~2.2 mm，热杀死后，虫体几乎直，侧线4条；口针长为10~13 μm，中食道球有瓣，后食道腺不覆盖肠或略覆盖肠；单卵巢，前伸，$V=76~86$，后阴子宫囊长是肛阴距的40%~70%；尾呈长圆锥形、端尖。

2. 雄虫的形态特征 雄虫体形似雌虫，体长为1.0~1.9 mm，口针长为10~12 μm，交合刺长为23~28 μm，交合伞长约为尾长的40%~70%。

五、鳞球茎茎线虫的危害症状

鳞球茎茎线虫侵染植物地上部分，引起茎、叶、花等器官膨大、变形；侵染茎基部、鳞球茎、块茎、根状茎等地下部分，导致坏死或腐烂。

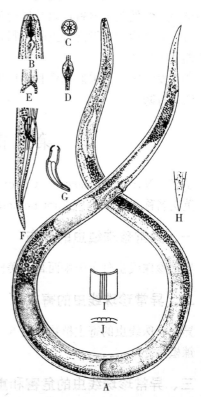

图11-4 鳞球茎茎线虫
A. 雌虫整体 B. 雌虫头部 C. 雌虫头部顶面
D. 雌虫中食道球背面 E. 雌虫食道与肠连接处
F. 雄虫尾部 G. 雄虫交合刺 H. 雌虫尾端
I. 雌虫侧区 J. 雌虫侧区横切面
（仿 Hooper）

六、鳞球茎茎线虫的发生规律

鳞球茎茎线虫是迁移性内寄生线虫，可以侵染植物的茎、叶、芽、花序和根，但主要危害茎和变异茎，诸如鳞茎、球茎、块茎和根状茎等。在10~20 ℃时，活动性和致病力最强。在寄主植物体内的生活周期为20~30 d，在寄主植物生长季节，能连续发育数代。除卵之外，各个虫态在不同龄期均能侵染植物。鳞球茎茎线虫具有很强的抗干燥和休眠能力，临近作物成熟时，便停止发育，聚集于植物组织中形成"虫绒"，进入休眠状态，可存活数年。鳞球茎茎线虫还耐低温，在-15 ℃下保存18月后，仍有生活力。

七、鳞球茎茎线虫的传播途径

鳞球茎茎线虫可随寄主植物的种子、鳞茎、块茎、根以及任何被侵染的植物材料、组织碎片传播,在田间还可以随流水、土壤、农机具等传播。

八、鳞球茎茎线虫的检验方法

鳞球茎茎线虫的检验方法参见腐烂茎线虫。

九、鳞球茎茎线虫的检疫和防治

①鳞球茎茎线虫为我国进境植物检疫性有害生物,禁止从疫区引进寄主植物的种子、繁殖用球茎和其他繁殖材料,以及任何带土壤的植物材料。若需从疫区调运,要进行严格的检疫检验,对经检验未发现带虫的材料,也须用杀线虫剂药液或热水浸泡等方法进行消毒处理后才能用于生产。

②在发病区,可采取选育和使用抗病品种、轮作、暴晒土壤、淹水、杀线虫剂熏蒸处理等方法进行防治。

第五节 异常珍珠线虫

学名 *Nacobbus aberrans*(Thorne)Thorne et Allen
英文名称 false root-knot nematode

一、异常珍珠线虫的分布

异常珍珠线虫分布于墨西哥、美国、阿根廷、玻利维亚、智利、厄瓜多尔、秘鲁等地。

二、异常珍珠线虫的寄主

异常珍珠线虫的寄主植物多达69种,其中最重要的是马铃薯、甜菜、黄瓜、甜瓜、番茄、辣椒等。

三、异常珍珠线虫的危害和重要性

异常珍珠线虫又称为异常假根结线虫,严重危害马铃薯;在南美洲安第斯高原,与胞囊线虫和根结线虫并列为马铃薯的3大线虫。在条件适合时,异常珍珠线虫可造成马铃薯减产55%,严重病田减产更高达90%。在美国内布拉斯加州,发虫甜菜减产30%。我国尚无该线虫发生,需实施检疫,防止传入。

四、异常珍珠线虫的形态特征

异常珍珠线虫属于侧尾腺纲垫刃目短体科假根结属。其形态特征见图11-5。

1. 成熟雌虫的形态特征 成熟雌虫虫体膨大,呈纺锤形,通常向两端渐变细,体长为0.8~1.4 mm;口针长为20~24 μm,基部球小而圆;食道腺覆盖肠的背面;单卵巢,阴门和肛门位于近末端;尾端常呈乳头状。

2. 未成熟雌虫的形态特征 未成熟雌虫为蠕虫形，体长为 0.60～0.93 mm，侧区有 4 条侧线；口针长为 19～25 μm，基部球圆，食道腺覆盖肠的背面；阴门位置很后，V＝91～94，肛阴门之间有 15～24 个体环；尾短、钝圆，c＝23～40（c＝体长/尾长），c'＝0.9～2.0（c'＝尾长/肛门或泄殖腔处体宽），尾端环宽、不规则。

3. 雄虫的形态特征 雄虫除了生殖系统外，其他形态特征似未成熟雌虫，体长为 0.67～0.92 mm；口针长为 23～27 μm，口针基部球发达，基部球前缘向前突；交合刺长为 21～34 μm，引带长为 6～11 μm，尾短、弓状，交合伞包裹尾端。

五、异常珍珠线虫的危害症状

被该线虫侵染的植株矮化，土壤缺水时易萎蔫。根部产生小而圆的瘿瘤，瘿瘤沿根侧面单生，呈念珠状排列。

六、异常珍珠线虫的发生规律

异常珍珠线虫以卵在土壤中越冬，在温度、湿度和寄主植物条件适宜时，从卵中孵

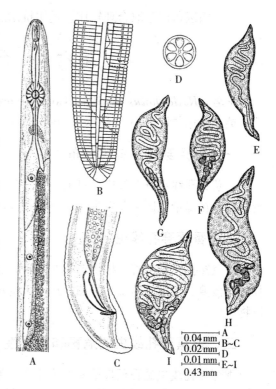

图 11-5 异常珍珠线虫
A. 未成熟雌虫体前部　B. 未成熟雌虫体后部
C. 雄虫尾部　D. 雄虫头部顶面
E. 成熟雌虫初期　F～I. 成熟雌虫后期
（仿 Sher）

化出 2 龄幼虫，侵入寄主的根或其他地下器官，发育成囊状的雌虫和蠕虫状的雄虫。2～4 龄幼虫和未成熟雌虫均为蠕虫形，都可以活动和侵染寄主。该线虫适应的温度范围较广，在 14～24 ℃条件下均可危害。侵染马铃薯完成 1 代需 25～30 d。排卵于胶质团中，可以抵抗不良环境，在－13 ℃条件下可存活 12 月，在风干的土壤内可存活 2 年。

七、异常珍珠线虫的传播途径

该线虫主要通过被侵染的寄主植物，以及其上黏附的土壤进行远距离传播，在田间通过农事操作、流水、风雨传播。

八、异常珍珠线虫的检验方法

对表现瘿瘤的寄主组织，用直接解剖法分离其中的雌虫；对土壤样品，用贝曼漏斗法分离其中的幼虫、未成熟雌虫和雄虫，然后进行镜检。

九、异常珍珠线虫的检疫和防治

①异常珍珠线虫为我国进境植物检疫性有害生物，禁止从疫区引进带根寄主植物以及寄主植物的块茎、球茎等地下组织器官和带土的其他材料。

②发病区可以采取合理轮作、选用抗病品种、施用杀线剂等方法防治。

第六节 香蕉穿孔线虫

学名 *Radopholus similis* (Cobb) Thorne
英文名称 banana burrowing nematode

一、香蕉穿孔线虫的分布

香蕉穿孔线虫分布较广，目前在90多个国家和地区有发生，在热带和亚热带地区发生较普遍，在温带地区主要发生于温室，在我国温室内有零星发生。

二、香蕉穿孔线虫的寄主

香蕉穿孔线虫的寄主植物超过250种，其中重要经济植物有香蕉、胡椒、芭蕉、柑橘、甘蔗、菠萝、生姜、茄子、番茄，还有天南星科、竹芋科、棕榈科、凤梨科和芭蕉科的观赏植物。

三、香蕉穿孔线虫的危害和重要性

香蕉穿孔线虫是香蕉最重要的病原物，为导致香蕉减产的主要因素之一，通常使香蕉减产40%~80%。该线虫还严重危害胡椒、柑橘和多种观赏植物，对生姜、玉米、高粱、甘蔗、茄子、番茄、马铃薯、咖啡等经济植物也造成显著危害。当前香蕉穿孔线虫在我国仅少数地区温室中有零星发生，而口岸从进境寄主植物上屡屡截获该线虫，传入境内的风险很大，需加强检疫。

四、香蕉穿孔线虫的形态特征

香蕉穿孔线虫属于侧尾腺纲垫刃目短体科穿孔属。其形态特征见图11-6。

1. 雌虫的形态特征 雌虫呈蠕虫形，体长为520~880 μm，热杀死后虫体直或稍腹弯，侧区有4条侧线。头部低，前端圆偶尔平，头架骨化强。口针强壮，基部球发达，口针长为12~20 μm。食道发育正常，中食道球瓣明显，后食道腺从背面覆盖肠。阴门位于虫体中后部，$V=55~61$，双生殖腺，对伸，受精囊圆形，有杆状的精子。尾通常呈长圆锥形，偶尔呈近圆柱形，尾的平均长度通常超过52 μm，尾的透明区平均长度多超过9 μm。尾端多数呈规则或不规则锥圆形，末端钝，少数有1个指状突。

2. 雄虫的形态特征 雄虫为蠕虫形，体长为590~670 μm，热杀死后虫体直或略腹弯。头部高圆，呈球形，显著缢缩，头架骨化不明显。口针弱，长为12~17 μm，基部球不明显。食道显著退化。单精巢，前伸，交合刺长为19~22 μm，引带长为8~12 μm，交合伞伸到尾部约2/3处至近尾端；尾形似雌虫。

五、香蕉穿孔线虫的危害症状

香蕉穿孔线虫主要危害植株地下部分。病株地上部表现生长不良、矮化、黄化、萎蔫等症状，根部则表现坏死、腐烂症状。不同寄主植物的症状不完全相同。

香蕉病株根部产生红褐色条斑，进而变黑腐烂。蕉株生长缓慢，叶片小、枯黄，果少而小。由于根系被破坏，固着能力减弱，蕉株易摇摆、倒伏或翻蔸，因而香蕉穿孔线虫病又被称为黑头倒伏病。胡椒病株的根系腐烂坏死，叶片变黄、下垂，随后落叶、落花、生长停滞而死亡。

柑橘被侵染后，根的表皮易脱落，根系萎缩，叶片稀少，减小，僵硬，黄化，树枝末端叶片枯死，果实少而小。病树呈现衰退现象，在土壤缺水时和干旱季节迅速萎蔫。病柑橘园中，病树衰退很快，每年可扩散15 m。

观赏植物和其他寄主植物受害后，根部出现褐色坏死斑，严重时腐烂，叶片和花缩小，无光泽或变色，新枝生长弱。严重受害者整株黄化，萎蔫枯死。

六、香蕉穿孔线虫的发生规律

香蕉穿孔线虫是迁移型内寄生线虫，主要侵染植物的根、球茎等地下部分。雌虫和各龄幼虫均有侵染能力，在寄主植物内和土壤中都能完成生活史。完成1个世

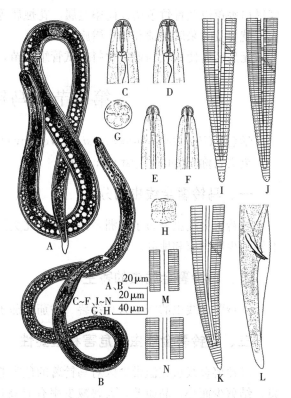

图11-6　香蕉穿孔线虫
A. 雌虫成体　B. 雄虫成体　C、D. 雌虫头部
E、F. 雄虫头部　G. 雌虫头部顶面　H. 雄虫头部顶面
I～K. 雌虫尾部　L. 雄虫尾部　M. 幼虫侧区　N. 雌虫侧区
(仿 Williams 和 Siddiqi)

代所需时间因寄主、温度不同而异。香蕉小种在香蕉上，在24～32 ℃时完成生活史需20～25 d；柑橘小种在柑橘上，于24～27 ℃时，完成生活史需10～20 d。该线虫繁殖和侵染寄主的最适温度为24 ℃，最低温度为12 ℃，最高温度为29.5～32.5 ℃。在被侵染的根和其他地下器官内，线虫可长期存活。田间不种香蕉但有杂草生长时，土壤中香蕉穿孔线虫种群全部死亡需5年。

七、香蕉穿孔线虫的传播途径

香蕉穿孔线虫随蕉苗和其他寄主植物的地下器官，以及所黏附的土壤进行远距离传播，在田间可随农事操作和流水传播，在发病的果园里还可通过植物根系相互接触或线虫自身移动而进行近距离传播。

八、香蕉穿孔线虫的检验方法

采集新根，表现病变的根，以及周围的土壤，用贝曼漏斗法分离线虫，也可以用过筛-贝曼漏斗法或离心法分离土壤中的线虫。分离得到的线虫在显微镜下进行形态鉴定。

九、香蕉穿孔线虫的检疫和防治

香蕉穿孔线虫为全国农业植物检疫性有害物和我国进境植物检疫性有害生物，禁止从疫

区进口香蕉以及肖竹芋属、鹤望兰属、花烛属等观赏植物。要严格检疫，一旦发现该线虫传入，就要及时采取封锁和铲除措施。

无病区需使用无病繁殖材料或试管组培苗，发病蕉园适时施用杀线虫剂。

第七节 马铃薯金线虫

学名 *Globodera rostochiensis* (Wollenweber) Behrens

英文名称 potato cyst nematode

一、马铃薯金线虫的分布

马铃薯金线虫分布于欧洲多数国家、北美洲、南美洲、澳大利亚、新西兰，以及亚洲和非洲的少数国家和地区。

二、马铃薯金线虫的寄主

马铃薯金线虫的寄主为马铃薯、番茄、茄子和茄属其他植物。

三、马铃薯金线虫的危害和重要性

马铃薯金线虫在温带地区对马铃薯的危害非常严重。病株根系被严重损伤，生长发育不良，结薯少而小，品质差，大薯减少率有时高达90%以上。在无抗病品种且连年重茬种植时可减产80%，有的甚至绝产。目前我国尚无该线虫分布，具有检疫重要性。

四、马铃薯金线虫的形态特征

马铃薯金线虫属于侧尾腺纲垫刃目异皮科球胞囊属。其形态特征见图11-7。

1. 雌虫的形态特征 雌虫虫体为近球形，有突出的颈，末端钝圆，无阴门锥。口针长为 $21.7\sim24.1~\mu m$，中食道球直径 $27.2\sim32.8~\mu m$，中食道球瓣距头端 $58.6\sim87.8~\mu m$，背食道腺开口距口针基部 $4.8\sim6.6~\mu m$。排泄孔靠近颈部，距头端 $127.9\sim162.7~\mu m$。双生殖腺，阴门盆直径为 $19.6\sim25.2\mu m$。阴门横裂，长为 $7.8\sim11.6\mu m$，肛阴门之间的角质层有 $18\sim25$ 条隆起的平行脊，肛门距阴门盆 $49.9\sim70.1\mu m$。雌虫从寄主根皮初露出时为白色，不久变为金黄色，经 $4\sim6$ 周后，雌虫死亡，变成暗褐色胞囊。

2. 胞囊的形态特征 胞囊为近球形，有突出的颈，无阴门锥，双膜孔，新胞囊的阴门区较完整，老胞囊的阴门盆局部或全部丧失，形成一个半环膜孔，无阴门桥、下桥和其他内生殖器残留物，无泡囊。胞囊长（不包括颈）为 $395\sim495~\mu m$，宽为 $321\sim443~\mu m$，颈长为 $85\sim123~\mu m$，膜孔直径为 $16.6\sim21.0~\mu m$，肛门至膜孔距离为 $56.2\sim76.8~\mu m$，Granek值（肛门至阴门盆近缘的距离/阴门盆直径）为 $2.8\sim4.4$。

3. 雄虫的形态特征 雄虫为蠕虫形，体长为 $1~097\sim1~297~\mu m$，侧区有4条刻线。尾短，钝圆，长为 $4.3\sim6.5~\mu m$。热杀死后虫体后部弯成 $90°\sim180°$，虫体呈C形或S形。口针长为 $24.9\sim26.7~\mu m$。中食道球瓣距头端 $91.7\sim105.9~\mu m$，食道腺从腹面覆盖肠，背食道腺开口至口针基部距离为 $4.4\sim6.2~\mu m$。排泄孔位于近食道腺末端，距头端 $160.2\sim184.4~\mu m$。单精巢，泄殖腔位于近尾端，交合刺长为 $32.7\sim38.3~\mu m$，引带长为 $8.8\sim11.8~\mu m$。

4. 2龄幼虫的形态特征 2龄幼虫为蠕虫形，体长为448～488 μm，侧区有4条侧线。口针长为21.1～22.5 μm，口针基部球形，稍向后斜。中食道球瓣距头端67.3～71.1 μm，背食道腺开口距口针基部2.0～3.2 μm。排泄孔距头端98.1～102.9 μm。尾圆锥形，末端细圆，尾长为32.3～55.5 μm；透明区长为24.7～28.3 μm，占尾长的1/2～2/3。

五、马铃薯金线虫的危害症状

病株地上部分生长矮小，茎细长，开花少或不开花，叶片黄化、枯萎，受害严重时植株早死。病株根系发育不良，根表皮受损破裂。开花期拔起根部，在根表面可见到许多雌成虫。雌成虫虫体膨大，撑破根表皮露出根外，仅头部和颈部固着于根内。雌成虫最初为白色，后体壁变厚，颜色变深，死亡后呈黄色，最后变成金黄色。

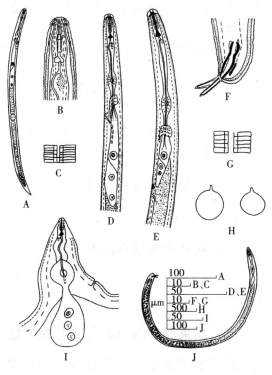

图11-7 马铃薯金线虫
A. 幼虫 B. 2龄幼虫头部 C. 2龄幼虫侧区
D. 2龄幼虫体前部 E. 雄虫体前部 F. 雄虫尾部
G. 雄虫侧区 H. 胞囊 I. 雌虫头部和颈部 J. 雄虫
（仿Stone）

六、马铃薯金线虫的发生规律

马铃薯金线虫是定居型内寄生线虫，以胞囊在土壤内越冬、滞育及度过不良环境。若土壤类型和温度合适，胞囊内的卵可在土壤中存活28年之久。在作物生长季节，胞囊中的卵孵化出2龄幼虫，侵入寄主植物根内取食，经过3次蜕皮，发育为成虫。雄成虫线形，离开植物进入土壤，与雌成虫交配，然后不再取食，在土壤中存活10 d左右。雌成虫膨大，撑破根表皮外露，后变成暗褐色胞囊。马铃薯金线虫适合在气候凉爽的地区发生。该线虫发育的起始温度为10 ℃，适温为25 ℃，完成生活史需5～7周。在冷凉地区，每年只发生1代。

七、马铃薯金线虫的传播途径

马铃薯金线虫的胞囊在薯块、苗木和砧木黏附的土壤中远距离传播，在田间，通过农事操作、农具、灌溉水、风雨扩散传播。

八、马铃薯金线虫的检验方法

取土壤、植物根及其所携带的土壤，用漂浮法或过筛法分离胞囊，用贝曼漏斗法分离根内和土壤中的2龄幼虫和雄虫。然后镜检确定或进行分子生物学鉴定。

九、马铃薯金线虫的检疫和防治

马铃薯金线虫为我国进境检疫性有害生物，禁止从疫区引进马铃薯种薯。若需引进，应禁止携带土壤或其他栽培基质,并对薯块进行严格检疫检验。需连续隔离种植两个生长季节方可放行。

发病区可以采取合理轮作、选用抗病品种、施用杀线剂等方法防治。

第八节 甜菜胞囊线虫

学名 *Heterodera schachtii* Schmidt
英文名称 beet cyst nematode

一、甜菜胞囊线虫的分布

甜菜胞囊线虫主要分布于欧洲和北美洲。

二、甜菜胞囊线虫的寄主

甜菜胞囊线虫的寄主植物达218种,重要寄主多属于十字花科和藜科,其中有甜菜、油菜、芸薹、甘蓝、萝卜、菠菜、水稻等。

三、甜菜胞囊线虫的危害和重要性

甜菜胞囊线虫危害甜菜最严重,可使甜菜产量损失25%~50%,对许多十字花科作物危害也很大。当土壤中幼虫的群体密度达到每克土18条时,可使菠菜减产40%、甘蓝减产35%、大白菜减产24%。

四、甜菜胞囊线虫的形态特征

甜菜胞囊线虫属于侧尾腺纲垫刃目异皮科胞囊属。其形态特征见图11-8。

1. 雌虫的形态特征 雌虫虫体白色,呈柠檬形,有短颈插入寄主根内,膨大部分露在根外,体长为626~890 μm,体宽为361~494 μm,有阴门锥。头部小,颈部急剧膨大呈柱形。排泄孔位于"肩部",从此处开始虫体膨大而成近球形,至阴门锥处变小,肛门位于近尾端的背部。口针长为27 μm。中食道球呈球形,食道腺覆盖肠的腹侧面。双生殖腺长,盘卷,少部分卵产在胶质团内,大部分卵存留在体内。

2. 胞囊的形态特征 雌虫死后表皮呈褐色,变粗糙,具有微小的皱褶,形成具有保护层的胞囊,大小似雌虫,内含有许多卵,从寄主根上脱落到土壤中。胞囊的阴门裂几乎等长于阴门桥,阴门区有两个半膜孔,膜孔长为38.7 μm、宽度略小于长度,肛阴距为77(65~111) μm。

3. 雄虫的形态特征 雄虫为蠕虫形,体长为1 119~1 438 μm,体宽为28~42 μm,侧区有4条侧线。热杀死后虫体前部直,后部1/4卷曲90°~180°,呈螺旋形。头部圆,缢缩,口针长为29 μm,基部球前端凹陷。食道腺覆盖肠的侧腹面,背食道腺开口于口针基本球后2 μm处。排泄孔在中食道球后2~3倍体宽处。交合刺长为34~38 μm,引带长为10~11 μm。尾部短于体宽的1/2,尾端钝圆。

4. 侵染性2龄幼虫的形态特征

侵染性2龄幼虫为蠕虫形,体长为435~492 μm,宽为21~22 μm,侧线4条。头部半

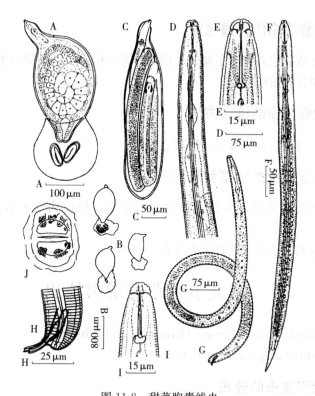

图 11-8 甜菜胞囊线虫
A. 带有卵囊的成熟雌虫 B. 带有卵囊的胞囊 C. 正在蜕皮的 4 龄雄虫
D. 雄虫体前部 E. 雄虫头部 F. 2 龄幼虫 G. 雄成虫 H. 雄虫尾部
I. 2 龄幼虫头部 J. 阴门区
(仿 Franklin)

球形，缢缩，头环 4 个。口针长为 25 μm，基部球前端向前凸，背食道腺开口在基部球后 3～4 μm 处。尾部急剧变细呈圆锥形，末端圆，尾后部的透明区明显，长度是口针长的 1.00～1.25 倍。

五、甜菜胞囊线虫的危害症状

病株通常地下部侧根增多，整个根系呈簇须状，功能根减少。柠檬形雌成虫突破根部表皮外露。地上部分生长不良，瘦弱，黄而矮，严重病株在成熟前叶片枯萎。

六、甜菜胞囊线虫的发生规律

甜菜胞囊线虫是植物根部定居型内寄生线虫，以胞囊内的卵在土壤中越冬，在温度和湿度条件合适，有寄主植物存在时，胞囊内的卵发育为 1 龄幼虫，孵化后形成线形的 2 龄幼虫，侵入寄主根内，固着取食。雌性 2 龄幼虫发育成豆荚状的 3 龄幼虫和近葫芦形的 4 龄幼虫，最后发育成为柠檬形的成虫，由于虫体膨胀，撑破寄主根表皮露出表面，头部仍留在根皮层细胞内。成熟雌虫与雄虫交配后产卵，部分卵产于体外的胶质囊内，部分卵留在体内。雌虫死亡后，其表皮鞣革化形成胞囊，胞囊脱落于土壤中。雄幼虫发育为成虫，与雌成虫交配后，离开寄主，不久死亡。幼虫在 8～10 ℃时活动，20～24 ℃活动达高峰。完成 1 代所需时间，17.8 ℃时为 57 d，29 ℃时为 23 d。

七、甜菜胞囊线虫的传播途径

甜菜胞囊线虫的远距离传播主要通过调运的寄主植物及其黏附的土壤,在田间,可以通过风雨、灌溉水和农事操作传播。

八、甜菜胞囊线虫的检验方法

甜菜胞囊线虫的检验方法参见马铃薯金线虫。

九、甜菜胞囊线虫的检疫和防治

甜菜胞囊线虫为我国进境植物检疫性有害生物,禁止从疫区引进带根或土壤的寄主植物。

甜菜胞囊线虫的防治参见马铃薯金线虫。

第九节 草莓滑刃线虫

学名 *Aphelenchoides fragariae* (Ritzema Bos) Christie
英文名称 strawberry foliar nematode

一、草莓滑刃线虫的分布

草莓滑刃线虫分布于欧洲、北美洲、俄罗斯、日本、新西兰等地。

二、草莓滑刃线虫的寄主

草莓滑刃线虫的寄主植物约有 47 科 250 余种,草莓是其典型寄主,其他重要的寄主有百合科、报春花科、菊科、鸢尾科、榆科、蔷薇科植物等。

三、草莓滑刃线虫的危害和重要性

草莓滑刃线虫主要危害植物腋芽、嫩叶和花序,草莓受害后损失可达 32%~50%。草莓滑刃线虫侵害花卉使之开花减少,产量和品质降低。例如珠兰受害后,产量减少 80% 以上,甚至绝收。目前我国尚无该线虫分布,随进境寄主植物传入的风险很大。

四、草莓滑刃线虫的形态特征

草莓滑刃线虫属于侧尾腺纲滑刃目滑刃科滑刃属,其形态特征见图 11-9。

1. 雌虫的形态特征 雌虫为蠕虫形,虫体较细,体长为 0.45~0.80 mm,侧线 2 条,热杀死后虫体直或弯。口针长为 10~11 μm。食道滑刃型,排泄孔位于神经环或紧靠其后水平处。食道腺长,从背面覆盖肠。单卵巢、前伸,$V=64$~71,后阴子宫囊超过肛阴距的 1/2。尾长,圆锥形,末端钝钉状,无其他尖突。

2. 雄虫的形态特征 雄虫体形基本上似雌虫,体长为 0.48~0.65 mm,热杀死后,尾部弯成 45°~90°,尾端有 1 个钝的尾尖突。单精巢,前伸,有 3 对近腹中尾乳突。交合刺玫瑰刺形,有中等发达的基顶和基喙,背肢长为 14~17 μm。

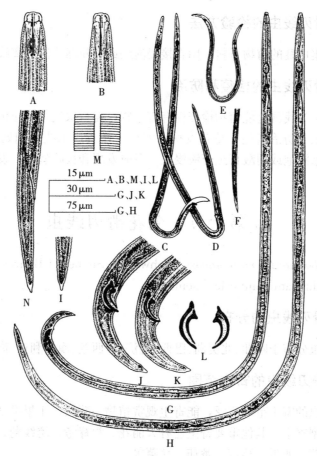

图 11-9 草莓滑刃线虫
A. 雌虫头部 B. 雄虫头部 C、H. 雌虫整体 D、E、G. 雄虫整体
F、N. 雌虫尾部 I. 雌虫尾端 J、K. 雌虫尾部 L. 雄虫交合刺 M. 雌虫侧区
（仿 Siddiqi）

五、草莓滑刃线虫的危害症状

草莓滑刃线虫取食芽和叶，主要危害生长点和花芽。病株矮小，茎短缩且膨大多分枝，心叶皱缩扭曲，花芽减少且退化畸形，腋芽增多。

六、草莓滑刃线虫的发生规律

草莓滑刃线虫是植物地上部器官的专性寄生线虫，在秋海棠、芍药等寄主植物上内寄生，在草莓和紫罗兰上是外寄生；通常在寄主植物顶芽、病残体和土壤中越冬，即使温度低至-2 ℃，也能在植物组织中存活。在 18 ℃时，完成 1 代需 10~11 d。该线虫耐干旱，在干燥条件下能存活 2 年。

七、草莓滑刃线虫的传播途径

草莓滑刃线虫通过寄主植物种苗和繁殖材料调运进行远距离传播，在田间还可以借助风雨、流水、土壤和农事操作传播。

八、草莓滑刃线虫的检验方法

根据症状采集可疑的植物材料,用直接浸泡法或贝曼漏斗法分离线虫,然后镜检鉴定。

九、草莓滑刃线虫的检疫和防治

草莓滑刃线虫为我国进境植物检疫性有害生物,需行检疫,防止传入。

草莓滑刃线虫的防治措施在草莓发病区实行轮作或用杀线虫剂处理土壤、栽植无虫种苗、栽植前用温水浸泡或用敌百虫药液浸根、及时发现和拔除病株、发病田用敌百虫药液灌根或喷雾等。

第十节 菊花滑刃线虫

学名 *Aphelenchoides ritzemabosi* (Schwartz) Steiner et Buhrer
英文名称 chrysanthemum leaf nematode

一、菊花滑刃线虫的分布

菊花滑刃线虫分布于欧洲、北美洲、巴西、斐济、新西兰、澳大利亚、南非、毛里求斯和日本。

二、菊花滑刃线虫的寄主范围

菊花滑刃线虫的寄主范围广泛,能寄生观赏植物、蔬菜、小果类植物、杂草等200多种植物,菊花是典型寄主,其他重要寄主还有大丽花、福禄考、绣线菊、秋海棠、大岩桐、荷包花、草莓、烟草、西瓜、莴苣、番茄、芹菜等。

三、菊花滑刃线虫的危害和重要性

菊花滑刃线虫病发生广泛,是菊花的重要线虫病病原,发病植株落叶枯死,失去经济价值。目前在国内仅有零星发生,随着进境花卉增多,传入的风险增大。

四、菊花滑刃线虫的形态特征

菊花滑刃线虫的分类地位同草莓滑刃线虫,其形态特征见图 11-10。

1. 雌虫的形态特征 雌虫为蠕虫形,虫体较细,体长为 0.77~1.20 mm,侧线 4 条。口针长约为 12 μm,食道滑刃型,后食道腺从背面覆盖肠,覆盖长度约为 4 倍虫体宽。排泄孔位于神经环后 0.5~2.0 倍体宽处。单生殖腺,前伸,$V=66$~75,后阴子宫囊长于肛阴距的 1/2。尾为长圆锥形,末端形成尾突,其上有 2~4 个小尖突。

2. 雄虫的形态特征 雄虫虫体前部似雌虫,热杀死后虫体后部向腹面弯曲接近甚至超过 180°,体长为 0.70~0.93 mm。尾末端有 2~4 个形状多样的小尖突。有 3 对近腹中尾乳突。单精巢,前伸。交合刺玫瑰刺形,基端无明显的背突或腹突,背肢长为 20~22 μm。

五、菊花滑刃线虫的危害症状

菊花滑刃线虫引起菊花叶枯线虫病,主要危害叶片,也可危害叶芽、花芽、花蕾和生长

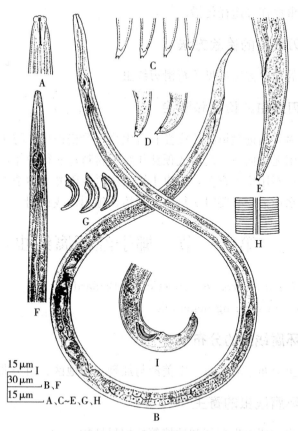

图 11-10 菊花滑刃线虫
A. 雌虫头部 B. 雌虫整体 C. 雌虫尾端 E. 雌虫尾部
F. 雌虫体前部 H. 雌虫侧区 D. 雄虫尾端 G. 雄虫交合刺 I. 雄虫尾部
(仿 Siddiqi)

点。发病初期,下部叶片首先出现症状,叶片的边缘或顶端沿叶脉部分变黄,线虫在叶片脉间取食,致使叶片在脉间形成黄褐色角斑或扇形斑,最后叶片卷缩、枯萎。枯死叶片下垂但不脱落。有时植株一侧的从上到下的叶片都出现枯萎。花器被侵染后变形,花芽干枯或退化,有的花芽膨大而不能成蕾。若幼苗生长点被害,则植株生长发育受阻,严重的很快死亡。

六、菊花滑刃线虫的发生规律

菊花滑刃线虫在寄主植物叶片组织内营内寄生,也可以在叶芽、花芽和生长点营外寄生。线虫主要在病残体、土壤或被害植株叶芽内越冬,翌年新叶初发期开始活动,先在生长点外层取食,展叶后沿植株表面水膜移动,从气孔或伤口侵入叶片和茎,营内寄生。交配后的雌成虫在叶片上产卵,在 17~24 ℃条件下,完成 1 个世代需 10~14 d,1 年可以完成 10 个世代左右;条件适宜时可全年繁殖为害,雨季发病重。

七、菊花滑刃线虫的传播途径

菊花滑刃线虫随着植物带虫苗木、插条、切花远程传播,在田间通过雨水、灌溉水、气流、叶片接触或农事操作等途径传播。

八、菊花滑刃线虫的检验方法

菊花滑刃线虫的检验方法参见草莓滑刃线虫。

九、菊花滑刃线虫的检疫和防治

菊花滑刃线虫为我国进境植物检疫性有害生物，严格检疫，防止病区扩大。发病地区应栽培抗病品种，使用无虫插条、幼苗或顶芽作繁殖材料；实行轮作，及时清除病残体，摘除病叶、病花、病蕾；不用病土育苗，带虫土壤用蒸汽或阳光暴晒杀虫；避免大水漫灌，防止线虫随灌溉水、雨水传播，必要时实行避雨栽培；施用杀线虫剂。

第十一节 椰子红环腐线虫

学名 *Bursaphelenchus cocophilus* (Cobb) Baujard
英文名称 coconut red ring nematode

一、椰子红环腐线虫的分布

椰子红环腐线虫分布于墨西哥、中美洲与加勒比海地区、南美洲、巴基斯坦。

二、椰子红环腐线虫的寄主

椰子红环腐线虫主要寄生椰子和油棕等棕榈科植物。

三、椰子红环腐线虫的危害和重要性

椰子树出现症状后6～8周就开始死亡，可造成椰子减产30%～60%，高者可达80%以上，发病严重的树根冠腐烂，整棵死亡。椰子红环腐线虫在局部地区造成新建椰树园毁灭。我国尚无该线虫发生，有较大的检疫重要性。

四、椰子红环腐线虫的形态特征

椰子红环腐线虫属于侧尾腺纲滑刃目滑刃科伞滑刃亚科伞滑刃属。其形态特征见图11-11。

1. 雌虫的形态特征 雌虫为蠕虫形，体长约为1 mm，非常细，$a=78\sim96$（$a=$体长/最大体宽），侧线4条，热杀死后虫体直或呈弓形。口针长为$11\sim13\mu m$，口针基部球不明显。食道前体部长，圆柱形，中食道球椭圆形，食道腺长覆盖肠的背面。阴门位于虫体中后部，$V=65\sim70$，阴门前唇发达，向后伸形成阴门盖，盖于显著骨化的阴门后唇上。单生殖腺，前伸，后阴子宫囊长约为肛阴距的75%。尾细长圆柱形，长为肛门处体宽的10～17倍，端部圆。

2. 雄虫的形态特征 雄虫体形似雌虫，$a=100\sim179$，热杀死后虫体呈弓形。口针长为$12\sim13\ \mu m$。单精巢，前伸。交合刺呈玫瑰刺形，顶端有缺刻，基喙小而尖，基顶发达，与背肢连续；无引带，但交合刺囊的背壁加厚；端生交合伞向前延伸到尾长的40%～50%处。尾部显著向腹面弯曲，卷成0.8～1.5个圆圈，尾的前部近柱状，后部渐变细呈圆锥形，

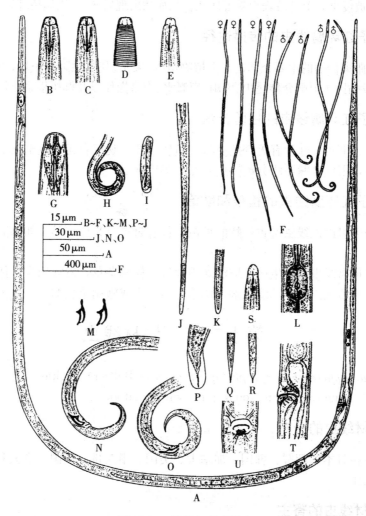

图 11-11 椰子红环腐线虫
A、F. 成虫　B~D、G. 雌虫头部　E. 雄虫头部　H、N、O. 雄虫尾部
I. 卵　J. 雌虫尾部　K. 雌虫尾端　L. 雌虫中食道球　M. 交合刺
P. 交合伞背面　Q、R. 幼虫尾端　S. 幼虫头部　T、U. 阴门侧面和腹面
（仿 Brathwaite 和 Siddiqi）

末端尖。

五、椰子红环腐线虫的危害症状

受害椰子和油棕榈病株叶片变黄、下垂，继而变褐枯死；树冠、芽和根腐烂，茎的横切面呈现橙色至红褐色的环。有些寄主植物还会出现小叶症状。

六、椰子红环腐线虫的发生规律

椰子红环腐线虫是迁移型内寄生线虫，可以从茎部、叶柄和根的裂缝和伤口侵入寄主体内。携带线虫的介体昆虫在椰树上取食和产卵时，造成多数伤口，有利于线虫侵入。有300多种昆虫可以携带和传播椰子红环腐线虫，其中最重要的是棕榈象甲（*Rhyncophorus palmarus*）。

健康的椰树在被侵染3个月后表现受害症状,在症状出现后6～8周病树开始死亡。

七、椰子红环腐线虫的传播途径

该线虫远距离传播的主要介体是寄主植物苗木、果实、其上黏附的土壤,以及用作包装物的病树材料。在发病区主要随介体昆虫、风雨、灌溉水、农事操作以及椰树根系接触而扩散传播。

八、椰子红环腐线虫的检验方法

检查种苗、果实、叶片有无变色症状;横切茎部,观察有无橙色至红褐色的环。抽取可疑的植物材料,用贝曼漏斗法分离线虫,然后镜检确定。

九、椰子红环腐线虫的检疫和防治

禁止从疫区引进该线虫寄主植物的种苗、包装材料及其他产品(如椰渣、椰糠制成的基质等)。

在椰子红环腐线虫病发生区,应清除田间病残体和杂草,发病田实行休闲或施用药剂熏蒸土壤,对植物喷施内吸性杀线虫剂,诱杀介体昆虫或施用杀虫剂。

第十二节 松材线虫

学名 *Bursaphelenchus xylophilus* (Steiner et Buhrer) Nickle
英文名称 pine wood nematode, pine wilt nematode

一、松材线虫的分布

松材线虫在日本、朝鲜、韩国、加拿大、美国、墨西哥、法国、意大利、德国以及中国局部地区有发生。

二、松材线虫的寄主

松材线虫主要寄主是松属(*Pinus*)植物,有43种松属植物可被侵染危害,受害最重的是黑松、赤松和马尾松。另外,还寄生11种非松属针叶树。

三、松材线虫的危害和重要性

松材线虫引起的萎蔫病是针叶树的毁灭性病害。松材线虫寄生在树脂道中,大量繁殖并扩散至全株,树脂道薄壁细胞和上皮细胞被破坏死亡,植株失水,蒸腾作用降低,树脂分泌急剧减少和停止,针叶变色枯萎,最后整株枯死。1984年日本的 $2.06 \times 10^6 \ hm^2$ 松林中,有 $5.0 \times 10^5 \ hm^2$ 被害。目前日本除了北海道、青森以外,其他地方普遍发生。中国大陆于1982年在南京发现该线虫,目前江苏、浙江、广东、安徽和山东都有发生,每年损失木材达 $1.0 \times 10^6 \ m^3$。台湾省于1985年在台北县发现,到1995年已扩展到台中以北各地。我国口岸检疫机构不断从进境的木质包装材料中截获该线虫,表明其继续传入的风险很大。

四、松材线虫的形态特征

松材线虫的分类地位与椰子红环腐线虫相同,其形态特征见图11-12。

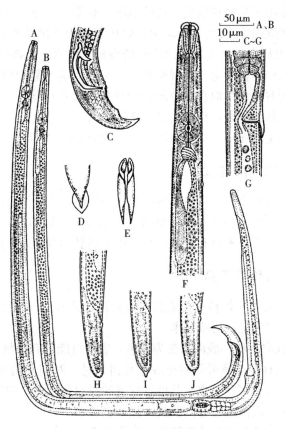

图 11-12 松材线虫
A. 雌虫整体 B. 雄虫整体 C. 雄虫尾部 D. 雄虫尾端腹面
E. 雄虫交合刺腹面 F. 雌虫体前部 G. 雌虫阴门区 H~J. 雌虫尾部
(仿 Mamiya 和 Ohara)

1. 雌虫的形态特征 雌虫为蠕虫形，体长为 0.71~1.01 mm，热杀死后虫体向腹面弯。口针长为 14~18 μm，口针基部微膨大。食道腺叶较细，长度为体宽的 3~4 倍，从背面覆盖肠。阴门位置较后，$V=67$~78，阴门前唇向后伸出形成阴门盖。单生殖腺，前伸，后阴子宫囊长度超过肛阴距的 3/4。尾近圆筒形，末端宽圆，通常无尾尖突，偶尔有很短的尾尖突，其长度为 1~2 μm。

2. 雄虫的形态特征 雄虫为蠕虫形，体长为 0.59~0.82 mm，热杀死后虫体后部向腹面弯，虫体呈 J 形。虫体前部似雌虫。单精巢，前伸。交合刺长为 25~30 μm，显著弯成弓状，基顶钝圆，基喙显著而尖，顶端膨大成盘状。尾弯成弓状，尾端尖，有 1 个小的端生交合伞。

五、松材线虫的危害症状

松树被松材线虫侵染后，针叶失水，褪绿，变为黄褐色至红褐色，进而枯萎死亡。病树的树脂分泌减少或停止。病死木的木质部有蓝变菌存在而呈现蓝灰色。

六、松材线虫的发生规律

松材线虫是迁移型内寄生线虫，主要寄生在植物地上部。在自然条件下，依靠天牛携带传播到松树上。在松墨天牛每年发生1代的地区，春季5—6月，病树上的天牛进入羽化期。此时聚集在天牛蛹室的松材线虫3龄幼虫，蜕皮发育为4龄幼虫，从天牛成虫气门进入气管。6—7月天牛成虫从病树上飞到健康松树的嫩枝上取食，所携带的松材线虫4龄幼虫从取食造成的伤口侵入松树树脂道，并很快发育为成虫，进入繁殖阶段。以4～5 d发生1代的速度大量繁殖，同时从天牛取食部位向树干和其他枝条移动。在8—9月，病松树开始枯死，松材线虫则进入休眠阶段，形成大量抗逆性强的3龄幼虫，向天牛蛹室聚集越冬。高温干旱适于松材线虫发生，在年平均气温低于10 ℃的地区不发生。

七、松材线虫的传播途径

发病区内松材线虫依靠媒介昆虫在树体之间的传播，可以携带传播松材线虫的昆虫是墨天牛属的6种天牛，在中国和日本最主要的是松墨天牛（*Monochamus alternatus*）；主要依靠携带线虫和天牛的种苗、木材和包装材料等松木制品的调运而远距离传播。

八、松材线虫的检验方法

1. 松脂分泌量检验 在待检松树或其木材上钻直径1.5 cm左右的孔洞，若溢出微滴松脂或无松脂分泌，则可能是病树或病木。

2. 变色检验 截取木材，截面若变为蓝色，表明可能带有松材线虫。

3. 分离鉴定 在林地选择可疑病树或枯死树试材，对调运的木材或木质包装材料，则选择木质干枯、蓝变或有媒介昆虫与其栖息痕迹的材料作试材。用钻钻取或刀削取试材碎片和木屑，用贝曼漏斗法或浅盘法分离线虫，然后镜检鉴定。

上述松脂分泌量检验和变色检验结果只用作参考。

九、松材线虫的检疫和防治

松材线虫危害极大，我国目前仅局部地区有分布，为了控制其进一步扩散危害，其已被实施官方控制。

松材线虫为全国林业植物检疫性有害生物和我国进境植物检疫性有害生物，禁止从境外疫区引进松木，对制作包装材料等木制品的松木，要求进行有效的高温和药剂熏蒸处理，并在口岸实施严格的检查。对境内疫区，要严格控制病材外流，及时销毁或有效处理病材。

在发生区要选用抗病树种，清理销毁病死树，砍伐寄主植物，集中烧毁病枝、根桩，对病材、带虫原木、木材及其制品、枝条、伐桩等也要进行除害处理。要采用多种措施防治松墨天牛，包括熏蒸处理、喷施或注射杀虫剂或杀线虫剂、使用引诱剂、使用白僵菌制剂、使用捕线虫真菌制剂、释放天敌肿腿蜂等。

第十三节 其他检疫性植物线虫

一、根结线虫属

根结线虫属（*Meloidogyne*）属于侧尾腺纲垫刃目异皮科，已报道的超过90种。根结线虫是危害最大的一类植物病原线虫，在植物线虫造成的损失中，有近50%是由根结线虫造成的，其中又有90%是由南方根结线虫（*Meloidogyne incognita*）、花生根结线虫

(*Meloidogyne arenaria*)、爪哇根结线虫（*Meloidogyne javanica*）和北方根结线虫（*Meloidogyne hapla*）造成的。我国有发生的根结线虫约有 50 种，其中最分布最广泛的也是上述 4 种，其他种类大多数仅局部发生或零星发生。

根结线虫雌雄异形。雌虫为球形，具突出的颈部，口针细弱、长度一般短于 25 μm，排泄孔位于中食道球前水平处，阴门和肛门位于末端，无尾，会阴部有指纹状花纹。卵产在体外的胶质卵囊中。可刺激寄主形成根结。雄虫为蠕虫形，头架和口针枪状。2 龄幼虫是侵染虫态，其前期线形，可移动，头架和口针细弱，侵入植物后虫体膨大，固着在植物组织中。3～4 龄幼虫在 2 龄幼虫的角质层内形成，呈豆荚状，无口针。

根结线虫主要以卵囊内的卵和卵内的幼虫越冬，在寄主作物生长季节，2 龄幼虫侵入根内危害，进而完成生活史。被侵染的植物根部或其他地下器官形成肿瘤，常被称为根结。病株地上部分表现矮小、黄化等衰退症状。根结线虫可随被侵染的苗木或地下器官以及所黏附的土壤传播，在田间还可以随水流、农事操作而扩散传播。

对出现根结或瘿瘤的寄主组织，可以用直接解剖法分离其中的雌虫和黏附在其表面的卵囊。对土壤样品，可以用贝曼漏斗法分离其中的 2 龄幼虫和雄虫，然后进行镜检和鉴定。

根结线虫属的非中国发生种已被列入我国进境植物有害生物名录。对调运的苗木或植物其他地下器官，以及附着其上的土壤需进行检疫检验。

二、短体线虫属

短体线虫（*Pratylenchus*）又称为根斑线虫（root-lesion nematode），隶属于侧尾腺纲垫刃目短体科，已报道的超过 100 种，有效种有 70～90 种，约有 30 种在我国有分布。短体线虫的地理分布较广，寄主范围也很广泛，可以寄生观赏植物，以及粮食、油料、纤维、糖类、果树、蔬菜、茶等多类作物，是仅次于根结线虫的重要植物病原线虫。

短体线虫的雌虫和雄虫均为线形，虫体粗短，头部低平，头部高度通常小于头基环直径的 1/2，口针粗短，长为 11～25 μm，基部球发达，食道腺覆盖肠的腹面。雌虫单生殖腺，有后阴子宫囊。雄虫交合伞伸到尾端。

短体线虫是迁移型内寄生线虫，主要危害寄主植物的根部和其他地下部器官，偶尔侵染茎、果实等地上部分。受侵染植物组织变为黑褐色，水渍状。根部矬短、腐烂，地上部则表现矮化、凋萎或死亡。从 2 龄幼虫至成虫的各虫期均能侵染植物，整个生活史可在寄主体内完成，但也可脱离植物，在土壤中生活一段时间，在根外寄生取食。在条件适宜时，完成 1 代需 6～8 周，在作物生长季节可发生多代。

短体线虫随植物根、其他地下组织以及黏附其上的土壤进行远距离传播，田间传播主要是通过农事操作和水流。可用贝曼漏斗法分离根和土壤中的短体线虫，也可以用过筛-贝曼漏斗法或离心法分离土壤中的短体线虫，然后镜检鉴定。

短体线虫属的非中国发生种是我国进境植物检疫性有害生物，需依法检疫。

三、传毒线虫

部分植物寄生线虫可以传播植物病毒，这些植物线虫被称为传毒线虫或病毒介体线虫（virus vector nematode），其中包括最大拟长针线虫 [*Paralongidorus maximus* (Bütschl) Siddiq]，以及长针线虫属（*Longidorus*）、剑线虫属（*Xiphinema*）、拟毛刺线虫属

(*Paratrichodorus*) 和毛刺线虫属 (*Trichodorus*) 的部分种类。

最大拟长针线虫、长针线虫属和剑线虫属属于无侧尾腺纲矛线目长针科，而拟毛刺线虫属和毛刺线虫属则属于无侧尾腺纲三矛目毛刺科。

长针科的线虫虫体细长，角质层光滑，无排泄孔；口针包括细长的齿尖针和粗壮的齿托，被称为齿针；食道长瓶形，包括细管状的前部和短筒形（或近球形）的后体部；雌虫双生殖腺或单生殖腺，雄虫双生殖腺；同一种类的雌虫和雄虫体形相似。长针属线虫和最大拟长针线虫的齿针导环为单环，位于齿尖针前部，齿托基部不呈凸缘状。长针属线虫侧器口小孔状、不明显，侧器囊袋状；最大拟长针线虫侧器口横裂缝状，侧器囊呈漏斗形或倒马镫形。剑线虫属的齿针导环为双环，位于齿尖针后部，齿托基部呈凸缘状。

拟毛刺属和毛刺属线虫的虫体雪茄形或香肠形，体长为 0.5~1.5 mm，角质层光滑，有排泄孔；口针向腹面弯，无基部球，被称为瘤针；咽部（食道）包括细窄的前部和膨大成梨形或匙形的后腺球；雌虫双生殖腺，对生；肛门位于虫体近末端；尾短，最长约为 1 个肛门处体宽，尾端圆。雄虫单生殖腺，向前直伸，交合刺直或向腹面弯。拟毛刺属线虫热杀死固定后角质层显著膨胀；雌虫阴道短，长度明显小于体直径的 1/2，通常约为体直径的 1/3；雄虫虫体微直或略腹弯，有交合伞。毛刺属线虫热杀死固定后角质层不膨胀；雌虫阴道长约为 1/2 体宽，雄虫虫体显著腹弯呈 J 形，无交合伞。

线虫传播病毒具有很强的专化性，长针科的传毒线虫传播线虫传多面体病毒属 (*Nepovirus*) 成员，而毛刺科的传毒线虫则传播烟草脆裂病毒属 (*Tobravirus*) 成员。

传毒线虫的地理分布和寄主范围都很广，可以寄生粮食作物、油料作物、纤维作物、糖料作物、果树、蔬菜等，各个种的地理分布和寄主范围有所不同。传毒线虫是迁移型根部外寄生线虫，危害植物根部，导致根系受损伤而发育受阻，有时近根尖处肿胀形成虫瘿。虫口密度大时，植物地上部表现黄化、矮小、萎蔫等生长衰弱症状。这些线虫通过黏附在寄主上的土壤进行远距离传播，在田间也可随农事操作、流水、风雨传播。

检验传毒线虫，可以用贝曼漏斗法、过筛法和离心法从土壤中分离线虫，然后用显微镜镜检鉴定。检疫和防治方法参见根结线虫。

最大拟长针线虫和上述 4 个属的传毒种类已列入我国进境植物有害生物名录，需依法检疫。

思 考 题

1. 试述鳞球茎茎线虫和滑刃目 4 种检疫性植物线虫的寄生和危害特点。
2. 简述马铃薯金线虫和甜菜胞囊线虫的检验方法和形态鉴别特征。
3. 试分析香蕉穿孔线虫和腐烂茎线虫对我国的检疫重要性。
4. 异常珍珠线虫与根结线虫有哪些鉴别特征？
5. 松材线虫和椰子红环腐线虫的传播扩散途径各有何特点？

第十二章 检疫性卵菌

卵菌是假菌界卵菌门（Oomycota）成员，营养体为二倍体，系单细胞或形成菌丝体。菌丝体多核，绝大多数无分隔。细胞壁由葡聚糖-纤维素构成，几乎不具有几丁质，缺乏明显层次。无性繁殖产生游动孢子囊和游动孢子，游动孢子具有1根茸鞭、1根尾鞭。有些卵菌的游动孢子具有两游现象或多游现象。有性生殖是卵配生殖，即通过藏卵器与雄器的接触交配而产生卵孢子。许多卵菌是农林植物的病原菌，引起猝倒病、白锈病、疫病、霜霉病等重要病害。其中葡萄霜霉病菌、烟草霜霉病菌、玉米霜霉病菌、马铃薯晚疫病菌等都曾随种子、苗木或农产品在世界范围内传播，造成毁灭性损失，是植物检疫史的重要例证。全国农业植物检疫性有害生物名单中列有2种卵菌，我国进境植物检疫性有害生物名录中收录了17种（类）卵菌。

第一节 大豆疫霉病病菌

学名 *Phytophthora sojae* Kaufmaun et Gerdemaun（大豆疫霉）

病害名称 大豆疫病、大豆疫霉病（Phytophthora root and stem rot of soybean）

一、大豆疫霉病病菌的分布

大豆疫霉病病菌分布于美国、加拿大、巴西、阿根廷、俄罗斯、白俄罗斯、乌克兰、匈牙利、德国、英国、法国、瑞士、意大利、哈萨克斯坦、埃及、尼日利亚、澳大利亚、新西兰、印度、韩国、日本和中国。

二、大豆疫霉病病菌的寄主

大豆疫霉病病菌的寄主范围狭窄，主要寄生栽培大豆和野生大豆。

三、大豆疫霉病病菌的危害和重要性

大豆疫霉病在大豆各生长阶段均可发生，产生种腐、苗枯、根腐、茎腐等一系列症状，极具危险性和毁灭性。一般发病田块减产25%～50%，高感品种损失达60%～75%甚至更高，严重地块绝产。大豆受害籽粒多为欠成熟的青豆，蛋白质含量明显降低。大豆疫霉病是典型的土传病害，较难防治。

四、大豆疫霉病病菌的形态特征

大豆疫霉病病菌属于卵菌门卵菌纲霜霉目霜霉科疫霉属。幼龄菌丝无隔多核，分枝大多呈直角，在分枝基部稍有缢缩，菌丝老化时产生隔膜，并形成结节状或不规则的膨大，膨大部球形、椭圆形，大小不等。孢囊梗单生，多数不分枝。孢子囊顶生，倒梨形，顶部稍厚，乳突不明显，大小为23～89 μm×17～52 μm，新孢子囊在旧孢子囊内以层出方式产生，孢

子囊不脱落。游动孢子在孢子囊内形成，卵形，一端或两端钝尖，具2根鞭毛，茸鞭朝前，尾鞭长度为茸鞭的4～5倍。游动孢子通过孢子囊顶部的排孢孔释放，偶有在孢子囊内萌发，产生芽管，穿透孢子囊壁生长。该菌同宗配合。雄器形状不规则，大多侧生，少数围生。藏卵器球形至扁球形，壁薄，表面光滑，无色或黄色，直径为29～58 μm，平均为32～41 μm。藏卵器内含1个较小的卵孢子，卵孢子球形，表面光滑，淡黄色至黄褐色，直径为26～40 μm。卵孢子有内壁和外壁（图12-1）。

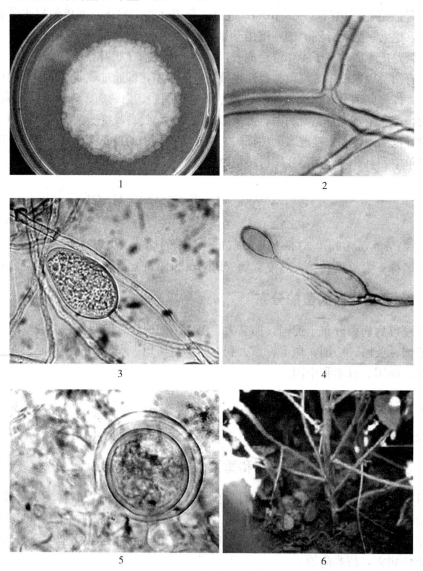

图12-1　大豆疫霉病病菌的形态和病害症状
1. 在马铃薯葡萄糖琼脂（PDA）培养基上的菌落形态　2. 分枝的菌丝
3. 游动孢子囊　4. 游动孢子囊层出现象　5. 病组织中的卵孢子　6. 大豆成株症状

五、大豆疫霉病的危害症状

受害种子和幼芽溃烂，幼苗根部变褐腐烂，幼茎由地表到第1分枝处，出现水渍状病斑，茎部溃烂而倒伏，叶片黄化。成株主根和侧根衰弱，变黑褐色而腐烂，茎基部出现黑褐色溃疡病斑，发病节位可延伸到11～12节（图12-1）。病茎的髓部变黑，皮层和维管束组织坏死。叶柄基部变黑凹陷，叶片凋萎下垂，呈八字形，但叶片不脱落。病株叶片由下而上渐次发黄，感病品种整株枯萎死亡。受害较晚的植株虽然可以结实，但豆荚基部呈水渍状褐变，并向端部扩展，以至整个豆荚变褐干枯。豆粒表面淡褐色、褐色至黑褐色，无光泽，皱缩干瘪，部分种子表皮皱缩后呈网纹状，豆粒变小。

六、大豆疫霉病的发生规律

大豆疫霉病是典型的土传病害。大豆病株根、茎内可形成大量卵孢子，卵孢子随着病残体落入土壤中。混杂在大豆种子间的土壤是病原菌传播的重要载体。卵孢子抗逆性很强，可以在土壤和病残体中休眠越冬，其存活期长达4年以上。春季在大豆残茬或土壤中的越冬卵孢子解除休眠而萌发，相继长出芽管和菌丝体，产生游动孢子囊。游动孢子囊可直接萌发或间接萌发。直接萌发后产生芽管和菌丝，侵入寄主。间接萌发则产生游动孢子。游动孢子随水流扩散，趋向发芽的种子和根，在其表面休止后萌发，产生芽管和菌丝，侵入寄主根部，并进一步向上扩展至茎部和下部侧枝。风、雨还可将带菌土壤颗粒吹溅到叶面，所携带的病原菌得以侵染叶片。在阴雨高湿条件下，叶部侵染加重，侵染菌丝还进一步向叶柄和茎部蔓延。

土壤湿度和土壤温度是影响大豆疫霉病流行的重要因素。降雨或灌溉使土壤含水量增高，为侵染发病创造了必要条件。涝洼地、过水地、田间淹水或连阴雨都有利于大豆疫病发生。在播种1周后，田间地表积水最适于疫病发生。土壤湿度从15%提高到40%，发病率也随之增高，在40%时发病率最高。土壤温度低于10℃时，疫霉菌不能侵染寄主，在10℃上升到25℃时，疫霉根腐的发病率升最高，在25℃时达到最高。在高温37℃时，植株很少出现症状。在高温干燥的条件下，病株生出新的侧根，病株有所恢复。

七、大豆疫霉病病菌的传播途径

大豆疫霉病病菌的卵孢子可以在土壤中长期存活，混杂在种子间的土壤是病原菌传播的重要载体。大豆种子的种皮、胚和子叶中带有菌丝体，种皮里带有卵孢子。带菌种子在病原菌远距离传播中可能有作用。在田间，带病土壤和病残体还可随气流、雨水、灌溉水、农机具等传播。

八、大豆疫霉病病菌的检验方法

1. 病植物检查 产地疫情普查以重茬、迎茬大豆地块和低洼内涝地块为重点。田间调查分苗期和成株期两期进行。苗期在子叶期进行第1次调查，重点检查有无烂籽、缺苗等情况。真叶期进行第2次调查，重点检查有无猝倒、茎部缢缩与水渍状病斑。成株期调查1次，重点检查有无枯黄的植株，茎部缢缩病斑和八字形下垂的叶子。

2. 土壤带菌诱集检验 捡取或筛取大豆籽粒间夹杂的土壤，制备土样。土样加灭菌蒸馏水湿润，使之达到饱和状态，封口保湿，在22～26℃和光照下放置4～6 d。再加适量灭菌蒸馏水浸泡，并加入感病大豆品种叶碟（直径5 mm），诱集12～24 h。取出叶碟，移入装有灭菌蒸馏水的皿内培养，1～3 d后用体视显微镜检查叶碟表面和边缘有无孢子囊。将有孢子囊的叶碟移入小烧杯中，待游动孢子释放后，用半选择性培养基分离游动孢子。获得的单游动孢子菌株，利用绿豆培养基、利马豆培养基、V_8培养基等基础培养基培养，根据形态特征鉴定大豆疫霉病菌，并创伤接种大豆幼苗测定致病性。

3. 土壤中卵孢子检验 筛取大豆籽粒中夹杂的土壤，称取 50 g 细土，加入 400 mL 清水，制成土壤溶液。先后经过 100 目和 200 目筛网过滤，收集滤液。所得滤液再经过 700 目筛网过滤，弃去滤液，用水反复冲洗滤网，洗脱其上黏附的卵孢子，收集冲洗液。冲洗液以 5 000 r/min 离心 4 min。倒掉上清液，加入 1 mL 灭菌水稀释沉积物，吸取稀释液镜检卵孢子。

4. 种子带菌检验 从受检大豆种子中挑选瘪小籽粒和病态种子，用 10% KOH 溶液在室温下浸泡 4 h。取出种子，在体视显微镜下剥下种皮，然后将种皮仔细分层，再分成小片，放在载玻片上制片，用普通光学显微镜检查种皮里有无卵孢子。

九、大豆疫霉病病菌的检疫和大豆疫霉病的防治

（一）大豆疫霉病病菌的检疫

大豆疫霉病菌是全国农业植物检疫性有害生物，也是我国进境植物检疫性有害生物，需严格实行检疫。不得由境外发病区引进大豆，对进境大豆实行严格检验，及时截获疫情。对进境大豆的运输沿线、运输加工场所及其周边农田应行重点疫情监测。

大豆在调运前要做好检疫处理，采取过筛清杂措施，禁止带有土壤和植物残体。装运可能带有疫病大豆及其产品的运输工具、包装和铺垫材料，应具有良好密封性能。来自大豆疫病发生区的大豆及其产品的储存地、加工厂、接卸点等应相对集中和固定，并远离农田，必须单独加工。装卸、运输、加工及储藏应用的器械、车辆、仓库等，在使用完毕后，必须在植物检疫机构的指导和监督下，进行彻底清扫和消毒处理。加工后的下脚料及加工用水等应做灭菌处理。

境内大豆疫病发生区的农业植物检疫机构要严格执行大豆疫病的检疫监管工作，采取综合措施，控制和消除疫情。严禁在大豆疫病发生区内繁育大豆种子。在零星发生区内生产的种子，植物检疫机构必须严格按《大豆种子产地检疫规程》进行严格的产地检疫，合格的种子方可做种用。禁止大豆疫病发生区内的大豆运往未发生区。发生区的农业机械外出作业要先进行消毒。

（二）大豆疫霉病的防治

1. 选育和使用抗病品种 大豆对疫霉病的抗病性有多种类型，应用最广泛的是单基因（Rps 基因）抗病性，抗病程度很高。单一的 Rps 基因仅对特定的小种有效。至今已发现了 14 个 Rps 基因，其中 $Rps1a$、$Rps1b$、$Rps1c$、$Rps1k$、$Rps3a$、$Rps6$ 和 $Rps8$ 已用于大豆育种。

2. 加强栽培防治 发病田需轮作非寄主作物 4 年以上，不在低洼、排水不良或土壤黏重的地块种植大豆，及时清除田间病残体，实行深耕、垄作，合理排灌，防止田间积水。发病田要及时拔除病株，集中销毁处理。

3. 合理用药 常用药剂有甲霜灵、甲霜灵·锰锌、噁霜·锰锌（杀毒矾）、霜霉威（普力克）等，可行种子处理、土壤处理或叶面喷雾。要轮换使用不同药剂，防止病菌产生抗药性。

第二节 玉米霜霉病病菌

本节所述检疫性玉米霜霉病菌是霜指霉属成员，主要有玉蜀黍霜指霉、菲律宾霜指霉、甘蔗霜指霉和蜀黍霜指霉 4 种。引起玉米霜霉病的其他卵菌，诸如大孢指疫霉（*Sclerophthora macrospora*）、褐条指疫霉（*Sclerophthoro rayssiae* var. *zeae*）、禾生指梗霉（*Sclerospora graminicola*）等不包括在内。

学名

Peronosclerospora maydis（Racib.）Shaw（玉蜀黍霜指霉）

Peronosclerospora philippinensis（Weston）Shaw（菲律宾霜指霉）

Peronosclerospora sacchari（Miyake）Shaw（甘蔗霜指霉）

Peronosclerospora sorghi（Weston et Uppal.）Shaw（蜀黍霜指霉）

病害名称　玉米霜霉病（Java downy mildew, Philippine downy mildew, sugarcane downy mildew, sorghum downy mildew）

一、玉米霜霉病病菌的分布

玉蜀黍霜指霉分布于印度、印度尼西亚、尼泊尔、菲律宾、泰国、日本、刚果（金）、委内瑞拉和澳大利亚。菲律宾霜指霉主要分布于菲律宾、印度尼西亚、泰国、印度、尼泊尔、巴基斯坦等东南亚和南亚国家，非洲也有发生。甘蔗霜指霉主要分布于菲律宾、印度尼西亚、泰国、印度、尼泊尔、斐济、巴布亚新几内亚、澳大利亚、日本和中国。高粱霜指霉广泛分布于东南亚和南亚国家、多数非洲国家、意大利、澳大利亚、墨西哥、美国以及部分南美洲国家。

二、玉米霜霉病病菌的寄主

玉蜀黍霜指霉寄生墨西哥假蜀黍、狼尾草属、羽高粱、摩擦禾属、玉蜀黍属植物。菲律宾霜指霉寄生须芒草属、孔颖草属、假蜀黍属、金茅属、芒属、甘蔗属、裂稃草属、高粱属、摩擦禾属、玉蜀黍属植物。甘蔗霜指霉寄生须芒草属、孔颖草属、稗属、蟋蟀草属、假蜀黍属、金茅属、芒属、黍属、棒头草属、甘蔗属、裂稃草属、狗尾草属、高粱属、摩擦禾属和玉蜀黍属植物。蜀黍霜指霉寄生须芒草属、双花草属、假蜀黍属、黄茅属、黍属、狼尾草属、高粱属、菅草属和玉蜀黍属植物。蜀黍霜指霉有 3 个致病型，高粱致病型侵染高粱、玉米和禾草；玉米致病型Ⅰ侵染玉米，很少侵染高粱，不侵染黄茅；玉米致病型Ⅱ侵染玉米和黄茅，不侵染高粱。

三、玉米霜霉病病菌的危害和重要性

霜霉病是热带、亚热带地区玉米的重要病害。玉蜀黍霜指霉主要危害玉米，最早在 1897 年发现于印度尼西亚的爪哇岛，发病率达 20%～90%，在 20 世纪 60 年代，局部病田产量损失高达 80%～90%。菲律宾霜指霉危害玉米、甘蔗、高粱和禾草，在菲律宾的发病率一般在 80%～100%，导致产量损失 40%～60%；在尼泊尔和印度，流行年份产量损失也达 50%～60%。甘蔗霜指霉对玉米的危害大于甘蔗，病田减产可达 30%～60%。蜀黍霜指

霉主要危害玉米、高粱,以及苏丹草、约翰逊草等饲料作物。该菌适应性较强,分布范围广泛,是非洲、美国、印度等地玉米和高粱的重要病害。以美国为例,1981年在得克萨斯州发现,1969年在该州流行,造成玉米、高粱的严重减产,1970年病区扩大到11个州,1980年更达16个州。在乌干达,罹病玉米的产量损失为15%～20%,在刚果(金)更达10%～100%。

玉米霜霉病在我国发生情况不明确,除了甘蔗霜指霉曾在台湾省流行,严重危害甘蔗以外,其他多为零星发生的报道,对病原菌种类的鉴定亦欠明晰。

四、玉米霜霉病病菌的形态特征

玉米霜霉病菌属于卵菌门卵菌纲霜霉目霜霉科,霜指霉属。霜指霉为专性寄生菌,菌丝纤细,胞间生,多核无色,有小球状吸器伸入寄主细胞。孢囊梗由气孔伸出,直立,二叉状分枝2～5次,梗的上部较粗大,基部有足细胞。孢子囊椭圆形、圆筒形、卵形、近球形,无色,壁膜等厚,无囊盖,无孔状结构,萌发产生芽管。藏卵器近球形至不规则形,雄器侧生。卵孢子球形、近球形,卵孢子壁几乎与藏卵器壁愈合,卵孢子萌发亦生芽管。

1. 玉蜀黍霜指霉的形态特征 玉蜀黍霜指霉的孢囊梗无色,基部细,具1个隔膜,上部肥大,二叉状分枝,梗长为150～550 μm,小梗近圆锥状,弯曲,顶生1个孢子囊。孢子囊卵圆形至球形,无色,着生部稍突起或略圆,大小为19.9～28.6 μm×19.9～29.7 μm,以芽管萌发(图12-2)。未发现卵孢子。

图12-2 玉蜀黍霜指霉
1. 玉米症状 2. 孢子囊梗 3. 孢子囊 4. 病叶片中的菌丝和孢子囊梗

2. 菲律宾霜指霉的形态特征 菲律宾霜指霉的孢囊梗长为160～400 μm,基部细,有细圆稍弯的足细胞，往上渐粗，直径为下部的 2~3 倍，顶端 2~3 次二叉状分枝，小梗圆锥形，顶端尖圆。孢子囊圆筒形、椭圆形、长椭圆形，无色，大小为 17~21 μm×27~39 μm。卵孢子罕见，球形，黄色，直径为 15.3~22.6 μm，壁厚为 3.8~5.0 μm（图 12-3）。

3. 甘蔗霜指霉的形态特征 甘蔗霜指霉的孢囊梗长为 160~170 μm，基部略细，宽度为 10~15 μm；往上渐粗，为基部的 2~3 倍，上部 2~3 次二叉状分枝。孢子囊椭圆形、长椭圆形或长卵形，无色，大小为 25~41 μm×15~23 μm。藏卵器黄褐色，球形或不规则椭圆形，大小为 49~58 μm×55~73 μm，卵孢子球形、近球形，黄色，直径为 40~50 μm，壁厚为 3.8~5.0 μm。

图 12-3 菲律宾霜指霉
1. 分生孢子萌发 2. 露水重时产生的孢囊梗和孢子囊
3. 干燥时产生的孢囊梗和孢子囊
（仿戚佩坤）

4. 蜀黍霜指霉的形态特征 蜀黍霜指霉的孢囊梗长为 130~180 μm，基部与梗等粗，端部二叉状分枝 3~5 次，分枝粗短，常排列成半球形；顶端的小梗锥形，较尖，顶生 1 个孢子囊。孢子囊近球形、卵圆形，顶端圆，无乳突，无色，大小为 15.0~26.9 μm×15.0~28.9 μm。藏卵器埋生于叶肉维管束之间，球形，不规则形，直径为 38~50 μm。卵孢子球形、近球形，无色，具淡黄色外壁，直径为 25.0~42.9 μm（图 12-4）。

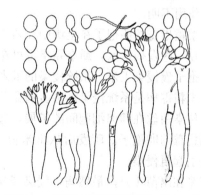

图 12-4 蜀黍霜指霉的孢囊梗和孢子囊
（仿戚佩坤）

五、玉米霜霉病的危害症状

各种霜指霉侵染引起的症状相似。其系统侵染病株，由苗期到成株期都可发病。苗期发病时生长缓慢，节间缩短，植株矮化，重病株不能正常抽穗，或雄穗畸形，雌穗不育。叶片上出现淡绿色、淡黄色、苍白色或紫红色的条纹或条斑，宽度不等，多与叶脉平行，以后变褐枯死。有时病叶上的条纹或条斑，在中后期纵裂，仅留下维管束，呈白发状。湿度高时叶片背面或两面产生灰白色霜霉层，即病菌的孢囊梗和孢子囊。发生局部侵染后，在叶片上形成近圆形褪绿斑点，或形成短而窄的褪绿条斑、条纹，后期连接成不规则长条斑，变黄褐色干枯。随病原菌种类、玉米品种与环境条件不同，症状也有所变化。

玉蜀黍霜指霉侵染的玉米幼苗全株淡绿色、黄白色或白色，逐渐枯死，俗称白苗病。成株多自中部叶片的基部开始发病，逐渐向上蔓延，初为淡绿色长条纹，后来互相汇合，使叶片的下半部分或全部变为淡绿色至淡黄色。高湿条件下，褪绿条纹上长出白色霜霉层。叶鞘与苞叶发病,症状与叶片相似。病株矮小,偶尔抽雄,一般不结果穗,提早枯死。

玉米幼苗感染菲律宾霜指霉后,叶片失绿或产生褪绿条斑,后发展成为淡黄色或苍白色条斑,叶片背面生白色霜霉层。雄穗畸形,果穗全部或部分不育。病株还可能明显矮化,茎秆肿大,节间缩短。

甘蔗霜指霉侵染的玉米幼苗叶片上,产生圆形褪绿病斑,以后发展成为系统症状,下部第3~6叶片生淡黄色至白色条纹或条斑。侵染较晚或中期侵染的病株,成熟前条斑可能消失。叶片两面以及叶鞘、苞叶上生白色霜霉层。病株畸形,不育或产生小型果穗。

蜀黍霜指霉系统侵染的玉米病株,第1片叶基部黄化,此后各叶片出现黄白色长条纹。重病株矮小,叶片较窄而且直立,不能正常抽穗,雌雄花序畸形。蜀黍霜指霉侵染高粱后,在叶片中产生大量卵孢子,线状排列在叶脉之间,成熟后叶片破裂,释放卵孢子,残留松散相连的维管束,呈现典型的褴褛状;侵染玉米则较少产生卵孢子。

六、玉米霜霉病的发生规律

玉蜀黍霜指霉和菲律宾霜指霉由玉米病株、带病自生苗以及其他多年生寄主、杂草寄主等提供初侵染菌源。在热带地区,常在旱季玉米与雨季玉米间辗转发生,完成周年循环。

甘蔗霜指霉严重侵染甘蔗,可随甘蔗越冬,为侵染玉米提供初侵染源,卵孢子在自然条件下的作用不明。

蜀黍霜指霉的卵孢子在土壤中存活1~3年,土壤和病残体中的卵孢子是重要初侵染菌源。但在一些发病地区,蜀黍霜指霉可在野生高粱、约翰逊草、苏丹草等寄主上周年存活,可产生孢子囊侵染玉米。系统侵染的玉米病株所产的种子携带该病菌。

玉米霜霉病是系统侵染病害。病原菌的孢子囊在玉米叶片上萌发后,产生芽管,从气孔侵入,侵染菌丝在叶肉细胞间隙扩展,通过叶鞘,进入幼茎生长点,引起系统发病。土壤中蜀黍霜指霉的卵孢子,萌发后从玉米根部侵入。在生长季节,病株产生的孢子囊随风雨传播,还引起再侵染。

玉米在出苗1月内最感病,侵染成功率与株龄关系密切。只有株龄10 d以上到几周的幼苗受侵后发生系统侵染,老叶片仅发生局部侵染。苗期降雨结露较多,湿度较高往往是发病的决定性因素。大气相对湿度高,夜间结露或有降雨有利于游动孢子囊的形成、萌发和侵染。以蜀黍霜指霉为例,孢子囊大量产生需有89%以上的相对湿度,叶面湿润时间持续3~4 h,温度保持20~24 ℃。孢子囊在叶面结露4 h的情况下,温度在10~33 ℃范围内都能够侵染,适温为21~24 ℃,完成整个侵染过程约需10 h。

七、玉米霜霉病病菌的传播途径

玉蜀黍霜指霉、菲律宾霜指霉和甘蔗霜指霉系统侵染的玉米病株,所产的种子带菌,但在水分含量低的干燥种子内,病原菌已经失活,已不能传病。带有甘蔗霜指霉的甘蔗插条可以远距离传病,卵孢子可随病残体远距离传播。病原菌也可能随带病活体植物材料远距离传播,卵孢子随病残体远距离传播。

蜀黍霜指霉系统侵染的玉米,种皮和种胚内带有菌丝和卵孢子,高粱种子的种皮、胚乳中带有菌丝,胚内不带菌丝,仅颖壳带有卵孢子。若种子仅带有菌丝体,则种子干燥后,便不能传病。但若种子带有卵孢子,则不论种子含水量高低,都有传病的危险。此外,卵孢子也可附着在种皮上或随种子间混杂的病残物远程传带。

八、玉米霜霉病病菌的检验方法

1. 病植物检查　田间依据症状检出可疑病株,再制片镜检孢子囊或卵孢子确认,必要时需接种测定致病性。幼苗症状易与病毒病害症状混淆,需注意区分。进境活体种苗、甘蔗插条也依据叶片症状检出,再挑选具有明确褐色条斑的叶段,在显微镜下,剥离叶肉,观察卵孢子。也可用5%氢氧化钠液(加0.015%苯胺蓝)透明染色后,镜检卵孢子。活体病叶还可保湿诱导孢子囊产生,镜检确认。

2. 种子带菌检验　可行常规洗涤检验、分部透明染色检验或种植检验。用种子洗涤检验法,可检验种子外部是否附着卵孢子。用种子分部透明染色法检查种子的种皮、种胚、高粱颖壳等部位是否带有卵孢子和菌丝体。若仅有菌丝体,尚不能确定是何种霜指霉。种植检验是将种子播于灭菌土壤中,观察幼苗的系统症状,直至出苗5周以后。种子间夹杂的高粱、甘蔗病叶片残体,也需镜检卵孢子。

3. PCR检测　对可疑病叶、种子、颖壳等实行的常规检验方法,准确性和检测效率都较低,需在现有PCR检测试验的基础上建立简便、快速、准确的检测技术。

九、玉米霜霉病病菌的检疫和玉米霜霉病的防治

玉蜀黍霜指霉为我国现行农业植物检疫性有害生物,玉米霜霉病病菌(霜指霉非中国分布种)为我国进境植物检疫性有害生物,需依法检疫,特别要禁止从境外疫区进口玉米种子。

发病地区可采取种植抗病品种,与非寄主作物轮作,避免与其他寄主作物相邻种植,清除杂草寄主,适当调整玉米播种期,使幼苗易感期避开多雨时期,结合间苗、定苗拔除病株等农业防治措施。也可利用甲霜灵等有效药剂处理种子或在苗期喷药。

第三节　烟草霜霉病病菌

学名　*Peronospora hyoscyami* de Bary f. sp. *tabacina* Skalicky(天仙子霜霉烟专化型)
病害名称　烟草霜霉病(tobacco downy mildew, tobacco blue mold)

一、烟草霜霉病病菌的分布

烟草霜霉病病菌分布于世界各大洲,除南非、尼日利亚、印度、日本和中国以外,其他国家都有发生。

二、烟草霜霉病病菌的寄主

烟草霜霉病病菌寄生多种烟草属植物,栽培烟草受害最烈;也能自然侵染辣椒、茄子、番茄、马铃薯等茄科植物,但这些植物表现不同程度的抗病性。

三、烟草霜霉病病菌的危害和重要性

烟草霜霉病病菌引起烟草霜霉病,在苗床和田间都能发生,病株大量枯死,严重降低了烟叶的产量和品质。据估计,在病害流行年份,烟草减产10%～60%。1960年欧洲烟草霜

霉病大流行，估计损失干烟草 2.85×10^4 t。1961 年继续流行，意大利和北非烟草被害率高达 80%。该年欧洲烟产区损失 1.0×10^5 t 干烟草。1980 年在古巴大流行，毁灭了 90% 的雪茄烟。该菌是著名检疫性有害生物，传播蔓延速度很快。1891 年在澳大利亚首次报道，1921 年传入美国，至 1964 年就传遍美洲。直到 1958 年欧洲还没有报道，被意外地带入英国后，便很快扩散，1959 年在荷兰和德国发现，此后 4 年间传遍了欧洲、北非和近东。

四、烟草霜霉病病菌的形态和生物学特性

该菌属于卵菌门卵菌纲霜霉目霜霉科霜霉属（图 12-5），为专性寄生菌，侵染菌丝在叶肉细胞间蔓延，产生吸器进入叶肉细胞。接种感病寄主 5~7d 后，就可从叶片下表面的气孔中伸出孢囊梗。

孢囊梗长为 400~750 μm，宽为 7~11 μm，无色，树枝状，主轴较粗壮，上部二叉式分枝 3~10 次，顶端尖削略弯，其上着生孢子囊。孢子囊卵圆形、柠檬形，无乳头状突起，大小为 17~28 μm×13~17 μm，无色或淡黄色，内含多个淡黄色油球。孢子囊壁薄，厚度均匀。孢子囊产生的温度范围为 1~30 ℃，适温为 15~23 ℃，适宜的大气湿度为 97%~100%，黑暗或弱光有利于孢子囊形成。孢子囊萌发适温为 15 ℃，最低温度为 3.5 ℃，最高温度为 35 ℃，萌发需饱和的大气湿度。

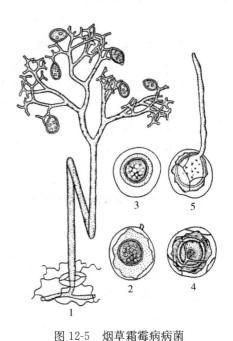

图 12-5 烟草霜霉病病菌
1. 孢囊梗和孢子囊
2~5. 藏卵器中的卵孢子依次从未成熟到成熟后萌发
（仿 Wolf）

卵孢子多在病株下部老叶上产生，坏死病斑周围和叶脉附近卵孢子最多。卵孢子球形，平均直径为 20~60 μm，成熟卵孢子橘黄色至红褐色，其内壁薄，颜色淡，外壁色深，有瘤状饰纹。卵孢子与藏卵器壁分离。卵孢子产生的温度为 16~17 ℃，要保持高湿度，在干燥条件下，很难产生卵孢子。卵孢子越冬后不萌发，第 2 年越冬后有少量萌发，第 3 和第 4 年越冬后萌发增多。卵孢子抗逆力很强，病叶片在 80 ℃下烘烤 4 d 后，再在 50%~60% 相对湿度和 35 ℃温度下发酵，卵孢子尚有侵染能力。

五、烟草霜霉病的危害症状

烟草霜霉病的患病幼苗症状早期不甚明显，通常叶尖变黄，叶片背面有不规则形淡黄色小病斑，直径仅为 1~2 mm，后渐扩大并相互汇合，病叶褶皱扭曲，在背面生出蓝灰色的霜霉层，即病菌的孢囊梗和孢子囊。以后病叶迅速变黄，枯萎，甚至整株死亡。

成株的局部侵染症状，是在叶片上产生近圆形病斑，直径为 1~2 cm，淡黄色，边缘模糊，变褐坏死，可相互汇合，高湿时病斑背面生出灰白色至蓝灰色霜霉层。病斑薄而脆，易脱落，留下不规则的空洞。发病严重时，病原菌能沿主脉蔓延到叶柄和茎秆上，产生黑色凹陷斑痕，形成局部性系统侵染。病原菌还能侵染芽、花器和果实。

系统侵染的植株矮化，叶片狭小，有黄绿斑驳，叶脉和茎深褐色，茎部维管束变褐。病株多生长缓慢，发育不良，有的枯死。

在欧洲普遍种植的抗病品种上，病株底层叶片上产生褪绿斑点，可形成孢子囊，中部叶片上产生坏死病痕，无孢子囊，有时顶叶畸形。

六、烟草霜霉病的发生规律

烟草霜霉病的病原菌的初侵染菌源复杂。有些病区以卵孢子随病残体在土壤中越冬，成为主要初侵染菌源。在冬季较温暖的病区，病原菌可在野生烟草属植物、自生烟草病株上越冬，成为下一季烟草的初侵染菌源。该菌孢子囊抗逆性较强，在气温和大气相对湿度较低的条件下，存活时间较长，还能随气流远距离传播，因而存在异地菌源。例如在北非寄主上越冬的孢子囊，随气流逐步北移，成为欧洲烟草发病的初侵染菌源。在生长季节，病株产生的孢子囊随风雨传播，引起多次再侵染。

低温高湿的天气条件有利于霜霉病发生，多雨、夜间结露适于孢子囊产生和侵染。有人认为，越冬期间平均温度高于常年，烟草易感阶段降雨和相对湿度高于95%的日数多，叶面结露时间长，日平均气温15~25 ℃，烟草霜霉病可能大流行。烟草生长期气温高，日照充足，湿度低，则不利于病害发生。低洼、排水不良、烟株密度高的烟田发病较重。

七、烟草霜霉病病菌的传播途径

烟草霜霉病病菌主要以卵孢子随烟叶和烟叶制品做远距离传播。烟草种子带有卵孢子和菌丝体，但对种子的传病作用尚有异议。

烟草霜霉病病菌的孢子囊可随气流上升到2 000 m高空，传播到240~1 600 km甚至更远。孢子囊还可随风雨、农事操作、农机具、混有病残体的粪肥等在田间传播。

八、烟草霜霉病病菌的检验方法

1. 干烟叶检验 烟叶样品适当回潮，使叶面舒张后，在白色荧光灯照明下检出可疑病斑和其背面的霜霉层。挑取霉状物制片镜检确认孢囊梗和孢子囊。未发现霜霉层的可疑病斑及其碎片，进行洗涤检验。先加适量蒸馏水，用振荡器振荡洗涤，洗脱病斑表面的病原菌。洗涤液以10 000 r/min离心5 min，取沉淀液制片镜检。检查卵孢子可用叶组织透明法，选颜色暗绿的病叶，取老病斑周围组织，剪成小片，用10%氢氧化钾溶液煮沸透明后，用0.05%苯胺蓝乳酚油作浮载剂，制片镜检。还可用冰冻匀浆法检验卵孢子。

2. 种子检验 烟草属植物种子样品（含夹杂的病残体碎屑）用上述洗涤离心法检验，确认病残体碎屑是否带有孢囊梗和孢子囊。

3. 种苗检验 直接检查叶片症状，背面若有霜霉层，则制片镜检孢囊梗和孢子囊。无霜霉层的可疑病苗，取叶片置于保湿皿内，在18℃和无光照条件下培养12~24 h，然后镜检是否产生孢囊梗和孢子囊。

九、烟草霜霉病病菌的检疫和烟草霜霉病的防治

烟草霜霉病病菌为我国进境植物检疫性有害生物，禁止从疫区进口烟叶、烟草种子和烟草属植物繁殖材料，因科研需要从疫区引进的烟属植物，应严格进行隔离试种，以严防该菌

传入。一旦发生烟霜霉病，应立即采取封锁和根除措施。

防治方法侧重于苗床和田间卫生措施，适期施用甲霜灵等有效药剂，以及选育和种植抗病品种。

思 考 题

1. 为什么将大豆疫霉病病菌列为全国农业植物检疫性有害生物？
2. 霜指霉属的玉米霜霉病病菌有哪些共同特点？如何正确检诊？

第十三章 检疫性真菌

真菌界（Fungi）成员是真核生物，营养体主要为单倍体，类型复杂，有单细胞、无隔菌丝体和有隔菌丝体等多种，大多数为多细胞的有隔菌丝体。菌丝细胞主要由细胞壁、原生质膜、细胞质和细胞核构成。真菌界细胞壁含有几丁质和β-葡聚糖，线粒体脊扁平，缺乏质体。真菌一般有两种繁殖方式：无性繁殖和有性生殖，分别产生多种类型的无性孢子和有性孢子。在繁殖过程中形成的产孢机构，统称为子实体，其类型和结构多种多样，是真菌分类的重要依据。真菌的高级分类阶元屡经变动，据《真菌辞典》第十版（2008），真菌界中与植物病原真菌有关的有壶菌门、接合菌门、子囊菌门和担子菌门，取消了半知菌。在植物病原微生物中，真菌是最大的类群，种类最多，危害也最重。许多病原真菌具有检疫重要性，其中多有植物检疫的历史案例。在我国现行农业植物检疫性有害生物名单中有 4 种真菌，林业植物检疫性有害生物名单中有 2 种真菌，在进境植物检疫性有害生物名录中收入了 110 种真菌。

第一节 马铃薯癌肿病病菌

学名 *Synchytrium endobioticum* (Schilb.) Percival（内生集壶菌）
病害名称 马铃薯癌肿病（potato wart disease）

一、马铃薯癌肿病病菌的分布

马铃薯癌肿病病菌起源于南美洲安第斯山区域，19 世纪传入欧洲，后陆续在 50 个以上国家发现，在欧洲分布最普通，在北美洲、南美洲、大洋洲、非洲和亚洲也有发生，但许多曾有报道的国家声称局部疫情已予以铲除，在我国内分布于云南省和四川省局部地区。

二、马铃薯癌肿病病菌的寄主

马铃薯癌肿病病菌寄生栽培马铃薯和野生茄属植物，人工接种可侵染番茄以及茄属、碧冬茄属、烟草属和酸浆属植物。

三、马铃薯癌肿病病菌的危害和重要性

马铃薯癌肿病病菌主要侵染马铃薯块茎，形成肿瘤，使病株产量下降，块茎品质变劣，失去种用、食用和饲用价值。病薯极易腐烂，质地硬，不易煮熟。据四川省凉山州 1980 年调查，11.6% 的发病田减产 70%～80% 甚至以上；美姑县基本绝收的占该县发病面积的 28.4%，损失 40%～50% 的占 44%，一般减产 20%～30%。病原菌的休眠孢子囊在土壤中可存活多年，有报道称在土壤中 20 年以上仍有生活力，因而一旦传入难以根除。马铃薯癌肿病在气候冷凉、潮湿的山区是毁灭性病害，也是世界性检疫病害。

四、马铃薯癌肿病病菌的形态和生活史

该菌属于壶菌门壶菌纲壶菌目壶菌科集壶菌属,为寄生于细胞内的专性寄生菌,其营养体为单细胞菌体,整体产果。菌体球形或近球形,单核,有壁,发育成熟后转变为含有几个多核孢子囊的孢子囊堆。孢子囊又称为游动孢子囊或夏孢子囊,萌发后产生游动孢子或游动配子。休眠孢子囊(冬孢子囊)生于马铃薯癌肿组织的表层细胞内,直径为 $25\sim75~\mu m$,球形或长圆形,锈褐色;壁厚,分为3层,内壁薄而无色,中壁光滑,金黄褐色,外壁厚,褐色,具有不规则的脊突。

马铃薯癌肿病菌的生活史可概述如下(图13-1和图13-2):休眠孢子囊越冬后,春季在适宜温度和湿度条件下萌发,释放多数游动孢子。游动孢子卵形或梨形,大小为 $1.5\sim2.2~\mu m$,具单鞭毛。休眠孢子囊产生的游动孢子可游动 2 h 左右,接触寄主后静止,收回鞭毛,萌发并侵入寄主,游动孢子的内含物全部转移到被侵入的寄主表皮细胞中。

侵入细胞中的菌体称为始细胞,侵入细胞的始细胞膨大变圆,产生双层壁,转变为原孢子堆,占据了被侵入寄主细胞的下半部。被萌发并侵入的寄主细胞因受病菌刺激而膨大,其周围的细胞也随之膨大,形成大型薄壁细胞组成的环状组织,称为莲花座。

原孢子堆萌发形成泡囊。原孢子堆中的细胞质和细胞核,通过外壁上的小孔转移到泡囊中。泡囊占

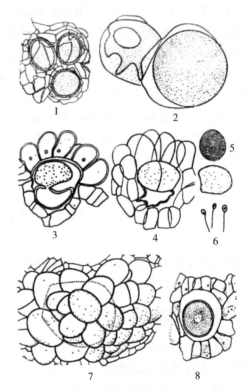

图 13-1 马铃薯癌肿病病菌生活史
1. 休眠孢子囊 2. 泡囊 3. 原孢子堆 4. 孢子囊形成
5. 孢子囊 6. 游动孢子 7. 肿大的马铃薯细胞 8. 休眠孢子囊产生

据了初侵染细胞的上半部。泡囊中的细胞核连续分裂,一个泡囊内多有 32 个核,细胞质进而分裂为 4~9 大块,成为孢子囊堆。每个大块中细胞核继续分裂,产生 200~300 个核,发展成为孢子囊(游动孢子囊)。孢子囊堆近球形,大小为 $47\sim72~\mu m\times81\sim100~\mu m$,含有 4~9 个孢子囊。孢子囊无色或淡色,多角形、卵形或近球形,薄壁,大小为 $25~\mu m\times38\sim62~\mu m\times87~\mu m$。孢子囊的壁形成以后,其每个核与周围的细胞质组成一个游动孢子。

孢子囊成熟后,吸水膨胀,寄主细胞破裂。同时莲花座基部的寄主细胞也分裂和膨大,结果将孢子囊推向寄主组织表面。孢子囊吸水膨胀后破裂,释放出 200~300 个游动孢子,重复侵染过程,形成下一代孢子囊和游动孢子。在整生长季节,连续进行再侵染。

在遭受低温或干旱后,产生游动配子,配子结合形成双鞭毛的结合子,经一段时间的游

动后,静止并侵入寄主细胞,其侵入过程基本上与游动孢子的侵入相似,最后在寄主细胞中形成休眠孢子囊。结合子侵染引起寄主细胞重复分裂增生,使休眠孢子囊埋在表皮下面几层细胞深处。

休眠孢子囊的抗逆性很强,耐高温,通过牲畜消化道仍可存活。休眠孢子在土壤中可长期存活,一般可存活6~8年,有报道称可存活30年以上。游动孢子或双鞭毛的接合子寿命很短,无合适寄主时,一般2~3 h后死亡。土壤水分条件对孢子囊和休眠孢子囊萌发,以及游动孢子活动和侵入寄主至关重要。

马铃薯癌肿病菌有近20个生理小种,但因没有统一的鉴别寄主,其间可能有所重复。欧洲小种1是欧洲和其他大部分发生区域的主要小种。

五、马铃薯癌肿病的危害症状

马铃薯癌肿病病菌主要侵染马铃薯的块茎、匍匐茎、茎基部等地下部分,除高感品种外,地上部分症状多不明显。块茎上最初产生少数豆粒大小的瘤状物,逐渐变为许多表面粗

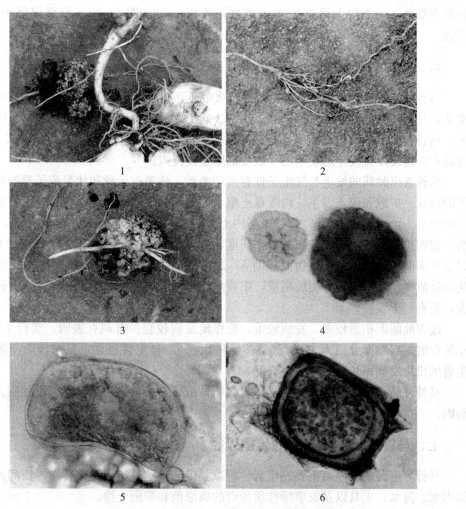

图13-2 马铃薯癌肿病症状和病原菌形态
1. 茎基部癌肿 2、3. 须根上的癌肿 4. 原孢子堆 5. 孢子囊堆 6. 休眠孢子囊

糙的癌肿，形似花椰菜的花球，严重时整个块茎变为一个大癌肿。癌肿多以芽眼为中心产生，初白色或淡黄色，后期褐色，易破裂，形成泥块一样的表面，常被第二寄生物寄生，造成腐烂发臭。

病株茎基部长出花椰菜小花似的癌肿，不断向周围发展，以致包围整个茎基部，有时露出地面（图13-2）。露出地面的癌肿绿色，癌肿腐烂后留下凹凸不平的痕迹。匍匐茎生出成串卵圆形癌肿，有的生在匍匐茎的一侧，有的围绕匍匐茎生长，发病严重时病株枯死，不结薯块。

高度感病的品种，在地上部分的分枝处、叶腋、枝尖、幼芽均可长出密集的卷叶状癌肿，初绿色，后褐色腐烂。受害叶片、花梗、果梗和花萼上，长出无叶柄的丛生小叶，尤以叶背为多，叶片变黄，进而变黑，腐烂脱落。凡地上部分表现症状的，多为重病株，几乎不结薯块，全为癌肿代替。

有些品种的根系也被侵染，且病菌只侵染根而不侵染植株其他部分。在根端或根的中部产生大小不等的癌肿，小的如油菜籽，最大的直径可达13 mm左右，白色半透明，似水泡，后期变褐色。一条根上可产生多个癌肿，连成一串（图13-2）。根部癌肿中也有休眠孢子囊。

六、马铃薯癌肿病的发生规律

马铃薯癌肿病初侵染菌源广泛，在已发病地区，病原菌以休眠孢子囊随病残体在土壤中越冬，是下一季的主要初侵染菌源。病薯、病土、混入病残组织的农家肥料、田间自生马铃薯、马铃薯加工厂的污水和废料等都可能是初侵染菌源。病原菌从伤口、皮孔、气孔侵入，也能产生侵染丝直接穿透块茎的芽表皮细胞壁而侵入。

马铃薯癌肿病的发生与气象条件有密切关系。病菌孢子囊和休眠孢子囊的萌发，游动孢子的释放、扩散和侵入寄主，均需在土壤水分饱和的状态下进行。马铃薯生长期中，降水量600 mm以上，土温为12～24 ℃，平均土温为21 ℃，土壤pH为3.9～8.5，最有利于发病。据四川省调查，病害分布的海拔高度，最高为3 600 m，最低为1 680 m；海拔2 500 m以上发病面积最大，占总发病面积的83.2%，这可能是因为高海拔地区气象条件有利于发病的缘故。在发病山区，阴坡病重，阳坡病轻。因阴坡比阳坡地日照少，温度低，土壤湿度大，更有利于发病。

连作地菌源积累较多，发病较重，轮作地发病较轻。有调查表明，实行1年、2年和3年轮作的，病薯率分别为31.4%、1.9%和0.8%。自生薯也是重要初侵染菌源，清除了自生薯的田块发病率和病薯率明显降低。

马铃薯品种间抗病性差异明显，大面积种植感病品种往往是马铃薯癌肿病大流行的主要诱因。

七、马铃薯癌肿病病菌的传播途径

马铃薯癌肿病病原菌主要靠带病种薯以及带菌土壤进行远距离传播，田间近距离传播则靠雨水、流水、工具以及农事操作所传带的病原菌和带菌土壤。

有些抗病品种潜在带菌，发病后能形成休眠孢子囊，但不产生明显的癌肿，不易辨认，传病的危险性较高。

八、马铃薯癌肿病病菌的检验方法

1. 直接检查 检查病株、病块茎的表观症状，要特别注意检查块茎芽眼部位，可疑块茎用体视显微镜检查细部症状。发现癌变组织后，挑取制成玻片，在显微镜下观察有无游动孢子释出。

2. 切片检查 抗病品种癌肿很小，不易辨认，可取薯芽及其周围组织（连同表皮）做切片，镜检有否原孢子堆或休眠孢子囊。

3. 染色检验 病组织在蒸馏水中浸 30 min，吸 1 滴上层液放在载玻片上，加 1 滴 0.1% 氯化汞水溶液固定，晾干后再加 1 滴 1% 酸性品红液染色 1 min，用水洗去染液后镜检有无游动孢子等。

4. 土壤检查 制备土壤样品，用适宜方法提取土壤中携带的休眠孢子囊，制片镜检确定。土样取自块茎黏附的土壤和包装内外散落的土壤。采用四氯化碳-乳酚油漂浮法，将制备好的土样倒入试管中，加定量四氯化碳液，搅拌，静置，则土壤等沉降在底部，休眠孢子囊悬浮在四氯化碳液中，将悬浮液倒入另一试管中，加入定量乳酚油，充分混合后静置分层，休眠孢子囊转移到上层乳酚油中，用移液管吸取少许，制片镜检。

另外，还可用氢氟酸（HF）提取法，该法用氢氟酸溶解土样中的硅酸盐、腐殖质和不透明的物质，再离心洗涤 3~5 次，直到液体透明。将获得的沉积物再悬浮在蒸馏水中，然后再镜检休眠孢子囊。

5. 休眠孢子囊活力检查 将带菌土样风干，研细，分别用 105 μm、74 μm 和 37 μm 的样筛过筛，除去杂质，取底层筛下土壤，放入试管中，然后加水并充分搅拌，静置数分钟，清液上浮。由清液中提取休眠孢子囊，用 2% 酸性品红液热处理 2~3 min 后制片镜检，活的休眠孢子囊染色慢，呈浅玫瑰色；死的染色快，呈深红色。另外，还可用质壁分离法或荧光反应法鉴别休眠孢子囊死活。

九、马铃薯癌肿病病菌的检疫和马铃薯癌肿病的防治

（一）马铃薯癌肿病病菌的检疫

马铃薯癌肿病病菌是全国农业植物检疫性有害生物与我国进境植物检疫性有害生物，应依法检疫。

建立无病种薯繁育基地，执行马铃薯种薯产地检疫规程，生产无病脱毒微型种薯和无病常规种薯。

（二）马铃薯癌肿病的防治

1. 种植抗病品种 在我国西南发病地区，"米拉"和"金红"表现免疫，"119-3"、"卡久"和"里阿坝"高度抗病。欧美选育的抗病品种很多，可引种试种。

2. 轮作与处理病株 病田应与燕麦、玉米、亚麻、向日葵、油菜以及豆类作物等长期轮作，高畦种植，彻底拔除隔生薯。田间发现马铃薯癌肿病病株后，必须挖出薯块，深埋或销毁。

3. 药剂防治 主要药剂防治措施是配制三唑酮药土，在播种时盖种。生长期间可用三唑酮药液灌窝，或在苗期和蕾期喷雾。

第二节 苜蓿黄萎病病菌

学名 *Verticillium albo-atrum* Reinke et Berthod（黑白轮枝孢）
病害名称 苜蓿黄萎病（Verticillium wilt of alfalfa）

一、苜蓿黄萎病病菌的分布

苜蓿黄萎病病菌最早于1918年发现于瑞典，第二次世界大战前后传入西欧大陆和英国并进而向东欧、南欧扩展，20世纪60—70年代传入加拿大、美国，80年代传入日本北海道。墨西哥、新西兰亦有发生。苜蓿黄萎病病菌在国外主要分布于欧洲和北美北纬40°以北各国，在我国发生于新疆。

二、苜蓿黄萎病病菌的寄主

苜蓿黄萎病菌（黑白轮枝孢苜蓿菌系）具有较强的寄主专化性。不同地理来源的菌株，接种测定结果也不一致。北美分离的菌株能侵染苜蓿、蚕豆、马铃薯、草莓、冠状岩黄芪、红花菜豆等，表现轻重不同的症状，而羽扇豆、豌豆、红豆草、大豆、红三叶草、白三叶草、草木樨、硬皮甜瓜、茄子、啤酒花、西瓜等带菌但不表现症状。另有接种结果表明，大豆、花生、杂三叶草和茄子都表现严重症状。

三、苜蓿黄萎病病菌的危害和重要性

苜蓿黄萎病病菌引起苜蓿黄萎病，严重降低苜蓿产草量和种子产量，缩短产草年限，降低植株越冬能力。苜蓿播种当年晚期就出现症状，第2年产草量降低15%～50%，第2年晚期至第3年早期病株衰弱死亡。苜蓿黄萎病是世界性重要病害，为许多国家的重要检疫性有害生物。

四、苜蓿黄萎病病菌的形态和生物学特性

该菌属于真菌界子囊菌门为无性态子囊菌，在马铃薯葡萄糖琼脂（PDA）培养基上菌落白色至灰色，绒毛状，后因生成暗色休眠菌丝，菌落中央变黑褐色。分生孢子梗直立，有隔，无色至淡色，但在植物基质上生长的老熟孢子梗基部膨大，暗色（图13-3）。梗上每节轮生2～4个小梗（轮枝），可有1～3轮，小梗大小为20～30（～50）$\mu m \times 1.4 \sim 3.2 \mu m$，顶端亦生小梗（顶枝）。小梗端部的产孢瓶体连续产生分生孢子，聚集成易散的头状孢子球。有时小

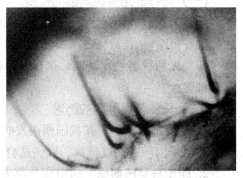

图13-3 苜蓿黄萎病病菌分生孢子梗基部

梗发生二次分枝。由苜蓿茎长出的分生孢子梗长为55～163 μm，宽为3.8～5.6 μm。梗的顶枝长为30～49 μm，宽为2.2～4.4 μm，轮枝长为22～27 μm，枝层间距为29～46 μm。分生孢子无色，单胞，椭圆形、圆筒形，大小为3.5～10.5(12.5) $\mu m \times 2 \sim 4 \mu m$。休

眠菌丝暗褐色至黑褐色,直径为3～7 μm,分隔规则,隔膜间膨大,呈念珠状,有时集结成菌丝结或瘤状菌丝体(图13-4)。

该菌在琼脂培养基平板上菌落生长适温为 20～22.5 ℃,在30 ℃时不能生长。苜蓿菌系对温度的要求有所不同,其生长适温高达25～26 ℃,在15 ℃和27 ℃时生长较差,在5 ℃和33 ℃时停止生长。在梅干煎汁酵母琼脂(PLAY)培养基平板上培养,温度为20～27 ℃时,20 d后形成暗色菌丝体;培养温度为10 ℃或15 ℃时,延迟数周后方能形成。黄萎病菌产生的毒素为蛋白质与脂多糖的复合物,其中蛋白组分具有致萎作用。

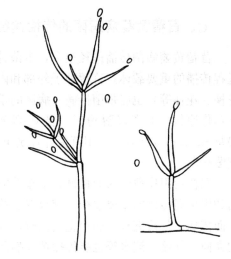

图13-4 苜蓿黄萎病菌分生孢子梗和分生孢子

五、苜蓿黄萎病的危害症状

苜蓿黄萎病的发病早期,病株上部叶片在温度较高时表现暂时性萎蔫,继而中下部叶片失绿变黄,严重时变枯白色,整株萎凋,横切病株茎部可见维管束变褐。发病后期植株因生育停滞而严重矮化。该病重要诊断特征还有:①小叶顶端出现V形黄变坏死斑块,严重时病叶卷缩扭曲;②病株叶片枯萎,但茎部在较长时间内仍保持绿色;③在潮湿条件下,枯死茎表面敷生灰色霉状物,即病菌的分生孢子梗。

六、苜蓿黄萎病的发生规律

苜蓿黄萎病基本上是单循环病害。在已发病地区,黄萎病菌的休眠体随病残体在土壤中越冬,病残体中的病原菌可存活9月以上。在冬季土壤冻结地区,病残体腐烂分解较慢,病原菌存活时间长。若土壤含水量高,则存活时间缩短。

翌春环境适宜时病残体中的病原菌产生菌丝,从幼苗根部侵入寄主,造成系统发病。菌丝可直接穿透未受伤的幼根表皮细胞,也可通过微生物、昆虫、线虫或农事操作造成的伤口侵入,经皮层进入木质部导管,在导管里产孢,不断繁殖扩展,并向茎、枝、叶等部位转移,在整个植株中定殖。另外,病原菌还可从划割造成的茎部伤口侵入。

田间早期病株和死株茎秆上产生的分生孢子,经气流传播后,可引起当季再侵染,但再侵染数量很少,在病害循环中作用很小。该菌分生孢子对高温和干燥敏感,气传孢子在田块内和田块间传播的作用也很小。

苜蓿黄萎病的发生和消长变化,与品种抗病性、病菌致病性和环境因素有密切关系。病田连作,土壤中积累的病原菌多,连续种植感病品种,若遇到适宜环境条件,苜蓿黄萎病就会大发生。苜蓿黄萎病在灌区或降水频繁、土壤湿度较高的地区发生较重,黏土、壤土和富含有机质的土壤有利于黄萎病发生,但土壤酸碱度的影响不明显。适于苜蓿黄萎病发生的温度范围较大,在较高温度下发病严重度仍较高,因而适生地区较广。

七、苜蓿黄萎病病菌的传播途径

苜蓿黄萎病菌传播途径很多，带菌种子和带菌植物材料、昆虫等是病原菌传播，特别是远程传播的重要载体。苜蓿种子外部和内部都能带菌，混杂在种子间的病残体（荚的碎片、花梗、花柱等）也能带菌传病。病区的带菌苜蓿草制品也是远程传播的重要途径。以晒制的干草作原料，生产苜蓿粉时，黄萎病菌经过脱水过程后仍然存活。加拿大苜蓿切叶蜂（*Megachile rotundata*）用苜蓿叶片筑巢，被病菌污染。切叶蜂巢常输往外国，也可能传播黄萎病菌。

在苜蓿田作业的农业机械、卡车等能够传带病株残体和带菌土壤，是苜蓿黄萎病在田块内和田块间传播的重要途径。豌豆蚜、苜蓿象、蝗虫和蕈蚊等昆虫，体表可携带黄萎病菌孢子而传病。苜蓿健根与病根直接接触，或与土壤中病原菌接触都可被侵染。牲畜食用病草后的粪便、气流、流水等也能传播黄萎病菌，但在病害流行中的作用尚需具体评估。

八、苜蓿黄萎病病菌的检验方法

1. 病植物检查　肉眼检查田间发病症状，确定病株。可疑病株用吸水纸培养检验法、琼脂培养基培养检验法或选择性培养基检验法等进一步检查。

检查大量标本时采用吸水纸培养检验法，简单快速。该法是在玻璃培养皿底部铺2~3层吸水纸做成湿皿，高压灭菌备用。使用前滴加灭菌水，浸湿吸水纸。将待检病株茎或叶柄切成1 cm长的小段，冲洗掉表面的泥土杂质后，用2%~3%次氯酸钠液表面消毒，并用无菌水冲洗后，横切成厚度1~4 mm的小片，放置在湿皿内滤纸上，湿皿封闭在塑料袋中培养。苜蓿黄萎病菌的菌丝可由病组织蔓延到吸水纸上并形成分生孢子梗、分生孢子和休眠结构。可用实体显微镜检查确定。

琼脂培养基检验法是将病部切取小块组织，表面消毒后，置于马铃薯葡萄糖琼脂（PDA）培养基平板上，在20~25 ℃下培养2~3周。在菌落中央产生暗色休眠菌丝体的为黑白轮枝孢，近似种大丽轮枝孢则生成黑色微菌核。

选择性培养基梅干煎汁酵母琼脂培养基（PLYA培养基）在25 ℃下培养黑白轮枝孢15 d左右，可由培养皿背面清晰观察到暗包休眠菌丝形成的辐射状结构，而大丽轮枝菌则生成多数微菌核，呈小瘤状和颗粒状。

2. 种子带菌检验　可用吸水纸培养检验法或琼脂培养基检验法检验种子带菌。

（1）吸水纸培养检验法　吸水纸培养检验法是将吸水纸铺在塑料培养皿底部，用0.2% 2,4-D钠盐溶液浸渍吸水纸，做成培养床。然后将种子直接均匀放置在皿内吸水纸上，将湿皿置于21~23 ℃下培养，每昼夜光照12 h。10 d后用体视显微镜逐粒检查种子，根据菌落特征，特别是分生孢子梗和分生孢子的整体形象确定带菌种子。但是，检出的种子虽然带有轮枝孢，但不一定是黑白轮枝孢，需做进一步鉴定。

（2）琼脂培养基检验法　用琼脂培养基检验法检查种子内部带菌，可将待检样品种子用2%次氯酸钠溶液表面灭菌，并用无菌水充分洗涤后，置于梅干煎汁酵母琼脂培养基或Christen选择性培养基平板上，在22 ℃下培养培养14 d后检查。检查时由培养皿底部观察，带菌种子周围的菌落有暗色休眠菌丝体形成的辐射状结构。必要时可挑取病原菌镜检鉴定。

若必须检查种子外表带菌，则可先用灭菌水洗涤种子，取定量洗涤液在 Czapek 培养基平板上展布培养，然后选取类似轮枝孢菌落，挑取孢子接种梅干煎汁酵母琼脂培养基或 Christen 选择性培养基，做进一步检查。

九、苜蓿黄萎病病菌的检疫和苜蓿黄萎病的防治

苜蓿黄萎病病菌为我国农业植物检疫性有害生物，也是进境植物检疫性有害生物。应禁止调运和种植发病区生产的种子，禁止从发病区运出苜蓿饲草和草制品。由发病地区引进苜蓿切叶蜂巢时，也应检疫。在田间发现病株后，应立即销毁。

发病区需采取措施尽快扑灭。苜蓿黄萎病的防治应以选育、使用抗病品种为主，采用综合措施。种子带菌是新建草地发病的初侵染来源，需建立无病种子田，生产和播种健康种子。栽培防治措施，诸如与非寄主植物轮作、病田休闲、推行豆科牧草与禾本科牧草混播间作、适时早刈、实施田间和农业机具清洁措施等，都有明显防治效果。

第三节　瓜类黑星病病菌

学名　*Cladosporium cucumerinum* Ellis et Arthur（瓜枝孢）

病害名称　瓜类黑星病（scab of cucurbits）、黄瓜黑星病（cucumber scab）

一、瓜类黑星病病菌的分布

瓜类黑星病病菌广泛分布于北美、欧洲，以及亚洲、非洲部分国家，国内有发生。

二、瓜类黑星病病菌的寄主

瓜类黑星病病菌寄生葫芦科植物，包括黄瓜、南瓜、西葫芦、笋瓜、冬瓜、甜瓜、西瓜（抗病）等。

三、瓜类黑星病病菌的危害和重要性

黑星病是黄瓜和其他葫芦科作物的世界性大病害，在露地和棚室中都可流行。幼苗、叶片、茎蔓、卷须、瓜条等部位被侵染，致使瓜类产量和品质降低。黄瓜病株一般减产10%～20%，严重时达50%以上。病瓜受损变形，失去商品价值。

四、瓜类黑星病病菌的形态特征

瓜类黑星病病原菌为无性态子囊菌。菌丝淡褐色，有分隔。分生孢子梗通常从寄主的气孔伸出，单生或聚生，褐色，有隔膜，顶部和中部略有分枝，大小为 50～514 μm × 4.0～5.5 μm。产孢细胞圆柱形，全壁芽生，合轴-链生式产孢。分生孢子圆柱形、椭圆形或纺锤形，褐色，表面光滑或具微刺，多数单孢，少数具1隔，大小为 4～25 μm × 2～6 μm。分生孢子多形成分枝的长链。

五、瓜类黑星病的危害症状

瓜类黑星病病原菌主要侵害瓜类幼嫩部分，嫩叶、嫩茎、幼果受害最重。幼苗子叶上出

现黄白色近圆形病斑,严重的心叶枯萎,生长点腐烂,形成秃桩苗,或全株烂死。成株叶片上生近圆形污绿色浸润状小病斑,扩大后成为直径为 2~5 mm 的淡黄色星芒状病斑,常开裂(图 13-5)。叶脉上生坏死斑,局部停止生长,致使病叶扭曲皱缩。叶柄、茎蔓、瓜柄受害后出现大小不等的长梭形病斑,初暗绿色,后淡黄褐色,中间凹陷开裂,卷须则变褐腐烂。瓜条上产生圆形至椭圆形病斑,初暗绿色,后黄褐色,病斑直径为 2~4 mm,凹陷,龟裂,呈疮痂状或烂成孔洞,病部组织停止生长,致使瓜条畸形,但一般不发生湿腐(图 13-6)。发病部位有半透明白色胶状物溢出,后变成琥珀色,干结后易脱落。湿度高时病部表面产生绿褐色霉层。

图 13-5　瓜类黑星病叶片症状

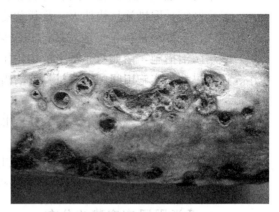
图 13-6　瓜类黑星病果实症状

六、瓜类黑星病的发生规律

瓜类黑星病病原菌主要以菌丝体和分生孢子随病残体在地面或土壤中越季,病卷须和病原菌也可附着在架材上越季,成为下一茬的初侵染菌源。种子可以带菌传病,来自病区的瓜类种子带菌率高,多有黑星病随带菌种子传入无病区的事例。病株产生的分生孢子,随风雨、昆虫和农事操作分散传播,发生多次再侵染。病原菌可以从叶片、茎蔓、果实的表皮直接侵入,也可以从伤口或气孔侵入。连续 15~17 ℃的低温和高于 90% 的湿度,有利于黑星病发生。重茬,种植密度过大,植株徒长,棚室通风不及时,遭遇连阴雨后病重。

七、瓜类黑星病病菌的检验方法

田间病株和带病瓜类产品依据典型症状检出,挑取发病部位滋生的霉状物,制片镜检病原菌确认。若病斑上尚未产生霉状物,可将病斑组织置于温室中,在 18~20 ℃条件下培养,待孢子形成后镜检确认。种子带菌检验可采用常规吸水纸培养法或琼脂培养基培养法。

八、瓜类黑星病病菌的检疫和瓜类黑星病的防治

(一)瓜类黑星病病菌的检疫

黄瓜黑星病菌是全国农业植物检疫性有害生物,也是我国进境植物检疫性有害生物,需采取调运检疫、引种检疫、产地检疫以及其他检疫措施。

(二)瓜类黑星病的防治

1. 选用抗病品种　黄瓜对黑星病的抗病性由显性单基因控制,抗病品种的表现相当稳

定。抗源材料有"89121"、"33G"、"38号"、"农大甲号"等，抗病品种有"津春1号"、"农大9302"、"中农7号"、"中农13"、"吉杂2号"、"宁阳大刺"、"北抗选"等。

2. 使用不带菌种子和无病种苗　种子可行播前温水浸种或药剂处理。温水浸种可用50 ℃温水浸种30 min，或用55 ℃温水浸种15 min。种子药剂处理可用杀菌剂多菌灵或春·王铜（加瑞农）。

3. 栽培措施　病田与非瓜类作物轮作2～3年。收获后彻底清除病残体，棚室使用前用硫黄熏蒸消毒，杀死棚内残留病菌。采用高垄地膜覆盖栽培，膜下软管滴灌。棚室管理要防止低温高湿，要及时通风，降低棚室湿度。

4. 药剂防治　发病初期喷施杀菌剂药液，有效药剂有多菌灵、武夷霉素、春·王铜（加瑞农）、氟硅唑、戊唑醇、氟菌唑或苯醚甲·丙环等。棚室防治还可施用春·王铜（加瑞农）粉尘剂或百菌清烟剂。

第四节　香蕉枯萎病病菌

学名　*Fusarium oxysporum* f. sp. *cubense* (Smith) Snyder et Hansen（尖镰孢古巴专化型）

病害名称　香蕉镰孢菌枯萎病（Fusarium wilt of banana）、香蕉巴拿马病（Banama disease of banana）

一、香蕉枯萎病病菌的分布

香蕉枯萎病病菌分布于世界各香蕉产区，4号小种也广泛分布于中美洲、南美洲、大洋洲、非洲、南亚和东南亚香蕉产区。香蕉枯萎病病菌在我国分布于广东、海南、广西、云南、福建、台湾等地。

二、香蕉枯萎病病菌的寄主

香蕉枯萎病病菌在自然条件下主要寄生芭蕉属和尾蕉属作物，还至少可以侵染11属12种田间杂草。

三、香蕉枯萎病病菌的危害和重要性

香蕉枯萎病病菌引起香蕉镰孢菌枯萎病，该病为典型维管束病害，难以防治。在20世纪初期在巴拿马等美洲国家流行，以后又传播到世界各地，对香蕉产业造成毁灭性的打击。在1935—1939年间，仅南美就因该病毁坏蕉园40 000 km²。我国台湾省1983年统计，有1 500 km²蕉园受害，后来用抗病的Cavendish类型的抗病香蕉品种取代了感病的主栽品种。1967年在台湾发现了第一例侵染Cavendish的新菌系，被命名为4号小种。该小种毒性强，适应范围广。鉴于Cavendish类栽培品种是全球商品香蕉的主栽品种，4号小种对世界香蕉生产构成了严重威胁。1996年在广东番禺发现了4号小种，引起了农业部门高度重视，迅速采取了检疫措施。

四、香蕉枯萎病病菌的形态特征

香蕉枯萎病病原菌是无性态子囊菌，产生大型分生孢子和小型分生孢子。大型分生孢子

产生于分生孢子座上，镰刀形，无色，有 3～5 个隔膜，基部足细胞明显，顶部细胞渐细，大小为 27～55 μm×3.3～5.5 μm（3 隔膜分生孢子大小为 30～43 μm×3.5～4.3 μm）。小型分生孢子在孢子梗上聚生，数量多，单胞或双胞，卵形或椭圆形，无色，大小为 5～16 μm×2.4～3.5 μm。厚坦孢子椭圆形或球形，顶生或间生，单个或成串，单个厚坦孢子大小为 5.5～6.0 μm×6～7 μm。菌核蓝黑色，直径为 0.5～1.0 mm，最大可达 4 mm。

五、香蕉枯萎病病菌的小种分化

根据该菌对寄主植物或品种的致病性差异，区分香蕉枯萎病病菌的不同小种，现已发现 4 个小种，按发现顺序编号。1 号小种侵染栽培品种"Gros Michel"（AAA 类型）、"Apple"（AAB 类型）、"Silk"（AAB 类型）、"Taiwan Latundan"（AAB 类型）、"IC2"（AAAA 类型）、粉蕉（ABB 类型）等，分布于世界各香蕉产区，曾是主要小种，对香蕉生产曾造成毁灭性危害。2 号小种只侵染杂种三倍体棱香蕉"Bluggoe"（ABB 类型），分布于中美洲。3 号小种只侵染野生的蝎尾蕉属（*Heliconia*），对香蕉栽培品种不造成危害。4 号小种侵染 Cavendish 类香蕉品种（AAA 类型），以及 1 号和 2 号小种所侵染的品种，寄主范围最广，危害最严重。4 号小种又分为亚热带亚小种和热带亚小种两类，几乎世界各香蕉产区都有发生。

六、香蕉枯萎病的危害症状

病株先是底部叶片变黄，假茎外围叶鞘变黄，近地面处开裂。叶片变黄部位从叶片边缘逐渐向中肋发展，叶柄基部软折，叶片凋萎倒垂。严重时全株叶片由下向上相继变黄，萎蔫，最后变褐枯死。病株不结果或结果少而小。纵剖病株假茎，可见维管束有红褐色斑点或斑块，基部变色较深，上部较淡。病株根部变黑褐色干枯（图 13-7）。

七、香蕉枯萎病的发生规律

香蕉枯萎病菌是土壤习居菌，腐生能力较强，可在土壤中营腐生生活，存活 8～10 年。初侵染菌源主要来自带病的吸芽、病残体和带菌土壤。

病原菌主要从寄主根部的伤口侵入，在维管束组织中繁殖，系统侵染。发病田块有明显发病中心。从苗期侵染到发病需 3～5 月。蕉园 5 月中下旬开始零星出现病株，6 月中旬以后，发病速度急剧加快，早发病的植株开始死亡，病情可持续增长直至 9 月底或 10 月初。其后，病害发展迅速减缓，大部分病株枯萎死亡。天气高温多雨，土壤酸性，肥力低，蕉园排水不良，下层土壤渗透性差时，都使发病加重。

八、香蕉枯萎病病菌的传播途径

香蕉枯萎病菌随带菌吸芽、蕉苗和土壤远程传播，进入无病区。在发病蕉园，病原菌随病株残体、带菌土壤以及被病菌或带菌土壤污染的农机具、灌溉水、雨水、线虫等近距离传播。

九、香蕉枯萎病病菌的检验方法

1. 病植物检查和分离培养 根据症状检出可疑田间病株、种苗、组培苗和其他种植材

图 13-7 香蕉枯萎病症状
1. 早期叶片边缘变黄 2. 典型症状 3. 维管束变红褐色（假茎横切面）
4. 维管束变红褐色（假茎纵切面） 5. 假茎基部开裂 6. 病植株纵截面

料，以及商品香蕉等。取病组织或待检样品小块，表面消毒后，置于马铃薯葡萄糖琼脂（PDA）培养基平板上培养，培养温度为 25 ℃，每昼夜光照 12 h。根据病原菌形态，镜检确认尖镰孢，并行单孢分离和纯化菌种。

2. 致病性测定　分离纯化的菌株，利用酵母蛋白胨葡萄糖培养液，在 25 ℃和黑暗条件下培养，促进小分生孢子大量产生。配制适当浓度的孢子悬浮液，用伤根浸苗接种法，接种 4～5 叶期的组培苗。然后移栽到盛有灭菌细沙的营养钵中，15～20 d 后检查病株。根据对香蕉 Cavendish 类品种的致病性确认 4 号小种。

3. PCR 检测 提取分离菌株的基因组 DNA，用一对特异性引物 TR4-F2（5′-CGCCAGGACTGCCTCGTGA-3′）和 TR4-R1（5′-CAGGCCAGAGTGAAGGGGAAT-3′）进行 PCR 扩增，检出 4 号小种。

十、香蕉枯萎病病菌的检疫和香蕉枯萎病的防治

（一）香蕉枯萎病病菌的检疫

香蕉枯萎病菌 4 号小种为全国检疫性有害生物，4 号小种和非中国小种为进境植物检疫性有害生物。要加强对香蕉吸芽、组培苗和其他各种种植材料的检疫。香蕉栽培区必须从无病区引种香蕉种苗，严禁带病种苗、土壤、香蕉产品以及其他带菌物品从病区运出。

（二）香蕉枯萎病的防治

1. 销毁病株的种植非寄主植物 根除零星疫情点，铲除和销毁零星病株。病田实行灭菌消毒处理，连续 8 年以上禁止种植寄主植物。

2. 发病较普遍的区域实行综合防治 要推行水旱轮作（与水稻轮作 2 年）或改种水稻、花生、甘蔗等经济作物。要栽培抗病品种，种植无病组培苗，推广合理密植、免耕和少耕栽培、微喷灌等栽培技术。要清除和焚烧病株残体，清洁消毒耕作工具，水源进行灭菌处理，有效地减少菌源。轻病株可用多菌灵、甲基硫菌灵药液灌根，注射球茎或在球茎中施放多菌灵胶囊。

第五节 落叶松枯梢病病菌

学名 *Botryosphaeria laricina* (Sawada) Shang（落叶松葡萄座腔菌）
病害名称 落叶松枯梢病（twig die-back of larch）

一、落叶松枯梢病病菌的分布

落叶松枯梢病病菌在国外分布于日本、朝鲜、韩国和俄罗斯，在我国分布于内蒙古、辽宁、吉林、黑龙江、山东、陕西和甘肃。

二、落叶松枯梢病病菌的寄主

落叶松枯梢病病菌的寄主为华北落叶松、长白落叶松、海林落叶松、日本落叶松、黄花落叶松、朝鲜落叶松、兴安落叶松等，在国外还可危害花旗松、欧洲落叶松、美洲落叶松、西方落叶松等。

三、落叶松枯梢病病菌的危害和重要性

落叶松枯梢病病菌引起落叶松枯梢病，是人工林的危险性真菌病害，幼苗、幼树乃至 30 年生大树，都严重受害，尤以 6~15 年生幼树受害最重。病树枝梢枯死，针叶脱落，生长停止，不能成材，甚至枯死。该病扩展迅速，给林业生产造成巨大损失。

四、落叶松枯梢病病菌的形态特征

落叶松枯梢病的病原菌属于子囊菌门盘菌亚门座囊菌纲葡萄座腔菌目葡萄座腔菌科葡萄

座腔菌属。子囊座壳状、瓶形或梨形，黑褐色，大小为 190～310 μm×230～480 μm，单生、群生或丛生于病枝表皮下，成熟后顶端外露。子囊腔中排生子囊，子囊棒形，双壁，有假侧丝（图 13-8）。每个子囊内有 8 个子囊孢子，呈两行排列。子囊孢子无色，单胞，椭圆形至宽纺锤形，大小为 23～40 μm×9.0～15.5 μm。

落叶松枯梢病病菌的无性态属于大茎点属（*Macrophoma*），分生孢子器球形至扁球形，黑褐色，大小为 127～250 μm×110～230 μm，群生于顶梢残叶背面和病梢表皮下。分生孢子梗短，棍棒形，产孢细胞长葫芦形，基部膨大，无色，全壁芽生单生式产孢。分生孢子圆柱形、长卵形，两端钝圆，单胞，无色，大小为 19～35 μm×6.5～12.0 μm。

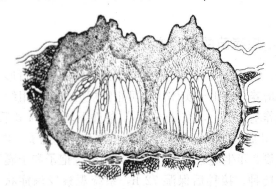

图 13-8　落叶松枯梢病病菌的子囊座
（引自国家林业局植树造林司和国家林业局森林病虫害防治站，2005）

五、落叶松枯梢病的危害症状

落叶松枯梢病，只当年新梢发病。通常先从主梢开始，由树冠上部的枯梢逐渐向下扩展蔓延。新梢发病后变淡褐色至黑褐色，凋萎变细。枝梢顶部弯曲下垂，呈钩状，自弯曲部位落叶，后期仅梢顶部残留枯死叶簇，紫灰色，经久不落。树冠变形或整株枯死。

发病较迟时，新梢已木质化，则病梢直立枯死而不弯曲，但针叶仍全部脱落。病梢常溢出松脂，呈块状，固着不落。幼苗被害后无顶芽，由侧芽产生小枝。枯梢成丛呈扫帚状。幼树连年发病则枯梢成丛，树冠扫帚状，在枯梢弯曲处密生黑色子实体。

梢顶残留叶片在发病 15～20 d 后，于叶片背面密生黑色小点，为病原菌的分生孢子器和少量未成熟的子囊座。罹病新梢上，特别是枯梢弯曲处及凹陷处，可见散生或丛生的小黑点，大部分为子囊座，少数为分生孢子器。

六、落叶松枯梢病的发生规律

落叶松枯梢病的病原菌以菌丝体、分生孢子器和未成熟的子囊座在病梢和枯叶中越冬，6 月中下旬子囊孢子成熟，6 月下旬至 8 月上旬子囊孢子和分生孢子大量飞散传播，侵染发病。7 月中旬，病梢上产生黑色小粒点，为分生孢子器，分生孢子随气流传播，进行再侵染。8 月末至翌年 6 月，病梢上产生梭形小黑点，为子囊座。遭受冻害后以及在风口的林分发病较重。

落叶松枯梢病的适生区主要位于北纬 35°～45°、年降水量在 450～1 000 mm、≥10 ℃ 的积温在 2 000～3 500 ℃ 的温带湿润、半湿润的丘陵以及海拔低于 500 m 的低山地区。

落叶松枯梢病的发病主要诱因是霜冻,生长在迎风地带和公路两侧的林分发病重。发病最适温度是旬平均气温 20~25 ℃,低于 18 ℃ 或高于 27 ℃ 均不利病害的发展。夏季多雨高温年份发病较重。落叶松苗木造林后 1~2 年不发病或发病很轻,3~4 年后才发病趋多,6~15 年生人工幼林发病最重。林分密度超过 3 500 株/hm² 时,病情有明显加重的现象。

七、落叶松枯梢病病菌的传播途径

落叶松枯梢病病菌的自然传播主要靠雨水飞溅和气流,有效传播距离一般不超过 300 m,远程传播主要靠调运带病植株。苗木、接穗、枝桠是直接带菌者,带有小枝梢的原木和小径木也能带菌。

八、落叶松枯梢病病菌的检验方法

有子实体的病梢、病苗,可直接挑取子实体制片镜检,进行形态学鉴定。未生出子实体的病枝梢,可先保湿培养,诱生子实体。也可用常规方法由病组织分离病原菌。分离物置于马铃薯葡萄糖琼脂培养基平板上,在 25~27 ℃ 条件下培养,4 d 后再置于散光、16~25 ℃ 条件下培养,经 2~7 d 后菌落表面产生分生孢子器和分生孢子,再制片镜检。

致病性测定取盆栽 2 年生健康的落叶松苗,用分生孢子和子囊孢子配成孢子悬浮液,针刺接种、擦伤或涂抹接种。接种后保湿 72 h,系统观察发病症状。在病株产生子实体后,挑取子实体镜检。

现场检疫时要检查症状,对苗木(含接穗、插条)要观察梢部是否褪色、有缢缩,是否有典型的钩状或直立状枯梢,枯梢上是否带有黄色松脂块。检查叶、梢表面是否有散生的近圆形黑色小点,梢皮下或皮层裂缝中和病皮下有无纵向排列的梭形黑色小点。检查原木表面,是否有萌生枝梢及前述小黑点。

九、落叶松枯梢病病菌的检疫和落叶松枯梢病的防治

(一)落叶松枯梢病病菌的检疫

该菌为全国林业检疫性有害生物和我国进境植物检疫性有害生物,须依法检疫。

林业检疫部门规定,对调运的苗木(含接穗、插条)、原木取样进行调运检疫。苗木(含接穗、插条)经检查带病率在 5% 以上的,必须就地全部销毁;带病率为 5% 和 5% 以下的须限时重新选苗打捆,经复查合格后方可调运。原木等须限时逐根清除附带的枝梢并集中销毁,经复查合格后方可调运。不能确定的可疑苗木须隔离试种检验,隔离试种期限不得少于 2 年,经确认无疫后,方可分散种植。种苗繁育基地应远离疫情发生林分 500 m 或其间具有自然隔离屏障。禁止在落叶松林内或林缘培育苗木(含接穗、插条)。种苗繁育基地、落叶松林,需行产地检疫。

(二)落叶松枯梢病的防治

已发病地区在苗木生长季节定期检查,发现病苗应立即拔除,并集中销毁。在苗木出圃前和造林过程中复查,淘汰病苗。10 年生以下的发病人工林要适时间伐,搞好除草松土工作,清除病腐木,剪除病梢。10~20 年生的发病落叶松人工林,首先要以间伐的方式,清除病腐木、被压木等。生长极度衰退,病情严重而无望成材的林分要及时伐除,改换适宜树种。重病区和重病林分要搞好病情预测预报,进行药剂防治。可喷施百菌清、灭病威或多菌

灵药液，或施放多菌灵、百菌清或五氯酚钠烟剂。

第六节　五针松疱锈病病菌

病菌学名　*Cronartium ribicola* Fischer ex Rabenhorst（茶藨牛杆锈菌）
病害名称　五针松疱锈病（white-pine blister rust）

一、五针松疱锈病病菌的分布

五针松疱锈病病菌在国外分布于日本、韩国、朝鲜、菲律宾、巴基斯坦、尼泊尔、伊朗、印度、欧洲、俄罗斯、美国、加拿大等地，在我国分布于山西、内蒙古、辽宁、吉林、黑龙江、安徽、山东、河南、湖北、重庆、四川、云南、陕西、甘肃和新疆的局部地区。

二、五针松疱锈病病菌的寄主

五针松疱锈病病菌的性孢子和锈孢子阶段的寄主为松属单维松亚属五针松组植物，有红松、华山松、新疆五针松、偃松、台湾五针松、乔松、海南五针松、瑞士石松、北美乔松、山白松、美国白皮松、巴尔夫氏松、柔松、墨西哥白松、恰帕松、糖松等。五针松疱锈病病菌的夏孢子、冬孢子阶段的转主寄主为茶藨子属和马先蒿属植物。该菌有2个专化型：茶藨子专化型（*Cronartium ribicola* f. sp. *ribicola*）和马先蒿专化型（*Cronartium ribicola* f. sp. *pedicularis*）。

三、五针松疱锈病病菌的危害和重要性

五针松疱锈病病菌主要危害红松，以及华山松、乔松、美国白松等五针松树种的幼苗和幼树。此病原菌为长循环型转主寄生菌，夏孢子和冬孢子阶段生于茶藨子和马先蒿叶片上。五针松受害普遍而严重，20年生以下的中幼林发病最重。感病红松与正常红松相比，当年松针长度缩短30%，绝对干物质量少27%，主梢生长量少82%~94%，树高仅为健树的4/5~3/5，发病3~5年后干枯死亡。我国五针松种类很多，有11个原产种和2个引进种，分布区域广阔。目前已经发现红松、华山松、新疆五针松、偃松、台湾五针松和乔松等6个树种发生疱锈病。五针松南北方均有分布，五针松疱锈病菌在我国的适生区域广阔，传播扩散的可能性很高。

四、五针松疱锈病病菌的形态特征

该菌为长循环型锈菌，共产生5种孢子：性孢子、锈孢子、夏孢子、冬孢子和担孢子。性孢子器黄白色或橘黄色，基部宽度小于8 mm，平展于松树皮层中。性孢子无色，鸭梨形，单细胞，大小为2.4~4.5 μm×1.8~2.5 μm。锈孢子器由疱囊状或圆柱状包膜所包裹，初期为黄白色，后变为橘黄色，生于松树枝干皮层外，高为4~6 mm，短径为3~5 mm，长径为4~40 mm。单个锈孢子锈黄色，成堆时为橘黄色，球形或卵圆形，大小为22.8~33.6 μm×14.4~28.8 μm，表面生有疣突，并有1个平滑区。

夏孢子、冬孢子阶段产生于茶藨子或马先蒿叶片背面。夏孢子堆呈丘疹状突起，橘红色，具油脂光泽，破裂后出现橘红色或红褐色的粉堆。夏孢子鲜黄色，球形、卵形或椭圆

形，表面有刺，大小为 15.6~30.0 μm×13.1~20.6 μm。冬孢子柱黄褐色至红褐色，毛刺状伸出植物叶片组织外，直立或弯曲，直径为 87~165 μm，长为 50~1 900 μm，大多从夏孢子堆中生出，少数从夏孢子堆外的新叶组织中生出。冬孢子褐色，长梭形，表面光滑，大小为 36~59 μm×13.0~13.5 μm。

冬孢子萌发产生担子，每个担子可产生 4 个无色的担孢子。担孢子单细胞，无色透明，球形，具油球，顶端有 1 个鸟喙状的小尖突，大小为 10~12 μm。

五、五针松疱锈病的危害症状

秋季由罹病松树枝干皮层中挤出初为白色、后变橘黄色的泪滴状蜜滴，具甜味，为性孢子与黏液的混合物，干后呈血迹状。春季在松树枝、干皮上出现淡黄色病斑和肿大裂缝，长出黄白色至橘黄色疱囊状或圆柱状锈孢子器，包被破裂后散出锈黄色的锈孢子（图 13-9）。老病斑无疱囊，只留下粗糙黑皮，并流出树脂。

5—7 月在茶藨子或马先蒿叶片背面产生夏孢子堆，7—9 月从夏孢子堆中或堆旁生出冬孢子柱。

六、五针松疱锈病的发生规律

秋季茶藨子或马先蒿叶片上冬孢子成熟后，萌发产生担孢子，经气流传播，着落到五针松松针上，萌发后产生芽管，从气孔侵入五针松，在叶肉组织中产生侵染菌丝并越冬，次年春季继续扩展蔓延，从针叶逐步扩展到细枝、侧枝直至主干皮层，这个过程可持续多年。经 3~7 年后在树

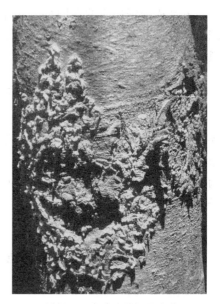

图 13-9　五针松疱锈病症状
（引自国家林业局植树造林司和国家林业局森林病虫害防治站，2005）

皮上产生性孢子器，次年春季产生锈孢子器，锈孢子随气流传播，侵染转主寄主。

五针松疱锈病多发生在松树枝干皮薄处，因而幼苗和 20 年生以内的幼树易发病。气象条件对病害的发生影响也很大。在东北的红松疱锈病发生地区，锈孢子在冷凉（10~19 ℃）多湿（相对湿度 100%），出现雨、雾、露的条件下，易萌发产生芽管，侵染转主寄主。在 16 ℃ 以下产生的冬孢子，在 20 ℃ 左右易于产生担子和担孢子。10~18 ℃ 条件适于侵染松树。

七、五针松疱锈病病菌的传播途径

五针松疱锈病病菌的自然传播主要靠气流和雨水溅散，远距离传播主要靠感病松树苗、幼树及新鲜带皮原木的调运。

八、五针松疱锈病病菌的检验方法

对寄主松树、转主寄主茶藨子或马先蒿进行发病症状观察与病原菌检查。对三年生以下实生苗或非发病季节的可疑罹病松针、枝干部皮层，还可进行显微化学检验，该法先切取小

块受检样品，用福尔马林-醋酸-酒精（FAA）固定液脱脂处理后切片。待检组织切片用苯胺蓝-番红液染色，如被侵染，则菌丝呈蓝色至蓝绿色，寄主组织呈黄色至棕黄色。在待检皮层组织内发现菌丝时，可确认样品被五针松疱锈病菌侵染，但在松针组织内发现菌丝，则需进一步通过试种观察确定，如果针叶组织中的菌丝可向枝干皮层蔓延，则为五针松疱锈病菌。

九、五针松疱锈病病菌的检疫和五针松疱锈病的防治

（一）五针松疱锈病病菌的检疫

该菌现为全国林业检疫性有害生物，需依法对松属中单维松植物活体、带皮原木以及转主寄主茶藨子属和马先蒿属的植物活体或带菌材料实施检疫。

调运检疫和复检中，发现带有锈孢子器或性子器的带皮松原木，必须去皮并将病皮销毁。发现茶藨子、马先蒿等转主寄主植物叶背有夏孢子堆或冬孢子柱时，应予销毁。

（二）五针松疱锈病的防治

建立种苗繁育基地，铲除发病种苗繁育基地及其周围 500 m 内的茶藨子、马先蒿等转主寄主植物。

对种苗繁育基地、天然林、人工林、种子园、母树林、储木场及加工厂（点）、集贸市场，进行产地检疫。先在适宜季节进行线路踏查，发现疫情后，若需进一步掌握危害情况，可设标准地（或样方）做详细调查。

秋季修除幼树树干下部 2~3 轮侧枝。在产地检疫中，发现发病苗木后就地拔除并销毁，发病立木病级 2 级以下的，修除病枝，或刮除病部皮层，并在春季锈孢子飞散之前和秋季产生蜜滴时用松焦油或柴油与三唑酮的混合液涂抹病部。伐除发病 3 级以上的病树。

第七节　小麦矮腥黑穗病病菌

学名　*Tilletia controversa* Kühn（矮腥黑粉菌）
病害名称　小麦矮腥黑穗病（dwarf bunt of wheat）

一、小麦矮腥黑穗病病菌的分布

小麦矮腥黑穗病菌主要分布于美洲、欧洲、西亚和北非，有发生记录的国家包括美国、加拿大、阿根廷、乌拉圭、前苏联、捷克、斯洛伐克、波兰、前南斯拉夫、匈牙利、罗马尼亚、保加利亚、阿尔巴尼亚、德国、奥地利、瑞士、卢森堡、比利时、法国、丹麦、瑞典、意大利、希腊、西班牙、土耳其、伊拉克、伊朗、叙利亚、阿富汗、日本、阿尔及利亚、利比亚、突尼斯、澳大利亚（危害冬大麦）等。上述分布资料有些是依据历史发生记录和标本鉴定结果作出的，并不表明当前仍在流行。小麦矮腥黑穗病菌在我国分布于新疆。

二、小麦矮腥黑穗病病菌的寄主

小麦矮腥黑穗病病菌的自然发病和人工接种发病的寄主植物有禾本科的 5 族、18 属、65 种或变种。被寄生的属有山羊草属、冰草属、剪股颖属、看麦娘属、燕麦草属、茵草属、雀麦属、鸭茅属、野麦属、羊茅属、绒毛草属、大麦属、落草属、黑麦草属、早熟禾属、黑

麦属、三毛草属和小麦属。在栽培条件下，小麦矮腥黑穗病菌主要危害冬小麦，也侵染大麦和黑麦。

三、小麦矮腥黑穗病病菌的危害和重要性

小麦矮腥黑穗病病菌引起小麦矮腥黑穗病，病株矮化，籽粒为菌瘿所代替，严重减产。因病减产率一般为20%～50%，严重发生的高达75%～90%。1962年美国西北部有因病减产68.7%的记载，前苏联也有减产54%的记录。1972年美国西部7个州平均减产17%，损失小麦近1.2×10^8 kg。疫麦的出粉率和面粉品质也明显降低。该菌为种子传播兼土壤传播，一旦发生，很难根治。许多国家对小麦矮腥黑穗病菌实施检疫，历史上曾为我国重要检疫对象，现仍为进境植物检疫性有害生物，多次在来自疫区的小麦、大麦、麦麸和草籽上截获。

四、小麦矮腥黑穗病病菌的形态和生物学特性

小麦矮腥黑穗病病原菌属于担子菌门外担子菌纲外担子菌亚纲腥黑粉菌目腥黑粉菌科腥黑粉菌属。显微镜下冬孢子浅褐色至褐色，球形，直径（含胶质鞘）为16.8～32.0 μm，多数为18～24 μm，表面有多角状网纹，网目直径为3～6 μm，网脊高（网目周边的垂直高度）为0.82～1.77 μm，外有1层无色至淡色的透明胶质鞘，将网脊包埋在其中。胶质鞘厚度等于或略高于网脊，通常为1.20～2.16 μm。冬孢子堆中有少量不孕孢子，球形，无色，薄壁，光滑，直径为10～18 μm，有的也包被胶质鞘（图13-10）。

小麦矮腥黑穗病菌冬孢子特征与小麦网腥黑穗病菌（*Tilletia caries*）非常相似。后者冬孢子直径为14～20 μm，多数为17 μm，网目直径为2～4 μm，网脊高为0.14～0.94 μm，胶质鞘不发达，厚度多在1.5 μm以下。网脊高被认为是一个区分二者的相对稳定的特征，但存在中间型，测定时需要检查一定数量的冬孢子。

小麦矮腥黑穗病菌冬孢子萌发后产生有隔的先菌丝（担子），其顶端簇生9～18个线形、无色透明的担孢子，最多的可达50个。亲和性担孢子成对结合成H形，萌发后生双核的侵染菌丝或新月形次生担孢子（图13-10）。

小麦矮腥黑穗病菌冬孢子萌发的最适温度为3～7 ℃，最低温度为0 ℃，最高温度为10～12 ℃，需有弱光照。冬孢子萌发对湿度的要求不严格，土壤含水量为35%～88%时均可萌发。在结冰土壤中、冰水中或土壤含水量过高时小麦矮腥黑穗病菌孢子不萌发。在适宜条件下，小麦矮腥黑穗病菌冬孢子萌发过程很长，需3月以上，一般在培养3～4周后开始萌发，早期萌发率不高于10%，第2月内萌发率缓慢增长，以后又降低。小麦网腥黑穗病菌的冬孢子萌发不需要光照，在17 ℃时经5～7 d后即可萌发，据此可与小麦矮腥黑穗病菌相区别。

五、小麦矮腥黑穗病的危害症状

小麦矮腥黑穗病病原菌刺激寄主产生较多分蘖，病株分蘖数超过健株2倍以上，有的病株分蘖数达30～40个。有些小麦品种幼苗叶片上出现褪绿斑点、条纹。拔节后，病株茎秆伸长受抑制，明显矮化，病株高度仅为健株的1/3～1/2，个别病株高度仅有10～5 cm，但一些半矮秆品种株高降低较小。

病株穗子较长，较宽大，小穗小花增多，芒短而弯，向外开张，因而病穗外观比健穗肥

大。病穗有鱼腥臭味，各小花最后都成为菌瘿，即病菌的冬孢子堆。菌瘿黑褐色，较小麦网腥黑穗病菌瘿略小，更接近球形，坚硬，不易压碎，内部充满黑粉，即病菌冬孢子。

六、小麦矮腥黑穗病的发生规律

发病区土壤带菌是小麦矮腥黑穗病的主要侵染菌源，分散的病菌冬孢子在病田土壤中存活1～3年，菌瘿可存活3～10年，在水田中只能存活5月。冬孢子经过牲畜的消化道后仍可萌发。带菌种子、有机肥，以及病麦加工后的麸皮、下脚料、洗麦水等也能够提供初侵染菌源。

小麦矮腥黑穗病菌是幼苗侵入，系统侵染类型的黑粉菌。土壤表层的冬孢子，在冬小麦播种后陆续萌发和侵染麦苗。病菌的侵染期很长，在美国西北部由12月开始至翌年4月上旬都能发生侵染，1—2月是侵染盛期。冬孢子萌发后经担孢子结合产生双核菌丝，从麦苗幼嫩的分蘖侵入，在细胞间隙蔓延，约经50 d到达生长点，随着寄主生长发育，菌丝进入穗原始体，进而侵入花器，至寄主抽穗期，病菌也由缓慢发展的营养生长期进入快速发展的繁殖期，破坏子房，形成冬孢子堆。

在土壤表面和接近土表的冬孢子比深埋于土内的更容易萌发和侵入。土表下2～3 cm的土壤在足够长的时期内保持低温和较高的湿度对矮腥黑穗病菌的萌发和侵染非常重要。有些学者认为，冬季小麦分蘖期有30～60 d的积雪覆盖，是小麦矮腥黑穗病发生的必要条件。发病区的调查表明，在大面积种植感病品种的前提下，土壤中积累足够的菌源，冬季日平均温度0～10 ℃的时间达40 d以上，稳定积雪70 d以上，积雪厚度10 cm以上，适于小麦矮腥黑穗病的发生。低温和积雪的时间延长，积雪厚度增大，发病加重。

但也有人依据接种试验结果，认为在无积雪麦区，若小麦越冬期间土表持续低温0～10 ℃的时间不少于35～45 d，每天不少于16 h，土壤相对含水量达25%，则小麦矮腥黑穗病菌也能侵入幼嫩分蘖阶段的易感小麦寄主，完成侵染和发病。

寄主易受侵染的生育期与病菌孢子萌发、侵入时期必须相吻合才能造成侵染，因而冬小麦早播者病重，播种越迟发病越轻，春小麦不发病。轮作倒茬、减少土壤带菌量、适当深播均能减轻发病。

七、小麦矮腥黑穗病病菌的传播途径

小麦矮腥黑穗病菌以菌瘿混杂在种子间，或冬孢子附着在种子表面远距离传播。另外，也可通过被冬孢子污染的包装材料、运载工具等远距离传播。疫区的孢子可随风雨、河水和灌溉水传播到邻近无病区。病麦加工后的麸皮、下脚料、洗麦水等若不慎随粪肥施入田间或流入田间都可污染土壤而传病。

八、小麦矮腥黑穗病病菌的检验方法

小麦矮腥黑穗病病菌的田间检查依据症状检出病株，再镜检冬孢子形态予以确认。对种子、粮食等检疫物可取样经筛检或洗涤检查，获取可疑冬孢子，再鉴定确认。

1. 菌瘿检查 将原粮或种子样品倒入灭菌白瓷盘内检查，或用1.7 mm长孔筛或2.5～3.0 mm圆孔规格筛进行筛检，仔细检查筛下物中有无菌瘿碎块，并同时检查筛上物。对取得的菌瘿、菌瘿碎块、可疑病组织做进一步检查和鉴定。

2. 洗涤检查 将原粮或种子样品倒入三角瓶内，加灭菌水在康氏振荡器上振荡洗涤 5 min，悬浮液倾入离心管内，以 1 000 r/min 离心 3 min。倾去上清液，再重复离心 1 次，保留沉淀物，加入席尔氏液悬浮，使总容积达到 1 mL，取悬浮液制片镜检。

3. 病原菌鉴定 可进行冬孢子形态鉴定、冬孢子萌发试验和冬孢子自发荧光鉴定。

冬孢子形态鉴定应以油镜（放大不低于 1 000 倍）检测成熟冬孢子直径、网脊高度、胶质鞘厚度和不育孢子。

冬孢子萌发试验是用 3% 水琼脂培养基平板作萌发床，分别在 5 ℃、弱光照条件下和 17 ℃、弱光照条件下平行培养，依据萌发温度和萌发始期区分小麦矮腥黑穗病菌与小麦网腥黑穗病菌。

冬孢子自发荧光用落射式荧光显微镜（50 W 高压汞灯，激发滤光片 485 nm，屏障滤光片 520 nm）检查，由菌瘿刮取少许冬孢子粉制片镜检，每视野照射 2.5 min，激发荧光产生。小麦矮腥黑穗病菌冬孢子网纹有不同程度的橙黄色至黄绿色的荧光。

该菌检验的难点是区分麦类与禾草的多种近似腥黑粉菌，难以依据形态确诊时，可提取菌丝 DNA，进行 PCR 检测。

九、小麦矮腥黑穗病病菌的检疫和小麦矮腥黑穗病的防治

（一）小麦矮腥黑穗病病菌的检疫

小麦矮腥黑穗病菌为我国进境植物检疫有害生物，进境小麦种子和原粮必须进行检疫，病麦需行除害处理。禁止种植带菌小麦种子。

带菌小麦原粮需集中在有条件的口岸加工灭菌处理，不得随意扩散。原粮加工所得麦麸与下脚料也应灭菌或深埋处理，加工病麦的洗麦水不得排入灌渠和河流。灭菌处理方法有热力处理法，环氧乙烷熏蒸法和辐照灭菌法等。

现用热力处理法是采用滚筒烘干机结合保温塔处理原粮，该装置用两个滚筒连续加温后，进入保温塔，保持粮温 81～90 ℃，处理 45 min。但高温处理的小麦营养成分被破坏，失去加工食用价值。麦麸经 80 ℃ 湿热处理 5～10 min，或 70 ℃ 处理 10 min，都可杀灭冬孢子。

进口原粮熏蒸处理采用环氧乙烷与二氧化碳混合熏蒸剂，在专用熏蒸立筒仓内投药熏蒸，袋装原粮也可堆垛进行帐幕熏蒸。环氧乙烷熏蒸可杀死小麦矮腥黑穗病菌冬孢子，但小麦种子萌发率严重降低，因此本法只可用于处理原粮，不宜处理种用小麦。在环氧乙烷熏蒸剂被限制使用或禁止使用后，需开发替代熏蒸剂。

^{60}Co-γ 射线辐照处理、电子束辐射（electron beam irradiation）处理、微波等离子体处理等物理杀菌方法都可使小麦矮腥黑穗病菌冬孢子失活，但尚缺乏用于大量疫麦处理的实用技术。

（二）小麦矮腥黑穗病的防治

发病区应采用以改变种植制度和使用抗病品种为主的综合治理措施。病田应停种冬小麦 5～7 年，轮作非麦类作物或改种春小麦。实行水旱轮作，种植水稻需 2 年以上。抗病品种中最著名的是具有 *Bt* 抗病基因的品种，要合理使用。

病田收获的小麦不作种用，不用病麦秸秆作畜圈褥草和沤肥，不用带菌的下脚料和麸皮

作饲料，不用面粉厂的洗麦水灌田。冬小麦要适期晚播。

对小麦矮腥黑穗病菌有效的药剂较多。五氯硝基苯、萎锈灵、三唑酮、三唑醇等都曾用于拌种，防治种子带菌和土壤带菌。现多使用6%戊唑醇悬浮种衣剂、2.5%咯菌腈悬浮种衣剂、4.8%苯醚·咯菌腈悬浮种衣剂等进行种子处理。

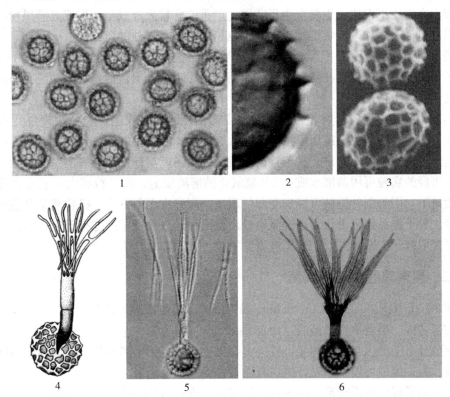

图 13-10 小麦矮腥黑穗病菌冬孢子及其萌发特征
1. 冬孢子形态 2. 冬孢子网脊特征 3. 冬孢子的网纹 4～6. 冬孢子萌发，产生担子和担孢子

第八节 其他重要检疫性真菌

一、小麦印度腥黑穗病病菌

学名 *Tilletia indica* Mitra（印度腥黑粉菌）

病害名称 小麦印度腥黑穗病（Karnal bunt of wheat）

该病原真菌分布于印度、巴基斯坦、尼泊尔、阿富汗、伊拉克、土耳其、黎巴嫩、叙利亚、瑞典、美国和墨西哥。该菌寄生小麦、小黑麦、一粒小麦、提莫非维小麦以及山羊草属、雀麦属、黑麦草属植物，危害小麦籽粒，造成减产并严重减低面粉品质。若3%小麦籽粒被侵染，加工后的面粉有腥臭味；若5%受侵染，面粉就不能食用。

该病原菌冬孢子暗褐色，较大，近球形，直径为25～43 μm，外壁有疣状纹饰。未成熟时，包被为透明胶质鞘，有较长无色尾状附属丝（产孢菌丝残余），平均长度为7.23 μm。成熟后胶质鞘消失，附属丝逐渐萎缩。不孕细胞半透明至淡黄色，通常泪滴状，大小为10～28 μm×48 μm，常有残余菌丝附着，有淡褐色胶质鞘。冬孢子需经4月以上的休眠期方可萌发。萌发适温为10～25 ℃，10 ℃以下或25 ℃以上萌发受抑制。初生担孢子轮状簇生于先菌丝顶端，数目可多达60～185个，担孢子丝状，长度变化大，数目很多，相互不结合。

小麦病穗籽粒通常仅部分受害，仍保留麦粒外形，在籽粒上形成局部疱斑（冬孢子堆），多沿腹沟在表皮下形成，也可发生于背面，严重的病粒大部或全部形成充满黑粉的空腔，外表由果皮包被。病穗一般较键穗短，小穗也稍多，具有强烈的鱼腥味。

病原菌随种子远距离传播。小麦健康子粒也可能在收获、储运或加工过程中受到病原菌冬孢子污染而表面带菌。在发病区，病原菌主要靠带菌土壤传播，也可随混有病菌的农家肥料或气流、流水传播。

小麦印度腥黑穗病菌为著名的国际检疫真菌，已列入我国进境植物检疫性有害生物名录。检验时可筛取病粒，或用手持放大镜检查种子样品，挑取病粒。发病严重的病粒有较大黑色疱斑或侵蚀缺损的腔洞，易于检出。发病轻微的，需仔细观察腹沟两侧有无微小的隆起疱斑。可疑的病粒可用蒸馏水或0.2%氢氧化钠溶液浸泡，待子粒膨大，表皮软化后，在体视显微镜下，用解剖针挑破可疑病变部位表皮，观察有无冬孢子。镜检测量冬孢子大小，可以确诊。种子样品还可进行常规洗涤检验，检出种子表面携带的冬孢子进行鉴定。若难以确定，可提取菌丝DNA，进行PCR检测。

二、黑麦草腥黑穗病病菌

学名　*Tilletia walkeri* Castlebury et Carris（黑麦草腥黑粉菌）

病害名称　黑麦草腥黑穗病（ryegrass bunt）

该菌分布于美国与澳大利亚，侵染多花黑麦草和多年生黑麦草。病株种子局部或完全变为菌瘿。人工接种可侵染小麦，但在自然条件下不侵染小麦。

厚垣孢子球形或近球形，淡褐色至深褐色，直径为23～45 μm，平均为33 μm，具疣状突起，外壁有不完全脑状纹，有透明至淡黄色的胶质鞘。厚垣孢子在2%琼脂平板上，于20 ℃下光照培养5～7 d后开始萌发。初生担孢子在先菌丝顶端轮生，丝状，稍弯曲，透明。次生担孢子有丝状和腊肠状两种。该菌形态与小麦印度腥黑穗病菌极相似，容易混淆，造成鉴定错误。

田间黑麦草病株无明显可见的症状，仅种子上形成局部孢子堆（菌瘿），多分布在顶端，稃片不脱落，但色泽灰白。也有整个种子全部成为菌瘿的，其形态比正常种子宽，近球形。

该菌为我国进境植物检疫性有害生物。检验时可直接检出种子样品带有的菌瘿，或用洗涤法检查。根据菌瘿和厚垣孢子形态特征鉴定。还可用菌丝或冬孢子DNA，进行PCR检测。

三、玉米晚萎病病菌

学名　*Cephalosporium maydis* Samra, Sabet et Hingorani（玉蜀黍头孢霉）

病害名称　玉米晚萎病（late wilt disease of maize）

该菌分布于印度、埃及、匈牙利等地，寄生玉米，引起玉米植株萎蔫枯死，严重减产。

在马铃薯葡萄糖琼脂（PDA）培养基平板上，菌落淡灰色至黑色，分生孢子梗长为30～250 μm，多数分枝，分枝顶端的产孢细胞细长，圆柱形，内壁芽生瓶梗式产孢。在产孢细胞上连续生产分生孢子，多个孢子聚集成头状。分生孢子无色，单胞，正直，矩圆形，大小为 3.6~14.0 μm×3.3~3.6 μm。

病残体、土壤和种子带菌传病。病株发病缓慢，通常在玉米抽雄期开始出现明显症状。病株自下而上萎蔫，叶色灰绿色，干枯死亡。植株下部节间淡红褐色，髓部干腐，皱缩，中空，茎秆维管束淡红褐色，被腐生或弱寄生真菌、细菌再次侵染后，发生湿腐。

该菌为我国进境植物检疫性有害生物。检验种子带菌可用琼脂培养基培养检验法和吸水纸培养检验法。

四、高粱麦角病病菌

学名 *Claviceps africana* Frederickson，Mantle et de Milliano（非洲麦角菌）

病害名称 高粱麦角病（sorghum ergot disease）

高粱麦角菌是一种危险性真菌，最初发现于非洲，后传播到其他大陆。美国于1997年首先在得克萨斯州发现，以后相继在堪萨斯州、佛罗里达州、佐治亚州、内布拉斯加州、俄克拉何马州等发现。此菌1995年在巴西发现；次年阿根廷、玻利维亚、哥伦比亚、巴拉圭、委内瑞拉等国都有发现，同年澳大利亚也有发现；1997年在洪都拉斯、多米尼加、海地、牙买加、波多黎各和墨西哥发现，现分布于非洲、美洲、亚洲（印度、日本、泰国、也门）和大洋洲。

该菌寄生高粱和珍珠稷，严重危害杂交高粱，印度有减产80%、津巴布韦有减产20%的记录。1995年巴西种子产业因此病损失3亿美元。病原菌分泌的蜜露黏结花器，还使高粱籽实难以收获和加工。

该菌为子囊菌，无性态是蜀黍蜜孢霉（*Sphacelia sorghi*）。菌核（麦角）红褐色，卵形至球形，顶端较尖，大小为 4~6 mm×2~3 mm，与高粱种子相近。菌核顶端黏附白色的蜜孢霉菌丝子座残余。菌核萌发，产生子囊盘，伞形，大小为 86~135 mm×123~226 mm。子囊盘产生子囊和子囊孢子。无性态产生大分生孢子和小分生孢子。大分生孢子单胞，无色，卵形至圆筒形，大小为 9~17 μm×5~8 μm。小分生孢子无色，单胞，球形，直径为 2~3 μm。

该病原以菌核越季，高粱开花期间，菌核萌发，产生子囊盘和子囊孢子，后者随气流传播，侵染花器，在花器中先形成无性态蜀黍蜜孢霉的菌丝子座，取代子房。菌丝子座白色，球形或卵形，分泌不透明的橘黄色黏质物（蜜露），其中含有大量初生分生孢子。初生分生孢子萌发，生出长的芽管，其上产生次生分生孢子，随气流分散，引起再侵染。侵染后20~40 d，在菌丝子座基部形成菌核。多雨高湿、温度较低（14~28 ℃）有利于侵染发病。菌核随种子远程传播，故不应从病区引种，严防侵入。

病原菌的菌核（麦角）和菌丝子座混杂在种子间，种子还可能被蜜露残余和分生孢子污染而带菌。检疫检验时可用手持放大镜仔细检查种子样品，检出菌核、菌丝子座和被污染的种子。若分辨不清，可将种子去颖壳后，水浸数小时，用实体显微镜仔细检查。菌丝子座由菌丝疏松交织而成，质地较软，吸水后膨大，海绵状。菌核在菌丝子座基部形成，浸水后形态不变，褐色，高粱粒状。

五、马铃薯块茎坏疽病病菌

学名 *Phoma exigua* Desm. var. *foveata* (Foister) Boerema（多变茎点霉凹窝皱皮变种）

病害名称 马铃薯块茎坏疽病（potato gangrene）

坏疽病是马铃薯储藏期毁灭性病害之一，最早于 1935 年发现于英国，目前分布于欧洲、前苏联地区、埃及、摩洛哥、加拿大、南美洲安第斯地区、新西兰和澳大利亚。

该病原菌是无性态子囊菌。分生孢子器散生或多个聚生，黑褐色，近球形至扁圆形，大小为 82～210 μm×64～175 μm，有孔口，但不突出。产孢细胞梨形至桶形，无色，光滑，内壁芽生瓶梗式产孢。分生孢子无色，椭圆形或卵圆形，单胞，偶有双胞，有的孢子两端各具 2 个油球。薯块上分生孢子大小为 2.11～4.44 μm×5.82～11.47 μm（图 13-11）。

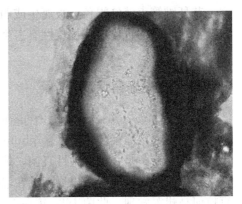

图 13-11 马铃薯块茎坏疽病病菌的分生孢子器和分生孢子
（陈秀蓉供图）

该病原菌可在土壤中腐生，带菌土壤附着在块茎上，病原菌得以伤口侵入。收获后突然低温和储藏期间低温，会延缓块茎伤口愈合，有利于病害发生。储藏设施和用具也可能被病原菌污染而带菌传病。

该菌主要寄主为马铃薯。在马铃薯生长期，病株症状不明显，仅后期叶片变黄，茎基部生黑色小粒点。储藏期块茎严重发病。块茎上初生暗褐色凹陷的小病斑，大小和形状与拇指指印相似，被称为指印状病斑。这类病斑多出现在伤口、芽眼、皮孔等部位。病斑缓慢增大，相互连接，可覆盖块茎大部或整个块茎，轮廓不规则，表面有褶皱。块茎内部出现红褐色或灰褐色干腐症状，产生空洞，生有灰色或黄褐色至紫褐色霉状物，还产生多数黑色小粒点，即病原菌的分生孢子器。

该病原菌在种薯、田间病残体、带菌杂草、自生马铃薯或土壤内越冬，成为下一季发病的菌源。即使停止种植马铃薯，病原菌菌丝体也可在土壤中腐生存活 1～2 年。病原菌还可在感病自生马铃薯和杂草寄主上越冬，豌豆可潜伏带菌，不表现症状。

病种薯是田间发病的主要侵染菌源。种薯萌发后，病原菌侵入幼芽，处于潜伏状态或缓慢发展，一直到植株开始衰老后，在茎基部出现的症状，并形成分生孢子器。在收获期，分生孢子释放，随气流扩散，污染块茎，这是引起块茎发病的主要菌源。

土壤中既存的病原菌以及当季随雨水进入土壤的病原菌，都可污染块茎或发生潜伏侵染。发生潜伏侵染时，侵入块茎周皮的病原菌不进一步扩展。薯窖和储藏用具也可长期带菌，造成块茎污染。病原菌通过块茎的伤口、皮孔、芽眼侵入，也可通过表皮直接侵入健康块茎。伤口是主要的侵入部位。块茎伤口大多数是在收获、分级、运输和储藏操作中受到损害而造成的。通常在储藏初期块茎发病较少，大约储藏 1 月后，块茎陆续发病。在块茎进入休眠后，体内可溶性糖增多，病害蔓延最快。马铃薯块茎在低温（5 ℃）和干燥条件下储藏时，坏疽病发展迅速，造成块茎大量腐烂。

马铃薯块茎坏疽病菌是我国进境植物检疫性有害生物。马铃薯块茎是远程传播的主要载体，故不得从病区引种。引进的块茎需行检疫检验，除了检出有明显症状的块茎外，还应特别注意潜伏侵染的块茎、表面被病原菌污染的块茎和附着在块茎上的带菌土壤微粒。必要时镜检或分离病原菌鉴定。该菌在 2% 麦芽琼脂培养基平板上，于 20～22 ℃ 黑暗中培养，3 d

后产生灰白色垫状菌落，10 d 后产生特有的蒽醌色素，蒽醌色素在酸性条件下呈黄色，在碱性条件下呈红色。

六、马铃薯炭疽病病菌

学名 *Colletotrichum coccodes* (Wallr.) Hughes （球刺盘孢）

病害名称 马铃薯炭疽病（black dot of potato）

马铃薯炭疽病病菌分布于世界各马铃薯产区，以北美洲、欧洲、澳大利亚和南非发生最重。马铃薯炭疽病病菌寄主广泛，除马铃薯外，还至少有 13 科 35 种植物，其中包括番茄、茄子、辣椒和多种田间杂草。

该病原菌为无性态子囊菌，在发病部位产生黑色微菌核，近球形或不规则形，直径为 100～500 μm（图 13-12）。分生孢子盘黑褐色，直径为 200～350 μm，生有多数黑褐色刚毛，刚毛具 1～3 隔，大小为 80～350 $\mu m \times 4～6 \mu m$。分生孢子梗圆筒形，无色至淡褐色，分生孢子单胞，圆柱形，无色，大小为 17.5～22 $\mu m \times 3～7.5 \mu m$。

该病原菌侵染马铃薯植株的各个器官。叶片病斑褐色至黑褐色，近圆形或不规则形，多被误认为其他病害。茎部多从茎基部和叶柄周围开始发病，形成椭圆形或长条形黑褐色病斑，病斑边缘明显，可汇合成较大斑块，或绕茎一周，后期密生黑色微菌核。地下茎和根部也产生类似病斑

图 13-12　马铃薯炭疽病病株地下茎产生的微菌核

和多数微菌核。发病严重的，植株萎蔫枯死。块茎上产生灰褐色病斑，边缘不明显，病斑上生出多数微菌核。

该病原菌的微菌核可在病残体、土壤中越冬。带菌病残体和带病种薯提供主要初侵染菌源。条件适宜时，越冬微菌核产生分生孢子盘和分生孢子，随气流、雨水、灌溉水传播，引起侵染发病。高温、高湿、雨露多时发病重。

该菌为我国进境植物检疫性有害生物，主要随带菌种薯远程传播。可依据种薯和田间病株的症状与病原菌特点检验。其主要防治措施有栽培无病种薯，用溴菌腈或甲基硫菌灵药液浸种薯杀菌，从发病初期开始喷布溴菌腈、咪鲜胺、苯醚甲环唑、苯噻氰或甲基硫菌灵等杀菌剂。

七、马铃薯黑粉病病菌

学名 *Thecaphora solani* (Thirumalachar et O'Brien) Mordue （茄楔孢黑粉菌）

病害名称 马铃薯黑粉病（potato smut）

马铃薯黑粉病病菌主要分布于墨西哥、巴拿马、委内瑞拉、哥伦比亚、厄瓜多尔、玻利维亚、秘鲁等地，侵染马铃薯和一些茄属植物，感病马铃薯品种产量损失可高达 50%～80%。

该病原菌属于担子菌门，其冬孢子球黑褐色，近圆形、卵圆形，由 2～8 个冬孢子组成。

冬孢子黄褐色至暗褐色，近球形至不规则形，大小为 7.5~20 μm×8~18 μm。孢子间接触面光滑，外围孢子的外侧壁表面有疣状突起。

病株块茎表面产生褐色的肿瘤或肿块，内部组织中形成多数黑褐色孢子堆，孢子堆椭圆形、橄榄形或不规则形，直径为 1~2 mm，其内含有褐色卵形冬孢子球。病块茎质地坚硬，后期变成褐色的干粉团。

该病原菌在土壤和病薯块中越冬，成为田间初侵染来源。该病原菌可随马铃薯块茎远距离传播。

该菌为我国进境植物检疫性有害生物。对马铃薯块茎进行表观检查和解剖检查，根据症状检出可疑块茎，取样镜检冬孢子球和冬孢子。

八、棉花根腐病病菌

学名 *Phymatotrichopsis omnivorum* (Duggar) Hennebert（多主拟瘤梗孢）

病害名称 棉花根腐病（Phymatotrichopsis root rot of cotton）；棉花得克萨斯根腐病（Texas root rot）

棉花根腐病病菌主要分布于美国的得克萨斯州、路易斯安那州、新墨西哥州、俄克拉何马州、阿肯色州、亚利桑那州、犹他州、内华达州和加利福尼亚州，巴西、委内瑞拉、墨西哥、多米尼加、前苏联地区、印度、巴基斯坦、索马里也有发生。棉花根腐病病菌可侵染 2 000 种以上双子叶植物，以棉花、苜蓿受害最重。棉花根腐病为棉花的毁灭性病害。1959年在得克萨斯州局部地区发病率高达 74%，在重黏土地区经常使棉花减产一半以上。被该菌污染的土壤，多年不能再种棉花和其他寄主作物。

该病原菌为无性态子囊菌，其分生孢子梗末端略膨大，分生孢子单胞，无色，球形（直径为 4.8~5.5 μm）或椭圆形（6~8 μm×5~6 μm）。带菌土壤表面在潮湿时出现孢子垫，初呈棉絮状，后橘变为黄色至淡褐色的不规则形状。在较大的病根上产生菌索和微菌核。菌索褐色，由大的中央菌丝被密集的较小菌丝缠绕而成。菌索上面直角状着生侧枝，由侧枝又直角状产生针状分枝，侧枝和分枝质硬而直。微菌核褐色或黑色，圆形或不规则形，直径为 1~2 mm，单生或串生，萌发后长出菌丝。菌丝初白色，后变污黄色。在自然条件下，尚未发现该菌的有性态。

该病原菌主要危害棉花根系，造成根部腐烂，植株突然枯萎。发病叶片发黄，随后变褐，顶部叶片先萎蔫，随后下部叶片干枯，下垂，但病叶不脱落。在土壤湿度较低时，叶片缓慢凋萎，失绿，老叶脱落，但成熟棉铃、新叶不脱落，棉株也不枯死。病株根部变褐腐烂，死根表层易剥离。病根表面覆盖一层稀疏的菌丝，有时产生粗壮的褐色菌索和菌核。

棉根腐病是一种恶性土传病害，病菌在土壤中可长期存活，土壤中的微菌核和多年生植物根上的越冬菌索，是每年初侵染的来源。微菌核长出的菌丝沿着根系在行内植株间伸展传播。也可由土壤和病株残体传播。病原菌可随土壤和多种寄主带菌的根、块根、球茎、苗木等远距离传播。

该菌为我国进境植物检疫性有害生物。在田间可根据症状、根部菌索、土壤表面的孢子垫等诊断。调运的植物材料可检查菌索、微菌核等，也可进行常规组织分离，获得病原菌纯培养，用于鉴定。

九、大豆茎溃疡病病菌

学名 *Diaporthe phaseolorum* (Cooke et Ell.) Sacc. var. *caulivora* Athow et Caldwell（大豆北方茎溃疡病菌）

Diaporthe phaseolorum (Cooke et Ell.) Sacc. var. *meridionalis* Fernandcz（大豆南方茎溃疡病菌）

病害名称 大豆茎溃疡病（stem canker of soybean）

茎溃疡病为大豆的重要病害，大豆北方茎溃疡病主要分布于美国、加拿大、阿根廷、厄瓜多尔、法国、意大利、西班牙、俄罗斯、保加利亚、前南斯拉夫地区、韩国等地，南方茎溃疡病分布于美国、阿根廷、巴西、玻利维亚、巴拉圭、意大利、加纳、尼日利亚、坦桑尼亚、印度等地。

该病原菌属于子囊菌门间座壳属。北方茎溃疡病菌产生黑色圆形子座，直径小于2 mm。子囊壳球形，黑色，大小为 165～340 μm×282～412 μm，有长而突出的喙；喙长为 24～518 μm，基部宽为 85～192 μm，顶部宽为 22～36 μm。子囊长棍棒形，无柄，大小为 30～40 μm×4～7 μm。子囊孢子无色透明，长圆形至椭圆形，双胞，大小为 8～12 μm×3～4 μm，壁薄，易消解。南方茎溃疡病菌子座不规则形，直径为 2～10 mm，可相互融合成大子座。子囊壳形态与北方茎溃疡病菌相似，但喙基部宽度为后者的 2 倍。子囊大小为 35.8～37.1 μm×6.7～7.0 μm。子囊孢子大小为 9.5～9.8 μm×3.1～3.4 μm。

病株多在开花期以后出现明显症状，茎上在叶柄处或分枝处产生红褐色溃疡斑，并沿茎枝一侧上下扩展，成为黑褐色或黑色的长条形斑块，有的斑块可环绕茎部，病株在成熟前迅速萎蔫枯死。叶片初仅叶脉间变黄，其后出现不规则形褐色坏死斑，叶片枯萎后仍不脱落。

该病原菌在病残体和种子中越冬，可随带菌种子和混杂的病株碎片远距离传病。

该病原菌为我国进境植物检疫性有害生物，应严格检疫防止传入。已发病产区可轮作非豆类作物，栽培抗病品种，使用无病种子。

十、榆枯萎病病菌

学名 *Ophiostoma ulmi* (Buisman) Nannf.（榆蛇口壳）

Ophiostoma novo-ulmi Brasier（新榆蛇口壳）

病害名称 榆枯萎病（elm wilt disease）、荷兰榆树病（Dutch elm disease）

榆枯萎病病菌现分布于欧洲、加拿大、美国、印度、伊朗和、土耳其、塔吉克斯坦和乌兹别克斯坦，主要危害榆属树木。美洲榆、荷兰榆、英国榆、山榆感病，亚洲榆（如中国榆）和西伯利亚榆高度抗病。人工接种榆枯萎病病菌还可侵染榉属和水榆属树木。

枯萎病是榆树的毁灭性病害，在植物检疫史上一直是著名案例。榆枯萎病病菌 1930 年由欧洲传入美国后，曾以每月 6 km 的速度扩展，现已基本传遍北美大陆温带地区。在美国每年因病死亡榆树近万株，损失数百万美元。20 世纪 70 年代中期美国每年曾死树 40 万株，损失 1 亿美元。英国出现了一个侵袭性强的新菌系，以致 1971—1978 间南部 2 200 万株榆树中，因病死亡 70% 以上。该菌系还传入荷兰、法国、德国和前苏联，也造成了巨大危害。后来将该菌系提升为新种，即新榆蛇口壳，该种有欧亚小种和北美小种。

该病原菌属于子囊壳菌门蛇口壳属。子囊壳黑色，烧瓶形，基部球状，具长颈，生有黑褐色具隔的刚毛。子囊球形至卵形，壁薄，易消解。子囊孢子单胞，橘瓣形，无色透明。子囊孢子成熟后，从孔口排出，聚集在子囊壳孔口外的黏液中（图 13-13）。榆枯萎病菌异宗结合，有 A 和 B 两种交配型。榆蛇口壳（榆枯萎病菌）与新榆蛇口壳（新榆枯萎病菌）的菌落形态和子囊世代形态与大小有所差异，适宜生长温度，且前者较高（30 ℃），后者较低（20～22 ℃）。

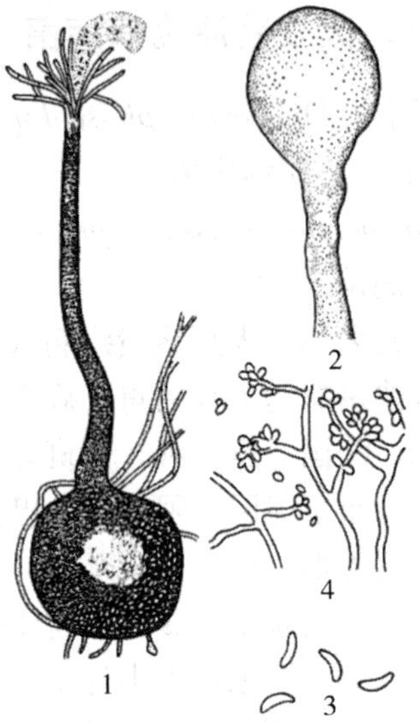

该病原菌的无性态分生孢子梗基部聚集成束，顶部分散成帚状，栗褐色或黑色，着生在浅黄色的分生孢子座上。分生孢子梗顶端着生卵形或椭圆形的分生孢子，单胞，无色（图 13-13）。分生孢子在导管内可用芽殖方式产生大量芽孢子，随树液流动在植株体内蔓延。另外，还产生一种丝状孢子，单胞，透明。

图 13-13 榆枯萎病病菌
1. 子囊壳 2. 子囊壳中溢出的含有子囊孢子的液滴
3. 分生孢子 4. 分生孢子着生状

病树症状有 2 种类型：①急性枯萎型，枝条失水萎蔫，叶片内卷，稍褪绿，干枯而不脱落，嫩梢下垂枯死；②慢性黄化型，枝条上的叶片变黄色或红褐色，萎蔫，逐渐脱落，病枝分杈处常有小蠹虫蛀食的虫道。幼树常表现为急性型，当年枯死。各类型病枝外层木质部上都有黑褐色条纹，导管变色。病原菌侵入榆树导管后，随树液的流动而扩散。在病死树、濒临死亡的病树和病树的伐倒木上，均能产生各类子实体，荫蔽部位易于见到，主要产生在残留的树皮下和小蠹虫的虫道内。

在田间病原菌主要通过昆虫传播，根部接触也能传病。欧洲传病昆虫有欧洲榆小蠹、欧洲大榆小蠹和榆平瘤小蠹；在美洲除了欧洲榆小蠹之外，还有美洲榆小蠹；在前苏联地区另有 3 种小蠹虫，也有传病作用。

两种榆枯萎病菌均为我国进境植物检疫性有害生物，其远距离传播是通过带病苗木、原木、木材产品以及附带的传病昆虫实现的。检验时解剖检查榆树苗、榆树原木及榆木制品，观察其纵剖面或横断面上是否有褐色条纹或断续圆环，并取褐变部分组织样品做表面消毒后，用选择性培养基分离病原菌，比较分离菌的菌落与子实体形态特征、菌落生长速度和生长适宜温度。

十一、栎枯萎病病菌

学名 *Ceratocystis fagacearum* (Bretz) Hunt
病害名称 栎枯萎病（oak wilt disease）
栎枯萎病病菌发生在美国东部和中西部的 22 个州，以及波兰、保加利亚和罗马尼亚，寄生栎属、栗属、锥属和石栎属植物，引起栎树的毁灭性病害，引起大批死树，难以防治，在植物检疫史上一直是著名案例。

栎枯萎病菌为异宗配合的子囊菌。在人工培养基上，菌落绒毛状，初为白色，后变为灰色至黄绿色，常杂有褐色斑块。菌落上除形成分生孢子梗和分生孢子外，有时还产生菌核。

菌核茶褐色至褐色，质地疏松，形状不规则。子囊壳埋于基物内，单生或丛生，黑色，瓶状，基部球形，直径为240～380 μm，具长颈，子囊壳的颈长为250～450 μm，颈部顶端有1丛无色丝状物。子囊近球形，最大直径为7～10 μm，子囊壁易胶化消失。子囊内含有8个子囊孢子，子囊孢子单胞，无色，椭圆形，稍弯曲，大小为2～3 μm×5～10 μm，成熟后从孔口排出，聚集在子囊孔口顶端的乳白色黏液滴中，这种黏性液滴在水中不易分散。该菌无性态分生孢子梗褐色，向顶端逐渐变尖，大小为50 μm×2.5～5.0 μm，产孢瓶体顶生、圆筒形，大小为20～40 μm×2.5～5.0 μm。分生孢子内生，无色，单胞，圆柱形，两端平截，大小为4～22 μm×2.0～4.5 μm，有时很多孢子连接成链状（图13-14）。

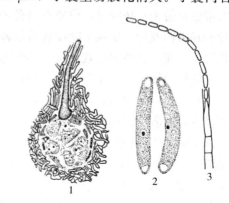

图 13-14　栎枯萎病病菌
1. 子囊壳　2. 子囊孢子　3. 分生孢子梗和分生孢子

病树先从树冠顶部和侧枝顶端的叶片开始枯萎变褐，逐渐向大枝和内膛发展，直到全株落叶枯死。老叶发病最初轻微卷曲，病部呈水渍状暗绿色，从叶尖向叶基发展，逐渐变黄色或变褐色，在叶基部中脉周围有绿色岛状斑，最后叶片枯萎脱落。幼叶发病后呈黑色，卷曲下垂，多不脱落仍留在枝条上。红栎类发病快，数周至1年后病树枯死；白栎类抗病性强，病势发展慢，1年中只有少数枝条发病死亡，数年后整株死亡。病树死亡后，在树皮和木质部之间，可形成菌丝垫，上生分生孢子梗和分生孢子。后来菌丝垫中心长出1对厚的圆形或长形垫状结构，1个附着于树皮内侧，1个连接于木质部外侧，相对生长，不断加厚，使树皮破裂。剥去病皮，可见边材部位有褐色条纹。

栎枯萎病菌通过苗木、木材和原木的运输做远距离传播，在栎树林中的短距离传播主要靠昆虫。此外，栎枯萎病病菌也可通过病根与健根的接触发生自然嫁接而传播。传病的介体昆虫主要有两类。一类是露尾甲科的昆虫，这类昆虫被病树菌丝垫产生的香味所引诱，到菌丝垫上活动，体外沾上孢子，再飞到健树伤口上就造成新的侵染，这还有利于不同交配型相遇，产生有性世代。另一类传病昆虫是小蠹虫。在美国的阿肯色州和密苏里州，栎枯萎病菌很少产生菌垫，但病害仍能传播蔓延，这主要是由栎小蠹传播的。从虫体排出的内生分生孢子，仍具有活力。

栎枯萎病菌为我国进境植物检疫性有害生物。检验时首先要仔细观察原木、苗木或木制品的横断面和纵剖面，检视有无变色条纹。若带皮，则要检查树皮与木质部之间是否有菌丝垫和传病昆虫。可切取一小片靠近树皮的边材或褐色条纹处，携回室内用麦芽浸出液酵母培养基或NFP培养基分离病原菌，镜检分离物形态特征。

十二、橡胶树南美叶疫病病菌

学名　*Microcyclus ulei*（Henn.）Arx.（乌勒小环座囊菌）

病害名称　橡胶树南美叶疫病（South American leaf blight of rubber tree）

该菌只寄生三叶橡胶属植物，分布于拉丁美洲北纬18°至南纬24°之间，在巴西、玻利维亚、委内瑞拉、哥伦比亚、厄瓜多尔、秘鲁、特立尼达和多巴哥、圭亚那和法属圭亚那危害严重，在哥斯达黎加、危地马拉、洪都拉斯、尼加拉瓜、墨西哥、巴拿马和苏里南也有发生。

南美叶疫病是中美洲和南美洲橡胶树的毁灭性病害。病树落叶，枝条乃至整株死亡，曾多次摧毁热带美洲橡胶园，致使亚马孙河流域的天然橡胶业一直不能发展。1917年橡胶树引种到马来西亚后，摆脱了叶疫病的危害，方在马来西亚和东南亚其他国家成功地建立了橡胶栽培业。亚、非各橡胶栽培国家都严防该菌侵入。

该病原菌属于子囊菌门。子囊座小型，垫状，球形或扁球形，常集生于叶斑穿孔的边缘，直径为200～450 μm，壁厚，暗色。子囊座有1个或多个腔，成熟后有乳突状孔口。子囊壳散生，有乳突状孔口，内径为100～200 μm。子囊棍棒状，双层壁，大小为50～80 μm×12～16 μm，有8个排成两列的子囊孢子。子囊孢子椭圆形，无色，双胞，隔膜处有缢缩，一端较尖，大小为12～20 μm×2～5 μm。无性态有两种类型。一种无性态类型簇生榄褐色分生孢子梗，大小为40～70 μm×4～7 μm，其产孢部位合轴式延伸，循序产生分生孢子。分生孢子顶生，单生，无色至淡橄榄褐色，双胞，倒棒状或长梨形，孢基平截，孢子严重扭曲，大小为25～65 μm×7～10 μm。另一种无性态类型在老叶上产生分生孢子器。分生孢子器黑色，炭质，球形至椭圆形，直径为120～160 μm，单腔，具乳突状孔口。器孢子无色透明，哑铃形，单胞，常含2～3个油滴，大小为6～10 μm×0.8～1.0 μm。

该菌主要危害叶片，也侵染叶柄、茎、花和幼果。新叶最感病，叶背面初现透明斑点，迅速变为榄褐色或青灰色，病斑背面覆有绒毛状分生孢子层，后期叶片卷曲畸形，变黑脱落，或挂在枝条上呈火烧状。老叶生有橄榄绿色的病斑，直径可达1～5 cm，也密生分生孢子层，病斑中部常脱落穿孔，病斑周边轮生黑色小粒点（分生孢子器）。不脱落的叶片后期生暗色子座和子囊壳。病株叶柄扭曲，枝条上生长条形坏死斑，花序变黑卷缩，果实上有隆起的褐色病斑。橡胶树南美叶疫病周年发生，分生孢子随气流传播，多次侵染，病树反复落叶，以致树冠稀疏，甚至枯死。

橡胶树南美叶疫病菌通过橡胶芽、胶苗、胶籽传播，来自疫区的土壤、包装材料、行李物品、货物、邮件等也可能带有病菌孢子。橡胶树南美叶疫病病菌是我国进境检疫性有害生物。禁止从疫区引进三叶橡胶属的各种植物材料，包括种子、种苗、插条等，检验时主要根据症状和病原菌形态确认。

十三、咖啡树美洲叶斑病病菌

学名 *Mycena citricolor* (Berk. et Curt.) Sacc.（橘色小菇）

病害名称 咖啡树美洲叶斑病（America leaf spot of coffee）

咖啡树美洲叶斑病病菌分布于中美洲和南美洲国家，以及墨西哥和美国，寄主有咖啡、可可、金鸡纳树、柑橘等50余科的500余种植物，主要危害咖啡树和多种热带、亚热带果树林木。咖啡树因病落叶，咖啡豆减产达20%～30%，严重的减产75%～90%。

该病原菌属于担子菌门伞菌科小菇属。担子果黄色，小伞状，菌柄直立，长为0.6～1.4 cm。菌盖薄，膜质，光滑，半球形至钟形，直径为0.8～4.3 mm，有辐射状条纹7～15条。担子棍棒状，大小为14.0～17.4 μm×5.0 μm。担孢子椭圆形至卵形，无色，大小为4～5 μm×2.5～3.0 μm，在病害传播中不起主要作用。该病原菌无性态产生橘黄色扁球形芽孢，平均直径为0.36 mm。菌丝和芽孢在黑暗中能发出生物荧光。

该病原菌危害咖啡树的叶片、小枝和幼果。病叶上初生暗色水渍状小斑点，扩展后成为圆形至椭圆形病斑，直径为 6~13 mm，黑褐色，边缘有狭窄的暗色晕圈，病斑中心橘黄色，有时穿孔。病斑表面长出许多浅黄色毛发状菌丝体，高为 1~4mm。小枝上病斑长形，表面粗糙。病树大量落叶。芽孢借气流和雨滴飞溅传播，在冷凉高湿条件下发病重。繁殖材料和病残体带菌远距离传播，种子不传病。

该菌为我国进境植物检疫性有害生物，需检查田间咖啡树或调运苗木的症状，分离病原菌，依据培养性状和形态特征确定，必要时测定分离菌的致病性。

思 考 题

1. 检疫性真菌有哪些共同特点？
2. 试述马铃薯癌肿病菌的形态特征和检验方法。
3. 为什么将苜蓿黄萎病菌列为我国农业植物检疫性有害生物？
4. 评述香蕉枯萎病菌的检疫意义和防治方法。
5. 如何区分小麦矮腥黑穗病菌与印度矮腥黑穗病菌？

第十四章 检疫性原核生物

原核生物（prokaryote）是一类具原核结构的单细胞微生物，多数为球状或短杆状，少数为丝状、分枝状或不定形状；遗传物质分散在细胞质中，形成椭圆形或近圆形的核质区，无明显细胞核，无核膜包围。细胞质被细胞膜和细胞壁包被，或仅有细胞膜。细胞质中含有小分子的核蛋白体（70S），但无内质网、线粒体等细胞器分化。植物病原原核生物是仅次于真菌和病毒的第三大类病原生物，包括习称为细菌、放线菌、植原体、螺原体的一些类群。

细菌（bacterium）有细胞壁结构，菌体球状、杆状或螺旋状。它们绝大多数可以通过种苗传播，通过种子传染的约占40%。病原细菌繁殖速度快，一旦发病条件适宜，繁殖材料传带的少量菌源就足以导致病害大流行，加之细菌病害难以防治，带病种子检验和消毒处理也较烦琐困难，因而世界各国都很重视细菌病害的检疫。植原体（phytoplasma）为硬壁菌门支原体目植原体属成员，基本形态为圆球形或椭圆形，无细胞壁，不能人工培养。

列入《全国农业植物检疫性有害生物名单》的原核生物共6种，列入《全国林业危险性有害生物名单》的原核生物共7种，列入我国《进境植物检疫性有害生物名录》的原核生物共有58种。

第一节 梨火疫病病原细菌

学名 *Erwinia amylovora* (Burrill) Winslow et al.（淀粉欧文氏菌）

病害名称 梨火疫病（pear fire blight）、仁果类火疫病（fire blight of pome fruit tree）

一、梨火疫病病原细菌的分布

1878年美国首次报道梨火疫病病原细菌，是世界上第一个被证实的植物病原细菌。现分布在北美洲、南美洲、欧洲、大洋洲、非洲和亚洲40余个国家。在日本北海道和韩国发生的梨细菌性枝枯病，已从病原菌生理生化、致病性和分子生物学诸方面证实就是梨火疫病菌，但在分子检测时发现稍有差别，也有人将该菌称为亚洲梨火疫病菌（*Erwinia pyrifoliae* Kim et al.）。

二、梨火疫病病原细菌的寄主

梨火疫病病原细菌的主要寄生蔷薇科仁果类植物和亲缘关系较近的其他植物，共40余属220多种。在自然条件下梨火疫病病原细菌特别容易侵染梨属、苹果属、楸梓属、木瓜属、枸子属、山楂属、火棘属和花楸属植物。梨、苹果、山楂和海棠受害最重。

三、梨火疫病病原细菌的危害和重要性

梨火疫病病原细菌的引起火疫病，为仁果类果树的毁灭性病害，可造成病树大批死亡。

该病发病和扩展速度很快。梨和苹果成树一旦发病,数星期内枯死。在美国加利福尼亚州,曾有万株梨树,发病1年后仅残存千余株的事例。1966—1967年荷兰发现梨火疫病,当时约有8 hm² 果园和长21 km的山楂防风篱被毁,到1975年已全国分布。梨火疫病菌是世界性检疫细菌,尽管人们采取了一系列预防措施,但仍难以遏制其流行扩散。

四、梨火疫病病原细菌的形态和生物学特性

该菌属于变形细菌门肠杆菌科欧文氏菌属,为革兰氏染色阴性菌。菌体杆状,大小为 $0.9 \sim 1.8~\mu m \times 0.6 \sim 1.5~\mu m$,有荚膜,周生鞭毛1~8根,多数单生,有时菌体成双或在短时间内3~4个菌体连成链状。

该菌为好气性菌,能使明胶液化,石蕊牛奶碱性反应。在蔗糖营养培养基上27 ℃下培养3 d后,菌落直径为3~6 mm,乳白色,半球形隆起,有黏性,表面光滑,边缘整齐,有一个稠密绒毛状的中心环。该菌生长需烟酸,在含烟酸的培养基上能利用铵盐为主要碳源。该菌在好氧条件下能很快利用葡萄糖产酸,不产气,厌氧时利用缓慢;可利用阿拉伯糖、果糖、半乳糖、葡萄糖、甘露糖、蔗糖、海藻糖、甘油、甘露醇以及山梨酸醇很快产酸;利用纤维二糖、柳醇及肌醇产酸较慢;利用山梨糖、乳糖、棉籽糖、肝糖、菊糖、糊精、淀粉、α-甲基右旋葡糖苷或卫矛醇不产酸;利用木糖、鼠李糖及麦芽糖产酸情况不一致;产3-羟基丁酮弱,不产吲哚,不水解淀粉,不能将硝酸盐还原为亚硝酸盐;明胶液化缓慢,不产硫化氢,不利用丙二酸盐;接触酶反应阳性,细胞色素氧化酶阴性;氯化钠高于2%时生长受阻,达到6%~7%时完全被抑制;抗青霉素,对氯霉素、链霉素和土霉素敏感。

该菌生长的温度范围为6~37 ℃,最适温度为25.0~27.5 ℃,致死温度为45~50 ℃ (10 min);适生pH为6.0。

五、梨火疫病的危害症状

梨火疫病菌侵染梨的花、果实、枝条和叶片。病原菌可从被侵染的花朵,通过花梗扩展到同一花簇的邻近花朵和叶片,使其变褐枯萎。叶片被直接侵染后,多从叶缘开始发病,沿叶脉扩展,病部先呈水渍状,后变为黑褐色。受害嫩梢初期水渍状,后变褐色至黑色,常弯曲向下,呈牧羊鞭状,高湿时分泌出红褐色菌脓(图14-1)。病枝上的叶片变色枯萎,幼果僵化,但病叶和病果不脱落,远望似火烧状。被直接侵染的果实变褐凹陷,潮湿时生出黏稠的细菌溢,初为乳白色,后变成红褐色。剪枝造成的伤口发病,初期为水渍状,后稍下陷,形成溃疡疤,病健交界处产生龟裂纹,韧皮部红褐色,有黏液状菌脓。病情严重时,病害从嫩梢很快扩展到枝条、主干,直至根部,致使全株死亡。

图14-1 梨火疫病症状
(注意菌脓)

六、梨火疫病的发生规律

梨火疫病的病原细菌主要在枯萎的嫩枝、茎溃疡处以及挂在树上的病果上越冬,冬季温暖时,还能在病株树皮

上越冬。早春温度回升，湿度适宜时，细菌开始繁殖，产生细菌溢脓，通过风雨、昆虫、鸟类、农事操作等途径，着落到花上，继而在蜜腺中繁殖，成为再次侵染菌源，继续传染叶片、嫩梢、幼果等部位。此外，该病原细菌也可随上年被侵染的苹果芽越季，第二年继续侵染。

该病原细菌从修剪、冰雹或风雨造成的伤口侵入，通过维管束系统侵染。树体伤口较多，气温 18～24 ℃，相对湿度在 70% 以上，对病害的发生特别有利，在这种条件下，病痕每天以 3～30 cm 的速度向健康组织扩展，不久使整枝或全株枯死。有时病原细菌入侵后，不表现症状，经多年后突然暴发。

七、梨火疫病病原细菌的传播途径

梨火疫病菌主要随种苗和接穗远程传播，被细菌污染的果箱和迁飞的候鸟也是远程传播的重要载体。梨火疫病菌主要随风雨在果园内和邻近果园间近距离传播，苍蝇、蜜蜂、蚂蚁等许多昆虫也是传播的介体。

八、梨火疫病病原细菌的检验方法

1. 直接检验 根据症状识别梨火疫病，在梨园现场检查时，主要是看当年生新梢有无枯死，是否下垂成羊鞭状，枝梢上有无溃疡斑，以及有无黏性菌脓存在。要注意与梨花枯病（*Pseudomonas syringae* pv. *syringae*）相区别。后者仅危害花器、叶片和嫩梢，不危害大枝条和茎干，病部无细菌溢。叶片上最初为深褐色斑点，周围有红色晕圈，枯死的病叶不会长期挂在树上。

2. 选择性培养基检验 常用 Zeller 改良高糖半选择培养基，制成的培养基平板底色是墨绿色。取枝条病健相交处组织，表面消毒后研碎，以接种环取其汁液，在培养基平板上划线。在 27 ℃ 下培养 2～3 d 后检查。梨火疫病菌菌落直径为 3～7 mm，橙红色，半球形，隆起很高，中心色深，有鸡蛋黄似的中心环，表面光滑，边缘整齐。

3. 致病性测定 取感病品种未成熟的梨果，洗净并表面消毒后，切成约 1 cm 厚的梨片，放在保湿皿中，用接种针将供检组织的汁液穿刺接种，在 27 ℃ 下培养 1～3 d，若为梨火疫病菌，在梨片上产生乳白色黏稠状球状菌脓，高度隆起，而梨花枯病菌只在接种点上产生干性的褐色病斑。此外，梨火疫病菌接种幼嫩石楠、烟草和蚕豆叶片，产生典型过敏性坏死反应的特点，这可用作快速检验的辅助手段。

4. 血清学检验 较常用的是间接免疫荧光染色法和免疫吸附分离法。免疫吸附分离法是利用抗血清特异性吸附目标菌，并使其在适宜的培养基上形成菌落，从而达到选择性分离的目的。

5. PCR 检测 利用 pEA29 质粒上 0.9 kb 的 *pst* Ⅰ 片段，经部分测序，合成 2 对 17 个碱基的寡核苷酸引物，对梨火疫病菌 DNA 进行特异性扩增，检测灵敏度可达 50 个菌体细胞，并在 6 h 内出结果。利用梨火疫病菌基因组 DNA 或 16S 核糖体等基因序列，已开发出多种检测梨火疫病菌的方法。例如 16S 巢式 PCR 检测，灵敏度可达检测单个菌体，且特异性更强。PCR 斑点印迹和反印迹杂交法检测水平为 20 个菌体。实时定量 PCR 法，可在 3 h 内完成检测，灵敏度在 10 个菌体以内。

九、梨火疫病病原细菌的检疫和梨火疫病的防治

(一) 梨火疫病病原细菌的检疫

梨火疫病菌和亚洲梨火疫病菌皆为我国进境植物检疫性有害生物，禁止从疫区引进寄主及其繁殖材料，因科研需要进境的繁殖材料，需隔离试种。带病植物有时不表现症状，因而不能仅仅依靠苗木、接穗的症状检查，需行病原菌检验。

(二) 梨火疫病的防治

病植物剪除病梢病枝，需将距病组织约 50 cm 的健枝部位一同剪去烧毁，并用封固剂封住伤口。

药剂防治宜用铜制剂、农用链霉素等喷雾。波尔多液（1∶1∶200）喷雾防止花期感染也有较好效果。

国外已选培育出高抗的梨品种。我国的豆梨（*Pyrus calleyana*）和秋子梨（*Pyrus ussuriensis*）近免疫，可用作砧木。

第二节　瓜类细菌性果斑病病菌

学名　*Acidovorax citrulli* (Schaad et al.) Schaad et al. （西瓜噬酸菌）
病害名称　细菌性果斑病（bacterial fruit blotch）

一、瓜类细菌性果斑病病菌的分布

1965 年在美国的西瓜上发现瓜类细菌性果斑病，后来在哥斯达黎加、巴西、希腊、匈牙利、土耳其、以色列、伊朗、印度尼西亚、泰国、韩国、日本、澳大利亚以及南太平洋的马利亚纳群岛均有发生；在我国自 1986 年起在多个省区相继发生，但仅分布于局部瓜田。

二、瓜类细菌性果斑病病菌的寄主

在自然条件下瓜类细菌性果斑病菌寄生西瓜、野西瓜、甜瓜（哈密瓜、蜜露洋香瓜、网纹洋香瓜）、黄瓜、西葫芦、南瓜、冬瓜等，人工接种也可以感染其他葫芦科作物以及番茄、茄子等。

三、瓜类细菌性果斑病病菌的危害和重要性

瓜类细菌性果斑病菌引起西瓜和甜瓜的细菌性果斑病，主要危害幼苗和果实，一般田块发病率为 45%～75%，严重的达 100%。在果实膨大期发病能使西瓜减产 20% 以上。美国一些病区西瓜损失率曾高达 50%～90%。细菌性果斑病已经成为西瓜和甜瓜的毁灭性病害。

四、瓜类细菌性果斑病病菌的形态和生物学特性

在分类上，瓜类细菌性果斑病菌属于变形细菌门 β 变形细菌纲丛毛单胞菌科噬酸菌属，为革兰氏阴性菌。菌体短杆状，平均大小为 0.5 μm×1.7 μm，无芽孢，单根极生鞭毛长为 4～5 μm。瓜类细菌性果斑病菌不产生荧光和其他色素，严格好氧性；在金氏 B 或营养琼脂培养基（NA 培养基）平板上菌落乳白色，圆形，光滑，全缘，隆起，不透明，菌落直径为

1~2 mm，无黄绿色荧光，对光观察菌落周围有透明圈；在酵母葡萄糖氯霉素琼脂培养基（YDC 培养基）平板上菌落浅黄褐色；最适生长温度为 27~30 ℃，最高为 41 ℃，不能在 4 ℃以下生长。瓜类细菌性果斑病菌属 rRNA 组Ⅰ，不产生精氨酸水解酶，明胶液化力弱，氧化酶和 2-酮葡萄糖酸试验阳性。

五、瓜类细菌性果斑病的危害症状

西瓜感染瓜类细菌性时，子叶、真叶和果实均表现症状。幼苗期子叶的叶尖和叶缘先发病，生水渍状小斑点，后向子叶基部扩展，形成条形或不规则形暗绿色水渍状病斑，后期变暗褐色，周围有黄色晕圈，沿主脉逐渐发展为黑褐色坏死斑。子叶的病斑可扩展到嫩茎，引起茎基部腐烂，使整株幼苗坏死（图 14-2）。带菌种子长出的瓜苗在发病后 1~3 周内死亡。

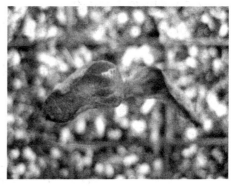

图 14-2　西瓜细菌性果斑病苗期症状

成株期发病，叶片上病斑很少，病斑圆形至多角形，水渍状，变浅褐色至深褐色，周围有黄色晕圈，沿叶脉分布。后期病斑中间变薄，灰白色，可穿孔或脱落，病斑背面常有细菌溢出，干后变成发亮的菌膜，叶脉也可被侵染，通常病叶片不脱落。茎基部发病，初期水渍状，后开裂，严重时病株萎蔫。西瓜的叶柄、瓜蔓和根部通常不被侵染。

西瓜果实发病后，最初仅在上表面果皮上产生凹陷斑点，圆形或卵圆形，深绿色水渍状，直径仅数毫米，随后迅速扩展成直径数厘米甚至更大的斑块，榄褐色至黑褐色，边缘不规则。早期形成的果斑，在老化后表皮龟裂，溢出黏稠、透明的琥珀色菌脓。病原细菌还能透过西瓜皮进入果肉，引起果肉腐烂。但也有的西瓜品种发病后，仅在果皮上出现龟裂的小褐斑，不形成大型的暗褐色水渍状斑块，但病原菌也进入果肉，使果肉病变。

甜瓜的子叶、真叶、茎蔓均可被侵染。真叶上病斑深褐色水渍状，受叶脉限制，沿叶脉蔓延，在高湿条件下泌出菌脓，干燥后成为菌膜。在茎蔓上形成水渍状褐色病斑，扩大后可能导致叶片枯萎。在甜瓜果皮上形成深褐色或墨绿色的小斑点，有的斑点具有水渍状晕圈，通常不扩大，中后期病原菌侵入果肉，也造成水渍状褐腐（图 14-3）。

图 14-3　甜瓜细菌性果斑病果实症状

六、瓜类细菌性果斑病的发生规律

瓜类细菌性果斑病病菌主要在种子、病残体中越冬。带菌种子以及田间遗留的病株残果、茎叶残体、带菌自生瓜苗和野生南瓜等都提供初侵染菌源。

瓜类细菌性果斑病菌可以在种子中长期存活，种子表面和胚乳表层带菌，果斑病菌可以在种子中长期存活，在 －18 ℃下可存活 40 年，在 12 ℃下储存 12 月后传病能力也没有降低。

瓜类细菌性果斑病病原菌经由寄主植物的伤口或气孔侵入，在适宜条件下，数天后就形成明显的病斑。病株发病部位可产生的菌脓，经传播扩散后，引起再侵染。幼苗和坐果后1～3周的幼果期非常感病。

瓜类品种感病、病田连作、气温高、多雨高湿、实行喷灌等因素，都有利于瓜类细菌性果斑病流行。天气高温、高湿是重要的发病因素，有利于菌量积累和病情发展。即使种子带菌量很低，若环境湿度高，温度适宜，幼苗发病的概率仍然较高。有试验表明，用细菌悬液喷雾接种西瓜幼苗，然后将接种苗置于高湿度下，2 d后就显症发病，其每克鲜重的带菌量迅速增高10万～100万倍，而接种后置于低湿度的环境中，2～3 d后幼苗每克鲜重的带菌量仅提高0.1万～1万倍，未表现症状。

七、瓜类细菌性果斑病病菌的传播途径

在自然条件下，瓜类细菌性果斑病的病原菌主要随带菌种子、种苗、瓜产品等进行远距离传播。在采种、洗种过程中，瓜类细菌性果斑病的病原菌可污染健康种子的种皮，也产生带菌种子。在田间，瓜类细菌性果斑病的病原菌还可借风、雨水、灌溉水、昆虫等传播扩散。带菌砧木、被病菌污染的刀具、器皿、工具、手套、衣物、鞋子等也造成该菌在田块内和田块间的传播。

八、瓜类细菌性果斑病病菌的检验方法

1. 种植检验 待检种子播于育苗杯内，保持25～35 ℃，相对湿度≥70%，在出苗后15 d内，依据典型症状检出病苗。再取样分离培养，做常规细菌学检验。也可用病叶提取核酸，作PCR检验。

2. 分离培养检验 待检种子样品表面消毒后，用小型电动粉碎机粉碎，粉碎物用1%次氯酸钠溶液浸泡过夜。次日用该溶液在金氏B培养基平板上划线分离培养。在28 ℃下培养2 d后，依据菌落特点鉴定，或取细菌纯培养用其他方法鉴定。病叶样品从新鲜病斑边缘切除部分组织，在少许灭菌水中弄碎，制备菌悬液，用移菌环蘸取菌悬液，在金氏B培养基平板上划线分离培养。此外，亦可用523培养基、BFB08培养基、TWZ培养基、EBB培养基或其他半选择性或选择性培养基进行分离培养和鉴定。

3. 致病性测定 待测菌株在金氏B培养基平板上培养2 d后，取培养物配制细菌悬浮液，喷雾接种西瓜或甜瓜幼苗（2～3片真叶期）。接菌后第3～10 d，逐日检查发病症状。

4. 血清学检验 常用酶联免疫吸附测定法（ELISA）和免疫凝聚试纸条检验法。酶联免疫吸附测定法应用最普遍，检测果斑病菌灵敏度为10^5 cfu/mL，但易出现假阳性。免疫凝聚试纸条检验的灵敏度可达10^6 cfu/mL，简便、快速、易操作，适用于田间快速检测。采用单克隆抗体免疫磁珠吸附与酶联免疫吸附测定相结合的技术，检测的特异性和灵敏度可大幅度提高。

5. PCR法检测 目前用于或试验用于瓜类细菌性果斑病菌的PCR检测方法有：常规PCR法、免疫富集PCR法、免疫磁性分离PCR（IMS-PCR）法、TaqMan探针实时荧光定量PCR法等。后3种方法的灵敏度有大幅提高。将选择性培养基富集技术与免疫磁性分离PCR法、实时荧光定量PCR法结合起来，可建立起瓜类细菌性果斑病菌的快速检测技术，

能检测到每千粒种子中的 1 粒带菌种子。

九、瓜类细菌性果斑病病菌的检疫和瓜类细菌性果斑病的防治

(一) 瓜类细菌性果斑病病菌的检疫

该菌为全国农业植物检疫性有害生物和我国进境植物检疫性有害生物，需加强调运检疫、引种检疫、产地检疫和疫情普查监测工作。需从无病区引种，未经检疫的种子不能调运销售和种植，发现疫情后应立即采取有效措施，集中铲除销毁病株，发病地块 3 年内不得种植葫芦科作物。

(二) 瓜类细菌性果斑病的防治

1. 种抗性品种 西瓜、甜瓜品种间抗病性有明显差异，发病较重的地区应淘汰感病品种，改种抗病品种。

2. 采用干热灭菌、温汤浸种或药液浸种等方法进行种子处理 西瓜种子干热处理的最适方法是先在 35 ℃处理 24 h，再经 50 ℃处理 24 h，随后在 75 ℃干热处理 72 h，干热处理后的种子置于 50 ℃温度下处理 24 h，再在 35 ℃下放置 24 h，然后自然冷却至室温。温水浸种法宜用 50 ℃温水浸种 20 min，再催芽播种。甜瓜或西瓜种子可用 1‰盐酸液浸种 20 min 后，再用清水冲洗 20 min，风干后播种。

3. 栽培措施 与非葫芦科作物进行 3 年以上轮作，秋季深翻地，将病残体、弃置的病果等翻入土壤深处，要铲除自生瓜苗和葫芦科杂草。施用不含病残体的腐熟有机肥。育苗用具、工具等应行消毒处理，要采用无病土育苗，苗期加强发病监测，培育和移栽无病苗。要加强水肥管理，采用滴灌或软管灌溉，避免喷灌、顶灌、大水漫灌。幼果期适当多浇水，果实进入膨大期及成瓜后少浇或不浇水，争取在高温雨季到来前采收完毕，避过适宜发病期。发现病株后，立即带土挖除，移至田外销毁。

4. 在发病前或发病早期开始喷药防治 常用药剂有碱式硫酸铜、春·王铜（加瑞农）、氧化亚铜、氢氧化铜、氧氯化铜等铜制剂以及农用链霉素等。

第三节 番茄细菌性溃疡病病菌

学名 *Clavibater michiganense* subsp. *michiganense* (Smith) Davis et al.（密执安棒形杆菌密执安亚种）

病害名称 番茄细菌性溃疡病 (bacterial canker of tomato)

一、番茄细菌性溃疡病病菌的分布

番茄细菌性溃疡病病菌 1909 年在美国密歇根州发现，现分布于美洲、欧洲、亚洲、非洲和大洋洲的 60 多个国家，我国北京、黑龙江、吉林、辽宁、内蒙古、新疆、河北、山西、山东、上海、海南等地有发生。

二、番茄细菌性溃疡病病菌的寄主

番茄细菌性溃疡病病菌的自然寄主有番茄、龙葵和裂叶茄。

三、番茄细菌性溃疡病病菌的危害和重要性

番茄细菌性溃疡病是番茄的危险性病害,引起幼苗死亡,成株茎叶枯萎,产量降低。病果皱缩畸形,布满病斑,完全丧失商品价值。番茄细菌性溃疡病是世界性检疫病害。

四、番茄细菌性溃疡病病菌的形态和生物学特性

番茄细菌性溃疡病菌为革兰氏染色阳性菌,在分类上属于放线菌门放线菌目微球菌科棒形杆菌属。菌体杆状,大小为 $0.3 \sim 0.4~\mu m \times 0.6 \sim 1.2~\mu m$,单体或成双存在,无鞭毛,无芽孢,有荚膜,无运动性。该菌为好气性,产酸慢,能氧化糖类,不能分解脂肪,液化明胶缓慢,不能或仅微弱地水解淀粉,生长需要氨基酸、维生素 H、烟酸和维生素 B_1。番茄细菌性溃疡病病菌的生长适温为 26.1 ℃,最低为 1.1 ℃,最高为 35 ℃;最适 pH 为 7.5~8.5。该菌的菌落有黄色、白色和粉红色 3 种类型,黄色和白色类型的毒性最强。

五、番茄细菌性溃疡病的危害症状

番茄细菌性溃疡病是维管束病害,番茄被侵染后产生系统症状,叶片、茎枝、果实等陆续发病。幼苗先从叶片的叶缘开始发病,逐渐萎蔫,叶柄失水下垂,幼茎和叶柄上有褐色凹陷坏死斑。成株最初仅少数低位复叶发病,一侧小叶边缘向上卷,叶柄下垂,扩展后整个复叶变青褐色萎蔫。有时类似症状也出现在上位复叶上。在主茎、侧枝上或叶柄上出现褐色条斑,病斑向上、向下扩展,延及一节至数节,病情发展较缓慢。病斑开裂后露出黄褐色至红褐色的髓腔,形成典型溃疡症状。剖茎检查,可见维管束变褐色,皮层分离,木质部有黄褐色或红褐色线条。以后病茎髓部变成空洞,罹病枝条或全株萎蔫,但叶片多不脱落,青枯或变褐枯死。雨后或高湿时,病茎中溢出污白色菌脓。幼果发病后皱缩畸形不发育,果实内的种子很小,变黑色,不成熟。

番茄细菌性溃疡病的病原菌发生再侵染后,在叶片、茎枝、果实等部位形成许多微小的灰褐色、褐色病斑。果实表面出现白色圆形小点,直径在 1 mm 以下,扩大后病斑直径可达 3~5 mm,其中央褐色而粗糙,略微隆起,边缘乳白色,这就是典型的鸟眼状病斑,易于鉴别(图 14-4)。

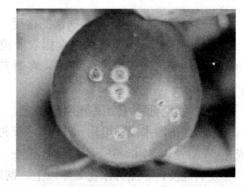

图 14-4 番茄溃疡病再侵染果实上的鸟眼状病斑

六、番茄细菌性溃疡病的发生规律

番茄细菌性溃疡病的病原菌在种子内外和病残体上越季,成为下茬发病的主要初侵染菌源。病原细菌主要从根部伤口侵入,也可从植株地上部分的微伤口和气孔侵入,还可从叶片和果实上的毛状体侵入。侵入后,通过输导组织在植株体内系统扩展,直至进入果实和种子。病株产生的细菌通过风、雨、灌溉水、昆虫、农具等途径传播,发生局部再侵染。但通过分苗、移栽、整枝、绑蔓、摘心等农事操作造成的伤口侵入,则仍产生系统侵染。

病地连作，使用带菌种子或秧苗，是番茄细菌性溃疡病发生的主要原因。农事操作不当，造成较多伤口，加重发病。番茄生长期间大水漫灌或喷灌，环境高湿，结露时间加长，都有利于病害蔓延。

七、番茄细菌性溃疡病病菌的传播途径

番茄细菌性溃疡病的病原菌的远距离传播主要靠带菌种子、种苗、果实调运而实现。种子表面和内部都可能带菌，种子带菌率虽然较低，但传病效率很高。0.01%的种子带菌率，在适宜条件下仍可引起番茄细菌性溃疡病大流行。在发病田，番茄细菌性溃疡病菌则由风、雨、流水、昆虫等传播、也可在移植、耕作、搭架、整枝、授粉、喷雾、收获等农事操作中，由作业人员和工具传播。

八、番茄细菌性溃疡病病菌的检验方法

田间病株或病果实，用523培养基平板进行常规病组织分离。种子样品用磷酸吐温缓冲液（pH 7.2）制备提取液，接种KBT培养基或KBP培养基平板。番茄细菌性溃疡病菌在523培养基平板上培养3 d（28 ℃）后形成表面光滑，粘稠状，淡黄色至黄色的圆形菌落。在KBT培养基平板上培养4 d（25 ℃）后开始出现隆起的圆形菌落，呈深灰白色，边缘黄色至琥珀色，在KBP培养基平板上菌落淡黄色。若在田间观察到典型症状，病株或种子的分离菌株在选择性培养基上菌落形态与描述相符，可初步判定检出了番茄细菌性溃疡病菌，再进一步用血清学方法（ELISA法）或分子生物学检测法（PCR检测）予以确定。

九、番茄细菌性溃疡病病菌的检疫和番茄细菌性溃疡病的防治

（一）番茄细菌性溃疡病病菌的检疫

番茄细菌性溃疡病病菌为全国农业植物检疫性有害生物和我国进境植物检疫性有害生物。严禁从病区调运种子、种苗，在番茄生长期进行产地检疫，一旦发现病情，需及时铲除。

（二）番茄细菌性溃疡病的防治

番茄种子温水浸种可用55 ℃温水浸种25～30 min，种子干热灭菌可在70 ℃处理72 h，或在85 ℃处理24 h。还可用1%盐酸液、1.05%次氯酸钠液或农用硫酸链霉素药液浸种。

发病地换种非茄科作物3年以上，彻底清除田间病株残体。苗床需换用新土，框架、覆盖物、架材、用具等皆用福尔马林30～50倍液浸泡或喷布消毒。生长期间一旦发现病株要及时拔除烧毁，病穴灌药处理或施用生石灰覆土消毒。自发病始期开始喷施杀菌剂，有效药剂有氢氧化铜（可杀得）、春·王铜（加瑞农）、琥胶肥酸铜、春雷霉素、农用链霉素等。

第四节 番茄细菌性斑点病病菌

学名 *Pseudomonas syringae* pv. *tomato* (Okabe) Young et al.（丁香假单胞菌番茄致病变种）

病害名称 番茄细菌性斑点病（bacterial speck of tomato）

一、番茄细菌性斑点病病菌的分布

番茄细菌性斑点病病菌广泛分布于欧洲、北美洲、南美洲、大洋洲、非洲、亚洲的番茄产地，在我国已有发现。

二、番茄细菌性斑点病病菌的寄主

番茄细菌性斑点病病菌的寄主有番茄、辣椒、茄子、龙葵、曼陀罗等。

三、番茄细菌性斑点病病菌的危害和重要性

该病在欧美番茄产区普遍发生，危害严重。病株叶片发病，减少光合产物的生成，造成减产，严重的减产率可达60%以上。病株果实也出现斑点，极大地降低番茄的商品价值和加工品质。另外，因病早期落叶后，还续发严重的果实日烧病。

四、番茄细菌性斑点病病菌的形态和生物学特性

该菌属于变形细菌门假单胞菌目假单胞菌科假单胞菌属。菌体短杆状，大小为 $1.5\sim5.0~\mu m \times 0.5\sim1.0~\mu m$，极生单鞭毛或多鞭毛，无荚膜，无芽孢；革兰氏染色阴性，严格好气性，代谢为呼吸型；在营养琼脂培养基平板上，菌落圆形，隆起，灰白色。该菌产生冠毒素，导致病斑周围变黄和幼苗变矮。

五、番茄细菌性斑点病的危害症状

番茄细菌性斑点病危害叶片、叶柄、茎、果柄、果实等部位。发病叶片上初生黑色小斑点，直径仅1 mm左右，扩大后成为黑褐色近圆形病斑，直径可以达到2～3mm，有油渍状光泽，病斑中心往往有1个灰白色小斑，而边缘有特征性的黄色晕圈（图14-5）。严重时病斑相连，成为较大的斑块，病叶局部黄枯，早期脱落。开花坐果期在茎秆和果柄上也产生类似黑色斑点，也导致落叶、落果。果面上散生黑褐色小斑点，近圆形，直径为1～3 mm，斑面平滑，界线明确，周围略有晕环，后期病斑变大，直径达5 mm或更大，近圆形，黑褐色，中心常有灰白色小点，有时病斑周围有水渍状晕（图14-6）。

图14-5 番茄细菌性斑点病的叶片病斑

图14-6 番茄细菌性斑点病的果实病斑

六、番茄细菌性斑点病的发生规律

番茄细菌性斑点病的新发病大田和棚室的初侵染菌源来自带菌种子和病秧苗。已发病地

区老病田的主要初侵染菌源,来自田间病残体和被病原菌污染的育苗用具。该病原细菌越季后,通常先侵染秧苗,再随病秧苗进入生产田。病株产生大量病原细菌,随雨水、灌溉水、气流和农事操作而分散传播,在一个生长季发生多次再侵染,造成病害流行。

该病原细菌经由植株上的微伤口、果实毛或水孔、气孔、皮孔等自然孔口侵入。农事操作不当,植株微伤口增多时,发病加重。该病原细菌侵染和发病适温为15~20 ℃。结露较重,植株表面长时间保持水湿状态是该病原细菌侵染的必要条件。因而在降雨次数多,阴雨时间长,雨水大的年份或遭遇暴风雨后,往往酿成番茄细菌性斑点病大流行。在灌溉栽培条件下,排灌失调,灌水不当,造成田间积水,或棚室通风降湿不良时,发病都多而重。

七、番茄细菌性斑点病病菌的传播途径

种子、种苗带菌是番茄细菌性斑点病菌远距离传播的主要途径,该病原细菌可在番茄种皮中存活长达20年。在发病田,该病原细菌随雨水、灌溉水、气流和农事操作分散传播。

八、番茄细菌性斑点病病菌的检验方法

田间发病茎叶或果实样品利用KB培养基平板分离病原细菌,种子样品用磷酸吐温缓冲液制备提取液,用其稀释液在KB培养基平板涂布,分离病原细菌。分离所得可疑菌株可进行PCR检测确证。茎叶、果实样品或种子提取液还可用双抗体夹心酶联免疫吸附法(DAS-ELISA)检测。

九、番茄细菌性斑点病病菌的检疫和番茄细菌性斑点病的防治

(一)番茄细菌性斑点病病菌的检疫

该菌是我国进境植物检疫性有害生物,应严格检疫,不得由病区引种,一旦发现病株,需在检疫人员指导下立即铲除。已发病地区需实行综合治理,尽快扑灭。

(二)番茄细菌性斑点病的防治

选育和栽培抗病品种是番茄细菌性斑点病的主要防治措施,以往欧美抗病品种多具有抗病基因 *Pto*,该基因控制对0号小种的抗病性,但不抗1号小种,引种时需注意。

已发病地块应换种非茄科作物,实行2~3年轮作。病残体需及时清除烧毁。

用温水浸种法、盐酸液浸种法或杀菌剂药液浸种法等处理种子。

在发病初期开始喷布防治细菌病害药剂,诸如铜制剂、农用链霉素等。欧美老病区已出现对铜制剂的抗药性菌系,为减缓抗药性产生,应减少施药次数,合理轮换使用不同杀菌剂。

第五节 十字花科蔬菜细菌性黑斑病菌

学名 *Pseudomonas syringae* pv. *maculicola* (McCulloch) Young et al.(丁香假单胞菌斑生致病变种)

病害名称 十字花科蔬菜细菌性黑斑病(bacterial leaf spot of crucifer)

一、十字花科蔬菜细菌性黑斑病病菌的分布

十字花科蔬菜细菌性黑斑病在世界各十字花科蔬菜主要产区均有分布,在我国分布于浙

江、江苏、湖北、湖南、云南、广东等地。

二、十字花科蔬菜细菌性黑斑病病菌的寄主

该菌为十字花科寄生菌，寄主有花椰菜、青花菜、球茎甘蓝、羽衣甘蓝、抱子甘蓝、芜菁、芥蓝、芥菜、油菜、白菜、萝卜、紫罗兰等以及野生十字花科植物。

三、十字花科蔬菜细菌性黑斑病病菌的危害和重要性

十字花科蔬菜细菌性黑斑病病菌危害十字花科植物的叶、茎、花梗、荚果，是十字花科蔬菜、花卉以及野生十字花科植物的重要病害，欧美国家常有大发生记录，在我国发病也渐趋严重。湖北省长阳高山蔬菜生产基地萝卜发病，损失率达50%以上，品质和商品率也大幅度降低，有些田块甚至毁茬绝收。

四、十字花科蔬菜细菌性黑斑病病菌的形态和生物学特性

该菌属于变形细菌门假单胞菌目假单胞菌科假单胞菌属，为革兰氏染色阴性菌。菌体短杆状，两端圆形，无芽孢，具1~5根极生鞭毛，大小为$0.8 \sim 0.9\ \mu m \times 1.5 \sim 2.5\ \mu m$，几个菌体可相互连接成短链状。在肉汁胨琼脂平面上菌落平滑有光泽，白色至灰白色，边缘初圆形光滑，质地均匀，后具褶皱；在肉汁胨培养液中呈云雾状，没有菌膜；在KB培养基上产生蓝绿色荧光。该菌好气性，能产生果聚糖，对氨苄青霉素敏感。

该菌生长温度为0~32 ℃，适温为24~25 ℃，致死温度为50 ℃（10 min）。生长所需pH为6.1~8.8，最适pH为7。

五、十字花科蔬菜细菌性黑斑病的危害症状

发病甘蓝的叶片上初生多数水渍状暗绿色小斑点，边缘暗褐色至紫色，病斑多在气孔处产生，叶片背面尤其明显。小病斑扩展和相互汇合后成为多角形或不规则形斑块，褐色、紫褐色至黑褐色，略凹陷，长可达1.5~2.0 cm。叶脉上也可产生黑褐色斑点，致使叶面皱缩。高湿时叶片背面有污白色菌脓。严重发病时病叶变黄，干枯，脱落。发病叶柄和茎产生黑褐色条斑，发病角果上产生黑褐色斑点。罹病花椰菜的花球上散生黑色斑点，严重时遍布整个花球，使之迅速腐烂。

发病白菜、油菜类蔬菜叶片上初生水渍状小斑点，直径为1 mm左右，暗绿色，后变为浅黑色至黑褐色，有光泽。相邻病斑可汇合成为不规则形斑块，严重时叶片变黄，扭曲变形或脱落（图14-7）。茎、花梗上产生深褐色不规则形条斑，角果上产生黑褐色斑疹。

发病萝卜叶片背面初生多数微小水渍状斑点，初为淡绿色，后渐变淡褐色至黑褐色，病斑扩大后受叶脉限制成不规则形。在叶片正面与背面病斑对应处，出现半透明淡绿色病斑，随后也变为

图14-7 十字花科蔬菜细菌性黑斑病症状

淡褐色至黑褐色，周围有黄色晕。几个相邻病斑汇合后，形成不规则形坏死斑块，长度可达

1.5～2.0 cm甚至以上。严重时全株叶片出现白色至褐色烧灼状斑块，病株枯黄死亡。茎和花梗上病斑椭圆形至条形，褐色或黑褐色，有光泽，略凹陷。发病角果上产生圆形、条形、不规则形病斑，黑褐色，略凹陷。发病块根上产生暗黑色病斑或不规则的圆形斑纹。

六、十字花科蔬菜细菌性黑斑病的发生规律

该病原细菌主要在土壤中病残体、十字花科蔬菜和杂草上存活越冬，成为下一季的主要初侵染菌源。该病原细菌在土壤中能存活1年以上。带菌种子也是重要初侵染菌源。在生长季节，该病原细菌可随风雨、灌溉水、被污染的农机具、昆虫和人体在田间传播。该病原菌从气孔侵入，病斑多出现在气孔处，在1个生长季内，可发生多次再侵染。大气湿度高于90%，温度为17～20 ℃适于侵染发病，在多雨潮湿的环境条件下，发病率和严重度迅速增高。

在湖北长阳高山蔬菜基地6—9月均可发病，不同的海拔高度发病时期有所不同，6月主要在海拔300～1 400 m的菜田发病，7—8月则主要在海拔1 400～1 800 m的高海拔菜田发生。在适宜的温度和湿度条件下，萝卜叶片首先从叶柄基部的翼叶开始发病，后逐步沿中脉两边翼叶向上发展至叶片中部，很少见到从叶片边缘开始发病的现象。田间有明显发病中心。当萝卜苗较小，植株间茎叶不相接触时，病害蔓延较慢，而在进入旺盛生长期后，叶片相互交叠，由发病中心迅速向外蔓延，垄作菜田多顺垄蔓延。阴雨连绵、雾大露重有利于病害扩展蔓延。6月的月平均温度和雨日数与发病程度相关。6月的月平均温度20～23 ℃、雨日多于15 d时，发病加重，而气温升高，病情发展就受到抑制。

七、十字花科蔬菜细菌性黑斑病病菌的传播途径

该病原细菌可随带菌种子、种苗远程传播，进入未发生区。在生长季节，该病原细菌可随风雨、灌溉水、昆虫和农事操作在田间传播。

八、十字花科蔬菜细菌性黑斑病病菌的检疫和十字花科蔬菜细菌性黑斑病的防治

（一）十字花科蔬菜细菌性黑斑病病菌的检疫

该菌是全国农业植物检疫性有害生物，也是我国进境植物检疫性有害生物，需依法检疫。未发生区要严禁从病区引进种子，同时要做好疫情监测和普查工作，一旦发现疫情，要立即采取封锁和铲除措施。已发病地区还要采取有效的措施，进行全面的综合治理。种苗基地要搞好产地检疫。

（二）十字花科蔬菜细菌性黑斑病的防治

品种间抗病性有明显差异。以萝卜为例，白玉春系列高度感病，而"世农YR1010"和"超级白玉春"抗病。常发区应鉴选和种植抗病和耐病品种。

发病田应与马铃薯、番茄、辣椒等非十字花科蔬菜轮作2年以上。建立无病留种田，生产和使用不带菌种子，可疑的商品种子在播种前用种子质量0.4%的50%琥胶肥酸铜可湿性粉剂拌种。当季发病始期要及时发现和拔除病株，收获后要清除病残体。要加强田间管理，高湿多雨地区宜高畦栽培，覆盖地膜，小水浅灌或滴灌，降低田间湿度；要施足基肥，氮、磷、钾肥合理配合，避免偏施氮肥。

发病初期及时喷药防治，常用药剂有农用链霉素、碱式硫酸铜、氢氧化铜、噻菌铜等。某些白菜、油菜品种对铜制剂敏感，要严格掌握用量，以避免产生药害。

第六节　水稻细菌性条斑病病菌

学名　*Xanthomonas oryzae* pv. *oryzicola* (Fang et al.) Swings et al.（稻黄单胞菌稻生致病变种）

病害名称　水稻细菌性条斑病（bacterial leaf streak of rice）

一、水稻细菌性条斑病病菌的分布

水稻细菌性条斑病最早于1918年在菲律宾发现，现主要分布于菲律宾、泰国、马来西亚、越南、柬埔寨、老挝、印度尼西亚、印度、尼泊尔、孟加拉国、巴基斯坦、澳大利亚、塞内加尔、喀麦隆、尼日利亚、马达加斯加、哥伦比亚等国家，在我国北纬32°以南的稻区有不同程度的发生。

二、水稻细菌性条斑病病菌的寄主

水稻细菌性条斑病病菌的寄主主要为水稻和陆稻，也可侵染李氏禾等禾本科植物，人工接种还能侵染野生稻。

三、水稻细菌性条斑病病菌的危害和重要性

水稻细菌性条斑病病株因病减产达5%～25%，籼稻受害最重。在我国最早于1953年在珠江三角洲发现，分布在华南稻区，其后在长江流域杂交晚稻上亦有大面积发生，其危害程度已超过水稻白叶枯病，上升为我国南方水稻的主要细菌病害。

四、水稻细菌性条斑病病菌的形态和生物学特性

该病原细菌属于变形细菌门γ变形细菌纲黄单胞菌科黄单胞菌属。菌体杆状单生，偶尔双生，但不串生，大小为$1.0\sim2.5\ \mu m\times0.4\sim0.6\ \mu m$，有1根极生鞭毛，不形成芽孢和荚膜；革兰氏染色反应阴性。在NA培养基上菌落白色至浅黄色，圆形，凸起，平滑，不透明，有光泽，边缘完整，带有黏性。水稻细菌性条斑病病菌为好气性细菌，生理生化反应与水稻白叶枯菌基本相似，但能使明胶液化，水解淀粉，使石蕊牛乳胨化，能利用阿拉伯糖而产酸；不还原硝酸盐，产生氨和硫化氢；不产生吲哚；可分解蔗糖、葡萄糖、果糖、木糖、乳糖等产酸，不产生气体；对青霉素和葡萄糖反应不敏感；最适生长温度为25～28℃。该菌有明显的致病力分化，根据对鉴别品种或已知抗病基因品种的致病力差异，可将来自各地的菌株分为强、中、弱等不同的类型。

五、水稻细菌性条斑病的危害症状

水稻细菌性条斑病的病株叶片上初生暗绿色水渍状半透明小斑点，后沿叶脉扩展成暗绿色至黄褐色条斑，长为1～6 mm，宽为0.5～1.0 mm。感病品种的条斑较长，较多；抗病品种上条斑较短，较少。对光观察，病斑部半透明。病斑上有露珠状蜜黄色菌脓，干燥后不

易脱落。严重时病斑汇合，成为不规则的黄褐色至枯白色斑块，整叶变为红褐色枯死（图 14-8）。

六、水稻细菌性条斑病的发生规律

水稻细菌性条斑病的初侵染菌源来自带菌种子和稻草，病原细菌在稻种上可存活 10 月以上，在干稻草上可存活 6 月以上。该病原细菌还可以随田间再生稻、自生稻或李氏禾等杂草越冬，侵染下一季水稻。该病原细菌主要从气孔和伤口侵入，侵入后在气孔下繁殖，进而发展到薄壁组织细胞间隙并纵向扩展，形成条斑。病叶上产生菌脓，随风雨、灌溉水或农事操作传播，进行再侵染。高温、高湿、多雨是发病主要诱因，遭遇台风暴雨，偏施氮肥或施肥偏迟都使发病加重。

图 14-8　水稻细菌性条斑病症状
（引自引自潘战胜）

七、水稻细菌性条斑病病菌的传播途径

病稻谷和病稻草带菌传病。种子和稻草调运是水稻细菌性条斑病菌远距离传播的主要途径。该病原细菌可通过灌溉水、雨水、叶片相互接触或农事操作在田间传播。

八、水稻细菌性条斑病病菌的检验方法

病叶片用常规方法镜检喷菌现象，用 NA 培养基或 NBY 培养基平板分离病原细菌。种子样品提取液也可用上述培养基分离病原细菌。获得分离菌后，进行形态特征与生理生化特征鉴定。制备分离物菌悬液，提取 DNA，进行 PCR 检测。阳性分离物的菌悬液用针刺接种法，接种水稻品种"IR24"或"汕优 63"幼苗叶片，测定致病性，予以确认。

九、水稻细菌性条斑病病菌的检疫和水稻细菌性条斑病的防治

水稻细菌性条斑病病菌为全国农业植物检疫性有害生物和我国进境植物检疫性有害生物，需依法检疫，杜绝种子传病。种子繁殖基地应严格遵循水稻种子产地检疫规程，进行综合治理。

水稻细菌性条斑病的主要防治方法包括：栽培抗病品种；提早处理稻草；选用无病种子，或用强氯精药液浸种；适当增施磷钾肥，防止过量、过迟施用氮肥；合理排灌，不串灌，不灌深水，适度烤田；在秧苗 3 叶期、拔秧前和水稻抽穗期喷药防治，有效药剂有叶青双、硫酸锌·铜·链霉素（稻双净）、松脂酸铜、农用链霉素等。

第七节　水稻细菌性谷枯病菌

学名　*Burkholderia glumae* (Kurita et Tabei) Urakami et al.（颖壳伯克氏菌）
病害名称　水稻细菌性谷枯病（bacterial grain rot of rice）

一、水稻细菌性谷枯病病菌的分布

水稻细菌性谷枯病病菌分布于日本、韩国、菲律宾和印度，印度尼西亚、泰国、马来西亚、斯里兰卡、越南、坦桑尼亚、美国、巴拿马、哥伦比亚、多米尼加、哥斯达黎加、尼加

拉瓜、委内瑞拉等国有发生，我国东北和台湾有发生报道。

二、水稻细菌性谷枯病病菌的寄主

水稻细菌性谷枯病病菌的主要寄主是水稻，也寄生须芒草、野古草、毛颖草、弯叶画眉草、多花黑麦草、洋野黍、大黍、毛花雀稗、狼尾草、梯牧草、芦苇、狗尾草等禾草，还寄生薏苡、粟、燕麦、黑麦、辣椒、茄子、西红柿、芝麻等作物。

三、水稻细菌性谷枯病病菌的危害和重要性

水稻细菌性谷枯病最早于1956年在日本九州被发现，当时引起谷粒腐烂，后来发现还引起苗腐烂秧。20世纪70年代以后，因大面积实行工厂化育秧，导致苗腐病大流行，减产率一般在10%~15%，严重田块达50%以上。近年来，在美洲国家也有发生。2012年有报道称，该病已在美国多个州蔓延并造成严重损失。还有人发现该菌引起幼儿的慢性肉芽肿病。

四、水稻细菌性谷枯病病菌的形态和生物学特性

该菌属于变形细菌门β变形细菌纲伯克氏菌菌目伯克氏菌科伯克氏菌属，为革兰氏阴性菌。菌体短杆状，大小为 $0.5\sim0.7~\mu m \times 1.5\sim2.5~\mu m$，有1~3根极生鞭毛，好气性，有荚膜，不形成芽孢。

在NA培养基平板上菌落圆形，凸起，中高，光滑，白色，有黏性，在培养基上可见淡黄色色素。在金氏B培养基上不产生荧光。水稻细菌性谷枯病病菌可使明胶液化，吐温80水解，牛乳凝固，石蕊还原，硝酸盐还原，过氧化氢酶和卵磷脂酶阳性反应，但不水解熊果苷和七叶苷，产氨，不产生吲哚和硫化氢，淀粉水解在不同菌系间有变化；氧化酶、酪氨酸酶、精氨酸双水解酶、苯丙氨酸脱氨酶均为阴性反应；能利用阿拉伯糖、果糖、半乳糖、葡萄糖、甘油、甘露醇、甘露糖、山梨醇和木糖产酸，利用乳糖和棉籽糖产酸反应因菌系不同而有变化，糊精、菊粉、麦芽糖、鼠李糖、水杨苷和蔗糖等不产酸；4%氯化钠或氯霉素（5 mg/L）能抑制其生长。该菌DNA中的GC含量为68.2%。

发育温度最低为10~15 ℃，最高为42 ℃，最适为30~35 ℃，致死温度为50 ℃。

五、水稻细菌性谷枯病的危害症状

水稻细菌性谷枯病病菌侵染主要引起秧苗腐烂和谷粒枯死。带菌水稻种子腐烂，不能萌发。罹病幼芽弯曲，生有淡褐色条斑，后逐渐枯死。存活病苗叶鞘有深褐色病斑，新叶弯曲生长，产生水渍状病斑，后变褐色，严重时腐烂枯死。发病稻穗直立不弯曲，通常部分谷粒发病，穗轴和枝梗仍保持绿色。病谷粒初现苍白色，萎蔫状，渐变为灰白色或淡黄褐色，内外颖尖端或基部紫褐色，护颖暗紫褐色。发病谷粒大多数空瘪不实，即使结实，米粒也萎缩畸形，米粒部分或全部变为灰白色、黄褐色或深褐色。病健部交界明显，多呈褐色或深褐色带状（图14-9）。

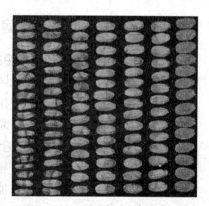

图14-9 水稻细菌性谷枯病菌侵染引起的谷粒病变

六、水稻细菌性谷枯病的发生规律

带菌种子是水稻细菌性谷枯病的主要初侵染源,在浸种催芽时细菌还能污染健康种子,均造成芽苗发病。移栽带菌幼苗或病死腐烂幼苗污染本田,可引起穗期发病。另外,本田土壤中遗留上季病残体,病原细菌也能存活到下季,引起发病。

带病稻种在浸种和萌芽过程中,病原细菌大量繁殖,并从胚芽鞘和幼叶的气孔和伤口、次生根的伤口等处侵入,在细胞间扩散并引起病变。病原细菌产生两种毒素,可诱生症状,抑制叶片和根的生长。存活秧苗的根际聚集大量细菌,可随着稻株生长向上位叶鞘扩展,分蘖期不表现症状,孕穗期扩展到剑叶叶鞘和幼穗,扬花期侵染稻谷,引起谷枯。

七、水稻细菌性谷枯病病菌的传播途径

种子带菌是水稻细菌性谷枯病菌远距离传播的主要途径。带菌种苗或其他植物材料也可能传病。

八、水稻细菌性谷枯病病菌的检验方法

1. 田间检查   在发病的两个关键时期(即秧苗 4 叶期前和孕穗至齐穗期)重点检查。在水稻育苗场所检查秧苗的烂秧症状,在水稻穗期检查谷粒发病情况。检出的发病或可疑的样本,送室内分离鉴定病原细菌。

2. 种子检验   待检水稻种子样品先行表面清洗,再放入磷酸缓冲液中,在低温(5~15 ℃)下浸泡数小时来制备样品提取液。少量种子可直接研磨或压碎,再加入灭菌的磷酸缓冲液,制备提取液。用提取液接种 S-PG 选择性培养基或 CCNT 选择性培养基平板进行菌种分离。谷枯病菌在 S-PG 选择性培养基平板上产生光滑、凸起的圆形菌落,红褐色(A 型)或淡紫色(B 型);在 CCNT 选择性培养基平板上产生白色菌落,带有扩散性黄色色素。若出现典型菌落或疑似菌落,则提取细菌 DNA,进行常规定性 PCR 检测或实时荧光定性 PCR 检测予以确认。具体请参见《水稻细菌性谷枯病菌的检测方法》(SN/T 3065—2011)。

九、水稻细菌性谷枯病病菌的检疫和水稻细菌性谷枯病的防治

(一)水稻细菌性谷枯病病菌的检疫

水稻细菌性谷枯病病菌为我国进境植物检疫性有害生物。风险分析表明,该菌为高度危险性有害生物,通过种子及相关植物材料传入的风险较大,对水稻生产构成严重威胁。对输入的水稻种子和相关的植物种苗需行检疫检验,一旦发现应及时进行除害处理。

(二)水稻细菌性谷枯病的防治

实施盐水浸种或药剂浸种。用次氯酸钙液或用恶喹酸(oxolinic acid)液处理种子,也可显著减少种子带菌。在孕穗至抽穗期,喷施春雷霉素、松脂酸铜、春·王铜(加瑞农)或氢氧化铜等杀菌剂。已大规模鉴选抗病品种或抗病材料,仅发现"Jupiter"和"LM-1"具有较高的抗病性。

第八节 其他重要检疫性原核生物

一、柑橘溃疡病病原细菌

学名 *Xanthomonas axonopodis* pv. *citri* (Hasse) Vauterin et al.（地毯草黄单胞菌柑橘致病变种）

病害名称 柑橘溃疡病（citrus canker）

柑橘溃疡病于1913年首次在美国的得克萨斯州被发现，现各大洲均有分布，发病国家占世界柑橘生产国家的1/3，其A菌株（亚洲菌株）危害最重，以亚洲国家发生较为普遍，在我国发生也较多。

柑橘溃疡病病原细菌的寄主为芸香科的柑橘属、枳壳属和金橘属植物，甜橙、酸橙和枳最感病，柚和柠檬次之，柑和橘较抗病，金柑最抗病。

该病原细菌属于变形细菌门黄单胞属成员，革兰氏染色阴性，菌体短杆状，两端圆，大小为 $1.56\sim2.97~\mu m \times 0.45\sim1.47~\mu m$，常数个相连成串，单根鞭毛极生，有荚膜，无芽孢，革兰氏染色阴性，具好气性。在牛肉汁蛋白胨琼脂培养基上，菌落圆形，草黄色，有光泽，全缘，微隆起，黏稠状。柑橘溃疡病病原细菌能水解淀粉，液化明胶，凝固牛乳，胨化蛋白，不能使硝酸盐还原；能产生氨，不产生硫化氢和吲哚。

病株叶片上生近圆形病斑，直径为 $3\sim5~mm$，黄褐色，向叶片两面隆起；病斑中央火山口状裂开，灰白色，木栓化；病斑周围有黄色晕圈。枝条和果实上症状与叶片相似，但病斑木栓化程度更高，火山口状裂开更显著，但无黄色晕环。潮湿时，病部有细菌溢脓。

该病原细菌主要在发病组织内越冬，是主要的初侵染菌源。春季越冬病组织遇雨水后溢出菌脓，随风雨、昆虫、枝叶接触或农事操作而传播，从嫩叶、嫩梢和幼果的气孔、水口、皮孔或伤口侵入。夏梢、秋梢和幼果受害最重，春梢受较轻。高温、高湿、多雨的天气最有利于发病，在台风、暴雨过后柑橘溃疡病往往严重发生。

该病原细菌主要随带菌苗木、接穗、种子、果实等远程传播；也可在土壤和感病杂草体内长时间存活，但其传病作用需具体评估。在发病田，该病原细菌可借风雨、昆虫、枝叶接触或农事操作等途径传播。

美洲、欧洲、北非和大洋洲30多个国家对柑橘溃疡病菌实行检疫。该菌也是我国进境植物检疫性有害生物、全国农业植物检疫性有害生物和全国林业危险性有害生物。无病区要严格禁止从病区引入带病的种子、苗木、果实、接穗、橘皮等；新发病区应采取检疫和防控相结合的措施；老病区需采用综合防治措施，以期逐渐缩小病区。

柑橘溃疡病病的防治措施有焚烧或进行消毒处理带病苗木、接穗，培育和栽植抗病品种或高接换头，加强栽培管理，及时挖除病树，剪除病枝叶和病果，喷药保护嫩梢和幼果。较好的药剂有波尔多液、铜皂液、石硫合剂（$0.2\sim0.3$波美度）、春雷霉素、农用链霉素、氢氧化铜等。

二、柑橘黄龙病病原细菌

学名 Candidatus *Liberobacter asiaticum* Jagoueix et al.（韧皮部杆菌亚洲种）

病害名称 柑橘黄龙病（citrus yellow shoot disease）

柑橘黄龙病病原细菌寄生害柑橘属、金橘属和枳属植物。该病最早在18世纪发现于印度中部地区，1939年在我国广东潮汕地区发生，现主要分布于广东、广西、江西、浙江、福建、湖南和四川。

柑橘黄龙病是毁灭性病害，3~8年生的幼树受害最重，病树少则1~2年后死亡，多则3~5年后死亡。据不完全统计，广东、广西、福建等地累计已有4 000万株以上病树因该病砍除。巴西2004—2007年，仅圣保罗州就有200万株病树被砍除。

柑橘黄龙病菌属暂定的韧皮部杆菌属（候选属）。菌体球形或短杆状，革兰氏染色反应阴性，寄生于植物韧皮部中，尚未能在人工培养基上分离获得纯培养。该属有3种：亚洲种（Ca. *Liberobacter asiaticus*）、美洲种（Ca. *Liberobacter americanus*）和非洲种（Ca. *Liberobacter africanus*）。亚洲种和美洲种耐热，由亚洲柑橘木虱（*Diaphorina citri*）传播；非洲种对热敏感，由非洲柑橘木虱（*Trioza erytreae*）传播。另外，3个种的16S rDNA及β操纵子基因序列有明显差异。

我国柑橘黄龙病的病原菌为亚洲种。该菌革兰氏染色阴性，菌体多态，多为球状（直径为50~500 nm）或杆状（大小为40~170nm×200~2 500 nm），寄生在植物韧皮部组织中，以芽生方式和分裂方式繁殖，对青霉素敏感。

发病前期的主要症状为新梢叶片黄化，按黄化特征差异可区分为3个类型：斑驳黄化型、均匀黄化型和缺素状黄化型。斑驳黄化型叶片呈黄绿相间的不均匀斑驳状，在春梢、夏梢和秋梢的病枝或各期病树上均能见到，是田间诊断柑橘黄龙病的主要依据。均匀黄化型病叶片呈均匀的浅黄色，多出现在初发病树或夏梢、秋梢上，极易脱落，不易见到。缺素状黄化型病叶的叶脉和叶脉附近叶肉呈绿色，叶脉间叶肉变黄色，类似缺锌、缺铁或缺锰的症状，多出现在中晚期病树上。病枝上果实小而畸形，着色不匀，橘类常出现红鼻子果，橙类果皮青绿。后期病枝枯死，严重的整株死亡。

柑橘黄龙病的初侵染源主要是田间病株和带病苗木。田间近距离传播的介体是柑橘木虱，病原菌在虫体内的循回期约为1月，潜育期8~10月。果园内病害的潜育期至少应为1.0~2.5年。幼龄果园在定植后6~12月内就可显症，长势旺、树冠体积较小的幼树潜育期较短。汁液摩擦接种不传病，土壤也不传病。远距离传病主要靠带病接穗和苗木的调运。

柑橘黄龙病病原细菌是重要检疫性有害生物，已列入《中华人民共和国进境植物检疫性有害生物名录》《全国农业植物检疫性有害生物名单》和《全国林业危险性有害生物名单》。另外，在非洲引起青果病的韧皮部杆菌非洲种，也是我国进境植物检疫性有害生物。

柑橘黄龙病的主要防治措施有建立无病苗圃、培育无病苗木、在树龄10年以上的健康树上采种、繁育无病接穗、及时挖除并烧毁病树、在抽梢期喷施杀虫剂防治柑橘木虱等。

三、香蕉细菌性枯萎病病菌

学名　*Ralstonia solanacearum* (Smith) Yabuuchi et al, race 2（茄劳尔氏菌2号小种）

病害名称　香蕉细菌性枯萎病（bacterial wilt of banana）

香蕉细菌性枯萎病病原菌菌体短杆状，有鞭毛1~4根，极生，革兰氏染色为阴性。香蕉细菌性枯萎病病菌主要侵染芭蕉属和蝎尾蕉属植物，引起维管束病害。

香蕉各发育阶段均可被侵染。幼株发病，嫩叶先黄化，后萎蔫、倒塌，假茎木质部变色，全株迅速枯死。幼根变黑，短而扭曲。成株发病，内层叶片先变黄萎蔫，变软下垂，其后叶片由里向外相继干枯下垂，围在假茎周围似裙状。结果株发病，果实停止发育，畸形，变黑，皱缩，嫩吸芽叶鞘开裂，变黑色。假茎横切面维管束呈浅褐色、深褐色甚至黑色。从雄花序侵入的病株，先不显症，待结实时，雄花芽变黑萎缩，果实未熟先黄，果肉坚硬，呈褐色干腐，果皮开裂，最后整个花穗腐烂变黑。

该病原菌在土壤、病株、病残体、带菌根蘖、病果、繁殖材料上存活越冬，由土壤、流水、昆虫、线虫、修剪刀具、移栽工具、农事操作、根部接触等途径传播，通过伤口或自然孔口侵入根系或花序维管束，在木质部导管内繁殖扩散，系统侵染。高温、高湿和强风适于侵染发病。

该菌（2号小种）为我国进境植物检疫性有害生物，由昆虫传带，侵入雄花序是2号小种的重要特点。

发病蕉园要犁翻暴晒土壤，实行休闲或轮作，选用抗病品种，尽早发现并挖除销毁病株，适时摘除雄花序，防治传病昆虫。

四、桃树细菌性溃疡病病菌

学名 *Pseudomonas syringae* pv. *persicae* (Prunier et al.) Young et al. （丁香假单胞菌桃致病变种）

病害名称 桃树细菌性溃疡病 (bacterial canker of peach)

桃树细菌性溃疡病的病原菌为革兰氏阴性菌，菌体短杆状或略弯，单生，鞭毛极生，无芽孢，寄生桃和油桃，发生于欧洲和新西兰。

桃树细菌性溃疡病的病树春天发病后出现萎蔫，主要分枝或整株枯死。5~6年生幼树树干上形成具有明显边缘的红褐色大病斑和溃疡；叶片上产生坏死斑，直径为1~2 mm，周围有褪绿晕圈，后脱落穿孔，病叶提早脱落；果实上产生直径1~2 mm的坏死斑，常覆盖1层透明树胶。

桃树细菌性溃疡病的病原菌在秋冬季通过叶片的斑痕侵入植株，引起具有特征性的病痕，春季导致枝梢枯死。该病原菌还能从伤口或直接侵入植株的枝梢、枝条和枝干，使之发病。该病原菌随风雨、农机具传播，带菌繁殖材料的调运可远程传播。

该菌已列入我国进境植物检疫性有害生物名录，需行检疫，防止传入。主要防治方法包括选用抗病品种、使用无病砧木、实行修剪工具消毒、喷施杀菌剂等。

五、葡萄皮尔斯氏病病原细菌

学名 *Xylella fastidiosa* Wells et al. （难养木杆菌）

病害名称 葡萄皮尔斯氏病 (Pierce's disease of grape)

葡萄皮尔斯氏病病原细菌为木杆菌属成员，菌体短杆状，单生，大小为 $0.2\sim0.5\ \mu m \times 1.0\sim4.0\ \mu m$，无鞭毛，无芽孢，革兰氏染色阴性，兼性好气，氧化酶阴性；过氧化氢酶阳性；对营养要求苛刻，要求有生长因子（焦磷酸铁等）。

该菌侵染木质部，在导管中生存和蔓延。病株发芽晚，新梢生长缓慢，叶片边缘焦枯、灼伤状，早期脱落或枯萎。病树整株矮化，生长势弱，不结实或结实少，最终根部、根颈部以致全株干枯死亡。该病原细菌由叶蝉类、沫蝉类昆虫传播，带菌接穗、插条、苗木可远距离传播。

葡萄皮尔斯氏病病原细菌现为我国进境植物检疫性有害生物，需行检疫，不从发病地区引进接穗、插条或苗木；苗木温汤浸渍消毒（45℃热水浸3小时）。发病地区种植抗病品种，铲除杂草，减少隐症寄主，喷药防治传病介体昆虫，使用抗菌素治疗。

六、葡萄细菌性疫病病菌

学名　*Xylophilus ampelinus* (Panagopoulos) Willems et al.（葡萄嗜木质菌）

病害名称　葡萄细菌性疫病（bacterial blight of grape）、葡萄溃疡病

葡萄细菌性疫病病原菌为嗜木质菌属成员，革兰氏染色阴性，菌体杆状，直或微弯，单鞭毛极生，严格好气，生长缓慢，分布于欧洲、南非、突尼斯、土耳其、阿根廷等地。

病株茎蔓初现红褐色条斑，逐渐扩展并开裂，成为溃疡，可深达髓部，病蔓萎蔫，干枯。病原菌经由叶柄维管束侵入叶脉，使叶片枯死凋落。若由气孔侵入叶片，则产生红褐色角斑，周围有黄色晕圈，也可通过水孔侵入叶片，使叶尖变为红褐色。高湿时，有淡黄色的菌脓溢出。花序被侵染后，变黑枯死。根部也可被侵染，使病株生长缓慢，矮小。

该病原菌由风雨、灌溉水、昆虫传播，随苗木、接穗远距离传播。初侵染主要发生在1~2年生的枝条上。环境湿度高，温度24℃左右适于该病原菌繁殖，出现典型叶斑和溃疡症状。

葡萄细菌性疫病病菌现为我国进境植物检疫性有害生物，需实行检疫，防止传入。发病地区应使用无病苗木、接穗；发病园清除枯枝落叶，剪除病枝并及时烧毁；合理栽培，避免喷灌；适时喷布杀细菌剂。

七、菜豆细菌性萎蔫病病菌

学名　*Curtobacterium flaccumfaciens* pv. *flaccumfaciens* (Hedges) Collins et Jones（带化短小杆菌带化致病变种）

病害名称　菜豆细菌性萎蔫病（bacterial wilt of common bean）

菜豆细菌性萎蔫病病原菌属短小杆菌属，革兰氏染色反应阳性，菌体呈不规则杆状（老龄培养物菌体球状），短小，大小为 0.4~$0.6\ \mu m \times 0.6$~$3.0\ \mu m$，有1根至数根侧生鞭毛，能运动。在营养琼脂培养基平板上菌落圆形，隆起，奶油状，多为橘黄色。该病原菌寄生菜豆、大豆、利马豆、赤豆、豇豆、绿豆、扁豆等豆科作物，分布于欧洲部分国家、加拿大、美国、巴西、委内瑞拉、哥伦比亚、墨西哥、前苏联地区、土耳其、突尼斯、肯尼亚、澳大利亚等地。

菜豆苗期和成株期均可发病，典型症状为整株叶片或部分叶片变褐枯萎，发病早的可能造成死苗、死株。有时病叶的叶脉间产生不规则形褐色斑块，其边缘为亮黄色。茎上有锈色病斑，维管束变褐。幼荚上产生水渍状斑块，呈黄色或褐色，在成熟豆荚上则为橄榄绿色。豆荚内有黄色细菌菌脓。发病种子种皮有黄色、橘黄色或紫色斑块，白皮品种尤其明显，并有不同程度的皱缩。但外观正常的豆荚也可能含有带病种子。

菜豆细菌性萎蔫病的主要初侵染菌源和传病介体为带菌种子，在已发病地区，病残体和发病杂草也是重要初侵染菌源。该病原菌从伤口侵入，经由维管束导管系统扩展。高温干旱时症状明显加重，遭受冰雹或暴风雨后往往大发生。

菜豆细菌性萎蔫病病菌现为我国进境植物检疫性有害生物。无病地区不得从发病地区引

种，严格使用不带菌种子。已发病地区应采取轮作麦类作物、栽培抗病品种、播种无病种子、加强水肥管理、适时喷施有效药剂等综合治理措施。

八、苜蓿细菌性枯萎病病菌

学名 *Clavibacter michiganensis* subsp. *insidiosus* (McCulloch) Davis et al.（密执安棒形杆菌隐蔽亚种）

病害名称 苜蓿细菌性枯萎病（bacterial wilt of alfalfa）

苜蓿细菌性枯萎病的病原菌为放线菌门棒形杆菌属成员，革兰氏反应阳性。菌体短杆状至不规则杆状，大小为 $0.4\sim0.75\ \mu m \times 0.8\sim2.5\ \mu m$，无鞭毛。在营养琼脂上菌落圆形，光滑，凸起，不透明，多为灰白色。该菌为好气性，呼吸型代谢，氧化酶阴性，过氧化氢酶阳性，自然条件下可侵染苜蓿、百脉根、野苜蓿、白香草木樨、红豆草、甜三叶、三叶草等豆科植物。该病原菌分布于美国、加拿大、墨西哥、智利、欧洲、前苏联地区、近东地区、日本、澳大利亚、新西兰等地。

苜蓿轻度发病植株叶片呈斑驳状，边缘上卷，植株略矮。中度发病植株丛生许多细弱的枝条。严重发病植株矮化，株高仅数厘米，茎细；叶小而厚，卷缩畸形，边缘或全叶变黄；植株萎蔫死亡。病根横切面可见维管束变为黄色或黄褐色，严重时整个中柱变黄有时还杂以深色斑点。刈割后再生草明显矮化，常在越冬时死亡。

该病原菌主要在病株根部和病残体中越季，从根和根颈的伤口侵入，也可通过茎部刈割断面侵入，经维管束系统侵染。带菌种子和带菌干草可远距离传病。其主要防治措施为栽培抗病品种和轮作。

苜蓿细菌性枯萎病病菌已列入我国进境植物检疫性有害生物名录，国内尚未发生，需严防传入。

九、玉米细菌性枯萎病病菌

学名 *Pantoea stewartii* subsp. *stewartii* (Smith) Mertaert et al.（斯氏泛菌斯氏亚种）

病害名称 玉米细菌性枯萎病（Stewart's disease of corn, bacterial wilt of corn）

玉米细菌性枯萎病于1897年首先在美国发现，现分布于美国、加拿大、巴西、欧洲东南部、泰国、越南、马来西亚等地。北美洲曾因该病流行，甜玉米产量平均损失6%～3%，意大利玉米曾减产40%～90%。

该病原细菌为泛菌属成员，革兰氏染色阴性，菌体短杆状，两端钝圆，单生或双生，大小为 $0.4\sim0.8\ \mu m \times 0.9\sim2.2\ \mu m$，无鞭毛，有荚膜；在牛肉汁蛋白胨琼脂培养基上形成黄色圆形菌落，全缘，表面扁平光滑。该菌的自然寄生有玉米、墨西哥类蜀黍、宿根类蜀黍、鸭茅状摩擦禾等。

玉米的各个生育期都可受害，以开花期症状最明显。早期发病植株矮化，萎蔫，雄穗有时褪色早枯。叶片产生黄色长形病斑，宽为1～10 mm，与叶脉平行，贯穿全叶，边缘波浪状。严重的病叶萎蔫死亡。生长后期叶片产生许多小病斑，进而结合为大块，呈火烧状干枯死亡，这种重病叶多数位于植株下部。甜玉米常萎蔫枯死，而抗病的马齿型品种上，病斑较小、较少，多为卵圆形。病株的髓部有空腔，导管被黄色黏液阻塞，萎蔫植株茎秆的下部横切后切口有黄色细菌溢脓。果穗的菌脓可通过内层包叶的气孔渗出，籽粒表面沾满细菌溢脓。病籽粒变形、皱缩和变色。

该病原细菌在种子和带菌昆虫体内越冬，为主要初侵染菌源，有时也在土壤、粪肥或玉米病残体中越冬；主要随玉米种子和带菌昆虫传播，带菌种子和混杂在种子间的病株残余组织可远距离传病。种子表面和内部均可带菌，细菌多存在于种子的维管束组织、糊粉层和胚乳细胞间，不存在于胚中。该菌最重要的传播昆虫是玉米叶甲（*Chaeocnema pulicaria*），其他传病介体昆虫还有啮齿叶甲（*Chaetocnema denticulata*）、十二点叶甲（*Diabrotica undecim pynctata*）、金龟子等。

世界上有100多个国家将该菌列为检疫性有害生物，我国尚无发生报道，已列入我国进境植物检疫性有害生物名录，防止传入。在发病区应采取综合治理措施，包括栽培抗病品种、使用不带菌种子、清除田间病残体、施用净肥、扑灭介体昆虫、施药防治等。

十、甘蔗流胶病病原细菌

学名　*Xanthomonas axonopodis* pv. *vasculorum* (Cobb) Vauterin et al.（地毯草黄单胞菌维管束变种）

病害名称　甘蔗流胶病（gumming disease of sugarcane）

甘蔗流胶病病原细菌主要分布于印度尼西亚、印度、非洲、澳大利亚、太平洋诸岛、美国、墨西哥、中美洲、南美洲等地。

该病原细菌属于黄单胞菌属，革兰氏染色阴性，菌体杆状，大小为 $1.0\sim1.5\ \mu m\times0.4\sim0.5\ \mu m$，单生或数个相连成串，单根鞭毛极生，有荚膜，无芽孢，革兰氏染色阴性。该菌寄主有甘蔗、玉米、椰子、黍、高粱、薏苡、羊草、椰子、龙头竹等。

甘蔗的发病症状发展分两个阶段：条斑期和系统侵染期。条斑期在叶片上形成条斑，宽为3~6 mm，初期黄色或橘黄色，后变灰白色。条斑症状可延伸至叶鞘，病原菌进入茎秆并引起系统侵染。在系统侵染阶段茎秆维管束变红色，组织被破坏，形成空腔，填满菌脓和多糖类物质。严重时生长点死亡，可使茎秆一边过度生长或形成"刀切口"症状，切开茎秆有菌脓流出。

该病原菌主要由甘蔗插条、被污染的切刀、运输工具以及昆虫类远距离传播，通过叶片伤口侵入。夏季遇强风暴雨，高湿高温，有利于叶片侵染。植株近成熟时低温干燥，抗病性降低，有利于系统侵染。

该菌已列入我国进境植物检疫性有害生物名录，需进行检疫，防止传入。发病地要栽培抗病品种，不从病田留种蔗，种蔗进行温水（52 ℃）浸渍处理，实行切刀消毒。

十一、椰子致死黄化病植原体

学名　Candidatus *Phytoplasma palmae*（候选种）

病害名称　椰子致死黄化病（lethal yellowing of coconut）

椰子致死黄化病1834年首先在南美洲大开曼岛发现，现在牙买加、开曼群岛、古巴、巴哈马群岛、多米尼加、海地、苏里南、墨西哥、美国的佛罗里达州和得克萨斯州以及菲律宾都有发生。在加纳、尼日利亚、喀麦隆、多哥、贝宁等非洲国家，也有类似椰子致死黄化症状的病害发生。

椰子致死黄化病植原体属于柔壁菌门柔膜菌纲非固醇菌原体目非固醇菌原体科植原体属，其形状有丝状、念珠状、圆筒状及近球状等，直径为 0.42～2.00 μm，不具有细胞壁，存在于韧皮部的筛管细胞中。植原体尚不能离体人工培养。椰子致死黄化病植原体侵染20多种棕榈科植物，严重危害椰子、槟榔和一些观赏棕榈。本病害寄主除椰子外，还有油棕、观赏棕榈（例如扇棕、马尼拉棕、海枣等）和枣椰。

椰子病树从叶顶端开始褪绿黄化，矛叶和心部腐烂，果实在未成熟时脱落，花序变黑坏死，终至树冠塌落，仅剩下杆状树干，树根也变黑褐色，坏死腐烂。从发病开始到整株树死亡，只需4～5月。病原物在田间可通过棕榈光菱蜡蝉传播，椰心叶甲、红棕象甲等害虫也与发病密切相关。调运或携带带病椰子、油棕、枣椰、观赏棕榈等寄主的种苗，则造成远程传播。

该植原体系我国进境植物检疫性有害生物，需行检疫，防止人为传播。发病区应及时防治害虫，砍除重病株并烧毁，发病较轻的可注射盐酸四环素治疗。

十二、葡萄金黄化病植原体

学名　Candidatus *Phytoplasma vitis*（候选种）
病害名称　葡萄金黄化病（flavescence dorée of grapevine）

葡萄金黄化病植原体所致病害最早于1949年发现于法国，现分布于法国、瑞士、意大利、德国、美国和澳大利亚。病株叶片褪绿，朝下反卷，茎蔓下垂，树皮可能出现纵向裂缝。白色品种叶片向阳部分黄化，表面具金属光泽，枝梢变脆，顶芽和侧芽可能坏死。病株衰弱，果实产量和品质剧降。该病原物通过带病无性繁殖材料和叶蝉（*Scaphoideus titanus*）传播。

葡萄金黄化病植原体现为我国进境植物检疫性有害生物，需防止病害随苗木等繁殖材料传入。

十三、柑橘僵化病螺原体

学名　*Spiroplasma citri* Saglio et al.（柑橘螺原体）
病害名称　柑橘僵化病（citrus stubborn disease）

柑橘僵化病分布于地中海东部区域、中东、北非和美国西部，主要发生于柑橘属植物。该病原物属于柔壁菌门柔膜菌纲虫原体目螺原体科螺原体属。菌体螺旋形，寄生于植物韧皮部，培养生长需要甾醇。

柑橘罹病幼树矮小僵化，枝条节间缩短；叶丛生，直立，叶片增厚，褪绿，杯形；果实小而少，果形不正；种子败育。气温降低后可能隐症。该病原物由多种叶蝉传播、嫁接传播。带菌接穗可远程传病。

柑橘僵化病植原体现为我国进境植物检疫性有害生物，需行检疫，防治随带菌接穗传入。发病区应栽植无病苗木，拔除病株，及时防治传病叶蝉。

思 考 题

1. 试述梨火疫病病原细菌的检疫重要性。
2. 瓜类细菌性果斑病菌有哪些检验方法？

3. 试比较番茄溃疡病与番茄细菌性斑点病的症状特点。
4. 为什么说水稻细菌性谷枯病菌具有潜在危险性?
5. 以本章介绍的病例,总结植物检疫性原核生物的特点。

第十五章 检疫性植物病毒

病毒（virus）是一类能够自我复制和严格细胞内寄生的分子寄生物（molecular parasite），由核酸和保护性蛋白质外壳组成，个体微小，结构简单，其复制依赖寄主的核酸与蛋白质合成系统。近来的病毒分类体系趋向于将这类分子寄生物列为独立的病毒界，下分为 RNA 病毒和 DNA 病毒两大类。目前病毒分类采用目、科、亚科、属、种等构成的系统。在国际病毒分类委员会第 9 次病毒分类报告中，病毒共设 6 目 87 科 19 亚科 349 属，共有 2 284 种病毒（含类病毒）。

植物病毒（plant virus）是寄生植物，引起植物病害的病毒。植物病毒约有 1 000 种（含类病毒），分属于 22 科 81 属和 10 未定科的悬浮属。在植物病原微生物中，无论就病例数量或危害程度来衡量，病毒仅次于真菌，居第二位。但病毒病害难以检诊，难以防治，其重要性甚至超过了真菌。植物病毒可随种苗、球茎、块根、块茎或其他无性繁殖材料传播，约有 20% 的病毒还可经种子传播。因而经人为传播途径引进新病毒或新纪录病毒的风险很大，不少病毒具有重要的检疫意义。在现行全国农业植物检疫性有害生物名单中有 3 种病毒，在我国进境植物检疫性有害生物名录中收录了 32 种病毒。

类病毒（viroid）是在寄主植物体内能够自我复制，但没有衣壳蛋白包被的低分子环状单链 RNA 分子。目前共有 32 个确定种和 11 个暂定种。在我国进境植物检疫性有害生物名录中，有 7 种类病毒。

第一节 黄瓜绿斑驳花叶病毒

病毒名称 *Cucumber green mottle mosaic virus*（CGMMV）

一、黄瓜绿斑驳花叶病毒的分布

黄瓜绿斑驳花叶病毒在英国、德国、荷兰、爱尔兰、瑞典、芬兰、丹麦、希腊、波兰、罗马尼亚、匈牙利、保加利亚、捷克、摩尔多瓦、俄罗斯、韩国、日本、以色列、印度、巴基斯坦、沙特阿拉伯、伊朗、巴西等国家有发生，在我国仅分布于局部地区。

二、黄瓜绿斑驳花叶病毒的寄主

黄瓜绿斑驳花叶病毒的寄主范围较窄，在自然条件下主要侵染葫芦科植物，包括黄瓜、西瓜、甜瓜、瓠子、南瓜、葫芦、丝瓜、苦瓜等。人工接种可侵染藜科（苋色藜、墙生藜）、茄科（曼陀罗、普通烟）以及葫芦科多种植物。

三、黄瓜绿斑驳花叶病毒的危害和重要性

黄瓜绿斑驳花叶病毒最初在 1935 年发现于英国的黄瓜上，后相继在许多欧洲和亚洲国

家发现，于1966年随黄瓜和葫芦种子传入日本。该病毒引起绿斑花叶病，严重降低果实产量和品质。据接种试验，秋季大棚自根西瓜减产38.7%～47.6%，春季大棚减产11.4%～19.4%，而且病瓜倒瓤，味苦不能食用，无商品价值。我国检疫机构曾多次从进境南瓜种子中检出该病毒，在境内局部地区已有发现。

四、黄瓜绿斑驳花叶病毒的特征

黄瓜绿斑驳花叶病毒属直杆状病毒科烟草花叶病毒属（Tobamovirus）。该病毒粒体杆状，大小为300 nm×15 nm。基因组具正单链RNA，单一组分。此病毒的钝化温度为80～90 ℃，体外存活期为240 d（20 ℃），稀释限点为10^{-6}，依株系不同而有变化。该病毒有极高的体外稳定性，随病残体混入土壤中，可存活较长时间。

黄瓜绿斑驳花叶病毒有多个株系，欧洲有典型株系和奥古巴花叶株系，日本有西瓜株系、黄瓜株系和Yodo株系，印度有黄瓜C株系等。不同株系的寄主范围和所引起的病害症状存在差异。英国的典型株系不引起黄瓜果实症状，奥古巴花叶株系则产生果实症状，并在苋色藜叶片上产生局部枯斑，大多数英国株系只侵染葫芦科植物。

五、黄瓜绿斑驳花叶病毒的危害症状

该病毒侵染引起症状，但因作物种类或病毒株系不同而有所变化。

1. 黄瓜绿斑驳花叶病症状 病株矮小，出现系统花叶症状。新叶上初现黄色小斑点，后发展成斑驳和花叶，叶面有浓绿色的疱斑状突起，皱缩不平。有的株系侵染后，叶脉间褪绿，叶脉附近保持绿色，略成绿带状（图15-1）。还有的株系侵染后，叶片出现亮黄色斑驳。黄瓜果实出现淡黄色圆形小斑点或黄白色斑纹，有时大片黄化或变白，有的则出现浓绿色瘤状突起，变成畸形（图15-2）。

2. 西瓜绿斑驳花叶病症状 病株生长缓慢，较矮，幼叶不规则褪绿，以后出现淡黄色斑点或黄绿相间的斑驳、花叶（图15-3），有的品种出现浓绿的疱斑。叶片老化后症状逐渐不明显。果实表面斑驳不明显，有时出现浓绿色斑纹，或出现绿色突起，果肉变色，接近果皮部分黄色水渍状，种子周围的果肉紫红色或暗红色，油浸状，并有块状黄色纤维，形成大量空洞而呈丝瓤状，果肉味苦不能食用（图15-4）。果梗常有褐色坏死条纹。

图15-1 黄瓜绿斑驳花叶病的叶片症状
（杨翠云供图）

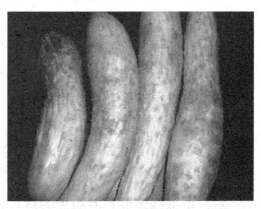

图15-2 黄瓜绿斑驳花叶病的果实症状
（杨翠云供图）

图 15-3　西瓜绿斑驳花叶病的叶片症状　　图 15-4　西瓜绿斑驳花叶病的果实症状

3. 甜瓜绿斑驳花叶病症状　甜瓜茎端新叶出现黄斑或黄花叶，叶片老化后症状减轻。幼果出现绿色斑驳，膨大后期呈绿色斑块，还有的在绿色部位的中心出现灰白色部分。

4. 瓠瓜绿斑驳花叶病症状　叶片出现明显花叶，绿色部分突出，叶脉及其周边部分坏死褐变，脉间黄化，叶脉呈绿带状。植株上部叶片变小黄化，植株下部叶片边缘呈波状，叶脉皱缩畸形。未熟果实出现轻斑驳，绿色部分略突出，成熟后症状消失，果梗出现坏死。

六、黄瓜绿斑驳花叶病毒的传播途径

黄瓜绿斑驳花叶病毒随带毒瓜类种子和带毒砧木种子传播。用带毒种子繁殖自根瓜苗，或用带毒种子繁殖砧木，都能传毒。种子带毒率依不同瓜类而有差异，收获后 1 月的黄瓜种子带毒率达 8%，存放 5 月后降为 1%，西瓜种子平均带毒率为 5%，甜瓜平均带菌率为 10%～52%，瓠瓜平均带菌率为 1%～5%。随种子储藏期延长带毒率有所下降。种子的外种皮、内种皮、胚乳均带毒，外种皮带毒较多。病株的花瓣、雄蕊、花粉中也可检出病毒，花粉可以传毒，但花粉中病毒含量较低，传毒的概率也低。

黄瓜绿斑驳花叶病毒还可由病株汁液接触而传播，在整枝、上架、摘心、授粉、嫁接、摘果以及其他农事操作过程中，人体或工具接触到病株，就可被病株的汁液污染，若再接触健康植株，就可使病株汁液中含有的病毒粒体传染健株。被污染的棚室支柱、花盆、旧薄膜、农具、上架用绳、刀片等都能传毒。该病毒还可通过嫁接传播，嫁接甚至可能导致该病毒广泛发生。多种菟丝子均能传毒，但病毒是否可由叶甲、蚜虫等昆虫介体传播，尚无明确结论。

七、黄瓜绿斑驳花叶病毒的检验方法

1. 症状观察　产地检疫可在生长期观察田间植株，根据症状进行判断。引进种子需在隔离条件下种植，观察植株症状表现。对可疑病株，可接种鉴别寄主，做进一步鉴定。常用鉴别寄主植物及症状特点如下。

(1) 苋色藜的症状　西瓜株系、Yodo 株系和印度 C 株系在苋色藜叶片上产生小坏死斑，无系统性症状。

(2) 黄瓜的症状　黄瓜感染可产生系统花叶症状。黄瓜也可作为该病毒的繁殖寄主。

2. 电子显微镜观察　该病毒在寄主植物体内浓度较高，可将病样按常规方法制片进行电子显微镜观察。其病毒粒体形态与烟草花叶病毒属的其他成员无明显差异，需结合采用其他检测方法予以区分。

3. 血清学和 PCR 检验　免疫电子显微镜法、酶联免疫吸附法（ELISA）均可有效地检测出该病毒。也可合成特异引物进行 PCR 检测。因存在较多株系，采用血清学方法检测时不同来源抗体可能存在株系特异性。为避免漏检，应选择抗几个不同株系的抗血清分别或混合使用。此外，已发现该病毒与烟草花叶病毒或同属其他病毒间具有血清学关系，可能存在交叉反应。

八、黄瓜绿斑驳花叶病毒的检疫和防治

黄瓜绿斑驳花叶病毒是我国农业植物检疫性有害生物，和我国我国进境植物检疫性有害生物，需严格实施产地检疫和调运检疫，加强疫情监测，封锁和扑灭已发生的疫情。

其综合治理措施包括种植抗病品种、建立无病毒采种圃、生产和使用无病毒种、实行种子处理、进行土壤处理、采用栽培防治和药剂防治技术等。

种子可行干热处理、温水浸种或药剂消毒。已发病育苗地和棚室应更换土壤或用热蒸汽处理土壤。发病田需轮作换茬 3 年以上，收获后清除田间残留病株、果实、病残体等，收集后于田外深埋或焚烧处理，要及时清除自生瓜苗。在生育期间要加强监测，及时发现和拔除病株，集中焚烧或深埋处理。被污染的设备、工具，诸如支架、花盆、旧薄膜、农具、上架用绳、刀片等，依据材质不同，可用热蒸汽处理，或用福尔马林液、磷酸三钠溶液等消毒。在嫁接、移栽、绑蔓、整枝、打杈等农事操作过程中，手和工具都应消毒，防止病毒交叉感染。发病初期可喷施 NS-83 增抗剂、盐酸吗啉胍·铜（病毒 A）、植病灵等药剂，以缓解症状，减轻损失。

第二节　南方菜豆花叶病毒

病毒名称 *Southern bean mosaic virus*（SBMV）

一、南方菜豆花叶病毒的分布

南方菜豆花叶病毒广泛分布于热带、亚热带和温带地区，已遍及世界各大洲。以前我国曾有此病毒的报道，但近年对 9 省 13 个点采集的 1 253 份豆叶标本的检测，均未鉴定出该病毒。

二、南方菜豆花叶病毒的寄主

南方菜豆花叶病毒的寄主范围较窄，主要寄生豆科植物，自然寄主为菜豆和豇豆，人工接种可侵染大豆、小赤豆、绿豆、红花菜豆、蚕豆、草木樨等 12 属 23 种植物。

三、南方菜豆花叶病毒的危害和重要性

南方菜豆花叶病毒最早在 1943 年发现于美国南方。该病毒主要危害豆科作物，引起严重减产。罹病菜豆、豇豆种子数量减少 47.5%，种子重量降低 56.3%。

四、南方菜豆花叶病毒的特征

该病毒属于南方菜豆花叶病毒属（*Sobemovirus*）。粒体为等轴对称二十面体，直径为 30 nm，无包膜。单分体基因组，核酸为一条线形正义单链 RNA。外壳蛋白由一种多肽组成，分子质量为 26～30 ku。致死温度 90～95 ℃（10 min），体外保毒期为 20～175 d（18～22 ℃），稀释限点为 $10^{-5} \sim 10^{-8}$。

该病毒具有多个株系，典型的菜豆株系（B 株系）系统侵染大多数菜豆品种，在少数菜豆品种上产生局部病斑，不侵染豇豆。菜豆花叶病毒强毒株系，又称墨西哥株系（M 株系），在普通菜豆上产生局部坏死斑，伴有系统性坏死，可侵染豇豆。豇豆株系（C 株系），系统侵染大多数豇豆品种，一般不侵染普通菜豆，侵染菜豆"Pinto"品种，但不产生症状或接种叶仅出现局部病斑。加纳豇豆株系能系统侵染豇豆品种，也侵染部分菜豆栽培品种，引起局部坏死斑或系统症状。

五、南方菜豆花叶病毒的危害症状

发病菜豆表现褪绿斑驳和花叶，但品种间症状差异较大，有些品种仅产生坏死斑，不发生系统感染，有的还产生皱缩和沿脉变色等症状。

六、南方菜豆花叶病毒的传播途径

该病毒容易汁液摩擦传染，幼苗与病植株汁液接触或种植在病植附近可被感染。种子也可传毒，种子带毒率与作物种类和品种有关，菜豆种传率可达 21%，豇豆种子带菌率为 1%～4%。在田间主要由介体昆虫以半持久方式传毒。介体昆虫有菜豆叶甲（*Ceratoma trifurcata*）、墨西哥菜豆叶甲（*Epilachna varivestis*）、豇豆叶甲（*Ootheca mutabilis*）等。此外，病株花粉也能传毒。

七、南方菜豆花叶病毒的检验方法

1. 症状观察　在隔离条件下种植，生长期观察植株的症状表现，鉴别是否有该病毒发生。

2. 鉴别寄主反应

（1）菜豆的反应　因品种不同，被感染菜豆产生坏死、系统花叶、褪绿斑驳花叶、皱缩和沿脉变色等不同症状。"Pinto"品种在接种后 3～5 d，单叶出现 2～3 mm 局部坏死斑或出现叶脉坏死，在叶柄基部与主茎相连处有紫褐色条纹，长为 1.0～1.5 cm。

（2）大豆的反应　被感染大豆表现系统性斑驳，症状轻重取决于品种。"猴子毛"品种接种后 5～7 d，单叶褪绿，有时出现 1 mm 左右的病斑，以后幼叶出现斑驳。

（3）豇豆的反应　有些被感染豇豆品种产生小坏死斑，无系统感染，而另一些品种产生局部褪绿斑，随后出现明显的斑驳、皱缩、花叶或沿脉变绿。

（4）昆诺阿藜和番杏的反应　这两种植物不被南方菜豆花叶病毒侵染。

3. 电子显微镜观察　用电子显微镜观察，根据病毒粒体形态和大小进行鉴别。病毒粒体存在于细胞质和细胞核中，在豇豆病株细胞中形成晶状排列。

4. 血清学和 PCR 检测　采用标准抗血清或单克隆抗体，利用免疫双扩散法、酶联免疫吸附法（ELISA）检测。也可合成该病毒特异引物，进行 PCR 检测。该病毒抗原性较强，易获得高效价的抗血清。

八、南方菜豆花叶病毒的检疫地位

南方菜豆花叶病毒现为我国进境植物检疫性有害生物。

第三节 香石竹环斑病毒

病毒名称　*Carnation ringspot virus*（CRSV）

一、香石竹环斑病毒的分布

香石竹环斑病毒在丹麦、瑞士、芬兰、波兰、德国、荷兰、新西兰、加拿大、美国、墨西哥等地有发生。

二、香石竹环斑病毒的寄主

香石竹环斑病毒的自然寄主仅为几种石竹科植物，人工接种可侵染藜科、豆科、茄科、葫芦科、菊科等 25 科 133 种双子叶植物。

三、香石竹环斑病毒的危害和重要性

香石竹环斑病毒最早在 1955 年发现于英国的香石竹上，现为欧美各国香石竹产区的主要病毒。受害植株生长衰退，切花产量明显降低，一般减产达 20%～40%，且由于花朵变小，花苞开裂，商品价值明显降低。

四、香石竹环斑病毒的特征

该病毒属于番茄丛矮病毒科香石竹环斑病毒属（*Dianthovirus*）。粒体为等轴对称二十面体，直径为 32～35 nm，无包膜。二分体基因组，核酸为二分子线形正义单链 RNA。外壳蛋白由一种主要多肽构成，分子质量为 37～38 ku。

该病毒的体外稳定性较强，在克利夫兰烟和美国石竹汁液中的病毒致死温度为 80～85 ℃，稀释限点为 10^{-5}，体外保毒期为 50～60 d（20 ℃）。在 0 ℃保存则可保持侵染活性 3 月以上，冷冻干燥的克利夫兰烟汁液中的病毒侵染活性可保持 6 年以上。病毒随寄主植物病残体落入土壤，可在无植物种植的情况下保持侵染活性 7 月以上。

五、香石竹环斑病毒的危害症状

香石竹环斑病病株表现叶片斑驳、环斑症状，有时幼叶坏死。植株矮化畸形。花扭曲，花萼开裂，开花数量减少。

六、香石竹环斑病毒的传播途径

香石竹环斑病毒主要是通过无性繁殖材料传播，带毒的切花、枝条和试管苗均可传染病毒。种子不传病毒。香石竹环斑病毒在田间还能通过病株汁液传染，例如通过修剪工具、植

株间接触而传播。土壤线虫也可能传播该病毒。

七、香石竹环斑病毒的检验方法

1. 鉴别寄主反应

（1）美国石竹的反应　美国石竹于汁液摩擦接种 4~7 d 后，接种叶表现局部坏死斑和环斑，以后产生系统褪绿、坏死和环斑。

（2）苋色藜和昆诺阿藜　苋色藜和昆诺阿藜于汁液摩擦接种 2~4 d 后产生局部坏死斑，通常无系统症状。

（3）千日红　千日红于汁液摩擦接种 2~4 d 后产生局部坏死斑，接着出现系统斑、斑驳和畸形。

（4）番杏　番杏于汁液摩擦接种 2~3 d 后产生局部白色坏死点，有时可发展为系统褪绿斑。

（5）长豇豆　长豇豆于汁液摩擦接种 2~4 d 后产生局部坏死斑，以后出现系统斑驳、坏死斑，叶片粗而卷曲。

另外，在克氏烟、菜豆上均表现局部枯斑。繁缕是其自然寄主，石竹、豇豆和克氏烟是良好的繁殖寄主。

2. 血清学检测　香石竹环斑病毒具有很强的免疫原性，在制备抗体后，对病毒标样可采用凝胶扩散法或双抗体夹心酶联免疫吸附法检测。香石竹环斑病毒与三叶草坏死花叶病毒在间接酶联免疫吸附（ELISA）试验中表现弱血清学交叉反应，该病毒与芜菁黄花叶病毒也有血清学交叉反应。

八、香石竹环斑病毒的检疫地位

香石竹环斑病毒是我国进境植物检疫性有害生物。

第四节　马铃薯帚顶病毒

病毒名称　*Potato mop-top virus*（PMTV）

一、马铃薯帚顶病毒的分布

中欧、北欧和南美的安第斯山区是马铃薯帚顶病毒病的主要发生区，日本于 1981 年发现，美国于 2002 年发现。

二、马铃薯帚顶病毒的寄主

马铃薯是马铃薯帚顶病毒的重要自然寄主。人工接种马铃薯帚顶病毒可侵染茄科、藜科、番杏科植物。

三、马铃薯帚顶病毒的危害和重要性

马铃薯帚顶病毒引起马铃薯帚顶病，对马铃薯产量和马铃薯原种生产有很大影响。发病后薯块产量降低 30% 左右，严重时减产可达 75%。病薯块外观变劣，商品价值降低。病毒

可随种薯、种苗传播扩散，引入的风险很大。

四、马铃薯帚顶病毒的特征

马铃薯帚顶病毒属于直杆状病毒科马铃薯帚顶病毒属（*Pomovirus*）。粒体直杆状或杆菌状，宽度为18～20 nm，长度为65～80 nm、150～160 nm或290～310 nm。三分体基因组，病毒核酸为3条线形正义单链RNA。外壳蛋白由一种多肽组成，分子质量为20 ku。

五、马铃薯帚顶病毒的危害症状

马铃薯帚顶病症状多样。由病薯长成的马铃薯植株，常表现帚顶、奥古巴花叶和褪绿V形纹3类主要症状。帚顶症状表现为节间缩短，叶片簇生，一些小叶片具波状边缘；病株矮化，束生（图15-5）。奥古巴花叶是指病株基部叶片产生不规则的黄色斑块、环纹和线纹。有的品种植株中部和顶部叶片也表现为奥古巴花叶，但病株不矮缩。褪绿V形纹常发生于植株的上部叶片，这种症状不常出现，也不明显。病株生长早期下部叶片出现奥古巴花叶，后期出现褪绿的V形纹。

图15-5 表现帚顶症状的马铃薯植株
A. 健康对照　B. 发病植株

块茎发病症状常因品种而异，且有初生症状和次生症状的区分（图15-6）。初生症状是被病毒侵染当年块茎所表现出的症状。"Arran Pilot"品种的初生症状表现为块茎表皮轻微隆起，出现坏死或部分坏死的同心环纹，直径为1～5 cm。将块茎切开，断面有坏死的弧纹或条纹，并向内部延伸。由带病母薯长出的植株，所结块茎表现次生症状，包括畸形、出现大龟裂和网纹状小龟裂、表皮上有环纹等。从横切面观察，"Arran Pilot"品种表皮的环纹环绕薯块，并与内部的环纹相连接。植株症状表现为帚顶的比表现为奥古巴花叶的薯块次生症状更为严重。

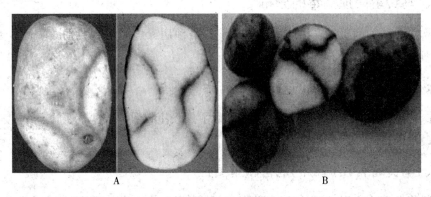

图15-6 马铃薯帚顶病的块茎症状
A. 初生症状　B. 次生症状

六、马铃薯帚顶病毒的传播途径

马铃薯帚顶病毒在田间主要由土壤中的马铃薯粉痂病菌（*Spongospora subterranea*）传播。马铃薯粉痂病菌侵染马铃薯块茎，在寄主细胞产生休眠孢子囊。休眠孢子囊内的病毒，在干燥情况下至少可存活 2 年。带毒粉痂病菌休眠孢子囊萌发，释放出游动孢子，侵染马铃薯。即使马铃薯种薯本身不带病毒，只要有带毒的休眠孢子囊附着在种薯上，就可以传播病毒。马铃薯帚顶病毒还可通过汁液接触传染。

七、马铃薯帚顶病毒的检验方法

1. 观察症状 将薯块种植于隔离温室或网室内，保持发病适宜温度，观察幼苗症状。

2. 接种鉴别寄主 直接取薯块，或待薯块发芽长叶后，采取幼芽或叶片，取其汁液摩擦接种鉴别寄主，观察症状特点。

（1）苋色藜的发病症状 在 15 ℃条件下接种 6 d 后，接种叶上出现蚀纹状坏死环纹，继而出现同心环纹，单个病斑最终扩展至大部分叶片。

（2）烟草 Xanthi-nc 或 Samsun-NN 的发病症状 在 20 ℃条件下，接种叶出现坏死或形成褪绿环斑，高温时常无症状。

（3）德伯纳依烟的发病症状 接种叶出现坏死斑或褪绿环斑，早期系统侵染的叶片出现褪绿或坏死栎叶纹。在冬季，各植株均被系统侵染，夏季仅有少数植株被系统侵染。

（4）曼陀罗的发病症状 接种叶上出现坏死斑或同心坏死环，仅冬季有系统侵染。

（5）马铃薯的发病症状 接种 "Arran Pilot" 和 "Ulster Sceptre" 品种后，仅接种叶上出现散生的坏死斑，无系统侵染。

（6）墙生藜的发病症状 接种后出现明显的坏死斑或环纹。

3. 检测土壤中病毒 在马铃薯收获季节，从发病田 25 cm 深的土层中取土样。经风干后，用孔径为 50 μm、65 μm 或 100 μm 的筛子过筛，保留筛下物。以白肋烟、克利夫兰烟、德伯纳依烟幼苗作诱病寄主，种植于过筛后的病土中，在温室中 20 ℃条件下生长 4~8 周，然后洗去植株根部的土壤，用根部和幼苗的榨出汁液摩擦接种指示植物，确定是否存在侵染性。

4. 电子显微镜观察和血清学检测 观察病毒粒体形态，测定其大小。采用免疫电子显微镜法可提高检测灵敏度，能有效地检测出接种的烟草病汁液，以及自然侵染的具初生症状的薯块中的病毒粒体。在珊西烟细胞中可见束状聚集的、长度小于 300 nm 的杆状病毒粒体。酶联免疫吸附法（ELISA）可快速、有效地检测马铃薯病叶中的帚顶病毒。

5. PCR 检测 用 RT-PCR 法能有效检测具初生症状薯块中的帚顶病毒。

八、马铃薯帚顶病毒的检疫地位

马铃薯帚顶病毒是我国进境植物检疫性有害生物。

第五节　番茄斑萎病毒

病毒名称 *Tomato spotted wilt virus*（TSWV）

一、番茄斑萎病毒的分布

番茄斑萎病毒广泛分布于世界各国,在西欧、北美诸国严重发生,在我国局部地区有发现。

二、番茄斑萎病毒的寄主

该病毒寄主范围广泛,有100余科1 090种植物,其中有番茄、辣椒、茄子、马铃薯、芹菜、菠菜、瓜类、菊苣、莴苣、蕹菜、大豆、花生、向日葵、烟草、凤梨、剑兰、大丽花、菊花、风信子、仙客来、凤仙花、苦苣菜、曼陀罗等经济植物。

三、番茄斑萎病毒的危害和重要性

番茄斑萎病最早于1915年在澳大利亚发现,1927年发现该病经由蓟马类昆虫传播,1930年证明病原物为一种病毒。在西欧、北美等老病区早有发生,直至20世纪90年代前后,随着传毒介体西花蓟马的广泛扩散,又重新在世界各地猖獗发生,使番茄、辣椒、烟草、花生、花卉作物等作物蒙受严重损失。番茄斑萎病毒已跻身全世界危害性最大的10种植物病毒之列。传毒介体西花蓟马已传入我国,番茄斑萎病毒有扩展蔓延的趋势。

四、番茄斑萎病毒的特征

番茄斑萎病毒属于布尼亚病毒科番茄斑萎病毒属(*Tospovirus*)。粒体球形,直径为85 nm,有包膜。核酸为三分子线形单链RNA。基因组三分体,其中ssRNA-L为负义,ssRNA-M和ssRNA-S为双义。该病毒的钝化温度为45 ℃,体外存活期为5 h,稀释限点为10^{-3}。

五、番茄斑萎病毒的危害症状

病株以萎凋和产生坏死斑为主要特点,但有些植物可能带毒而不表现外观症状。茄科作物病株叶片、叶柄、茎枝、果实等部位系统发病,叶片和果实症状最明显。症状因品种、病毒株系、生育阶段、环境条件或并发其他病毒而有变化。

1. 番茄症状 发病番茄幼叶褪绿,出现亮黄色或紫褐色变色部分,产生黑褐色坏死小斑点,叶片背面沿脉变紫黑色。老叶上还产生暗绿色环纹。叶柄和茎上产生黑褐色坏死条斑,顶端坏死。早期病株严重矮化,叶片下垂和萎蔫,不结果。后期侵染的植株果实减少,变小,青果果面出现褐色或橘红色的斑块或环斑,成熟果实上出现红黄相间的斑块和黄色同心环纹,环的中心突起而使果面不平,严重的全果僵缩脱落。

2. 辣椒症状 生育早期被侵染的辣椒病株矮小,叶片变色,产生斑纹,萎蔫或死亡。后期发病植株仅一侧或部分枝条表现症状。病株叶片褪绿,略呈斑驳或花叶状,产生多数褪绿斑(黄斑)和特征性的暗绿与黄绿相间的环纹,多数2~3层(图15-7),有的还产生黑褐色坏死斑,叶脉变黑褐色坏死。叶柄和茎生黑褐色长条形坏死斑,可伸展到顶端。青果果面不平整,产生大小不一的黑褐色坏死斑。成熟变红的果实变形,产生多数黄色环纹以及黑色坏死斑点或蚀纹。

3. 茄子症状 茄子苗期感染后生长缓慢,病株矮缩,结果少或不结果。病株叶片上出现黄绿不均的花斑或斑驳,老叶上产生不规则形暗绿色斑纹。

4. 马铃薯症状 发病马铃薯叶片上出现暗绿色斑点或环纹,有的也出现黑褐色坏死斑或坏死环纹。严重时病枝或整株死亡。病薯较小,表面生有黑褐色环纹。薯块内部变黑坏死,有空洞。有时无表观症状,但种薯带毒,播种带毒种薯,长出的病株严重矮化。

六、番茄斑萎病毒的传播途径

番茄斑萎病毒由多种蓟马持久性或半持久性传毒,西花蓟马(*Frankliniella occidentalis*)是该病毒最有效、最重要的传播介体,若虫获毒,成虫传毒,可终生带毒,但不能传给子代。该病毒还可嫁接传毒、机械接种传毒,但病株接触不传毒。千里光属植物和番茄种子的种皮带毒。番茄斑萎病毒可随带病种苗、花卉、蔬菜以及带毒虫体传播。

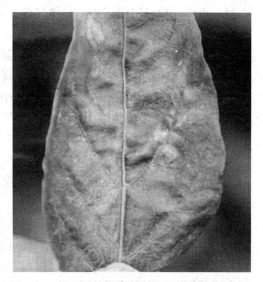

图 15-7 番茄斑萎病毒侵染引起的辣椒叶片症状

七、番茄斑萎病毒的检验方法

1. 鉴别寄主测定 病叶样品加入磷酸盐缓冲液研磨后,涂抹接种鉴别植物。种子样品播于灭菌土中,长出 3~4 片叶后,采集叶片用于接种。接种后在 20 ℃条件下培育,7 d 内表现症状。

(1)黄瓜的发病症状 子叶上出现局部褪绿斑,其中心坏死。

(2)矮牵牛的发病症状 发病矮牵牛出现局部坏死斑。

(3)克利夫兰烟、心叶烟、普通烟、黄花烟的发病症状 其发病植株出现局部坏死斑,系统性坏死,叶畸形。

(4)凤仙花属植物的发病症状 凤仙花接种叶褪绿,出现坏死斑或坏死环,系统褪绿至出现坏死斑。

(5)曼陀罗的发病症状 曼陀罗接种叶褪绿,出现坏死斑和环、系统褪绿和斑驳。

(6)本氏烟的发病症状 本氏烟接种叶褪绿到坏死环斑,系统褪绿,矮化。

(7)番茄的发病症状 番茄接种叶褪绿,出现坏死斑和环,出现系统花叶、褪绿和坏死斑。

2. 血清学和 PCR 检验 植物样品用双抗体夹心酶联免疫吸附法,RT-PCR 法或实时荧光 PCR 法检验。

八、番茄斑萎病毒的检疫和防治

(一)番茄斑萎病毒的检疫

番茄斑萎病毒是我国进境植物检疫性有害生物,需依法实行检疫。

(二)番茄斑萎病毒的防治

防治番茄斑萎病毒的主要策略是全面防治西花蓟马等传毒介体,对此应加强监测,铲除毒源、虫源，搞好田间卫生，种植抗病、抗虫品种，综合运用栽培防治、物理防治、生物防治以及药剂防治措施。

铲除田间毒源、虫源的主要措施是清除带病、带虫作物残体，铲除杂草和自生菜苗，移栽无病毒、无蓟马菜苗，在生长期间及时发现和铲除病株。有些寄主植物不表现症状，对这些寄主病毒的监测，除了依据症状外，还可采用番茄斑萎病毒免疫诊断测试条（Immuno Strips）快速诊断。蓟马种群监测可采用黄色或蓝色的粘板诱虫法。

选育和种植抗病品种是防治番茄斑萎病毒的基本措施。在美国、西欧主要发生区已经推广种植抗病番茄品种和抗病辣椒品种。番茄所利用的主要抗病基因为 Sw-5 和 Sw-7，辣椒的抗病基因为 Tsw。此类抗病基因效能较高，但具有病毒株系专化性，可能因出现病毒新株系而失效。

利用蓟马对颜色的趋性，悬挂蓝色粘虫板或黄色粘虫板诱杀成虫，还可将含有蓟马性信息素的诱芯置于诱虫板上或诱捕器内进行诱集。大棚要覆盖防虫网，防止蓟马进入。实行高温闷棚，将棚室温度提高到40℃并保持6 h以上，可杀死西花蓟马雌成虫。夏季休耕期进行高温闷棚，棚室温度升至40℃左右，保持3周，可彻底杀死残存若虫。

在蓟马发生早期喷药防治，有效药剂有毒死蜱、吡虫啉、噻虫嗪、马拉硫磷、喹硫磷、阿维菌素、多杀菌素等，重点喷布花、嫩叶和幼果等部位。

在蓟马发生早期可人工释放胡瓜钝绥螨、巴氏钝绥螨、小花蝽等捕食性天敌，或喷施金龟子绿僵菌制剂、球孢白僵菌制剂等微生物活体杀虫剂。

第六节 番茄环斑病毒

病毒名称　*Tomato ringspot virus*（ToRSV）

病害名称　桃树茎痘病（peach stem pitting）、桃树黄芽花叶病（peach yellow bud mosaic）、苹果接合部坏死和衰退病（apple union necrosis and decline）、葡萄黄脉病（grapevine yellow vein）

一、番茄环斑病毒的分布

番茄环斑病毒分布于美国、加拿大、南美洲、欧洲、土耳其、日本、澳大利亚、新西兰等地，我国台湾省有发生。

二、番茄环斑病毒的寄主

番茄环斑病毒的自然寄主有桃、李、樱桃、苹果、葡萄、悬钩子、覆盆子、榆树、大豆、菜豆、烟草、黄瓜、番茄、玫瑰、天竺葵、唐菖蒲、水仙、五星花、大丽花、八仙花、千日红、接骨木、兰花，以及蒲公英、繁缕等杂草。人工接种可侵染35科105属157种以上的单子叶植物和双子叶植物。

三、番茄环斑病毒的危害和重要性

番茄环斑病毒危害许多重要的经济植物，在北美洲是最严重的植物病毒之一。该病毒引起多种果树病害，诸如桃树茎痘病、桃树黄芽花叶病、苹果接合部坏死和衰退病、葡萄黄脉病等，在美国、加拿大发生普遍，常导致重大产量损失。例如罹病葡萄坐果率降低，单果变小，中度发病的产量损失达76%，严重发病的更高达95%以上。此外，该病毒还是北美覆盆子最危险的病毒，病株不结果或产生易碎果。该病毒侵染不同种类的果树，症状各不相同，历史上曾赋予不同的病毒名称，其实仅是同种病毒的不同株系。

四、番茄环斑病毒的特征

番茄环斑病毒属于伴生豇豆病毒科豇豆花叶病毒亚科线虫传多面体病毒属（*Nepovirus*）。病毒粒体为等轴对称多面体，直径约28 nm（图15-8），无包膜。外壳蛋白由单个多肽构成，分子质量为52～60 ku。基因组二分体，具有两条线形正义单链RNA。

该病毒有许多株系，目前有3个株系的特性比较清楚：①烟草株系，发现于烟草幼苗上，是该病毒的典型株系，主要分布于美国东部；②桃黄芽花叶株系，可自然侵染桃、杏和扁桃，在桃树上产生黄芽花叶症状；③葡萄黄脉株系，自然发生于葡萄上，主要分布于美国西部。

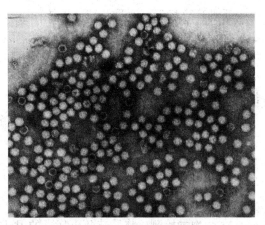

图15-8 番茄环斑病毒粒体

五、番茄环斑病毒的危害症状

1. 桃树茎痘病症状 其典型症状是在树干木质部组织形成凹陷的沟槽或痘斑。病树树皮变厚、发软，呈海绵状。增厚的树皮通常出现在靠近地面或地面以下的树干上，将树皮剥去，树干上露出凹陷、痘斑和沟槽。病树有时还出现耳突状叶片和坏死斑症状。受害严重时，主干基部的木质部裂解，纤维组织坏死，树根腐烂。病树春天叶芽的发育推迟，叶片褪绿，叶缘上卷，秋天叶片提早脱落。病树的果实畸形，果味变异，提前成熟或脱落。桃树发生茎痘病后，通常生长停止，树势迅速衰弱，产量逐年降低，2～4年后树体死亡。其他李属植物的症状与桃树基本相似，症状的轻重与品种和病害发展阶段有关。欧洲李、日本李和酸樱桃被侵染后枝凋下垂，而杏和桃无此现象，病杏树的茎枝下部膨大，树皮变厚、开裂。

2. 桃树黄芽花叶病症状 在美国各地的桃、油桃、李、洋李等果树上普遍发生黄芽花叶病。春天桃树发芽抽叶时，病树的叶芽只长出黄白色的叶簇，这些叶簇长2～5 mm时大部分死亡，枝条成为光杆。新发病的植株，叶片主脉附近出现不规则的褪绿斑，以后变为坏死斑，叶片脱落后呈网纹孔状。罹病枝条第二年长出浅黄色生长缓慢的小芽簇，称为黄芽。因叶片不能正常发育，病树产量很低。

3. 苹果接合部坏死和衰退病病状 此病最早于1976年，在以MM106为基础的"红元帅"品种上首先发现该病。病树生长受阻，枝条稀少，叶片变小、褪绿，树干增粗呈冠状或腰带状。病株开花增多，果实变小，颜色淡红，皮孔突起。染病苹果树通常在砧木与接穗的接合部以上表现出肿胀症状，剥掉树皮即发现海绵状增厚，多孔，严重时树体自接合部倒伏，在接合部还出现坏死条纹。苹果树发病后，树势减弱，果实提早脱落，产量逐年降低，数年后病树枯死。

4. 葡萄黄脉病症状 被侵染的葡萄表现叶脉黄化，叶片出现斑驳、褪绿斑、卷叶等症状。通常叶片变小，节间缩短，顶端丛生成簇，植株严重矮化，且坐果率降低，果实小，味道改变。严重的绝产，在几年内逐渐枯死。

六、番茄环斑病毒的传播途径

番茄环斑病毒可通过汁液摩擦接种感染草本寄主，对木本植物，只能通过嫁接和介体线虫传播。剑线虫属线虫是主要传毒介体，美洲剑线虫（*Xiphinema americanum*）是优势种群。里夫斯剑线虫（*Xiphinema rivesi*）和加利福尼亚剑线虫（*Xiphinema californicum*）分别是美国东部与西部的重要传毒介体。短颈剑线虫（*Xiphinema brevicolle*）在德国传播该病毒。病毒随线虫扩散较慢，但一旦发病，很难根除。

此外，该病毒还可随寄主植物的种子和苗木的调运而远距离传播。此病毒的种传率，大豆为76%，接骨木为11%，蒲公英为20%，红三叶草为3%～7%，悬钩子为30%。番茄的花粉也能传播该病毒，传毒率为11%。

七、番茄环斑病毒的检验方法

1. 生物学检测 将番茄环斑病毒的PSP分离物摩擦接种于以下鉴别寄主上，2～3周后出现明显症状。

（1）苋色藜和昆诺阿藜的症状 发病植株出现局部褪绿或坏死斑，系统性顶端坏死。
（2）黄瓜的症状 发病植株出现局部褪绿斑或坏死斑点，系统性斑驳。
（3）菜豆和豌豆的症状 发病植株出现局部褪绿斑，系统性皱褶，顶部叶片坏死。
（4）番茄的症状 发病植株出现局部坏死斑块，系统性斑驳和坏死。
（5）克里夫兰烟的症状 发病植株出现局部坏死斑，系统性褪绿、坏死。
（6）普通烟的症状 发病植株出现局部坏死斑或环斑，系统性坏死或线状条纹。
（7）矮牵牛的症状 发病植株出现局部坏死斑，嫩叶表现系统的坏死和枯萎。

豌豆、烟草、苋色藜及昆诺藜是该病毒有效的枯斑寄主，黄瓜可作为线虫传毒实验的毒源和诱饵。黄瓜、烟草、矮牵牛都可作为繁殖寄主。

2. 电子显微镜观察 将病样按常规方法制片在电子显微镜下观察，该病毒粒体为等轴多面体，直径约28 nm。

3. 血清学和PCR检测 利用琼脂双扩散法、免疫电镜法、酶联免疫吸附法均可有效地检测出番茄环斑病毒，也可合成特异引物采用PCR法检测，PCR法的灵敏度较酶联免疫吸附法更高。该病毒有较多株系，株系特异性很强，没有任何一个株系的抗血清能有效检测众多分离物，因此在进行血清学检测时，应将几个株系的抗血清混合使用，避免漏检。此外，番茄环斑病毒与烟草环斑病毒（TRSV）较易混淆，二者同属一个病毒属，其寄主范围、症状、传播途径和粒体形态均非常相似，在鉴别寄主上的表现也相似，但这两种病毒并无血情学相关性，采用血清学方法可有效区分。

八、番茄环斑病毒的检疫地位

番茄环斑病毒为我国进境植物检疫性有害生物，应严格检疫，防止传入。

第七节 李属坏死环斑病毒

病毒名称 Prunus necrotic ringspot virus (PNRSV)

一、李属坏死环斑病毒的分布

李属坏死环斑病毒分布于欧洲、中东地区、摩洛哥、南非、美国、加拿大、智利、阿根廷、澳大利亚、新西兰、印度、日本等，在我国仅发现于局部地区。

二、李属坏死环斑病毒的寄主

李属坏死环斑病毒的自然寄主有桃、李、杏、樱桃、扁桃等蔷薇科李属果树，以及月季、啤酒花（无症）等，人工接种可侵染21科189种双子叶植物。

三、李属坏死环斑病毒的危害和重要性

李属坏死环斑病毒是世界上分布最广、经济危害最重的李属病毒，引起核果类坏死环斑病（necrotic ringspot of stone fruit），严重危害核果类果树，导致的产量损失可达30%～57%。

四、李属坏死环斑病毒的特征

李属坏死环斑病毒属于雀麦花叶病毒科等轴不稳环斑病毒属（$Ilarvirus$）。病毒粒体为等轴正二十面体，直径为23 nm、25 nm和27 nm，但有些粒体棒状。基因组三分体，具正义单链RNA；4组分，RNA-4为mRNA；在病株汁液中的致死温度为55～62 ℃，体外存活期为16～18 h，稀释限点为10^{-2}～10^{-3}。

五、李属坏死环斑病毒的危害症状

李属坏死环斑病毒引起核果类坏死环斑病，急性症状有花芽和叶芽死亡，叶片和果实上出现褪绿斑、环斑、线纹、畸形等，严重时叶片脱落，枝条枯死。慢性发病无明显症状，病株生长失调，衰退矮化。症状因寄主种类、品种或病毒株系不同而有变化。有的株系或病毒分离物不引起明显症状。环境温度增高，症状可能潜隐，夏季往往难以看到典型症状。

樱桃病树叶片上形成淡绿色至浅黄色环斑或条斑，环斑内部有褐色坏死斑点。坏死斑往往破碎脱落形成穿孔。幼树嫩叶背面主脉基部一侧有时产生耳状突起。在开始发病的1～2年内症状最明显，穿孔可遍及整个叶面，感病品种被强毒株系侵染后，叶肉组织完全脱落，而仅残余叶脉。表现急性症状的幼树迅速死亡。大多数李树品种隐症，树势衰退，有的株系在李树上产生同心环斑、黄色环斑或条纹花叶。发病桃树萌芽受阻，花芽和叶芽死亡，幼叶出现褪绿环纹、褪绿斑或坏死环斑。

六、李属坏死环斑病毒的传播途径

该病毒可通过嫁接传毒，种子、花粉也可传毒，无传毒介体，病株汁液接触传毒因株系而异，有的株系难以接触传播。李属植物的种传率可高达70%。该病毒多随带毒苗木、组

培苗和其他繁殖材料远距离传播。

七、李属坏死环斑病毒的检验方法

1. 鉴别寄主法 采用黄瓜、胶苦瓜、瓜豆、日本樱花、昆诺阿藜等为鉴别寄主。病样研磨后与病汁液混匀，涂抹接种。日本樱花嫁接带毒芽。观察鉴别寄主的症状反应。

（1）黄瓜的症状 黄瓜侵染初期有明显的褪绿病斑，系统死顶，继而严重矮缩和密生腋芽。

（2）胶苦瓜的症状 胶苦瓜发病初期产生坏死斑，偶见系统坏死。

（3）瓜豆的症状 发病瓜豆出现黑色大病斑和系统叶脉坏死。

（4）日本樱花的症状 "Shirofugen"品种嫁接带毒芽后，出现局部坏死和流胶症。

（5）昆诺阿藜的症状 昆诺阿藜接种叶出现褪绿斑驳，新生叶系统斑驳，死顶。

2. 血清学方法和 PCR 法 待测植物材料处理后，采用双抗体夹心酶联免疫吸附测定法和 RT-PCR 法测定。

八、李属坏死环斑病毒的检疫和防治

李属坏死环斑病毒为全国农业植物检疫性有害生物和我国进境植物检疫性有害生物。禁止从疫区引进李属植物，防止该病毒随无性繁殖材料、种子传播扩散。在已发病区需刨除病树，迅速扑灭。要培育和栽培无毒苗木，选用无毒接穗。

第八节 其他重要检疫性植物病毒

一、烟草环斑病毒

烟草环斑病毒（*Tobacco ringspot virus*，TRSV）分布于欧洲、北美洲、巴西、尼日利亚、刚果（金）、马拉维、摩洛哥、伊朗、日本、印度尼西亚、澳大利亚、新西兰等地，在我国局部地区有发生。

烟草环斑病毒的寄主范围广泛，可侵染 54 科 246 种植物，自然寄主中有烟草、豆类、瓜类、薯类、果树、花卉等多种重要经济植物。

烟草环斑病毒属于伴生豇豆病毒科豇豆花叶病毒亚科线虫传多面体病毒属（*Nepovirus*），病毒粒体为等轴对称二十面体，直径为 28 nm，核酸为正义单链 RNA，二分体基因组。该病毒体外存活期为 6~10 d，钝化温度 55~65 ℃，稀释限点为 10^{-4}。

该病毒侵染多种植物，病株出现环斑、褪绿或坏死斑症状。

发病烟草病株矮小，病叶出现直径为 4~6 mm 的坏死斑，具 1~3 个同心环或弧形纹，周围有失绿晕圈，叶脉、叶柄和茎上生褐色条状病斑。重病株矮化，结实减少或不结实。罹病大豆芽枯，茎枝产生褐色条纹，豆粒变色。发病瓜类病株矮缩，叶片出现斑驳，果实畸形。

烟草环斑病毒主要由剑线虫传，也可可机械接种传毒，大豆、黄瓜、甜瓜、莴苣、豇豆、马铃薯、千日红、天竺葵等寄主植物可种子传毒。大豆的种子带毒率最高，为 40%~100%。在某些寄主上可由蓟马或其他昆虫介体传播。带毒植物、植物产品、土壤（含线虫）可远程传病。

烟草环斑病毒现为我国农业植物检疫性有害生物和我国进境植物检疫性有害生物。

二、蚕豆染色病毒

蚕豆染色病毒（*Broad bean stain virus*，BBSV）主要分布于欧洲（例如英国、法国、德国、瑞典、捷克等）、叙利亚、摩洛哥、埃及和澳大利亚。我国曾于1985年在四川、浙江等省从叙利亚国际干旱农业研究中心引种的蚕豆品种上发现该病毒，已销毁和扑灭。

蚕豆染色病毒的寄主范围较窄，自然寄主有蚕豆、豌豆、小扁豆等，人工接种可侵染美丽猪屎豆、毛羽扇豆、白香草木樨、菜豆、深红三叶草等。蚕豆染色病毒危害豆科植物，常造成严重经济损失，减产率因发病迟早而异，从种子系统侵染的蚕豆受害重，开花前感染的减产40%左右，开花后感染的损失较小。

该病毒属于伴生豇豆病毒科豇豆花叶病毒亚科豇豆花叶病毒属（*Comovirus*）。病毒粒体为等轴对称二十面体，直径为28 nm，无包膜。核酸为两条线形正义单链RNA，二分体基因组。外壳蛋白由大小两个多肽构成。致死温度为60～65 ℃，稀释限点为10^{-3}，体外保毒期为31 d。

苗期病株常表现矮化或顶端枯死，病叶呈现花叶或褪色斑块，或皱缩扭曲，畸形。蚕豆的特征性症状是种皮上有褐色坏死条斑，严重时外种皮上出现连续坏死带。

蚕豆染色病毒主要由带毒种子远距离传播。种传寄主有蚕豆、小扁豆等种传率为4%～16%。在田间该病毒由昆虫传播，在欧洲普遍发生的豆根瘤象（*Sitona lineatus*）和豆长喙象甲（*Apion vorax*）是主要的传毒昆虫，前者传毒率在40%以上。该病毒易通过汁液接触而传染，病株的花粉也可传毒。

蚕豆染色病毒现为我国进境植物检疫性有害生物。

三、水稻瘤矮病毒

水稻瘤矮病毒（*Rice gall dwarf virus*，RGDV）分布于日本、朝鲜、韩国、泰国、马来西亚等地，在我国局部地区有发生。其自然寄主为水稻，主要危害晚稻；秧苗在6叶龄前最感病，9叶龄后不发病。

该病毒属于呼肠孤病毒科植物呼肠弧病毒属（*Phytoreovirus*）。病毒粒体为等轴二十面体，直径为65～70 nm。粒体具有双层外壳。基因组有12条线形双链RNA片段，每个病毒粒体包裹单个完整基因组拷贝。

水稻瘤矮病病苗显著矮缩，叶色深绿，叶背和叶鞘长有淡黄绿色近球形的小瘤状突起，有时沿叶脉连成长条，叶尖卷转，个别新叶的一侧叶缘出现灰白坏死，形成2～3个缺刻。病株根短而纤弱，抽穗迟，穗小，空粒多。

其传毒介体昆虫有电光叶蝉、黑尾叶蝉、二点黑尾叶蝉等，以持久性方式传毒，经卵传毒。机械接种和种子不能传毒。该病毒的自然越冬寄主植物主要是再生稻和自生稻。

水稻瘤矮病毒我国进境植物检疫性有害生物。发生地区的主要防治方法是铲除田间再生稻、自生稻、杂草以及做好秧苗期叶蝉监测，适时施用杀虫剂。

四、棉花曲叶病毒

棉花曲叶病毒（*Cotton leaf curl virus*，CLCuV）分布于印度、巴基斯坦、埃及、苏丹、尼日利亚、墨西哥和美国，其自然寄主有棉花、秋葵等多种锦葵科植物，可引起棉花曲叶病。

棉花曲叶病毒为双生病毒科菜豆金色花叶病毒属（*Begomovirus*）成员。病毒粒体为球状双联体，即由两个不完全的二十面体组成，每个粒体大小为18～20 nm×30 nm，无包膜。基因组有两条闭环状单链DNA。

棉花病株叶片上卷，叶脉变厚，形成耳突，花叶或斑驳。陆地棉发病后节间缩短，束顶，出现泡斑及斑驳。早期病株矮小，严重减产。该病毒由烟粉虱进行持久性传毒，嫁接传毒；汁液、种子、土壤均不传染。

棉花曲叶病毒为我国进境植物检疫性有害生物。

五、非洲木薯花叶病毒

非洲木薯花叶病毒（*African cassava mosaic virus*，ACMV）分布于非洲西部和南部，其自然寄主主要为木薯，人工接种可侵染瓜类、烟类等多种植物。非洲木薯花叶病毒引起木薯花叶病，发病株矮缩，结薯少而小，严重减产。

该病毒属于双生病毒科菜豆金色花叶病毒属（*Begomovirus*）。病毒粒体为球状双联体，基因组有两条闭环状单链DNA。

木薯病株叶片畸形，沿主脉或侧脉两侧褪绿，形成黄绿色与深绿色相间的花叶症状。叶片中部和基部常收缩成蕨叶状。在高温的夏季隐症或仅产生微弱花叶。

该病毒由烟粉虱持久性传毒，但不经卵传至后代；种子不传毒，难以机械接种传毒；带毒薯块、种苗传病。

非洲木薯花叶病毒为我国进境植物检疫性有害生物，需行检疫，不得由发病区引进种苗和块茎，一旦发现病株应挖出烧毁。发病区应选育和栽培抗病品种，清除病株，利用茎尖脱毒获得无毒苗，及时防治介体昆虫。

六、李痘病毒

李痘病毒（*Plum pox virus*，PPV）分布于欧洲、中东、北美洲、智利、澳大利亚、新西兰等地。其自然寄主主要为李属核果类果树，有普通李、日本李、杏、桃、油桃、樱桃等，为核果类最危险的病毒。该病毒已知有D、M、EA、C、Rec和W共6个株系，株系D和株系M侵染桃、李和杏，株系C侵染樱桃和酸樱桃。

该病毒属于马铃薯Y病毒科马铃薯Y病毒属（*Potyvirus*）成员。病毒粒体线状，大小为660～770 nm×12.5～20 nm，具正义单链RNA。病毒致死温度为52～58 ℃，体外存活期为3～4 d，稀释终点为8×10^{-3}，因株系不同而有差异。被侵染植物细胞中有内含体，为不定形的X体、风轮状内含体、针状内含体和蛋白质晶体。

该病毒侵染核果类果树，引起李痘病（plum pox）。病株嫩叶叶脉透明，叶片上产生大小不等的褪绿斑、环斑和线纹斑，后变为坏死斑。有的敏感品种新梢变扁和纵向开裂，树皮、韧皮部以及木质部组织变红褐色，后期干枯，严重时整株枯死。果实受害最重，果面出现沟状凹陷斑，环状、半环状或不规则形，果肉变红褐色坏死，含有大量胶质。果核上产生白色凹陷的环状斑块。病果无味，变硬，大部分在成熟前脱落。

李痘病毒由桃短尾蚜、桃蚜、忽布疣额蚜等20余种蚜虫以非持久的方式传毒，株系M可种子传毒。该病毒随接穗、砧木、苗木等无性繁殖材料远程传病。

李痘病毒是我国进境植物检疫性有害生物，需实行检疫，杜绝传入。

七、苹果茎沟病毒

苹果茎沟病毒（*Apple stem grooving virus*，ASGV）分布广泛，其自然寄主主要为苹果和梨，人工接种可侵染9科20种植物，多数为无症带毒。

该病毒为发形病毒属（*Capillovirus*）成员。病毒粒体呈弯曲线状，长为600~700 nm，宽为12 nm。单分体基因组，核酸为线形正义单链RNA；外壳蛋白由一种多肽组成，分子质量为24~27 ku。病毒致死温度为60 ℃或63 ℃；稀释限点为10^{-4}；体外存活期在20 ℃下为2 d，在4 ℃下为27 d以上。

该病毒引起茎沟病（stem grooving）。带毒苹果和梨的栽培品种不表现症状，但生长量减少，产果量降低。在苹果属的敏感植物上产生症状，根系枯死，病根木质部上产生条沟，病树衰退枯死。以敏感的三叶海棠、圆叶海棠等作砧木，高接带毒接穗，嫁接口周围肿大，接合部内有深褐色坏死环纹。木质部表面产生深褐色凹裂沟。弗吉尼亚小苹果常用作该病毒的木本指示植物，发病后叶片上产生黄斑或黄色环纹，常分布在叶片一侧，使一侧叶片变小，形成舟形叶，木质部表面产生褐色凹陷条沟。

苹果茎沟病毒通过嫁接传毒，也可通过病根与健根接触传毒，可随带毒无性繁殖材料而扩散传播，昆诺藜和大果海棠种子传毒。

该病毒为我国进境植物检疫性有害生物。需防止病毒随无性繁殖材料传播，防止高接传毒，禁止在带毒树上高接无病毒接穗或在感病砧木上嫁接带毒接穗。

八、可可肿枝病毒

可可肿枝病毒（*Cocoa swollen shoot virus*，CSSV）分布于加纳、科特迪瓦、尼日利亚、多哥、塞拉利昂、斯里兰卡、马来西亚等地；其重要自然寄主是可可，人工接种能侵染30余种植物；侵染可可引起肿枝病（cacoa swollen shoot），造成毁灭性危害。

可可肿枝病病毒属于花椰菜花叶病毒科杆状DNA病毒属（*Badnavirus*）。粒体呈杆菌状，长度为121~130 nm，宽度为28 nm，基因组含双链DNA。

可可肿枝病病株茎部或枝条肿胀，呈纺锤状，系次生韧皮部和木质部增生的结果。主根亦肿胀，侧根坏死。叶片上最初出现明脉，形成网状纹，继而沿叶脉变红色，后叶片变绿，叶脉的红色消失。有时样品出现花叶或斑驳症状。病叶常扭曲。荚果细小，圆形。幼果面呈现浅色或黑色斑块，成熟荚果有深红色大理石状纹，豆粒少而小。新抽嫩梢的节间缩短，叶变小。重病株不结果，叶片脱落，顶梢枯死以至整株死亡。

该病毒由多种粉蚧半持久性传毒，可嫁接传毒，植株间接触不传毒，由植物繁殖材料带毒远距离传播。

该病毒为我国进境植物检疫性有害生物，应行检疫，不得从发病区引进带毒植物材料。发病园需砍除病株及病株附近的一些可疑带毒植株，种植抗病或耐病品种，施药防治传毒粉蚧。

九、马铃薯纺锤块茎类病毒

马铃薯纺锤块茎类病毒（*Potato spindle tuber viroid*，PSTVd）分布较普遍，在我国局部地区有发生。其自然寄主为马铃薯，引起马铃薯纺锤块茎病，人工接种可侵染11个科的138种植物，但只有茄科和菊科的12种植物表现症状，且潜育期很长。

该类病毒属于马铃薯纺锤块茎类病毒科马铃薯纺锤块茎类病毒属（Pospiviroid），具环状单链RNA，含有357～361个核苷酸。其稀释限点为10^{-2}～10^{-3}，钝化温度为75～80 ℃。该类病毒分布于叶肉细胞和维管束组织中，多数在细胞核中，少数存在于叶绿体中。

马铃薯病株矮化，束顶状，分枝少而纤细，枝叶向上，与主茎夹角小。叶片小而直立，叶缘波形或向上卷起，叶背略有紫红色，后期叶脉坏死。有的品种出现丛枝症状。病株所结块茎变长，两端尖，状如纺锤，有时有明显龟裂，芽眼多而平浅或呈突起状。

马铃薯纺锤块茎类病毒由种薯、病株花粉和实生种子传毒。病株汁液接触也能传毒，包括由块茎切面相接触传毒、切刀传毒等。蚜虫、甲虫、线虫等也能通过带毒汁液污染的足和口器传毒。

马铃薯纺锤块茎类病毒为我国进境植物检疫性有害生物，需行检疫。其主要防治方法是种植抗病品种和使用无毒种薯，还要加强田间管理，防止传播。

十、苹果皱果类病毒

苹果皱果类病毒（Apple fruit crinkle viroid，AFCVd）分布于日本，其自然寄主有苹果、啤酒花等，引起苹果皱果病，感病品种主要有"金冠"、"元帅"、"红星"、"国光"、"赤阳"等。

该类病毒属于马铃薯纺锤块茎类病毒科苹果锈果类病毒属（Apscaviroid），基因组具环状单链RNA。

苹果皱果病的主要症状特点是果肉含有扭曲的绿色维管束。罹病苹果果实有3种症状类型：畸形果型、凹陷型和斑痕型。畸形果型出现于落花后20 d以上，果面出现不规则形凹陷斑块，水渍状，直径为2～6 mm，后病果凹凸不平，畸形龟裂，果皮木栓化，铁锈色。凹陷型病果可长到正常大小，但因局部发育受阻或加快，出现凹陷条沟或丘状突起，木栓化后产生粗糙果锈。斑痕型病果果形正常，仅在果面发生浓绿斑痕，斑痕中间也木栓化。有的品种仅发生树皮疱斑。

苹果皱果类病毒主要由嫁接传染，切接和芽接均可传毒，病根与健根接触也可传毒，可随带毒繁殖材料远程传播。

苹果皱果类病毒现为我国进境植物检疫性有害生物，应行检疫。其主要防治方法为培育无类病毒母本树，从无病母树上严格挑选接穗，用种子实生砧繁殖无病毒苗木。要及时刨除病树，重栽健树，禁止在病树上高接换种。

十一、椰子死亡类病毒

椰子死亡类病毒（Coconut cadang-cadang viroid，CCCVd）分布于菲律宾、南太平洋岛屿和澳大利亚，其自然寄主有椰子、油棕、吕宋棕榈等；引起椰子致死病，病株逐渐枯死，是椰子的毁灭性病害。

该类病毒属于马铃薯纺锤块茎类病毒科椰子死亡类病毒属（Cocadviroid），基因组具环状或线状单链RNA，含有246个核苷酸。

椰子病株发病初期叶片上出现透明的小黄斑，果实变圆形，小而少，果面中部出现裂痕。发病中期花序逐渐坏死，不结果或幼果脱落。叶斑也汇合成条纹状斑块，病叶黄化。发病后期树冠变黄或呈古铜色，落叶，树冠变小，病株死亡。病树从出现症状到死亡需8~16年。

椰子死亡类病毒的田间传播方式和流行规律不明，已知可通过伤口接触传毒，也可通过花粉、种子传毒，但传毒概率较低。高温多雨适于病害发生，管理粗放，树势弱的果园发病较严重。

该类病毒为我国进境植物检疫性有害生物，需行检疫。不得从病区引进种子和其他类型的繁殖材料。发病区应挖除并烧毁病株，因地制宜地选种较抗病的品种。

思 考 题

1. 试述植物病毒检疫的重要性。
2. 本章介绍的检疫性植物病毒有哪些共同特点？
3. 简述黄瓜绿斑驳花叶病毒的症状、传播途径和防治方法。
4. 比较番茄环斑病毒在不同寄主植物上的症状特点。
5. 举例说明植物病毒的检疫对策。

第十六章 检疫性杂草

杂草（weed）泛指非人工种植，而对人类活动和农林业生产不利或有害的植物，是一类有害生物。生长在农作物田间的非栽培植物称为农田杂草。杂草具有光合作用效率高、抗逆性和生态适应性强、繁殖与再生能力强、传播方式多样、生活周期较短等生物学特性，可与作物争夺养料、水分、阳光和空间，有些杂草产生抑制物质、阻碍农林植物生长，降低农林产品的产量和质量，有的还可能劣化生产条件和生态环境，传播病虫害或造成人畜中毒。据联合国粮食及农业组织统计，全世界有杂草约50 000种，其中约8 000种为农田杂草。我国有农田杂草1 400种，隶属于105科。

由境外引入或侵入并定殖的杂草物种，通称为外来杂草或侵入杂草。外来杂草除了不利于农林业生产外，还可能有害人畜健康，降低当地生物多样性，甚至引起生态灾难，具有重要检疫意义。为防范恶性杂草的侵入，世界各国都加强了对杂草的检疫。我国2007年颁布的进境植物检疫性有害生物名录中有杂草41种（属），2011年，又增补了苋属杂草。在现行全国农业植物检疫性有害生物名单中，杂草有毒麦、假高粱和列当属，而薇甘菊则被列为全国林业植物检疫性有害生物。另外，在全国林业危险性有害生物名单中，还收录了紫茎泽兰等6种（类）杂草。

第一节 毒 麦

学名 *Lolium temulentum* L.
英文名称 darnel ryegrass, bearded ryegrass, poison ryegrass

一、毒麦的分布

毒麦原产于欧洲，早期传入非洲，现在广泛分布于世界各地；在20世纪50年代，毒麦混杂于进境麦种和粮食中传入我国，我国20多个省、直辖市、自治区458个县(市)有零星发生。

二、毒麦的危害和重要性

毒麦为混生于麦田中的有毒杂草。毒麦籽粒在种皮与糊粉层之间，有内生真菌（*Neotyphodium*）寄生，产生毒麦碱等真菌毒素。人畜误食后发生中毒事故，轻者头晕、昏迷、呕吐、痉挛，严重者因中枢神经系统麻痹而死亡。1株毒麦通常有4～9个分蘖，每穗平均粒数有60余粒，繁殖能力比小麦大2～3倍。毒麦侵入麦田后，如不及时防除，几年之内混杂率可达60%～70%，使小麦产量锐减。

三、毒麦的形态特征

毒麦为禾本科黑麦草属草本植物。幼苗绿色，叶鞘基部常呈紫红色，第1叶线形，先端渐尖，光滑无毛。成株茎直立丛生，高为 50~110 cm，光滑。叶鞘疏松，长于节间；叶舌膜质截平，长约为 1 mm；叶耳狭窄；叶片质地较薄，无毛，叶脉明显，叶片长为 10~15 cm，宽为 4~6 mm。复穗状花序长为 10~25 cm，穗轴节间长为 5~15 mm，每穗有小穗 8~19 个；小穗单生，无柄，互生于穗轴上，以背腹面对向穗轴。小穗长为 9~12 mm（芒除外），宽为 3~5 mm，每小穗有小花 4~7 朵，排成 2 列。第 1 颖（除顶生小穗外）退化，第 2 颖位于背轴的一侧，质地较硬，有 5~9 脉，长于或等长于小穗；外稃椭圆形，长为 6~8 mm，质地较薄，基盘微小，具 5 脉，顶端膜质透明，芒自顶端稍下方伸出，芒长为 7~10 mm；内稃与外稃等长，脊上具有微小纤毛。颖果长椭圆形，灰褐色，无光泽，长为 5~6 mm，宽为 2.0~2.5 mm，厚约为 2 mm，腹沟宽，内稃与颖果紧贴，不易分离（图 16-1）。

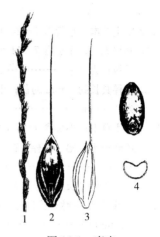

图 16-1　毒麦
1. 穗部外形　2~3. 带稃颖果
4. 种子及胚的横切面

四、毒麦的生物学特性

毒麦为一年生或越年生草本，以幼苗或种子越冬。在我国中北部地区，10 月中下旬出苗，比小麦稍晚，翌年 5 月底 6 月初成熟，比小麦早。在东北地区，在 4 月末 5 月初出苗，比小麦迟 2~3 d，出土后生长迅速，比小麦迟熟 7~10 d。毒麦的生活力很强，室内储藏 2~3 年后仍有萌发力。种子经 3~4 月的休眠期后发芽；在土内 10 cm 深处仍能出苗。

五、毒麦的传播途径

毒麦以小穗、小花（带颖果）混杂于原粮或种子间，随原粮调运或引种而传播。

六、毒麦的检验方法

1. 产地调查　在小麦和毒麦的抽穗期，根据毒麦的穗部特征进行鉴别，记载有无毒麦发生和毒麦的混杂率。

2. 室内检验　对仓库储藏的或调运的小麦进行抽样检查，每个样品不少于 1 kg，按照毒麦籽粒特征鉴别，计算混杂率。

毒麦有两个变种：长芒毒麦（*Lolium temulentum* var. *longiaristatum*）和田毒麦（*Lolium temulentum* var. *arvense*），其形态和危害性均与原种相同。另外，波斯毒麦（*Lolium persicum*）、细穗毒麦（*Lolium remotum*）黑麦草等与毒麦相同或相近，需仔细区别，参见本节所附黑麦草属主要种检索表。

七、毒麦的检疫和防治

毒麦为全国农业植物检疫性有害生物和我国进境植物检疫性有害生物，应严格检疫，防止毒麦传播。毒麦常随小麦种子一同收获和调运，机械筛选可使麦种中毒麦混杂率降低到 0.07%，但少量毒麦种子一旦进入田间，就可能快速大量繁殖，难以根除。因而应严格检查播种材料，清除毒麦。

黑麦草属主要种检索表

1. 多年生草本；小穗含7~20小花；颖短于小穗
   2. 外稃无芒；小穗含7~11小花；带稃颖果长为3.5~4.5 mm，宽为1.0~1.25 mm，厚为0.5 mm；千粒重为2 g ·· 黑麦草
   2. 外稃具长约5 mm的芒；小穗含10~20小花；带稃颖果长为4.0~4.5 mm，宽为1.0~1.25 mm，厚为0.5 mm； ·· 多花黑麦草
1. 一年生草本；小穗含4~6（9）小花；颖等长或长于或短于小穗
   3. 颖略短于小穗；外稃无芒；带稃颖果长为3.0~4.5 mm，宽为1.2~2.0 mm，厚为0.75~1.00 mm； ·· 细穗毒麦（亚麻毒麦）
   3. 颖与小穗等长或长于或略短于小穗；外稃具芒
      4. 颖具6~9脉；芒自外稃顶端稍下方伸出；带稃颖果长为5~6 mm，宽为2.0~2.5 mm，厚约为2 mm ··· 毒麦
      4. 颖具5脉；芒自外稃顶端伸出；带稃颖果长为5~6 mm，宽为1.5~2.0 mm，厚为1.00~1.25 mm； ·· 波斯毒麦（欧毒麦）

第二节 假 高 粱

学名 *Sorghum halepense* (L.) Pers.
英文名称 Egyptian grass, Johnson grass

一、假高粱的分布

假高粱原产于地中海地区，现已广泛扩散到从北纬55°到南纬45°间的60多个国家和地区，在我国华南和华东已有分布。

二、假高粱的危害和重要性

假高粱为谷类、甘蔗、棉花、麻类、苜蓿、大豆等30多种作物田间的恶性杂草，造成作物严重减产。其花粉容易与高粱属作物杂交，致使作物品种混杂。一株假高粱在一个生长季能生长8 kg鲜草和70 m长的地下茎，结籽28 000粒，具有很强的繁殖力和竞争力。假高粱还是多种植物病毒和病原细菌桥梁寄主和越冬寄主。假高粱的幼苗和嫩芽含有氰苷酸，家畜可能误食中毒。假高粱适生性很强，进境农产品中常混杂假高粱种子，一旦侵入，易于定殖和长期生存，很难彻底杀灭。

三、假高粱的形态特征

假高粱为禾本科高粱属（*Sorghum*）多年生草本，有发达的根状茎。茎秆直立，高为1~3 m，直径约为5 mm。叶片阔线形至线状披针形，长为25~80 cm，宽为1~4 cm；基部有白色绢状疏柔毛，中脉白色而厚；叶舌长约为1.8 mm，具缘毛。圆锥花序长为20~50 cm，淡紫色紫黑色，主轴粗糙，分枝轮生，基部有白色柔毛，上部分出小枝，小枝顶端着生总状花序；穗轴具关节，易断，小穗柄纤细，具纤毛；小穗成对，1个具柄，另1个无柄；在顶端的一节有3个小穗，1个无柄，2个具柄；有柄小穗较狭，长约为4 mm，颖片草质，无芒；无柄小穗椭圆形，长为3.5~4.0 mm，宽为1.8~2.2 mm，两颖片革质，近

等长，被柔毛；第1颖的顶端具3齿，第2颖的上部1/3处具脊；第1外稃膜透明，被纤毛；第2外稃长约为颖的1/3，顶端微2裂，主脉由齿间伸出呈小尖头或芒。带颖片的果实椭圆形，长约为5 mm，宽约为2 mm，厚约为1.4 mm，暗紫色（未成熟的呈麦秆黄色或带紫色），光亮，被柔毛；第2颖基部带有1枚小穗轴节段和1枚有柄小穗的小穗柄，二者均具纤毛。去颖颖果倒卵形至椭圆形，长为2.6～3.2 mm，宽为1.5～2.0 mm，棕褐色，顶端圆，具2枚宿存花柱（图16-2）。

图 16-2 假高粱
1. 植株 2. 无柄小穗
3. 种子 4. 颖果

四、假高粱的生物学特性

假高粱常生长在热带和亚热带地区的农田或荒地上，以种子和根茎繁殖蔓延。在亚热带地区，于4—5月开始出苗，从根茎上发生的芽苗出现较早，叶鞘呈紫红色，生长比种子长出的芽苗快。出苗后20 d，地下茎形成短枝，开始分蘖，随着气温上升，地上茎叶生长加快。6月上旬开始抽穗开花，一直延续到9月。7月上旬颖果开始成熟，随熟随落。种子经过休眠，到翌年温度上升到18 ℃时即可萌发，每个花序能结籽500～2 000粒。

在开花期，地下根茎迅速生长，在壤土中，4 d就能增长鲜重2倍以上，在黏土中生长较慢。根茎形成的最低温度是15～20 ℃，到秋季进入休眠，在杭州地区可露地越冬。

五、假高粱的传播途径

假高粱混杂在粮食、羊毛、棉花和农作物种子中做长距离传播。在大豆、小麦原粮、羊毛、蔬菜种子中屡有截获。

六、假高粱的检验方法

假高粱的检验以形态鉴定为主，注意与近似种的区别。除假高粱外，高粱属植物在我国尚有高粱（粮食作物）、苏丹草（牧草）、光高粱（杂草）、拟高粱（杂草）等，它们植株的形态相似，其区别参见高粱属主要种检索表。

七、假高粱的检疫和防治

假高粱为全国农业植物检疫性有害生物和我国进境植物检疫性有害生物。禁止引进和种植混杂有假高粱的作物种子与原粮。可用风车或选种机过筛彻底清除，将筛下物粉碎以杜绝传播。田间防治可施用草甘膦、四氟丙酸钠、磺草灵等除草剂，还可配合田间管理进行伏耕和秋耕，使其根茎暴露死亡。

高粱属主要种检索表

1. 植株较纤细；叶片狭，宽为2～5 mm；圆锥花序分枝单纯，小穗之毛棕色 ………… 光高粱（*S. nitidum*）
1. 植株粗壮；叶片阔，宽为1～7 cm；圆锥花序分枝可再分枝；小穗之毛白色
  2. 多年生杂草，具发达的根茎
    3. 圆锥花序淡紫色至紫黑色；第1颖顶端具3齿；外稃无芒或有芒 ………… 假高粱（*S. halepense*）
    3. 圆锥花序麦秆黄色；第1颖顶端无齿或齿不明显；外稃无芒； ………… 拟高粱（*S. propinquum*）

2. 一年生栽培植物
   4. 粮食作物：无柄小穗卵椭圆形，长为 5～6 mm，宽约为 3 mm，成熟时宿存 ··· 高粱（S. vulgare）
   4. 引种牧草：无柄小穗长圆形至长圆状披针形，长为 6～7 mm，宽约为 2 mm，成熟时连同穗轴节间与有柄小穗一齐脱落；带颖片的果实黑紫色，长约为 5 mm，宽约为 3 mm ··· 苏丹草（S. sudanense）

第三节 菟 丝 子

学名：*Cuscuta* L.

英文名称　dodder

一、菟丝子的分布

菟丝子已知分布的国家很多，以亚洲为主，俄罗斯和澳大利亚亦有发生，在我国国内分布十分普遍。

二、菟丝子的危害和重要性

菟丝子是世界性的寄生杂草，寄主范围广，危害严重。菟丝子常寄生在豆科、菊科、蓼科、苋科、藜科等多种经济植物上，对寄主植物有多方面的危害，最重要的是从寄主植物体内吸取掠夺营养物质和水分，其次是以大量茎蔓缠绕、压迫和抑制寄主植株，另外还能传播某些植物病毒。受害植株生长发育不良，矮小黄瘦，严重时枯死。菟丝子的种子多而小，容易随土壤、肥料和作物种子传播扩散。其种子在土壤中能保持发芽力 5 年以上。缠绕在寄主上的一段菟丝子茎也能继续生长进行营养繁殖，给防除造成很大困难。

三、菟丝子的形态特征

菟丝子属旋花科，为一年生寄生性缠绕草本，无根；茎纤细，直径约为 1mm，为黄色至橙黄色丝状物，缠绕在寄主植物的茎和叶部，左旋缠绕；无叶或叶片退化为鳞片状。花冠白色、淡黄色或淡红色，无梗或有短梗，形成穗状、总状或簇生成小伞形或小团伞形花序。蒴果近球形，直径约为 3 mm，成熟时全被宿存的花冠包被，成熟时开裂；含种子 2～4 个，种子卵形，淡褐色，长为 1.0～1.5 mm，宽为 1.0～1.2 mm，背面圆，腹面有棱而呈屋脊形，表面光滑或粗糙，有头屑状附属物，种脐线形，位于腹面的一端，胚乳肉质，种胚弯曲成线状（图 16-3）。

图 16-3　菟丝子

四、菟丝子的生物学特性

菟丝子主要以种子在土壤中越冬。菟丝子种子具有休眠特性，土壤中的种子每年仅有少量萌发，多在4～6年后达到最高萌发率。在干燥条件下，种子存活10年以上，有的可存活60年。当气温达15 ℃时，种子开始萌发，萌发不整齐。种子萌发时先长出胚根，然后长出黄色细丝状幼苗，伸出表土，上端旋转伸出，趋近并缠绕寄主，与寄主茎接触的部位生出吸盘，继而穿透寄主表皮和皮层，与寄主维管束相连，建立寄生关系。此后幼苗自然干枯，与土壤分离。如幼苗遇不到寄主，可存活10～13 d，养分耗尽后死亡。

菟丝子反复分枝，在一个生长季节内，能形成巨大的株丛，使寄主作物成片枯黄。菟丝子多在7—9月开花。自开花到结实约需20 d。同一株菟丝子各部位开花、结实时间不一致，茎的下部先开花，向上逐渐延迟，延续时间较长。一株菟丝子在一般情况下产生3 000～5 000粒种子，多的达10 000～16 000粒。菟丝子以种子繁殖为主，断茎再生能力强，可行营养繁殖。

五、菟丝子的传播途径

菟丝子主要以种子随气流、水流、土壤、农家肥、农机具、鸟兽、人类活动等广泛传播，也可混杂在农作物种子、粮食、饲草、农产品间远距离传播。菟丝子茎蔓片段也能随寄主植物传播。

六、菟丝子的检验方法

1. 抽样检查 按规定取种子样品过筛，如检查材料与菟丝子种子大小相似，可采用相对密度法、滑动法或磁吸法检验，并用解剖镜检查，据种子特征进行鉴别，计算混杂率。对苗木等带茎叶的材料，可用肉眼或放大镜直接检查。

2. 隔离种植检查 若根据种子形态不能鉴定到种，可行隔离种植，根据花果的特征进行鉴定。菟丝子属约有170种，常见的约20种，其区别见菟丝子属重要种检索表。

七、菟丝子的检疫和防治

菟丝子属为我国进境植物检疫性有害生物，需依法检疫，防止随植物种子、粮食、饲料或农产品传播。发生地的主要防治方法有轮作或间种非寄主作物，秋冬深翻土地，将菟丝子种子压埋于土层深处。在菟丝子缠绕寄主前，或在现蕾开花前人工铲除、剪除或拔除，并将菟丝子残体携出田外烧毁。在菟丝子出苗后缠绕寄主前，喷施适宜的除草剂或生物防治制剂。

菟丝子属重要种检索表

1. 茎纤细，线形，常寄生在草本植物上；花柱2；花常簇生成小伞形或小团伞花序；种子小，长为0.8～1.5 mm，表面粗糙
  2. 柱头头状 ·· 线茎亚属
    3. 萼片具脊，使萼片呈现棱角 ······································ 菟丝子（$C.\ chinensis$）
    3. 萼片背面无脊
      4. 花冠裂片顶端圆，直立；鳞片很小，边缘的流苏短而少或成小齿 ······ 南方菟丝子（$C.\ australis$）
      4. 花冠裂片顶端尖，常反折；鳞片大
        5. 花长为1.5～2.0 mm，花冠裂片三角状卵形；鳞片边缘的流苏长为鳞片的1/5
          ·· 五角菟丝子（$C.\ pantago$）
        5. 花长为2～3 mm，花冠裂片宽三角形；鳞片边缘的流苏长约为鳞片的1/2

```
............................................ 田野菟丝子（C. campestris）
  2. 柱头伸长成棒状或圆锥状 ............................................. 欧菟丝子亚属
    6. 花柱和柱头比子房短
      7. 花白色；种子常成对并连在一起 ......................... 亚麻菟丝子（C. epilinum）
      7. 花淡红色；种子不成对并连 ............................. 欧洲菟丝子（C. europaea）
    6. 花柱和柱头不短于子房
      8. 萼片增厚或具脊
        9. 萼片宽，背面至顶端肉质增厚；鳞片很大 ............... 杯花菟丝子（C. cupulata）
        9. 萼片较窄，背面具脊；鳞片较小 ....................... 苜蓿菟丝子（C. approximata）
      8. 萼片不增厚，无脊；种子小，长为 0.8～1.0 mm ........... 百里香菟丝子（C. epithymum）
1. 茎较粗，细绳状，常寄生在木本植物上，花柱 1，总状或圆锥花序，种子较大，长为 2～4 mm，表面光
  滑 ............................................................................. 单柱亚属
  10. 花冠长为 3～4 mm，花较小
    11. 花柱比柱头长，柱头 2 裂
      12. 柱头有明显 2 裂片；种子不具喙 ....................... 日本菟丝子（C. japonica）
      12. 柱头头状，微 2 裂；种子具喙 ......................... 啤酒花菟丝子（C. lupuliformis）
  10. 花冠长为 5～9 mm，花较大
    13. 花白色或乳黄色，芳香；花柱极短，柱头 2，舌状长卵形 ............ 大花菟丝子（C. reflexa）
    13. 深蔷薇色；花柱与柱头近等长 ........................... 列孟菟丝子（C. lelimanoiana）
```

第四节 列 当

学　名：*Orobanche* L.
英文名：broomrape

一、列当的分布

列当广泛分布于北纬 30°以北各国，在我国东北、华北、西北发生较多。

二、列当的危害和重要性

列当属植物有 140 余种，皆为根寄生性被子植物，可寄生 70 余种草本植物，葫芦科、菊科、豆科、茄科、十字花科、伞形花科、禾本科受害较多。列当叶片退化，叶绿素消失，不能进行光合作用，需从被寄生的植物吸取养分和水分，严重削弱寄主作物的生长发育，危害极大，造成减产甚至绝收。以向日葵列当为例，发生严重田寄生率可高达 91%，一株向日葵最多可被 143 株列当寄生。受害植株细弱，不能形成花盘或花盘瘦小，秕粒增多，产量和含油率大幅度降低，严重者凋萎干枯，整株死亡。在干旱与半干旱地区，感病向日葵品种因列当寄生产量损失高达 50%～100%。因列当防治困难，许多地方被迫改种。列当种子数量多，个体细小，易黏附在作物种子或农产品上扩散传播，具有重要检疫意义。

三、列当的形态特征

列当属植物为一年生根寄生草本。列当没有真正的根，只有假根（吸根）吸附在寄主根

表，以短须状吸器与寄主根部的维管束相连。肉质茎单生或分枝，直立地伸出地面，高为15~50 cm，黄褐色或带紫色，有毛。叶片退化成小鳞片状，无柄，无叶绿素，螺旋状排列于茎上，黄色或黄褐色。穗状花序或总状花序，两性花，白色、粉红色、米黄色或蓝紫色。小花的基部均有1枚狭长的苞片，苞片披针形或卵状披针形。花萼钟形，淡黄色，5裂片或4裂片。花冠二唇形，上唇2裂，下唇3裂，雄蕊4枚，插生于花冠筒内，花丝细长，上部白色，基部黄色，花药2室，黄色，有毛，倒生于花丝的顶端，雌蕊1枚，卵形，柱头膨大，花柱直立，下弯或内藏。子房卵形，由4个心皮合生，侧膜胎座，胚珠多数。果实为蒴果，卵形，熟后2纵裂，散出大量尘末状种子。种子形状不规则，略成卵形，黑褐色，坚硬，长为0.2~0.5 mm，宽与厚各为0.2~0.3 mm，表面有网纹，网眼方形、纵矩形、近圆形、多边形，长宽比不超过4∶1，网纹不扭转，网脊上无突起，网眼底部网状或小凹坑状（图16-4和图16-5）。

 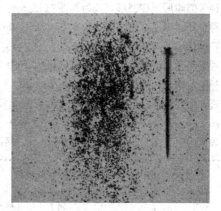

图16-4 向日葵列当　　图16-5 列当的种子

四、列当的生物学特性

列当种子成熟后需经过一定时间的后熟作用，方能萌发。越冬后的列当种子，在下一季寄主植物出苗后，接受其根部分泌物的刺激，便萌发长出芽管，芽管顶端吸附在寄主侧根上，以吸器侵入根内，与寄主的维管束系统连接，建立起寄生关系。种子在土中可存活5~10年，各年陆续萌发，多寄生在土中5~10 cm深处的寄主侧根上。列当从种子萌动到出土，历时5~6 d，从出土至开花经6~7 d，开花至结实需5~7 d，结实至种子成熟需13~17 d，种子成熟至蒴果开裂需1~2 d，一个世代历时30~40 d。

五、列当的传播途径

列当种子微小，易黏附在寄主作物种子上、根茬上、植物残体碎片上传播，亦能随气流、水流、土壤、动物及农机具传播。

六、列当的检验方法

对原粮与种子取样过筛，检查筛上物和筛下物是否带有列当的花、枝、茎和杂草种子，筛下的杂屑在双筒解剖镜下仔细检查，拣取列当种子，计算混杂率。列当属种子常与列当科的野菰和独脚金的种子相似，需注意区分，其形态区别参见常见列与野菰和独脚金种子形态检索表。必要时用扫描电子显微镜观察。对植物和植物产品还应仔细检验有无附着列当残体。

七、列当的检疫和防治

列当属为全国农业植物检疫性有害生物和我国进境植物检疫性有害生物，不得从发生区引进寄主作物种子，对调运的种子需依法严格检疫，若发现带有列当种子，不得利用。已发生地区，需尽快控制和铲除疫情。列当的主要防治方法有种植抗病品种、与非寄主作物轮作5～6年、在列当出土盛期和结实前人工拔除、喷施适宜的除草剂等。

常见列当、野菰和独脚金种子形态检索表

1. 种子表面的网眼方形、矩形、多边形或近圆形，长宽比小于 4∶1，网纹不扭转网脊上无突起
   种子多倒卵形，少数椭圆形、圆柱形或近球，网眼浅，网壁平滑，网眼底部网状或小凹坑状
   2. 网眼底部网状
      3. 种子倒卵形至椭圆形，长为 0.3～0.5 mm ·················· 埃及列当（*O. aegyptiaca*）
      3. 种子椭圆形至宽倒圆形，长 0.26～0.34 mm ·················· 向日葵列当（*O. ramosa*）
   2. 网眼底部小凹坑状
      3. 种子黑色至红褐色，油漆光泽，长 0.3～0.5 mm×0.25 mm ·········· 锯齿列当（*O. crenata*）
      3. 种子黄褐色，无光泽，长 0.2～0.3 mm×0.1～0.16 mm ············ 弯管列当（*O. cernua*）
1. 种子近球形或宽椭圆形，网眼深，方形至多边形，网壁上具多层环形棱，网眼底部为网状
   ·· 野菰（*Aeginetia indica*）
1. 种子表面网眼长条形，长宽比为 7∶1 以上，网纹稍扭转，网脊上有 2 排互生的突起
   ·· 独脚金（*Striga asiatica*）

第五节 豚 草

学名 *Ambrosia* L.
英文名称 biterweed，blackweed，common regweed

一、豚草的分布

豚草原产于北美洲，现分布于北美洲、南美洲、欧洲、前苏联地区、日本、澳大利亚等地，在我国多个省份有发生。

二、豚草的危害和重要性

豚草的适应性很强，耐瘠薄，在庭院、路边、公园等处均能生长。生育期内水分消耗为禾本科作物耗水量的两倍，并能吸收大量磷和钾，对禾本科和菊科植物有抑制、排斥作用。其发生量大，危害重，是区域性恶性杂草。豚草繁殖快，一旦定殖可长期生存，很难彻底铲除。豚草开花时，产生大量花粉飞散空中，能引起人类过敏性哮喘、过敏性皮炎等病症。

三、豚草的形态特征

豚草是菊科豚草属一年生或多年生草本或半灌木。主根直立，须根多数，有的种类有横向生长的地下茎。成株高为 1.5～3.0 m，茎直立，具细棱，被白毛，常于上方分枝。叶对生或互生，全缘至掌状或羽状分裂，裂片卵形、卵状披针形、椭圆形、菱形等，顶部尖，边

缘有齿。头状花序单性，雌雄同株。雄花序多花，通常复排成总状花序，总苞（包围花基部的一轮苞片）联合成半球形、杯形或梨形，顶端开口，有齿或突起；雄花黄色，顶端5裂，雄蕊5枚。雌花序单生，或聚生于雄花序之下方；总苞略呈近球形、纺锤形或倒卵形，顶端闭合，黄白色至浅灰褐色，有时具黑褐色的斑纹，苞顶具1个短粗的锥状喙，于其下方有多个直立的尖刺，有的种类无尖刺或很小，内包1个雌花；雌花仅具1个雌蕊，花冠通常不存在，花柱二裂，伸出总苞外。瘦果倒卵形，长为2.5 mm，宽为2 mm，褐色，有光泽，果皮坚硬、骨质，全部包被于总苞内。瘦果内有种子1枚，无胚乳，胚大，直生。

豚草属常见种类有美洲豚草（*Ambrosia artemisiifolia*）、三裂叶豚草（*Ambrosia trifila*）、多年生豚草（*Ambrosia psilostachya*）等。

四、豚草的生物学特性

豚草生育期为5～6月，于北方于5月出苗，7—8月开花，8—9月结实，每株产生种子2 000～8 000粒。植株上种子不断成熟而脱落，在秋季作物成熟收割前，大部分种子已落入土中。种子要经5～6月的休眠期，于第二年春季发芽。在地温20～30 ℃、土壤湿度不小于52%的条件下，种子发芽率可达70%。豚草再生力极强。茎、节、枝、根都可长出不定根，扦插压条后能形成新的植株。

五、豚草的传播途径

豚草种子随气流、水流、鸟类、人类活动、交通工具等传播扩散；可随农作物种子远程传播，从进境随小麦、大豆种子中屡屡截获。

六、豚草的检验方法

在豚草出苗和开期进行产地调查，根据豚草的形态和花序特征进行鉴别。种子样品进行过筛检验，捡取筛上物与筛下物中的杂草种子，根据总苞、瘦果、种子的形态鉴定。

七、豚草的检疫和防治

豚草属为我国进境植物检疫性有害生物，对调运的旱作种子进行抽样检查，每个样品不少于1 kg，按照豚草籽粒特征鉴别，计算混杂率。混有豚草的种子不能播种，应集中处理并销毁，杜绝传播。在豚草发生地区，应调换没有混杂豚草的种子播种，实行农田秋耕将豚草种子翻埋入10cm土层以下，使之不能萌发。春季当大量出苗时进行春耙，消灭豚草幼苗。

第六节　薇　甘　菊

学名　*Mikania micrantha* H. B. K
英文名称　mile-a-minute weed

一、薇甘菊的分布

薇甘菊原产于中美洲和南美洲，后扩散到美国南部、东南亚、南亚、南太平洋岛屿、澳大利亚等地，我国的华南沿海地区也有分布。

二、薇甘菊的危害和重要性

薇甘菊是世界性恶性杂草，生长速度快，扩展能力强，可攀缘缠绕灌木和乔木，形成严密覆盖，使之光合作用减弱，生长停滞和枯死，破坏侵入地的生态系统和生物多样性。在东南亚地区，薇甘菊严重危害橡胶树、油棕、椰子、可可、茶树、柚木等。目前对薇甘菊仍缺乏简便有效的防治方法，难以阻止其大量繁殖和快速扩散。

三、薇甘菊的形态特征

薇甘菊为多年生草本或灌木状攀缘藤本，茎细长，匍匐或攀缘，多分枝，被短柔毛或近无毛，幼时绿色，近圆柱形，老茎淡褐色，具多条肋纹。茎中部叶片三角状卵形至卵形，长为4~13 cm，宽为2~9 cm，基部心形，偶为戟形，先端渐尖，边缘有齿，两面无毛，基出3~7脉；叶柄长为2~8 cm，上部叶渐小，叶柄亦短。头状花序多数，在枝端常成复伞花序状，花序长为4.5~6.0 mm，含小花4朵，全为结实的两性花；总苞片4片，狭长椭圆形，顶端渐尖，绿色，总苞基部有1枚线状椭圆形的小外苞叶；花有香气，花冠白色，管状，喉部钟状，5齿裂。瘦果长为1.5~2mm，黑色，具5棱，冠毛白色（图16-6）。

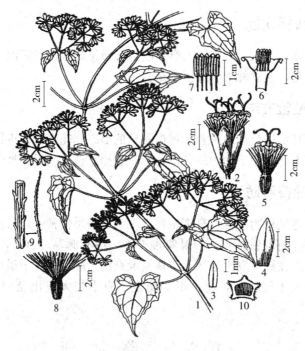

图 16-6 薇甘菊
1. 植株一部分 2. 头状花序 3. 小苞叶 4. 总苞片 5. 两性花 6. 花冠展开（显示雄蕊着生）
7. 展开的雄蕊群 8. 瘦果 9. 冠毛及其局部放大 10. 瘦果横切面（示棱及毛）
（仿孔国辉等）

四、薇甘菊的生物学特性

薇甘菊可进行有性繁殖和无性繁殖。在广东南部，3—10月为生长旺盛期，9—10月为花期，11月至翌年2月为结实期。微甘菊开花很多，花的生物量占地上部分总生物量的38.4%～42.8%。种子细小，千粒重为0.089 2 g，基部有冠毛，易于随气流分散传播。薇甘菊茎节易生根，无性繁殖旺盛，可快速覆盖生境。

薇甘菊喜光好湿，可生长在林地边缘、湿地边缘、荒弃的农田、管理不良的果园、路边、水库边缘、水沟边缘，生长和繁殖快，扩展迅速，对灌草丛、新植林地和森林边缘危害很大。

五、薇甘菊的传播途径

薇甘菊的种子随气流、水流、动物、昆虫以及人类的活动传播，也可由带有种子、藤茎的载体与交通工具远程传播，常因引种而进入未发生区。

六、薇甘菊的检疫和防治

薇甘菊是全国林业检疫性有害生物，也是我国进境检疫性有害生物，需行检疫，防止人为传播。严禁从疫区引种薇甘菊作为覆盖或绿化植物，在调运植物苗木或产品时，应注意检查不得夹带薇甘菊的种子、茎、叶等，一旦发现要销毁处理。

已发生地区，需采用人工清除、化学防除、生物防治等措施。人工清除方法适用于薇甘菊新入侵发生地和已实施清除治理的再发生地，在春季和夏初，薇甘菊藤蔓较短时将其连根拔除，连续进行3～4次。在薇甘菊覆盖率较大的发生地，于薇甘菊种子成熟前先清除地上部分的藤蔓，再用铲或锄挖出根部，然后集中烧毁或就地深埋。化学防除可施用2,4-滴、草甘膦、嘧磺隆等除草剂。生物防治措施有利用植食性螨类、引入田野菟丝子、种植彭琪菊、乔木占领空地等，这些方法多用于道路绿地、公园绿地、沼泽地、滨海湿地、水源保护地和荒地的薇甘菊防治。

第七节 其他重要检疫性杂草

一、具节山羊草

学名 *Aegilops cylindrica* Host
英文名称 jointed goatgrass

具节山羊草又名为圆柱山羊草，原生于欧洲南部和俄罗斯，后扩散到中亚、美国、澳大利亚等国家和地区，主要危害小麦、大麦等旱地作物。

具节山羊草为禾本科山羊草属一年生草本，秆光滑，具4～5节，高为50～60 cm。叶鞘紧密包茎，短于节间；叶舌膜质，长约为1 mm；叶片长为7～14 cm，宽为2～3 mm，两面疏生细毛。穗状花序圆柱形，长为10～15 cm（连同芒），直径为4～5 mm；小穗紧贴穗轴节间，有2～3朵小花；穗轴成熟后逐节断落。颖片革质，多脉，先端具2齿，其中一齿成芒，芒长约6 mm，背面有齿毛；小花外稃下部纸质，先端革质具3齿，中齿延伸为芒（长约为2 mm），内稃膜质，先端2浅裂；颖果长椭圆形，黄褐色，顶端密生黄色毛茸。

具节山羊草现为我国进境植物检疫性有害生物。进境粮食或种子，以及国内各地调运的旱地作物种子，要严格检疫，有疫情的种子不能播种，要集中销毁，杜绝传播。有具节山羊草发生的麦田，需在其抽穗时彻底销毁，连续进行2～3年，以期根除。

二、法国野燕麦

学名　*Avena ludoviciana* Durien

英文名称　winter wild-oat

法国野燕麦分布于英国、法国、西班牙、希腊、保加利亚、前苏联地区、伊朗、印度、巴基斯坦、埃塞俄比亚、肯尼亚、突尼斯、澳大利亚等地，现为我国进境植物检疫性有害生物。

法国野燕麦为禾本科一年生草本，为旱地杂草，主要危害亚麻、麦类、豆类、玉米等，难以防除。

法国野燕麦幼苗叶鞘圆柱形，叶长是叶宽的20~50倍，叶片无毛，舌叶膜状有锯齿，叶耳缺失。成株高为30~150 cm，茎秆丛生，直立。叶片宽扁，伸长，叶尖尖锐。圆锥花序，每小穗具2~3朵小花。花绿色，微带红色；颖片长为20~30 mm，具7~11条脉；外稃长为16~30 mm，多毛；顶端裂片长为3~5 mm，外稃背部具扭曲长芒，但第3小花无芒；内稃比外稃短。小穗成熟后整体脱落，带稃颖果长约为1.5 cm，暗褐色，被毛，种子基部无疤痕。

三、黑高粱

学名　*Sorghum almum* Parodi

英文名称　Columbus grass, five-year sorghum

黑高粱起源于阿根廷，主要分布于热带国家，现为我国进境植物检疫性有害生物。

黑高粱为禾本科多年生草本，是危害严重而难于防治的杂草，常与假高粱混合发生。

黑高粱的根状茎匍匐，植株高大，秆高为2~3 m，光滑无毛。叶片宽线性，基部有白色绢状毛，中脉厚，白色。圆锥花序开展，长约为40 cm，淡红色至紫黑色，主轴粗糙，分枝轮生。小穗孪生，一枚有柄，另一枚无柄，有柄者为雄性或退化不育，无柄小穗两性，能结实。结实小穗呈披针形，中部较宽，籽粒较短，颖果通常稍短于颖片，小穗顶端略成急尖。小穗长为5 mm，颖硬革质，黄褐色、红褐色或紫黑色，表面平滑，有光泽，稃片膜质透明，具芒或无芒。颖果卵形或椭圆形，栗色至淡黄色。成熟后小穗从穗轴节间折断分离，脱落后小穗腹面具有被折断的小穗轴1枚或2枚。极少小穗成熟后自关节脱落。黑高粱以种子和地下根茎繁殖。

四、蒺藜草属

学名　*Cenchrus* L.

英文名称　buffelgrasses, sandburs, sand spur

蒺藜草属约有25种，分布于热带和温带地区，主要分布于美洲和非洲温带干旱地区，亚洲南部和西部、澳大利亚也有发生。其中蒺藜草（*Cenchrus calyculata*）和刺蒺藜草（*Cenchrus echinatus*）发现于我国华南。

草为禾本科一年生或多年生草本。秆通常低矮，下部分枝较多。叶片扁平。总状花序顶生，小穗单生，少数聚生，无柄，外围以多数由刚毛状的不育小枝联合形成的刺苞（刺状硬壳），近球形，着生在短而粗的总梗上，刺苞连同总梗极易脱落，种子在刺苞内萌发。颖果椭圆状扁球形，种脐点状；胚长约为果实长的 2/3。

蒺藜草主要危害水稻、甘蔗、花生、甘薯、棉花、番木瓜等作物，也是热带牧场中的有害杂草，其刺苞可刺伤人和动物的皮肤，混在饲料或牧草里能刺伤动物的眼睛、口和舌头。刺苞具微小倒刺，可附着在衣服、动物躯体和货物上传播。蒺藜属非中国种为我国进境植物检疫性有害生物。

五、毒莴苣

学名　*Lactuca serriola* L.
英文名称　prickly lettuce

毒莴苣分布于欧洲、俄罗斯、埃及、美国、加拿大、墨西哥等地，为恶性杂草，成长的植株对家畜有毒。毒莴苣现为我国进境植物检疫性有害生物。

毒莴苣为菊科二年生或一年生草本。茎直立，高为 0.6～1.8m，坚硬，中空，下部多刺，表面蜡质，白色，有时有红色斑点，茎内有白色乳汁。叶轮生，抱茎，叶片长椭圆形或长圆状披针形，边缘多刺，全缘或呈羽状分裂，下表面中脉多刺。切口有乳汁。头状花序着生于长而散开的花梗上，具 18～24 朵花，花黄色，干后变蓝色。瘦果倒卵形或椭卵形，压扁，灰褐色或黄褐色，表面粗糙，两面各具 5～6 条纵棱，棱上具小突起，上部棱及边缘具毛状刺；果顶有白色的喙，喙顶扩展成小圆盘（冠毛着生处）；果底部具椭圆形果脐，白色，凹陷。

六、野莴苣

学名　*Lactuca pulchella* (Pursh) DC.
英文名称　blue lettuce，blue-flowered lettuce

野莴苣原产于欧洲及西亚，现已传播世界各地，是著名恶性杂草，现为我国进境植物检疫性有害生物。

野莴苣为菊科多年生草本。株高可达 1 m，茎基部具稀疏皮刺。叶互生，中下部叶狭倒卵形至长圆形，羽状深裂，无柄，基部箭形抱茎；顶生叶卵状披针形或披针形，全缘或仅具稀疏的牙齿状刺。花两性，虫媒。头状花序多数，于茎顶排列成疏松的圆锥状。头状花序有长柄，总苞 3 层，外层苞片卵形或卵状披针形，内层苞片渐狭为线形，边缘膜质，有 7～15（35）朵舌状花；花冠淡黄色，干后变蓝紫色。瘦果两面扁平，倒披针形，灰褐色或黄褐色，每面有 7～9 条纵肋，有白色刺毛、深褐色条纹或斑纹，喙细长，冠毛白色。

七、飞机草

学名　*Eupatorium odoratum* L.
英文名称　odor eupatorium

飞机草原产于中美洲，现在南美洲、亚洲和非洲热带地区广泛分布，在我国南方和西南部有发生；为著名侵入植物，竞争性强，叶片含有有毒物质。飞机草现为我国进境植物检疫性有害生物。

飞机草为菊科多年生草本或亚灌木。幼苗子叶长椭圆形，有柄。初生叶 2 片，长圆形，叶缘有疏齿，有柄。成株高为 1.0～1.5 m，茎直立，粗壮，有分枝，具灰白色柔毛。叶对生，有长柄；叶片三角状卵形或棱状卵形，基出3脉明显，边缘有粗钝锯齿，两面被绒毛及红褐色腺点，叶背呈灰白色。枝叶揉碎后有刺激性的气味。花序头状，在分枝和主茎顶排列成伞房状。总苞圆柱状，苞片瓦状排列，有褐色纵条纹；花白色、淡绿或粉红色，筒状，有稍长于花冠的毛状冠毛。瘦果狭线形，黑色，有5棱，先端有污白色冠毛。

飞机草以种子和根芽繁殖，2—3月出苗，8—9月开花结果。

八、黄顶菊

学名 *Flaberia bidentis* (L.) Kuntze
英文名称 saint mary, smelters bush

黄顶菊原产于巴西、阿根廷等国，后扩散到北美洲、非洲、欧洲、澳大利亚、日本等地，在我国发现于河北、天津，现为我国进境植物检疫性有害生物。

黄顶菊为菊科黄顶菊属一年生草本。株高差异很大，高的可达2 m，低的仅10 cm左右。茎直立，紫色，有短绒毛。叶片交互对生，长椭圆形，三出脉，叶缘有锯齿。头状花序生于主茎及侧枝顶端，密集成蝎尾状聚伞花序，花色鲜黄。瘦果黑色极小，无冠毛。花果期为夏季至秋季。

黄顶菊根系发达，耐盐碱、耐瘠薄、抗逆性、繁殖能力和竞争性很强，威胁农牧业生产及生态环境安全。

九、加拿大一枝黄花

学名 *Solidago canadensis* L.
英文名称 Canada goldenrod

加拿大一枝黄花原产于北美洲，最初作为花卉引入我国，后逸生野外，成为恶性杂草，现为我国进境植物检疫性有害生物和全国林业危险性有害生物。

加拿大一枝黄花为菊科多年生草本。根状茎水平生长，茎直立，高为0.5~3.0 m，中部以上具灰白色柔毛。叶互生，为狭披针形或线状披针形，边缘有锐锯齿，上部叶锯齿渐疏至全缘，初期两面有毛，后渐无毛或仅脉被毛，基部叶有柄，上部叶柄短或无柄。头状花序，花着生在花序分枝的一侧，聚成总状或大型圆锥状。总苞片覆瓦状排列，线状披针形，顶端渐尖或急尖，微黄色，舌状花7~17朵。瘦果长圆形或椭圆形，基部楔形，常具7条纵脉，棱脊及棱间被糙毛，冠毛1层，浅黄色。

花期为9—10月。加拿大一枝黄花以种子和地下根茎繁殖，根系发达，繁殖能力很强，能迅速成片，严重威胁其他植物生长。

十、匍匐矢车菊

学名 *Centaurea repens* L.
英文名称 Russian knapweed

匍匐矢车菊原产于俄罗斯、小亚细亚和中亚，现分布较广，为农田、牧场的恶性杂草，体内有倍半萜内酯毒素，干植物和鲜植株都可使牲畜中毒死亡。

匍匐矢车菊为菊科多年生草本。根系发达，茎直立，高为40~100 cm，近基部多分枝，具纵棱，被淡灰色绒毛。叶片披针形至条形，顶端锐尖，全缘、有疏锐齿或有裂片，两面被绒毛和腺点，无叶柄。头状花序单生于枝端；总苞卵圆形或矩圆状卵形，苞片数层，覆瓦状排列，外层宽卵形，内层披针形或宽披针形，顶端狭尖，密被长柔毛。花管状，红紫色。瘦果长倒卵状矩圆形，略扁，果皮乳白色或淡黄绿色，每面有10条纵棱；顶端近平截，无衣领状环；中部稍隆起，具花柱残基；基部钝尖；果脐小，冠毛白色。以种子和根蘖繁殖。

匍匐矢车菊种子及花盘可随粮食及牧草种子传播，现为我国进境植物检疫性有害生物。

十一、臭千里光

学名　*Senecio jacobaea* L.
英文名称　common ragwort

臭千里光分布于新西兰、澳大利亚、加拿大、英国、美国、阿根廷、奥地利、法国、意大利、前苏联地区、南非、罗马尼亚等地，主要危害草原牧草等，全草有毒，毒害牲畜，种子对人亦有毒，现为我国进境植物检疫性有害生物。

臭千里光为菊科一年生草本。株高为30~80 cm，瘦果圆柱状，顶端截平，衣领状环薄而窄；中央具短小的残存花柱，无冠毛；果皮灰黄褐色，具7~8条宽纵棱，棱间有细纵沟；果脐小，圆形，凹陷，位于果实的基端。果内含1粒种子。种子无胚乳，胚直生。花果期为4—8月。臭千里光以瘦果分散传播。

十二、紫茎泽兰

学名　*Eupatorium adenophorum* Spreng.
英文名称　crofton weed

紫茎泽兰原产于中美洲，现广泛分布于世界热带、亚热带地区，在我国分布于云南、广西、贵州、四川、台湾等地，是著名侵入杂草；现为我国进境植物检疫性有害生物，也是全国林业危险性有害生物。

紫茎泽兰为菊科泽兰属多年生草本或亚灌木。株高为1.0~2.5 m，茎紫色，被灰白色腺状短柔毛，分枝与主茎成直角射出，节间长为6~14 cm。叶对生，具长柄，三角形或卵状三角形，基出三脉，叶片长为4~10 cm，宽为3.0~3.5 cm，边缘有锯齿；两面被绒毛，叶背较密，呈灰白色；叶柄紫色。头状花序，直径可达6 mm，在茎顶排列成伞房状或复伞房状，总苞片3~4层，小花白色。瘦果长圆柱状，略弯，黑褐色，有棱，冠毛白色，可以随气流分散传播。

该草每株可产70万粒种子，且根状茎发达，无性繁殖能力也强，能分泌化感物质，疯长蔓延，排挤邻近当地林木和农作物，形成单优群落。紫茎泽兰全株有毒性，牛羊误食其茎叶可以中毒死亡，花粉可以造成马属动物的哮喘病，严重危害畜牧业。

十三、独脚金属

学名　*Striga* L.
英文名称　witchweed, witches'weed

独脚金属约有28种，大多分布于亚洲、非洲和大洋洲的热带和亚热带地区。该属非中国种为我国进境植物检疫性有害生物。

独脚金属为列当科一年生草本寄生植物，为全寄生，根寄生，主要寄主为禾本科植物。

地下茎圆形，地上茎方形，分枝，茎上生黄色刚毛。叶狭长，披针形，常退化成鳞片状。穗状花序顶生或腋生，花冠多为黄色。蒴果卵形；种子微小，卵形或短圆形，网纹长条形，长宽比为 7：1 以上，稍扭转，网脊上有 2 排互生的突起。

独角金属代表种也称为独脚金，学名 *Striga asiatica* (L.) Kuntze，分布于我国西南、华南等地，主要寄生玉米、稻、高粱、小麦、甘蔗、燕麦、黑麦、黍、苏丹草等禾本科植物。为一年生草本，高为 10~20 cm，全体被刚毛。下部叶对生，上部叶互生，叶片条形至狭披针形。穗状花序顶生或腋生，花萼具 10 条棱；花冠黄色，少数红色或白色，花冠顶端急剧弯曲，上层短 2 裂，下层 3 裂。蒴果卵形，包被于缩存的萼内。种子微小，卵形或短圆形，具网纹和纵线。

十四、刺萼龙葵

学名　*Solanum rostratum* Dum.
英文名称　buffalobur

分布于美国、墨西哥、前苏联、奥地利、保加利亚、捷克、德国、丹麦、南非、孟加拉、澳大利亚、新西兰等地。

茄科一年生草本，茎直立，高 15~60 cm，上半部分支，类似灌木，表面有毛和黄色硬刺。叶轮生，具柄，叶片深裂为 5~7 个裂片，有星状毛，中脉和叶柄处多刺。花萼具刺，花黄色，裂为 5 瓣。浆果，有粗糙的尖刺。种子不规则肾形，背面弓形，腹面近平截或中拱，下部具凹缺，黑色、红棕色或深褐色，表面布满蜂窝状凹坑，胚根突出，种脐位于缺刻处，正对胚根尖端。

该草耐干旱，蔓延速度快，其毛刺能伤害家畜，且产生一种茄碱，对家畜有毒。为我国进境植物检疫性有害生物。

十五、刺茄

学名　*Solanum torvum* Sw.
英文名称　Turkey berry, prickly nightshade

刺茄分布于美国和墨西哥，侵害旱地作物，现为我国进境植物检疫性有害生物。

刺茄为茄科多年生亚灌木状草本，高为 1~3 m，全株有尘土色星状毛。茎直立，分枝，粗壮，枝和叶柄散生淡黄色短刺。叶卵形至椭圆形，顶端尖，基部心形或楔形，偏斜，5~7 中裂或仅波状。聚伞花序顶生或腋生，2~3 歧，花白色。花萼 5 裂，裂片卵状披针形，花冠 5 裂，裂片披针形；雄蕊 5 枚，着生于花冠喉部；子房卵形，2 室。浆果圆球状，黄色；种子盘状。刺茄种子繁殖，秋季开花，果期为 9—10 月。

十六、美丽猪屎豆

学名　*Crotalaria spectabilis* Roth
英文名称　showy crotalaria

美丽猪屎豆又名为大托叶猪屎豆，原产于热带、亚热带地区，分布于澳大利亚、美国、印度、尼泊尔、菲律宾、马来西亚等地，现为我国进境植物检疫性有害生物。

美丽猪屎豆为豆科猪屎豆属一年生草本。茎直立，高为 60~150 cm；茎枝圆柱形，近于无毛。托叶卵状三角形，单叶，倒披针形或长椭圆形，长为 7~15 cm，宽为 2~5 cm，叶面无毛，叶背有丝质短柔毛。总状花序顶生或腋生，有花 20~30 朵，苞片卵状三角形，小苞片线形，花梗长为 10~15 mm；花萼二唇形，无毛。花冠淡黄色，有时为紫红色；旗瓣圆形或长圆形；翼瓣倒卵形；龙骨瓣极弯曲，中部以上变狭形成长喙，下部边缘具白色柔毛。荚果长圆形，长为 2.5~3.0 cm，无毛；有种子 20~30 颗，种子肾形或近肾形，黑色或暗黄褐色，长为 4~5 mm，宽为 3.0~3.5 mm。

美丽猪屎豆是一种有毒植物，全草含美丽猪屎豆碱等生物碱，猪、羊、牛、马和鸡采食其茎、叶和种子会中毒。

思 考 题

1. 为什么要实施杂草检疫？
2. 菟丝子和列当在我国已有发生，为什么还要把它们列为检疫性有害生物？
3. 简述豚草属杂草的形态特征。

主 要 参 考 文 献

查涛，周力兵，刘晋，等.2008.出口鲜切花的溴甲烷与二氧化碳气调熏蒸灭虫试验[J].植物检疫，22（6）：357-359.
崔建新，马新岭.2009.国际植物检疫措施标准汇编.北京：中国农业科学技术出版社.
陈德牛，张卫红.2004.外来物种褐云玛瑙螺（非洲大蜗牛）[J].生物学通报，6：15-16.
陈晓玲，陈永红，张洪玲，等.2009.咖啡短体线虫分子鉴定[J].植物检验，23（2）：7-9.
陈岩，黄英，朱水芳.2009.应用分子生物学方法检测红火蚁[J].植物检疫，23（6）：18-20.
高美须，陈浩，刘春泉，等.2007.食品辐照技术在中国的研究和商业化应用[J].核农学报，21（6）：606-611.
国家林业局植树造林司，国家林业局森林病虫害防治总站.2005.中国林业检疫性有害生物及检疫技术操作办法[M].北京：中国林业出版社.
国家认证认可监督管理委员会.2012.出入境检验检疫行业标准汇编：上册 中册 下册）[M].北京：中国质检出版社.中国标准出版社.
洪霓.2006.植物检疫方法与技术[M].北京：化学工业出版社.
胡陇生，田呈明，朱银飞，等.2013.枣实蝇生物学特性研究[J].昆虫学报，56（1）：69-78.
黄庆林.2008.动植物检疫处理原理与应用技术.天津科学技术出版社.
焦振泉，刘秀梅.2001.细菌分类与鉴定的新热点：16S-23S rDNA 区间[J].微生物学通报，28（1）：85-89
鞠兴荣.2008.动植物检验检疫学[M].北京：中国轻工业出版社.
李宝明，刘权叨，龚鹏博，等.2010.苹果绵蚜及其防治研究进展[J].植物检疫，24（3）：36-40.
李建光，汪万春，武国栋，等.2004.应用真空熏蒸技术杀灭蔗扁蛾[J].植物检疫，18（3）：140-142.
李志红，杨汉春，沈佐锐.2004.动植物检疫概论[M].北京：中国农业大学出版社.
梁广勤，梁帆，杨国海，等.1997.利用低温和气调对鲜荔枝作检疫杀虫处理试验[J].中山大学学报，36（2）：122-124.
刘洪，董鹏，周浩东，等.2008.重庆市柑橘非疫区建设方案及其实施[J].植物检疫，22（4）：260-262.
刘鹏，魏亚东，崔铁军.2006.Biolog系统和16S rDNA序列分析方法在植物病原细菌鉴定中的应用[J].植物检疫，20（2）：86-87.
马骏，梁帆，赵菊鹏，等.2012.溴甲烷对扶桑绵粉蚧的熏蒸处理研究[J].植物检疫，26（5）：6-9.
全国农业技术推广服务中心.2001.植物检疫性有害生物图鉴[M].北京：中国农业出版社.
全国农业技术推广服务中心.2005.潜在的植物检疫性有害生物[M].北京：中国农业出版社.
上海出入境检验检疫局.2012.上海动植物检疫发展史[M].上海：上海古籍出版社.
商鸿生.1997.植物检疫学[M].北京：中国农业出版社.
邵秀玲，甘琴华，厉艳，等.2011.利用TaqMan探针实时荧光PCR方法检测香石竹细菌性萎蔫病菌[J].植物病理学报，41（2）：24-30.
宋娜，陈卫民，杨家荣，等.2012.向日葵黑茎病菌的快速分子检测[J].菌物学报，31（4）：630-638.
宋玉双.2012.我国林木引种检疫管理的问题及对策[J].中国森林病虫，31（5）：22-27.
万方浩，郑小波，郭建英.2005.重要农林外来入侵物种的生物学与控制[M].北京：科学出版社.

主要参考文献

王福祥，刘慧，杨桦，等 . 2012. 苹果非疫区建设中的苹果蠹蛾监测与防控［J］. 应用昆虫学报，49（1）：275-280.

王守聪，钟天润 . 2006. 全国植物检疫性有害生物手册［M］. 北京：中国农业出版社 .

王新荣，谢辉 . 2001. DNA 重组技术在植物寄生线虫分类上的应用及发展趋势［J］. 植物检疫，15（4）：232-234.

吴佳教，陈乃中 . 2008. *Carpomya* 属检疫性实蝇［J］. 植物检疫，22（1）：32-34.

武三安，张润志 . 2009. 威胁棉花生产的外来入侵新害虫—扶桑绵粉蚧［J］. 昆虫知识，46（1）：159-162.

夏明星，赵文军，马青，等 . 2005. 植物病原细菌 DNA 分子检测技术［J］. 植物检疫，19（1）：39-42.

谢辉 . 2005. 植物线虫分类学［M］. 2 版 . 北京：高等教育出版社 .

许萍萍，沈培根 . 2008. 分子生物学鉴定植物寄生线虫研究综述［J］. 江苏农业科学，5：126-128.

许志刚 . 2008. 植物检疫学［M］. 3 版 . 北京：高等教育出版社 .

杨勤民，刘慧 . 2011. 我国国外引种趋势分析及对策建议［J］. 植物检疫，25（2）：71-74.

叶军，顾建飞，张卫东，等 . 2006. 进口水果中螨类的检疫［J］. 植物检疫，20（4）：245-246.

张奇，孙丹，张楚菁，等 . 2008. 松材线虫鉴定方法的研究与比较［J］. 南开大学学报（自然科学版），41（5）：43-49.

张润志，汪兴鉴，阿地力·沙塔尔 . 2007. 检疫性害虫枣实蝇的鉴定与入侵威胁［J］. 昆虫知识，44（6）：928-930.

张宇，郭良栋 . 2012. 真菌 DNA 条形码研究进展［J］. 菌物学报，31（6）：809-820.

赵鸿，彭德良，朱建兰 . 2004. rDNA-ITS-PCR 技术在植物寄生线虫分子诊断中的应用［J］. 植物检验，18（2）：100-105.

曾玲，陆永跃，陈忠南 . 2005. 红火蚁监测与防治［M］. 广州：广东科技出版社 .

周卫川 . 1993. 植物检疫性害虫彩色图谱［M］. 北京：科学出版社 .

周卫川 . 2002. 非洲大蜗牛及其检疫［M］. 北京：中国农业出版社 .

周卫川，陈德牛 . 2004. 进境植物检疫危险性有害腹足类概述［J］. 植物检疫，18（2）：90-93.

周卫川，陈德牛，林晶 . 2007. 花园葱蜗牛的鉴定及与森林葱蜗牛的鉴别［J］. 植物检疫，21（2）：97-98.

朱西儒，徐志宏，陈枝楠 . 2004. 植物检疫学［M］. 北京：化学工业出版社 .

Bull C T, De Boer S H, Denny T P, et al. 2010. Comprehensive list of names of plant pathogenic bacteria, 1980-2007［J］. Journal of Plant Pathology，92（3）：551-592.

Clarence IKado. 2010. Plant bacteriology［M］. St. Paul：APS Press.

Khan M R. 2008. Plant nematodes：methodology, morphology, systematics, biology and ecology［M］. Enfield：Science Publishers.

King A M Q, Adams M J, Carstens E B, et al. 2012. Virus taxonomy, ninth report of the international committee on taxonomy of viruses［M］. Amsterdam：Elsevier/Academic Press.

Kirk P M, Cannon P F, Minter D W, et al. 2008. Dictionary of the fungi［M］. 10th ed. Wallingford：CABI Publishing.

Jong H H, Rebecca A M, Milton C R. 2011. *Burkholderia glumae*：next major pathogen of rice？［J］. Molecular Plant Pathology，12（4），329-339.

John M, Stephane G, Shimpei M. 2012. Top 10 plant pathogenic bacteria in molecular plant pathology［J］. Molecular Plant Pathology，13（6）：614-629.

Mamiya Y, Kiyohara T. 1972. Description of of *Bursaphelenchus lignicolus* n. sp. (Nematoda：Aphelenchoididae) from pine wood and histopathology of nematode infested trees［J］. Nematologica，18：120-124.

Moore D, Robson G D, Trinci A P J. 2011. 21st century guidebook to fungi［M］. Cambridge：Cambridge

University Press.

Prosen D, Hatziloukas E, Schaad N W, et al. 1993. Specific detection of *Pseudomonas syringae* pv. *phaseolicoal* DNA in bean seed by polymerase chain reaction based amplification of a phaseolotoxin gene region [J]. Phytopathology, 83: 965-970.

Stover R H. 1962. Studies on fusarium wilt of banana: differentiation of clones by cultural interaction and volatile substances [J]. Can. J. Bot., 40: 1473-1481.

Wang Y, Zhang W, Wang Y, et al. 2006. Rapid and sensitive detection of *Phytophthora sojae* in soil and infected soybeans by species-specific polymerase chain reaction assays [J]. Phytopathology 96: 1315-1321.

Whitehead A G. 1998. Plant nematode control [M]. Wallindord: CAB International.

Yokoyama V Y. 2011. Approved quarantine treatment for Hessian fly (Diptera: Cecidomyiidae) in large-size hay bales and Hessian fly and cereal leaf beetle (Coleoptera: Chrysomelidae) control by bale compression [J]. J. Econ. Entomol., 104 (3): 792-798.